高职高专计算机系列规划教材

Flash 动画设计

（第2版）

郑　芹　主编

王艳芳　张晓亮　副主编

白　利　张　枝　编著

電子工業出版社

Publishing House of Electronics Industry

北京 • BEIJING

内 容 简 介

本书详细介绍了 Flash CS5 的基本操作和动画设计方法。全书共 13 章，每章包含若干综合项目，每个项目又分解为若干案例、拓展的理论知识点；每章后附上机实训和课后习题，旨在帮助读者快速、全面地掌握 Flash 动画制作的关键技术和技巧。本书提供所有项目对应的原始文件、素材文件和最终效果文件。

本书适合作为高职高专相关专业的教材使用。

图书在版编目（CIP）数据

Flash 动画设计/郑芹主编. —2 版. —北京：电子工业出版社，2012.6
高职高专计算机系列规划教材
ISBN 978-7-121-15384-6

Ⅰ. ①F… Ⅱ. ①郑… Ⅲ. ①动画制作软件，Flash－高等职业教育－教材 Ⅳ. ①TP391.41

中国版本图书馆 CIP 数据核字（2011）第 253403 号

策划编辑：吕 迈
责任编辑：周宏敏
印 刷：
装 订：北京京师印务有限公司
出版发行：电子工业出版社
北京市海淀区万寿路 173 信箱 邮编 100036
开 本：787×1092 1/16 印张：19 字数：487 千字
印 次：2012 年 6 月第 1 次印刷
印 数：3 000 册 定价：33.80 元（含光盘 1 张）

凡所购买电子工业出版社图书有缺损问题，请向购买书店调换。若书店售缺，请与本社发行部联系，联系及邮购电话：（010）88254888。

质量投诉请发邮件至 zlts@phei.com.cn，盗版侵权举报请发邮件至 dbqq@phei.com.cn。

服务热线：（010）88258888。

前 言

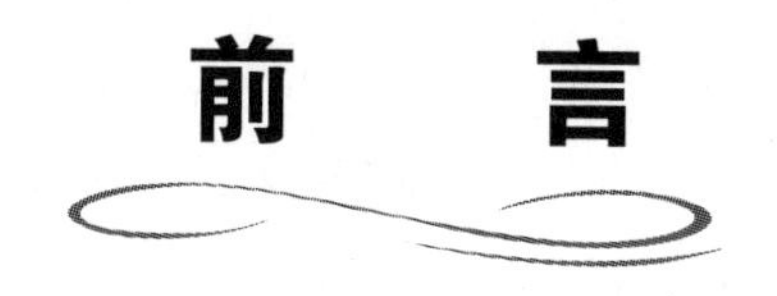

Flash CS5 是一款功能强大的二维动画设计软件，通过它，可以设计动画短片、Flash MTV、交互式游戏、网页、教学课件等。

【本书特色】

本书以 Flash CS5 软件为操作环境，按照项目驱动模式编写。各章均融合项目操作、理论知识介绍、拓展练习、实训操作和习题五个要素，因而便于教师授课，读者学习。

- 基本项目操作：将每章的主要知识内容嵌入到综合实用的项目制作中。各章中的项目经筛选，分解为若干案例。各案例凝聚了编者多年的教学经验，内容选择合理。
- 拓展项目练习：每章项目之后，安排了具有针对性的、实用的拓展项目介绍，旨在帮助读者进一步巩固所学知识和提高综合应用能力。
- 实训操作：拓展视野，启发思维，培养创新能力。
- 习题：帮助读者更好地掌握所学技术。

【本书的光盘资源】

本书配 1 张 DVD 光盘，光盘中包含本教程的所有项目案例、素材和相关资料。读者可以使用本光盘中的素材配合教程中的操作步骤进行学习和操作。光盘内容包括三个部分：

- 教程中的项目案例源文件、作品效果文件和所需要的素材文件。
- 实训案例源文件、作品效果文件和所需要的素材文件。

【学习本书的软件环境】

本书介绍的案例操作环境是 Flash CS5，如果读者使用 Flash CS4 或更早的版本，均能使用本教程进行学习，只是在软件的操作界面上略有不同而已。

【与编者的沟通方式】

由于水平和时间有限，书中在操作步骤和表述方面难免有不妥之处，恳请读者批评指正。编者的邮箱是 LN925@sina.com。

本书第 1 章由王艳芳编写，第 2 章至第 10 章由郑芹编写，第 11 章至第 13 章由张枝和白利编写，陈国先审阅全书。本书其他参编人员有赵湘纹、陈熹、林丽芬、江南、汪玉婷、郑惠芳、王文陵、张晓亮、姜亚军，在此一并表示感谢。

编 者

目　录
CONTENTS

第 1 章

Flash CS5 概述和简单影片的制作

1.1　项目 1　制作动画片头——“桃园三结义”

1.1.1　项目说明

本案例是使用 Flash 制作一个动画片头，通过该案例的制作，旨在向读者介绍 Flash CS5 应用程序的基本知识和 Flash 动画制作的基础操作。其效果如图 1.1 所示。

图 1.1　动画片头——桃园三结义

1.1.2　项目步骤

1．打开 Flash CS5 应用程序，进入其初始窗口，如图 1.2 所示。单击其中的“ActionScript 3.0”菜单项，新建一个 Flash 文档。

2．单击窗口右边“属性”面板中的“编辑”按钮，如图 1.3 所示。

3．弹出“文档设置”对话框。在其中设置场景尺寸宽度“500 像素”，高度“200 像素”，背景色为灰色，帧频“12fps”，如图 1.4 所示。单击“确定”按钮，关闭该对话框。

4．选中“图层 1”，右键单击，选择“重命名”，将其改名为“背景”，选择菜单项“文件”→“保存”，将该文件命名为“桃园三结义.fla”。

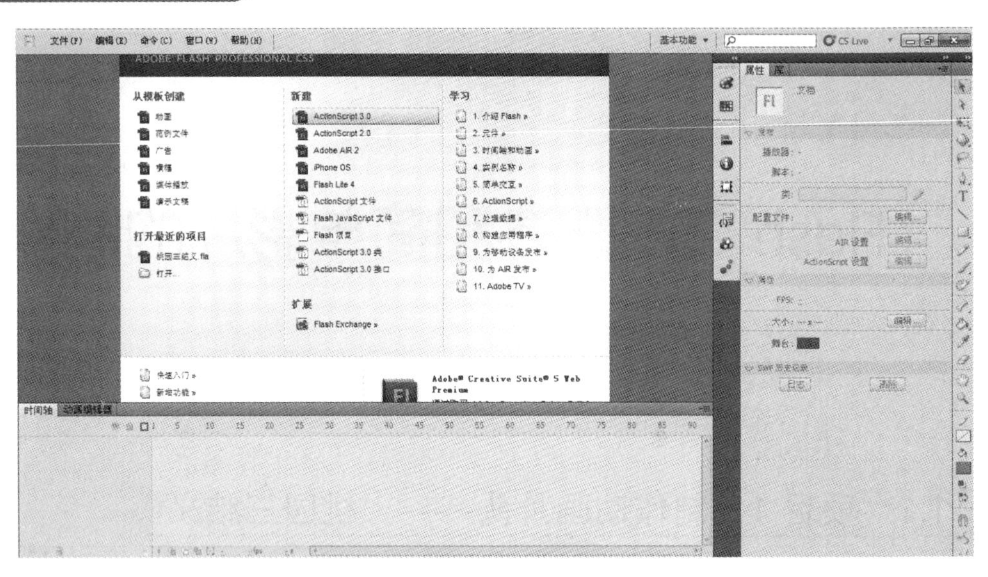

图 1.2　初始窗口

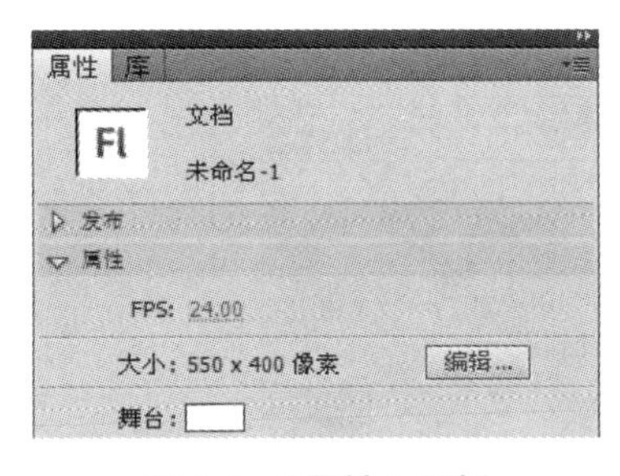

图 1.3 “属性”面板

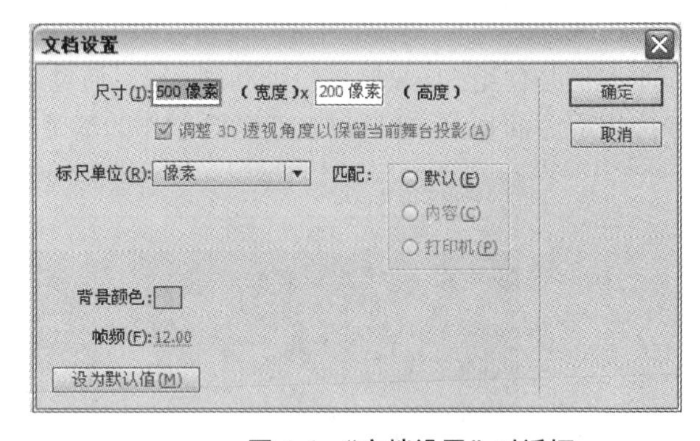

图 1.4 “文档设置”对话框

5．选中“背景”图层的第1帧，选择菜单项“文件”→“导入”→“导入到舞台”，在打开的“导入到舞台”对话框中选择“黄河.jpg”，单击“打开”按钮，该图片就导入到舞台了。

6．选中舞台中的该图片，单击窗口右边的“属性”面板，设置图片宽“500像素”，高“200像素”，且设置X和Y分别为0，该面板如图1.5所示。图片调整后，刚好铺满舞台，用做背景，效果如图1.6所示。

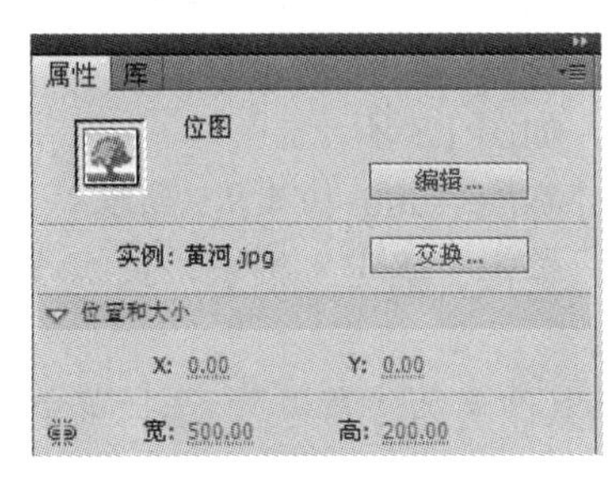

图 1.5　图片的“属性”面板

图 1.6　导入图片调整后用做背景

7．选中该图层的第 120 帧，按 F5 功能键“插入帧”，时间轴面板如图 1.7 所示。

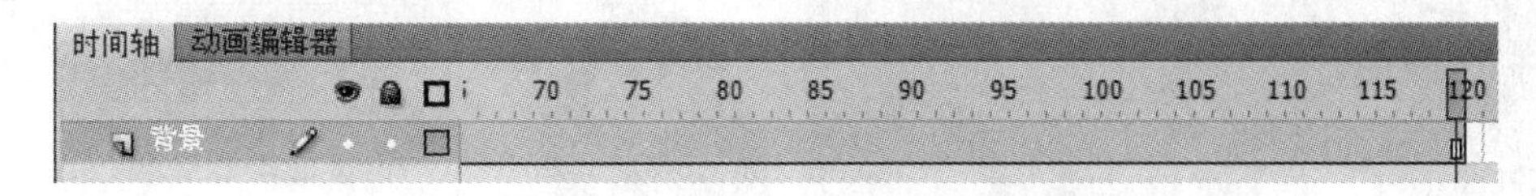

图 1.7　第 120 帧插入帧的时间轴面板

8．选择菜单项“文件”→“导入”→“导入到库”，弹出“导入到库”对话框，如图 1.8 所示。按 Ctrl 键在该对话框中单击要导入的“刘备.jpg”、“关羽.jpg”和“张飞.jpg”三个图片文件，再单击“打开”按钮，就可以一次性将这三个图片文件导入到库中。

图 1.8　“导入到库”对话框

9．选择菜单项“插入”→“新建元件”，弹出“创建新元件”对话框，在该对话框的名称文本框中输入“人物”，在类型单选项中选择“图形”，单击“确定”按钮，如图 1.9 所示。

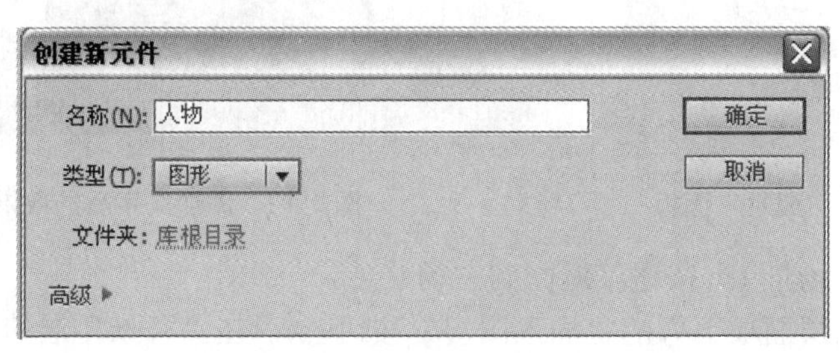

图 1.9　创建“人物”图形元件

10．进入“图形”元件的编辑窗口，在窗口右边的“库”面板中，用鼠标依次选中前面导入的“刘备.jpg”、“关羽.jpg”和“张飞.jpg”三个图片文件，并将其拖入舞台中。

11．使用工具面板中的“选择工具”分别移动这三张图片使它们拼接在一起，如图 1.10 所示。

图 1.10　使用“选择工具”将三个图片拼接起来

12．使用“选择工具”，先单击选中“刘备.jpg”这个图片，按 Ctrl+B 组合键，将该图片分离。采用同样的方法，将“关羽.jpg”和“张飞.jpg”这两个图片分离。

13．使用“工具”面板中的“文字工具” T，在窗口右边的文字“属性”面板中设置文本属性，如图 1.11 所示。设置字体“华文行楷”，字号“20”，颜色“白色(#FFFFFF)”，文字方向“垂直，从左到右”。然后分别在这三个人物图片右上方输入“刘备”、“关羽”和“张飞”的字样。添加上文字后的效果如图 1.12 所示。

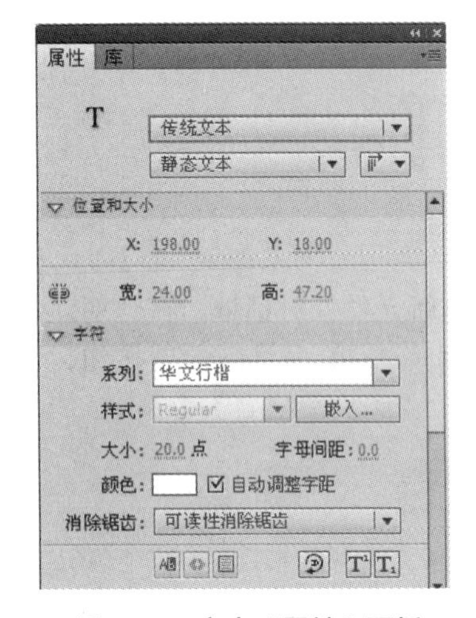

图 1.11　文字“属性”面板

图 1.12　添加文字后的效果

14．单击“场景 1”按钮，返回到主场景。

15．单击图层面板下方的“插入图层”按钮，在“背景”层的上方添加一个图层，将其命名为“人物”。

16．选中该图层的第 20 帧，按 F6 功能键插入关键帧；选中该帧，将“库”面板中的“人物”图形元件拖放到舞台中，调整该实例的位置，使其靠舞台右边，如图 1.13 所示。

图 1.13　在“人物”图层的第 20 帧将“人物”图形元件拖入

17．在图层“人物”的上方再添加一个图层，将其命名为“遮罩”。在该图层的第 1 帧，使用“工具”面板中的“椭圆工具”在舞台中央绘制一个无轮廓线、填充色任意的椭圆，如图 1.14 所示。

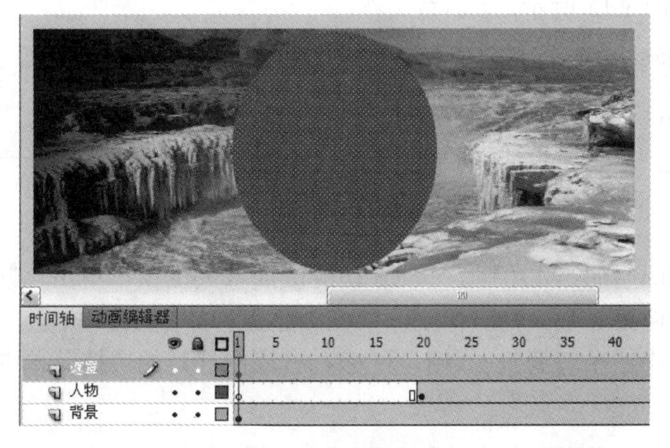

图 1.14　在“遮罩”图层的第 1 帧绘制一个椭圆

18．选择“人物”图层的第 20 帧，使用工具面板中“任意变形工具”，缩放调整舞台的“人物”实例和选择“遮罩”图层的第 1 帧，调整椭圆大小，使第一个人物头像刚好被遮罩层的椭圆遮盖，如图 1.15 所示。

图 1.15　调整“人物”实例或者椭圆大小

19．选择“人物”图层的第 50 帧，按 F6 功能键插入关键帧。

20．返回选择该图层的第 20 帧，单击舞台中的人物实例，在其“属性”面板中，单击“色彩效果”按钮，在其中的“样式”下拉列表中选择“Alpha”，且设置其参数为“0%”，使该实例透明，如图 1.16 所示。

图 1.16　在第 20 帧设置实例为透明

21．选择该图层第 20 帧，鼠标右击，在打开的快捷菜单中选择“传统补间动画”，其时间轴面板如图 1.17 所示。

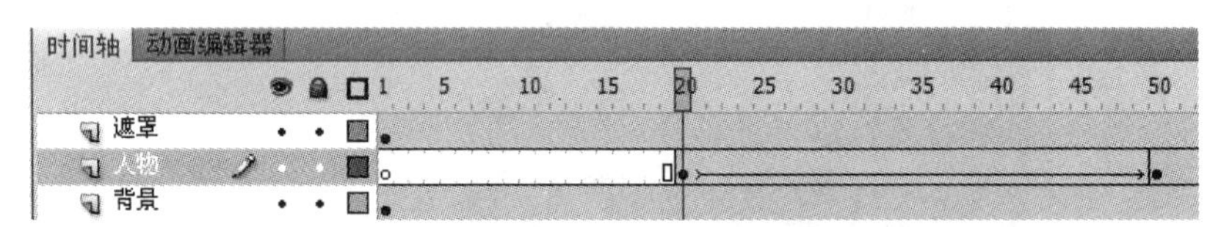

图 1.17　设置传统补间动画的时间轴面板

22．选择该图层的第 120 帧，按 F6 功能键插入关键帧。单击该帧舞台上的实例，将其向左移动，使第三个人物头像刚好被椭圆遮盖，如图 1.18 所示。

23．返回选择该图层的第 50 帧，鼠标右击，在打开的快捷菜单中选择“传统补间动画”。

图 1.18　在“人物”图层的第 120 帧向左移动该实例

24．选择“遮罩”图层，右键单击，在弹出的快捷菜单中选择“遮罩层”，图层面板如图 1.19 所示。

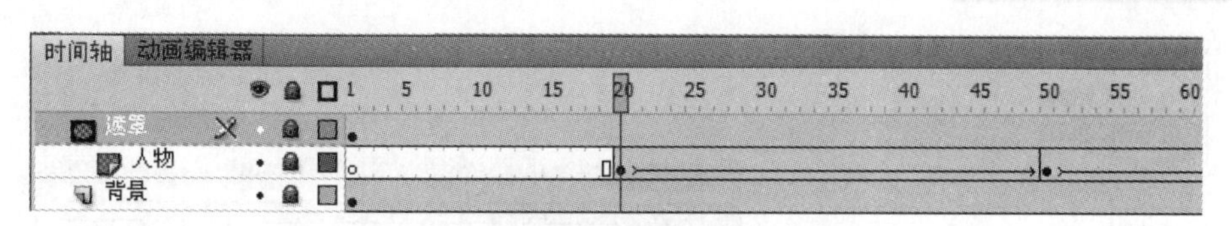

图 1.19 将“遮罩”图层设置为遮罩层

25．在“遮罩”图层的上方再添加一个图层，将其命名为“文字”。

26．选择该“文字”图层的第 1 帧，单击工具面板中“文本工具”，接着在其“属性”面板中选择“字符”列表，在其中设置文本格式：字体“隶书”，字号“60”，颜色为“白色（#FFFFFF）”，文字方向“水平”，字间距“20”，如图 1.20 所示。

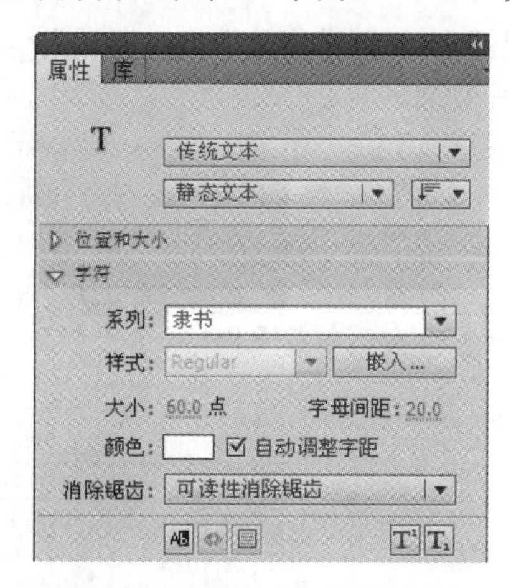

图 1.20 设置文本“字符”属性

27．将鼠标移到舞台，输入文字“桃园三结义”，如图 1.21 所示。

图 1.21 在“文字”图层的第 1 帧输入文字

28．选中舞台中“桃园三结义”文字，右击鼠标，弹出快捷菜单，如图 1.22 所示，在其中选择“转换为元件”。在弹出“转换为元件”对话框的名称文本框中输入“文字”，类型选择为“图形”，如图 1.23 所示。

29．选择“文字”图层的第 30 帧，按 F6 功能键插入关键帧。选中该帧舞台中的文字实例，在“属性”面板中设置其“Alpha”参数为 0%。

30．返回到该文字图层的第 1 帧，鼠标右击，在打开的快捷菜单中选择“传统补间动画”。该案例即全部制作完毕。

编辑
在当前位置编辑
在新窗口中编辑
动作
交换元件...
直接复制元件...
设置变形点
重置变形点
转换为元件...
在库中显示(S)

图 1.22 快捷菜单

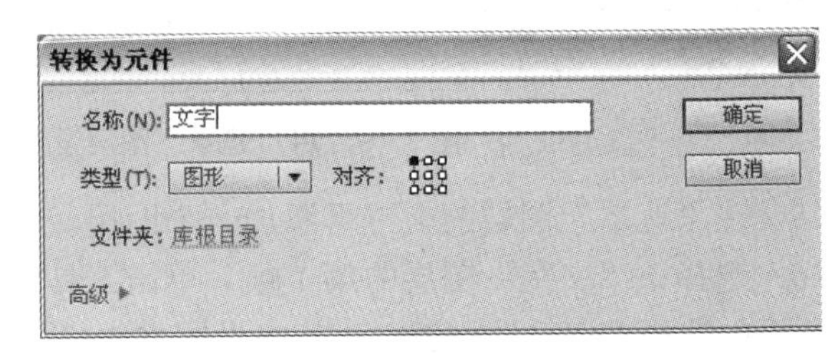

图 1.23 “转换为元件”对话框

31．选择菜单项“控制”→“测试影片”→“测试”，如图 1.24 所示，即可打开 Flash Player 播放制作的影片效果。

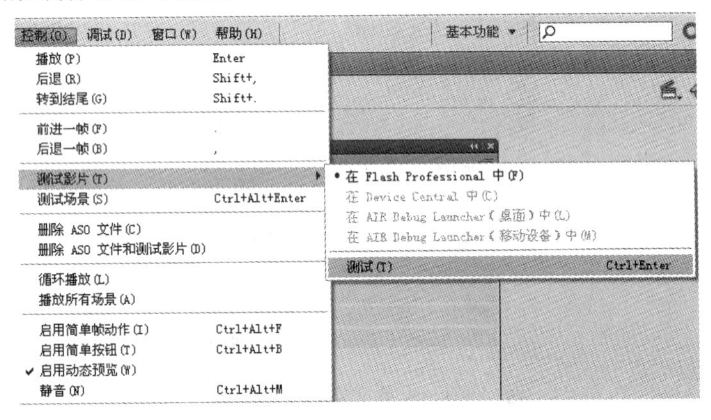

图 1.24 选择“测试”菜单项测试影片

1.2 项目 2 熟悉 Flash CS5

1.2.1 任务 1 熟悉 Flash CS5

1.2.1.1 Flash CS5 的产生和发展

Flash 的前身是 Future Wave 公司的 FutureSplash，1997 年 Macromedia 公司收购 FutureSplash 后，就先后推出 Flash 2、Flash 3、Flash 4、Flash 5、Flash MX、Flash MX 2004 和 Flash 8 等版本。2005 年 4 月 Adobe 公司收购 Macromedia 公司之后，又陆续推出 Flash CS3、Flash CS4 和 Flash CS5 等不同版本，其功能不断完善和加强。目前 Flash CS5 是较新的版本。

当今，Flash 动画软件可以说是最流行的矢量动画制作软件之一，它具有以下几个特点。

首先，它采用矢量动画的概念。矢量图形文件比较小，而且当其缩放时，文件质量又不受影响，因此利用它可以制作很多适合在网络上播放的动画，从而极好地满足了广大互联网浏览者和制作者的需要，因而广为流传。

其次，它集成了绝大多数的多媒体格式，可以不用借助插件或其他软件，而直接将矢量图形（Illustrator、FreeHand 等文件）、位图（GIF、PNG、JPG、TIFF 等文件）、声音（WAV、MP3、AIF 等文件）、视频（AVI、MOV、MEPG 等文件）导入其中，并可以进行适当编辑。

最后，它采用了时间轴、关键帧和图层的概念，从而使得动画的制作很容易理解。不管是 Flash 的初学者还是设计专业的高手，只要通过短时间的学习，都可以制作出精彩的作品。

1.2.1.2 Flash CS5 的应用

Flash 是一个流行很广，应用也很广的工具。首先，用它可以设计和处理矢量图形。其次，由于其强大的动画功能，可以用它制作网站的广告，如打开一些门户网站，就可以看到其中有很多用 Flash 制作的广告；应用 Flash 还可以制作电子贺卡、制作电视广告、创作二维动画片，若配合乐曲进行动画创作，还可以制作 Flash MV。再者，它还有强大的交互功能，所以应用它还可以制作站点的导航或者将整个网站都用 Flash 来设计。除此之外，在教学领域，还可以用 Flash 来开发教学课件或多媒体客户端软件等。

1．网页广告

在网络上，特别是在一些门户网站中，可以看到使用 Flash 制作的大量二维动画广告，如图 1.25 所示。

图 1.25　网页中的 Flash 广告

2．电子贺卡

在网络上，可以使用 Flash 设计制作动态的电子贺卡，如图 1.26 所示。

图 1.26　动态的电子贺卡

3．网页设计

可以使用 Flash 开发设计纯 Flash 网站，如图 1.27 所示。

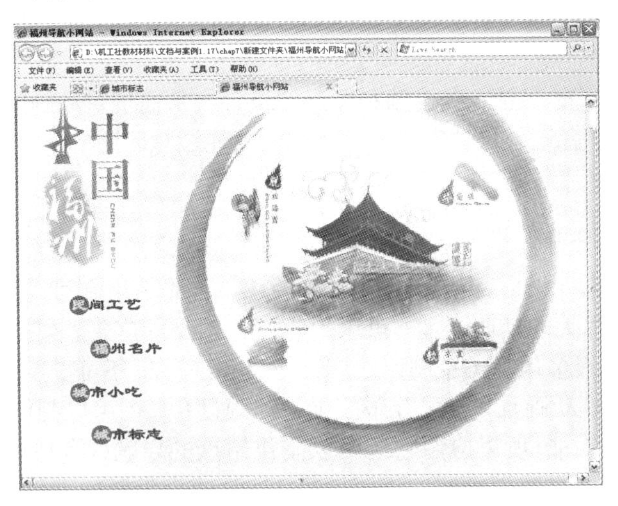

图 1.27　纯 Flash 网站

4．网站封面

网络上的一些网站，在进入主页之前，常常会使用 Flash 开发一个欢迎页面或者引导页面，如图 1.28 所示。

图 1.28　网站封面

5．网站导航

很多网站还使用 Flash 设计制作网站的标志，即 LOGO，或者设计网页的横幅广告，即 Banner，如图 1.29 所示。

图 1.29　网站横幅广告

6．Flash 动画

在网络上，我们还经常可以看到很多人使用 Flash 设计制作的动画作品，现在这已经形成了一个文化，如图 1.30 所示。

图 1.30　动画作品

7．Flash 音乐 MV

在网络上，可以看到使用 Flash 设计制作的大量音乐 MV，如图 1.31 所示。

图 1.31　Flash 音乐 MV

8．多媒体教学课件

使用 Flash 开发设计的教学课件，体积较小、表现力强。现已用于很多多媒体教学课件光盘的制作，如图 1.32 所示。

图 1.32 教学课件

9．游戏

Flash 支持动作脚本，因而可以制作出一些有趣的小游戏，而且由于 Flash 游戏体积小，一些手机厂商也已在手机中嵌入 Flash 游戏，如图 1.33 所示。

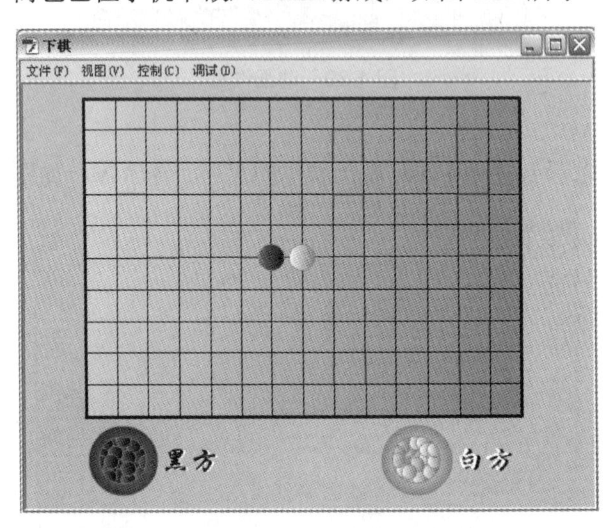

图 1.33 Flash 游戏

10．夜景工程项目的设计

近年来，一些广告公司在承接夜景工程设计时，为了便于与客户沟通，也常常使用 Flash 来设计效果，从而可以预先策划方案与设计效果，如图 1.34 所示。

图 1.34　夜景工程项目方案

1.2.2　任务 2　简介 Flash CS5 的工作界面

安装 Flash CS5 之后，选择“开始”→“程序”菜单下的 Adobe Flash Professional CS5，就启动了该程序，该程序运行后首先进入其初始界面，如图 1.35 所示。单击其中的“ActionScript3.0”或者“ActionScript2.0”就可以进入 Flash CS5 的编辑窗口，如图 1.36 所示。

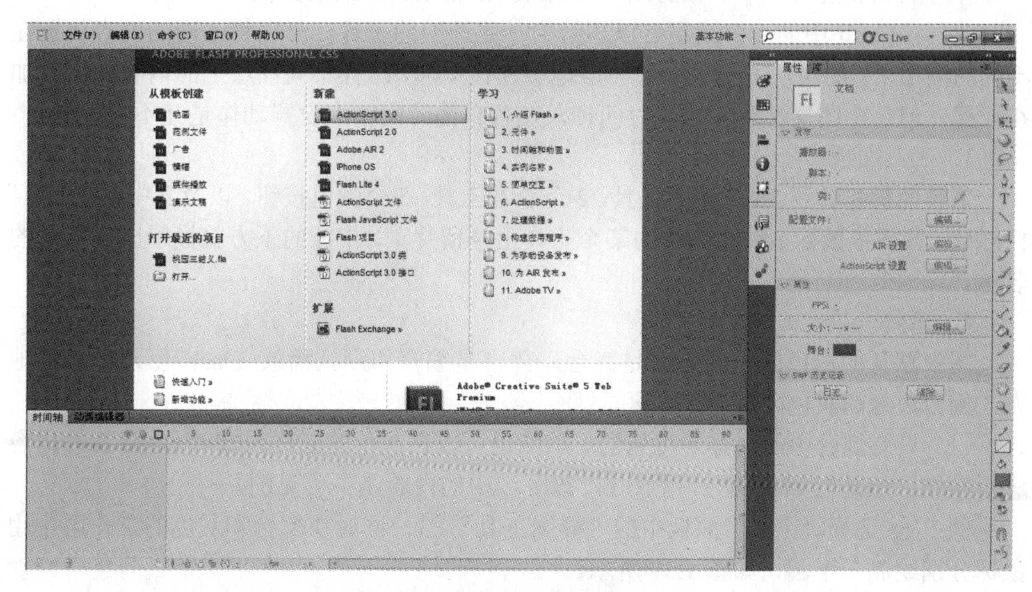

图 1.35　Flash CS5 的初始界面

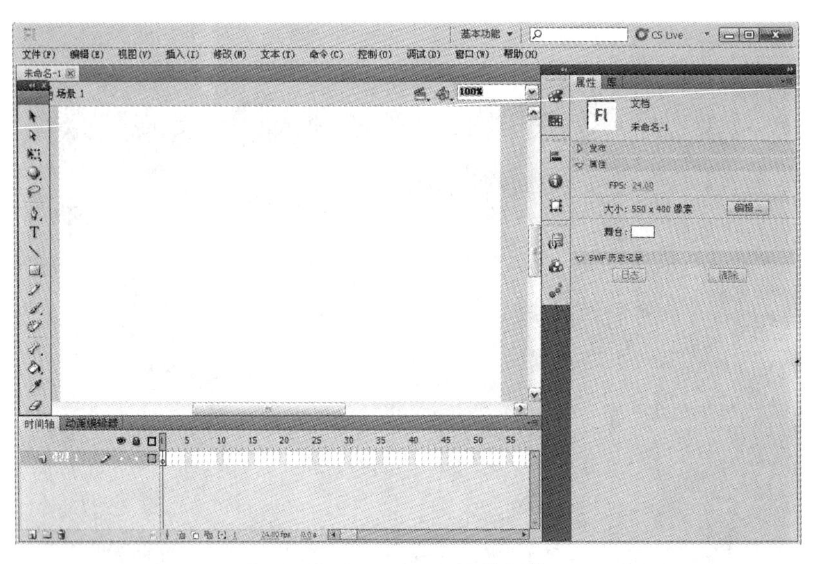

图 1.36 Flash CS5 的编辑窗口

Flash CS5 窗口结构如下。

1．菜单

菜单栏部分有 11 个菜单，其中包含了 Flash CS5 的大部分操作命令，可以从中选择不同的菜单命令，完成不同的操作。

2．时间轴

时间轴上最主要的部分是帧、图层和播放头。时间轴是安排和控制帧的排列并将复杂动作组合起来的窗口。

帧：是时间轴上的一个小格，是 Flash 影片的基本组成部分，一般放置在图层上。一幅静态的画面就是一个单独的帧，Flash 是按照从左到右的顺序播放帧的。

图层：Flash 中的一个图层可以理解为一张透明的胶片。可以将不同的内容放置在不同的图层上，图层从上到下一层一层地叠加在一起，这样不同图层上的内容就会叠加在一起。但每个图层都有各自的时间轴，在各自的时间轴上设置动作是互不干扰的。

3．工具面板

工具面板包含了 16 个绘图工具，2 个查看工具，5 个颜色按钮，以及其中的“选项”栏部分。只要将鼠标指针在其中的某个工具上停留片刻，指针的下方就显示出该工具的名称。

4．舞台

图中默认的白色区域部分就是舞台，舞台是编辑和测试播放 Flash 影片内容的地方，舞台边缘的灰色区域为工作区。

（1）只有舞台中的内容是可见的。虽然也可以在灰色的工作区域对 Flash 影片内容进行操作，但是在 Flash 影片播放时，该区域中的内容是不可见的。

例：① 选择“工具”面板中的“椭圆工具”，同时在舞台和灰色的工作区中用鼠标分别绘制一个圆，如图 1.37 所示。

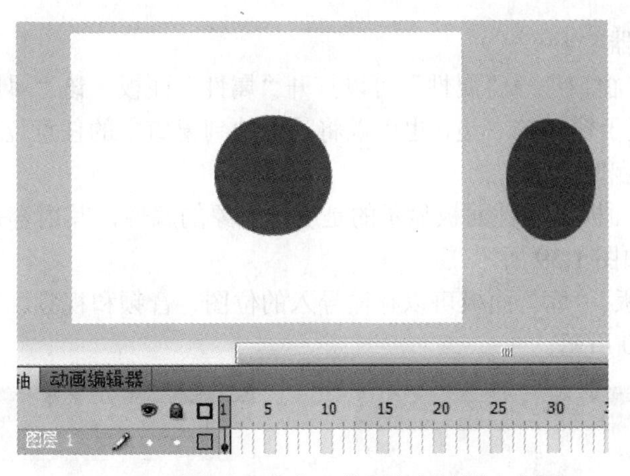

图 1.37　在舞台和灰色工作区中各绘制一个圆

② 然后选择菜单项“控制”→“测试影片”。

③ 此时在测试影片时，就发现位于舞台中的圆是可见的，而位于灰色工作区中的圆却没有显示出来。

（2）舞台可以进行缩小或者放大，这样便于更好地对舞台中的内容进行操作。单击选中“工具”面板中的“缩放工具”，将鼠标指针移动到工作区和舞台中，指针就显示为放大或者缩小模式。若当前为放大模式，按住 Alt 键后，就可以切换为缩小模式了，反之亦然。舞台的缩放还可以通过选择菜单项“视图”→“放大”、“缩小”或者“缩小比率”来操作，还可以通过选择“时间轴”面板右端的“缩小比率”来调整。

（3）舞台可以移动。有时候当舞台放大后，舞台中的内容往往会看不到，这时就需要移动舞台来查看舞台中的内容。单击“工具”面板中的“手形工具”，然后在舞台上拖动鼠标，便可以移动舞台了。

（4）在舞台上显示网格，可以便于对舞台上的对象进行定位。选择菜单项“视图”→“网格”→“显示网格”，就可以显示网格线，如图 1.38 所示。选择菜单项“视图”→“网格”→“编辑网格”可以设置网格的大小和颜色等。

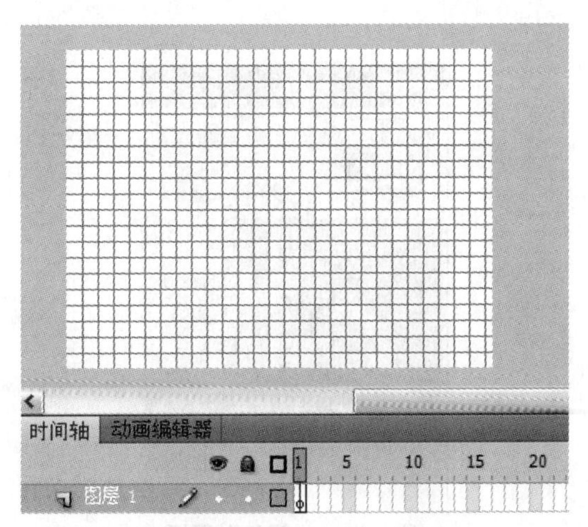

图 1.38　在舞台上显示网格

5．属性检查器

选择菜单项“窗口”→“属性”可以打开“属性”面板。该“属性”面板是一个浮动面板，一般位置于窗口的右边，也可以将其拖动到窗口中的任意位置。该面板由两个选项卡组成：属性和库。

（1）“属性”面板。属性面板显示的是所选对象的属性，其内容是随着所选对象的不同而变化的，如图 1.39 所示。

（2）“库”面板。“库”面板可以存储导入的位图、音频和视频、矢量图和创建的各种元件，如图 1.40 所示。

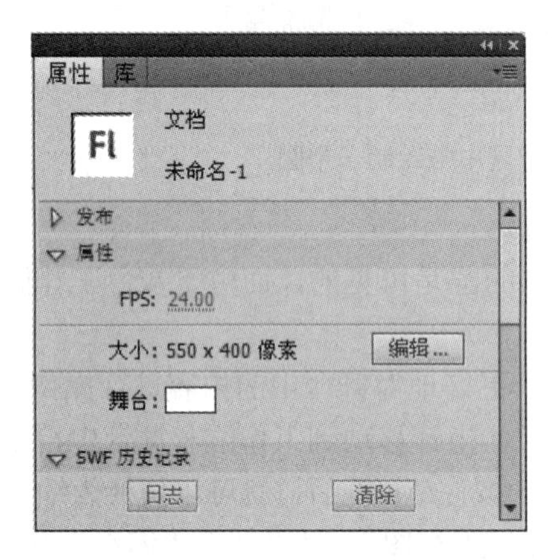

图 1.39 “属性”面板

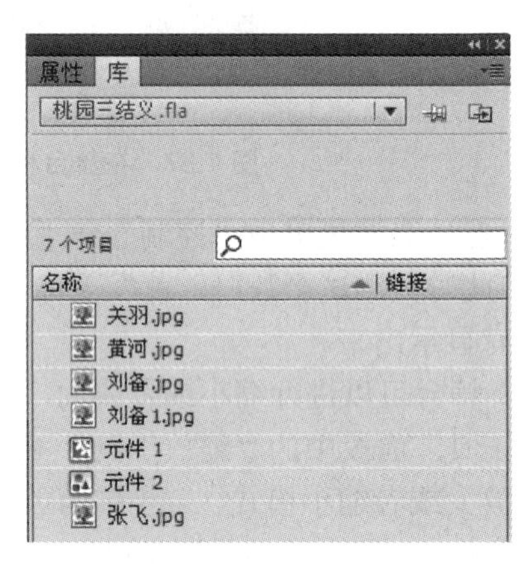

图 1.40 “库”面板

6．其他面板

Flash 中还有很多的其他面板，如“颜色”面板、“对齐”面板等。这些面板可以通过单击菜单项“窗口”，在其下拉菜单中选择要打开的面板名称的菜单项打开；如果要关闭某个面板，则只需重复上述操作。图 1.41 就是“颜色”面板。

单击面板左边分隔线上的“折叠按钮”▼可以折叠面板；拖动面板上的分隔栏可以调整面板大小；在面板名称上方的空白部分按住鼠标不放，可以移动面板到窗口的任何位置。

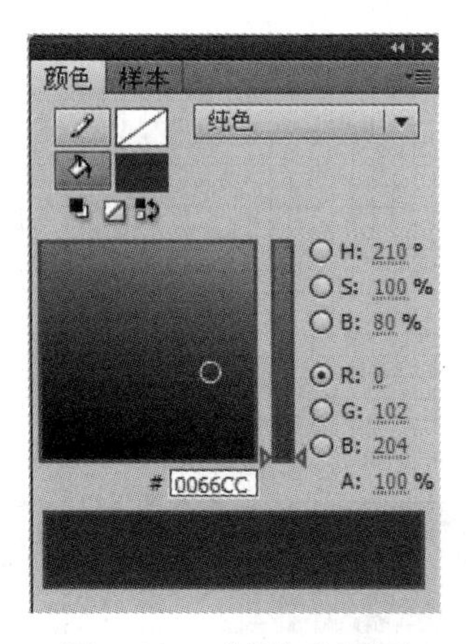

图 1.41 “颜色”面板

1.2.3 任务3 Flash CS5的文件操作

1．新建文件

选择菜单项“文件”→“新建”，弹出“新建文档”对话框，如图1.42所示。在该对话框中的“常规”选项卡选择所需要的文档类型，便可以创建新文档。也可以在“初始页面”中选择“创建新项目”下的所需项目创建新文档。

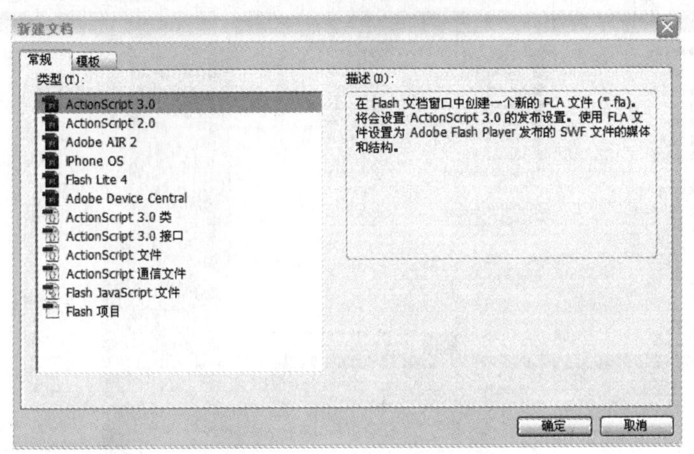

图1.42 “新建文档”对话框

2．文件的保存

创建的文档可以保存为多种类型的文件。选择菜单项“文件”→“保存”或者“文件”→“另存为”就可以将文件保存为一般的Flash文件，其格式为.fla；选择菜单项“文件”→“另保存模板”还可以保存为模板。

3．文件的打开

选择菜单项“文件”→“打开”，可以将该文件在工作窗口中打开，继续编辑。选择菜单项“文件”→“打开最近的文件”，可以在打开的列表中选择最近使用过的文件并将其打开。

4．文件的关闭

选择菜单项“文件”→“关闭”，可以将当前文件关闭。

5．文件的测试

在一个Flash文档制作完成后，往往需要预览该影片的效果，可以选择菜单项“控制”→“测试影片”，在弹出的下拉菜单中选择“测试”选项，如图1.43所示。或者按键盘上的组合键Ctrl+Enter，就可以打开播放器预览该影片的效果了。在测试影片的同时，在源文件保存的位置，自动生成一个主文件名相同、但扩展名为.swf的播放文件。

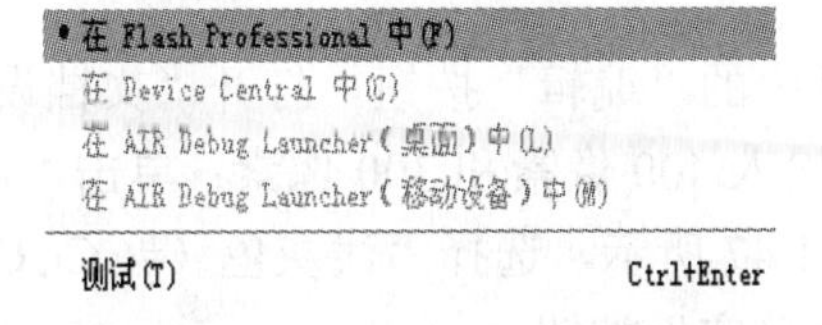

图1.43 “测试影片”下拉菜单

1.2.4 任务 4 制作第一个影片“图形变化”

通过本案例的操作，掌握应用 Flash CS5 创建、保存和测试新文档的方法，掌握文档属性的修改，了解 Flash CS5 制作动画的基本流程。

1．打开 Flash CS5 应用程序，进入该程序工作界面的开始页面，如图 1.44 所示。

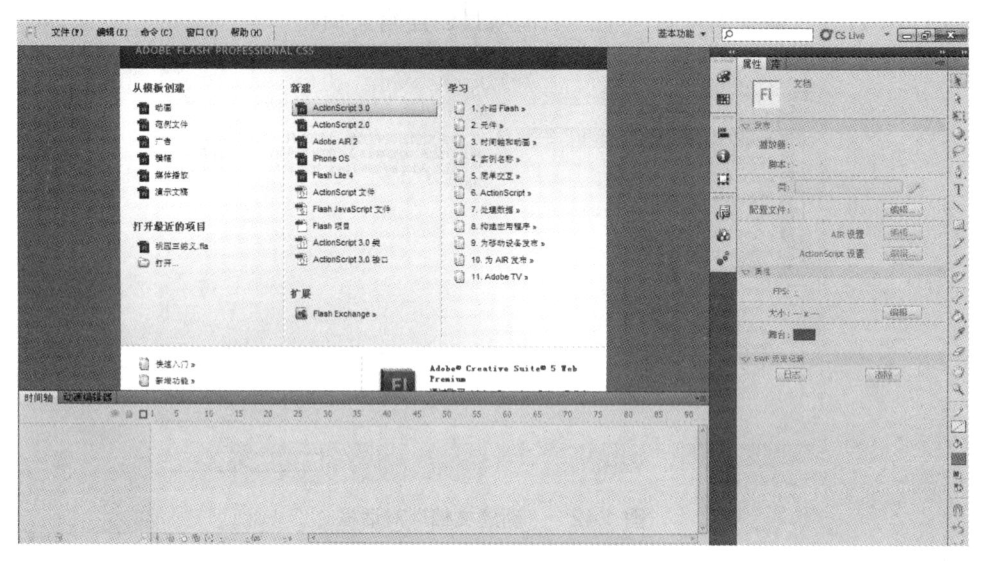

图 1.44 Flash CS5 开始页面

2．单击其中“新建”项目下的“ActionScrip3.0”，即新建了一个 Flash 文档文件，进入该文档的编辑窗口。

3．选择菜单项“窗口”→“属性”，打开“属性”面板，如图 1.45 所示。

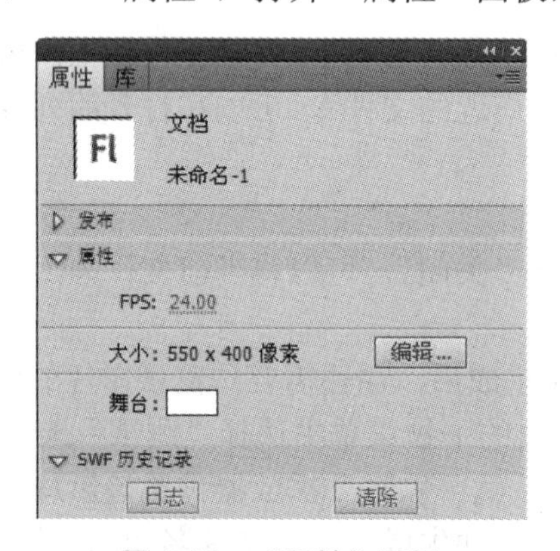

图 1.45 “属性”面板

4．单击“属性”面板中的“编辑”按钮。打开“文档设置”对话框，如图 1.46 所示。在其中尺寸文本框中输入 400 像素和 300 像素；单击“背景颜色”后的颜色块，即弹出色块选择面板，如图 1.47 所示，选择“浅灰色（#CCCCCC）”；修改“帧频”后的参数为 12fps，最后单击“确定”按钮。

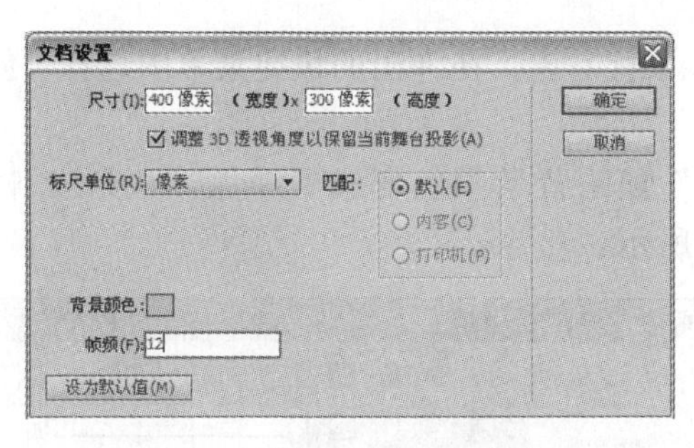

图 1.46 “文档设置”对话框

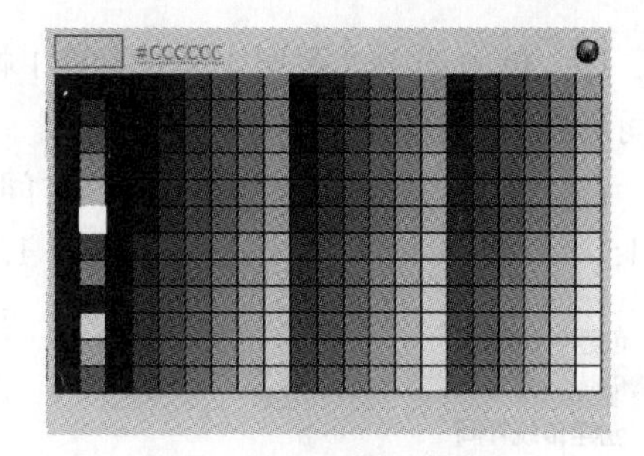

图 1.47 色块选择面板

5．单击“工具”面板中的“矩形工具”。

6．将鼠标移到舞台中，鼠标指针变成了一个黑色的“十”字形，此时按住鼠标左键拖动，就在舞台中绘制了一个矩形，如图 1.48 所示。

7．此时再看看“时间轴”面板，原来“图层 1”中第 1 帧的空心圆圈此时就变成实心圆圈，表明该帧已经有内容了。该帧的内容就是制作动画的初始状态。

8．要完成动画效果，还要确定结束状态，这样在这两个状态之间才能完成动画效果。

9．单击选中时间轴中的第 15 帧，选择菜单项“插入”→“时间轴”→“空白关键帧”，此时就将第 15 帧设置成“空白关键帧”了，如图 1.49 所示。

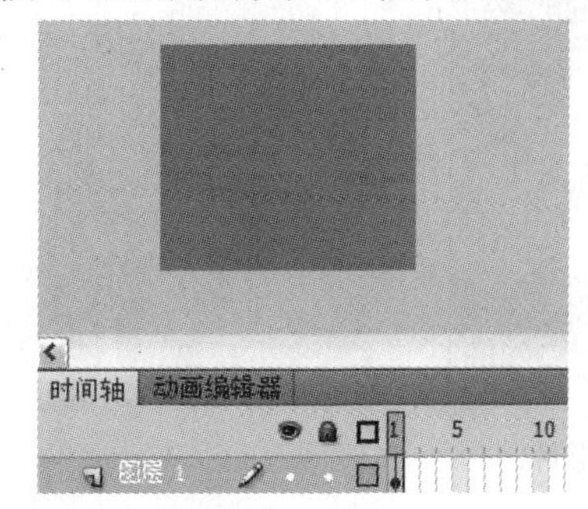

图 1.48 绘制的矩形

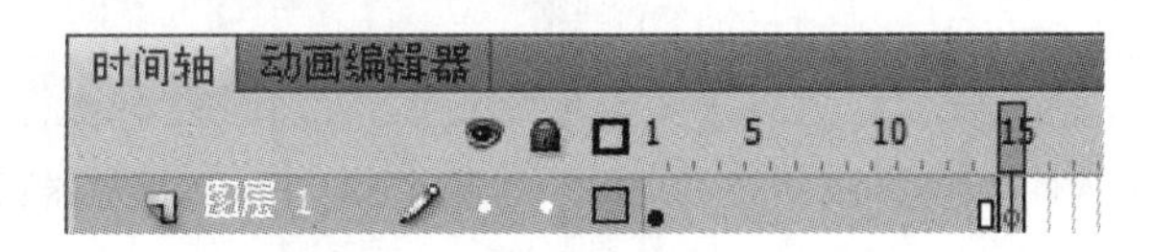

图 1.49 插入“空白关键帧”的“时间轴”面板

10．单击选中时间轴的第 15 帧，然后再单击“工具”面板中的“椭圆工具”。

11．将鼠标移到舞台，按住鼠标左键拖动，绘制一个椭圆，如图 1.50 所示。

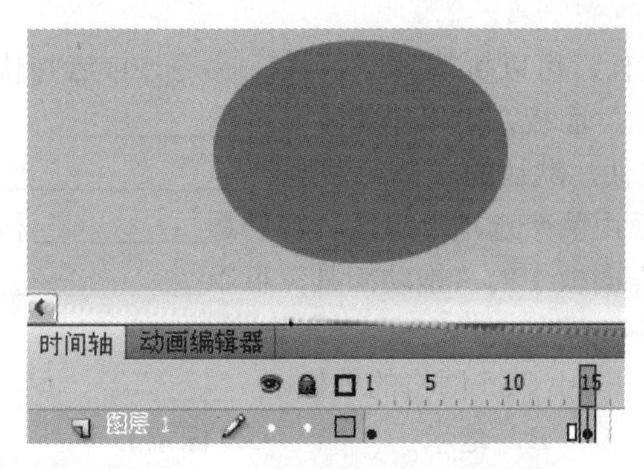

图 1.50 在第 15 帧绘制一个椭圆

12．单击选中“图层 1”中的第 1 帧。鼠标右击，在弹出的快捷菜单中选择“创建补间形状”，如图 1.51 所示。

13．到此动画即制作完毕，“时间轴”帧的背景颜色变成了绿色，从第 1 帧到第 15 帧出现了一条实线箭头，如图 1.52 所示。

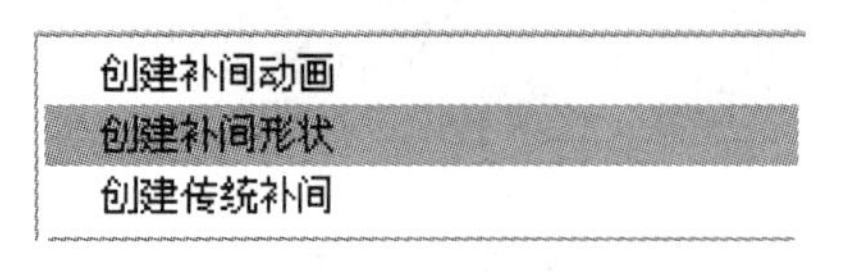

图 1.51　快捷菜单

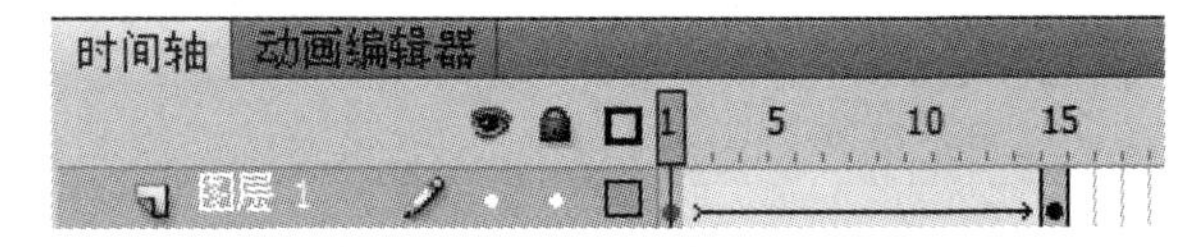

图 1.52　设置了形状补间动画的“时间轴”

14．保存文档。选择菜单项“文件”→“保存”，在弹出的“另存为”对话框中的“文件名”文本框内输入“图形变化”用做文件名称，在“保存类型”的下拉选项中选择“.fla”，最后单击“保存”按钮进行保存。“.fla”是 Flash 源文件的标准扩展名。

15．选择菜单项“控制”→“测试影片”→“测试”，即打开影片播放器窗口测试影片，如图 1.53 所示。

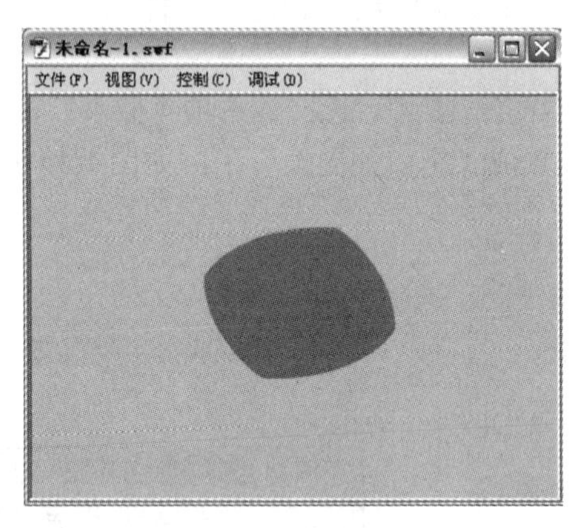

图 1.53　Flash 播放器测试影片

习题

1．填空题

（1）新建 Flash 文件，可以执行___________命令，或者按快捷键__________。

（2）如果打开“库”面板，可以单击________________。

（3）新建 Flash 文件，默认的文件尺寸是__________________。

（4）“属性”面板由两个选项卡组成，它们是__________和__________。

（5）使用“工具”面板中的“拖动工具”可以____________。

2．选择题

（1）默认情况下，Flash CS5 网格的单位是_______。

A．厘米　　B．毫米　　C．像素　　D．磅

（2）Flash CS5 中，默认的帧频是________。

A．20　　B．24　　C．12　　D．9

（3）如果已经选择了缩放舞台的工具🔍，且此时正处于放大舞台的模式，现要切换为缩小舞台的模式，可以按_______功能键。

A．Alt　　B．Shift　　C．Ctrl　　D．Tab

（4）如果一个对象处于舞台外灰色的工作区中，则这个对象在影片输出后是______。

A．可见的　　B．不可见的　　C．视情况而定

（5）如果源文件已经保存了，选择菜单项“控制”→“测试影片”，对影片效果进行测试，此时_______同名的.swf 的动画文件。

A．生成　　B．不生成

3．思考题

（1）创建 Flash 新文档有哪些方法？

（2）如果源文件已经保存了，选择菜单项“控制”→“测试影片”，对影片效果进行测试后，还会生成哪些文件？

实训一　Flash CS5 窗口操作和文档的建立

一、实训目的

1．Flash CS5 应用程序的启动。

2．Flash CS5 窗口的熟悉。

（1）Flash CS5 窗口的组成。

（2）“属性”面板、“时间轴”面板、“库”面板的显示和隐藏。

二、操作内容

1．模仿本章的范例，制作一个由椭圆变成矩形效果的动画影片。

2．保存制作完成的文件，并打开 Flash 播放器测试制作结果。

第 2 章 绘制图形

Flash 具有强大的矢量图形绘制功能，所以掌握绘图工具的使用对于制作好 Flash 作品、增强作品的表现能力是至关重要的。本章旨在通过几个案例介绍工具面板的操作方法，以及如何使用工具来绘制所需要的图形。工具面板中的工具主要可以分为基本绘图工具、选取工具、色彩工具、文本工具和编辑修改工具等几组。

2.1 项目 1 制作卡通场景“爱”

本项目是使用基本绘图工具、选取工具、色彩工具、文本工具和编辑修改工具以及导入外部位图图像等制作的一个以“爱”为主题的卡通场景，如图 2.1 所示。本项目分解为以下 7 个任务来完成。

图 2.1 项目 1“爱”效果图

2.1.1 任务1 使用基本绘图工具绘制卡通图形“角色1”

2.1.1.1 任务说明

基本绘图工具包括矩形工具、椭圆工具、多角星形工具、线条工具、铅笔工具、刷子工具和钢笔工具等。本任务主要应用这些基本绘图工具制作一个卡通图形“角色1”，如图2.2所示。

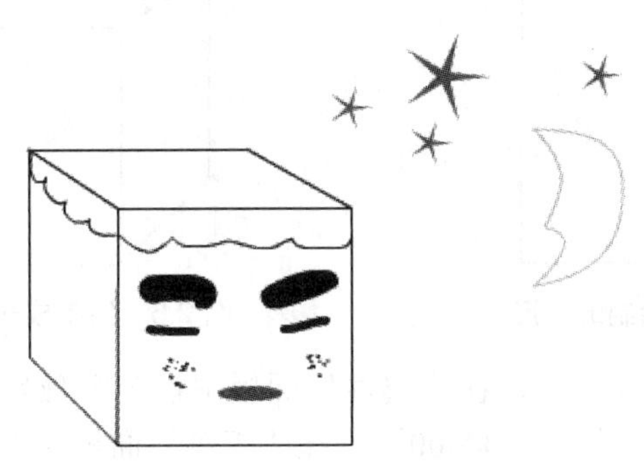

图2.2 “角色1”卡通图形

2.1.1.2 任务步骤

1．打开Flash CS5应用程序，新建一个Flash文档。选择菜单项“文件”→“保存”，将该文件命名为“项目1_爱.fla”。

2．打开该文档的“属性”面板，单击其中的“编辑”按钮，打开“文档属性”对话框并设置相关参数；标尺单位为“像素”；文档尺寸为“400像素×300像素”；背景颜色为“白色（#FFFFFF）”；帧频为“12”，如图2.3所示。

3．双击“时间轴”面板中的“图层1”，重命名为“角色1”。

4．单击选择“工具”面板中的“矩形工具”。在“属性”面板中设置矩形的边框颜色和填充色等参数，如图2.4所示。单击 后的色块，在弹出的调色板中选择颜色，将笔触颜色设置为“黑色（#000000）”；单击 后的色块，在弹出的调色板中将填充颜色设置为“白色（#FFFFFF）”；单击“样式”下拉菜单，选择笔触样式为“实线”；拖动“笔触”滑块，或者在其后的文本框中输入“1”，设置笔触粗细为1。

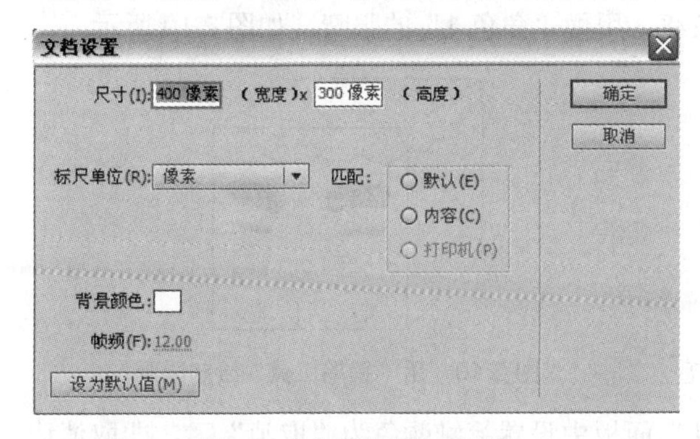

图2.3 “文档设置”对话框

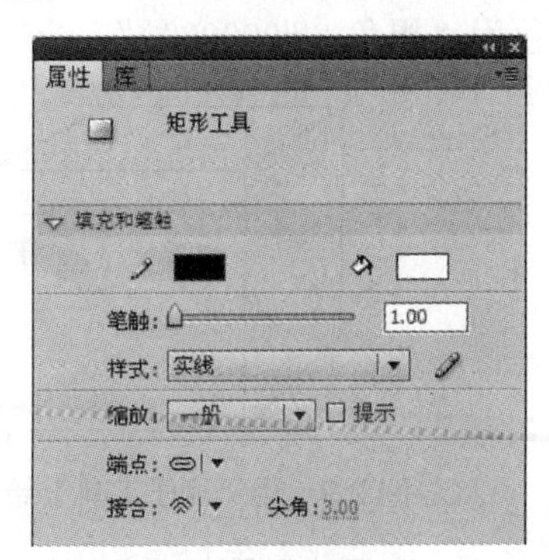

图2.4 “矩形工具”的“属性”面板窗口

5．将鼠标移到舞台中，按住左键拖动，绘制一个黑色边框白色填充色的矩形，如图 2.5 所示。

6．选择“工具”面板中的“线条工具”，在其“属性”面板中，设置笔触颜色为“黑色（#000000）”，笔触样式为“实线”，笔触高度为“1”，在前面绘制的矩形上方和左侧绘制线条，组成一个立方体，如图 2.6 所示。

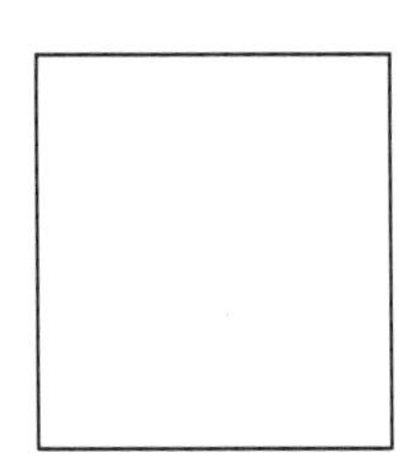

图 2.5　绘制的矩形

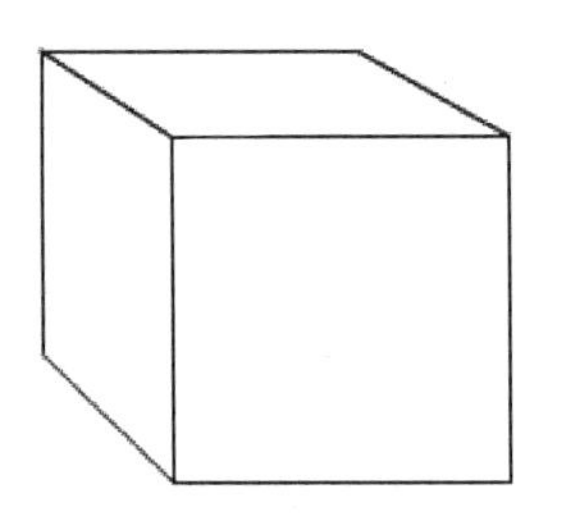

图 2.6　绘制成一个立方体

7．选择“铅笔工具”，在“属性”面板中设定笔触高度为“1”，笔触样式为“实线”，笔触颜色为“黑色（#000000）”。在“工具”面板下方的铅笔模式中选择“平滑”，如图 2.7 所示。在立方体的左侧面和正面的上方绘制两条曲线，如图 2.8 所示。

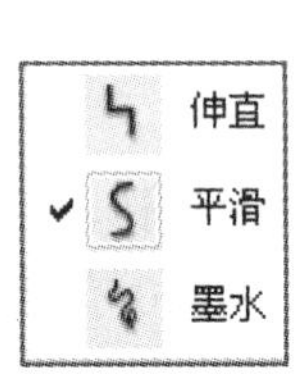

图 2.7　设置为“平滑”

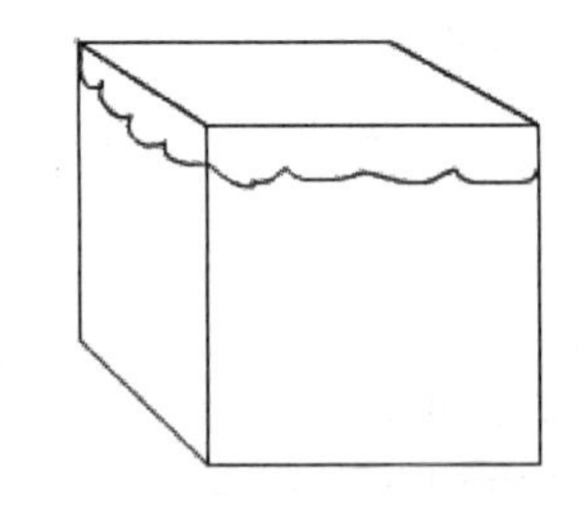

图 2.8　用“铅笔工具”添上曲线

8．选择“刷子工具”，单击“工具”面板下方“颜色”选区中的“填充颜色”，在调色板中选择“黑色（#000000）”。单击“工具”面板下方“选项”选区中的“刷子大小”，选择合适的大小，移动鼠标到所绘制的立方体上，在立方体的正面绘制两条短曲线，用做“角色 1”的眉毛，如图 2.9 所示。

9．选择“铅笔工具”，在“属性”面板中设定笔触高度为“4”，笔触样式为“实线”，颜色为“黑色（#000000）”，绘制两条线，用做“角色 1”的眼睛，如图 2.10 所示。

图 2.9　用“刷子工具”绘制眉毛

图 2.10　用“铅笔工具”绘制眼睛

10．选择“椭圆工具”，在“属性”面板中设置笔触颜色为“取消”，即取消边框；设置填充颜色为“红色（#FF0000）”。将鼠标移到舞台，在立方体的正面绘制一个椭圆，用做“角色 1”的嘴，如图 2.11 所示。

11．选择“铅笔工具”，在“属性”面板中设定笔触高度为“5”，笔触样式为“点刻线”，笔触颜色为“黑色（#000000）”，在“脸部”的两边各绘制几次。这样图形“角色 1”即绘制完毕，如图 2.12 所示。

图 2.11　用“椭圆工具”绘制嘴

图 2.12　用“铅笔工具”绘制后的效果

12．单击“时间轴”面板下方的新建图层按钮，新建一个图层，并且将该图层命名为“星”。选择“星”图层的第 1 帧。

13．单击“矩形工具”右下角的黑色按钮，将其切换为“多角星形工具”，单击选择该工具。

14．单击其“属性”面板中“笔触颜色”按钮，选择“取消”，即取消边框。单击其中的“填充颜色”，设置颜色为“浅蓝色（#0066FF）”。

15．单击其中“工具设置”的“选项”按钮，在打开的对话框中设定相应的参数，其具体参数如图 2.13 所示。

16．将鼠标移到舞台中，拖动鼠标绘制几颗大小不同的星星，如图 2.14 所示。

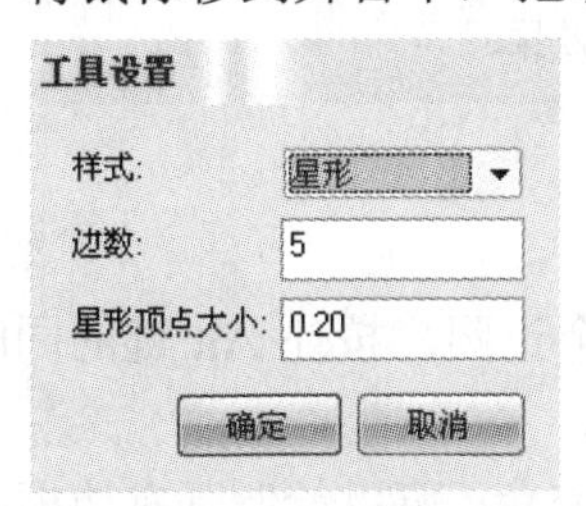

图 2.13　星形的参数

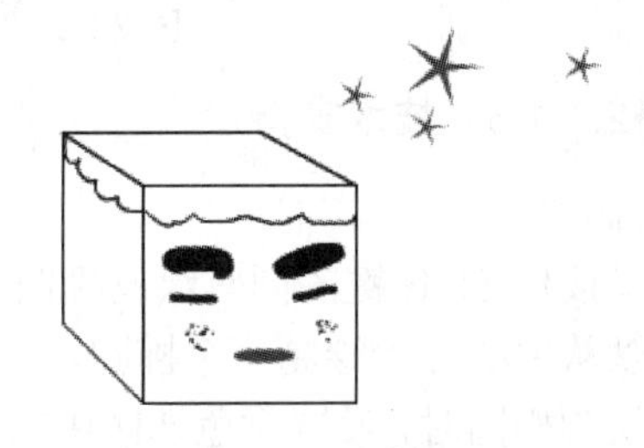
图 2.14　绘制几颗星

17．选择“钢笔工具”，在舞台中绘制一个月亮。先单击“钢笔工具”，在其“属性”面板中设定笔触颜色为“黄颜色（#FFCC00）”，笔触样式为“实线”，高度为“1”。

18．将鼠标移到舞台中单击，确定曲线的起始点，然后在单击第二点时按住鼠标左键拖曳，此时第一、二点间出现曲线，而且在第二点的位置上出现一个切线手柄。注意：不要松开鼠标，伸缩切线手柄的长度或者移动切线手柄的位置，可以调节曲线的高度和倾斜度，如图 2.15 所示。

19．依此方法，继续画点，如图 2.16 所示。

20．最后当终点和起始点重合且鼠标箭头的右下角出现一个小圆圈时单击，即可结束钢笔工具的绘制，如图 2.17 所示。结束钢笔工具绘制，可以按 ESC 键或者在按住 Ctrl

键的同时单击鼠标左键工作区的其他位置。

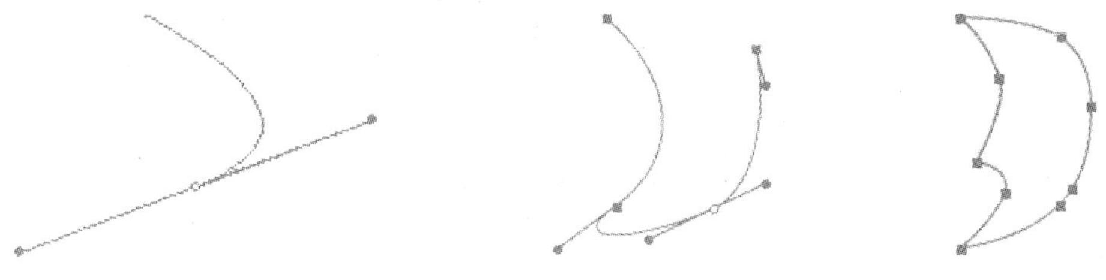

图 2.15　绘制两点后的效果　　图 2.16　绘制多点后的效果　　图 2.17　绘制结束后的效果

21．本任务制作完毕，其效果如图 2.18 所示。保存文档，测试影片。

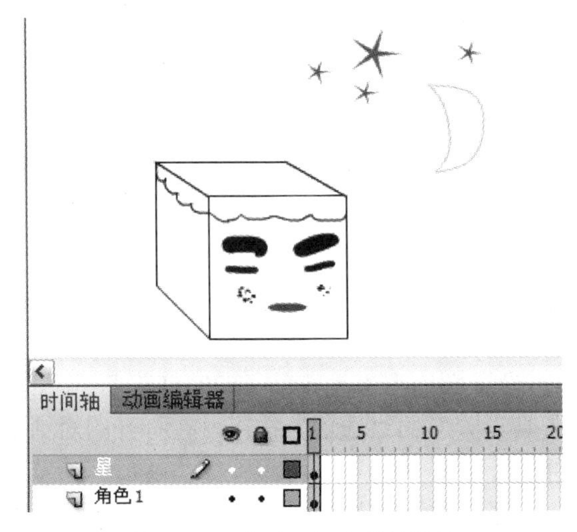

图 2.18 “任务 1”完成的效果

2.1.1.3　技术支持

1．椭圆工具

如果按住 Shift 键的同时绘制椭圆，可以绘制一个正圆。按住 Alt 键的同时绘制椭圆，可以从中心开始绘制一个椭圆。

在绘制椭圆时，设置颜色选区中的笔触颜色或填充色，可以绘制既有边框轮廓又有填充的椭圆、或者绘制只有边框轮廓而无填充的椭圆、或者绘制只有填充而无边框轮廓的三种形式的椭圆，如图 2.19 所示。

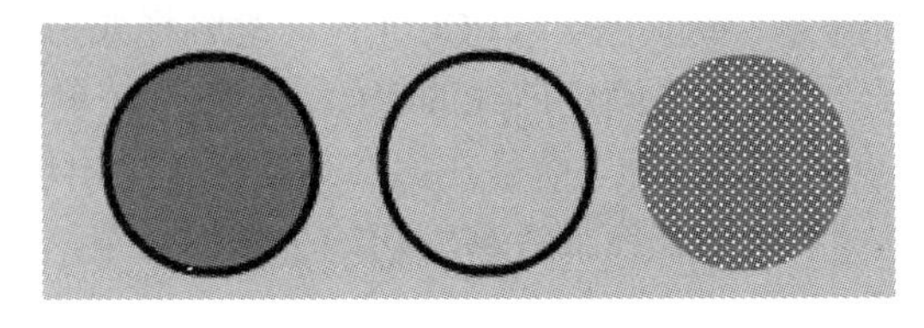

图 2.19　三种形式的椭圆

在绘制椭圆时，要注意是否选择了“工具”面板中“选项”选区中的“对象绘制”功能。该功能对所绘制的形状是有影响的，如下例：

（1）选择“椭圆工具”，注意此时不选择“工具”面板中“选项”选区中的“对象绘制”。

（2）在舞台中绘制两个不同颜色的椭圆，如图 2.20 所示。

（3）选取其中的一个椭圆移动，另一个绘制的椭圆被截取了相交的部分，如图 2.21 所示。

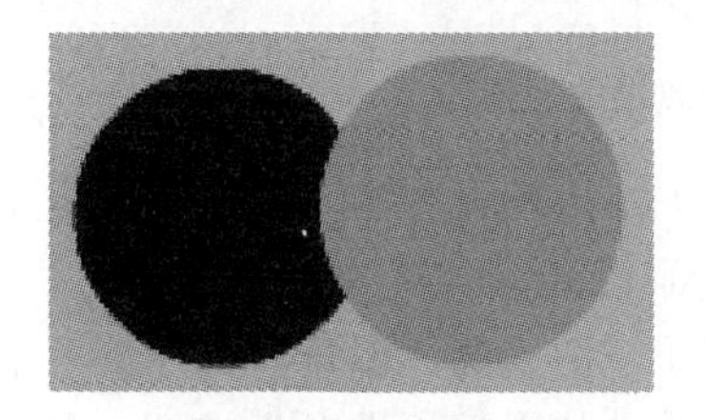

图 2.20　不同颜色的两个椭圆相交

图 2.21　左边的椭圆被截取了相交部分

（4）在舞台中使用椭圆工具重新绘制两个相同颜色的椭圆，如图 2.22 所示。

（5）发现两个椭圆合成为一个图形，如图 2.23 所示。

（6）选择“椭圆工具”，注意此时单击选择“工具”面板中“选项”选区中的“对象绘制”。

（7）在舞台中重新绘制两个任意颜色的椭圆，如图 2.24 所示。但是发现此时它们即使位置重叠也不相互影响，将它们移开后其仍然是两个独立而完整的椭圆。

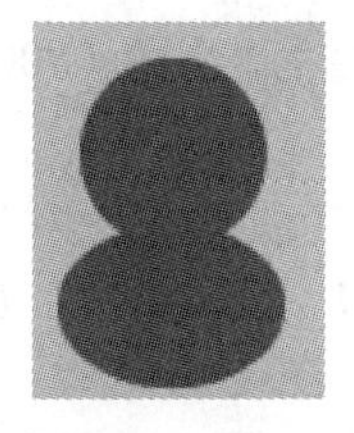

图 2.22　相同颜色的两个椭圆相交　　图 2.23　合成一个图形　　图 2.24　两个独立的椭圆

2．矩形工具

（1）如果按住 Shift 键的同时绘制矩形，可以绘制一个正方形。

（2）利用“矩形工具”可以绘制圆角矩形。选择了矩形工具后，展开“工具”面板下方的“矩形选项”栏，如图 2.25 所示，在其中可以设置矩形边角半径参数，绘制一个圆角矩形，如图 2.26 所示是一个边角半径值为“20”的圆角矩形。

单击其中的“链接”按钮，可以分别独立设置矩形的四个边角半径，如图 2.27 所示就是设置了不同的边角半径参数的效果。

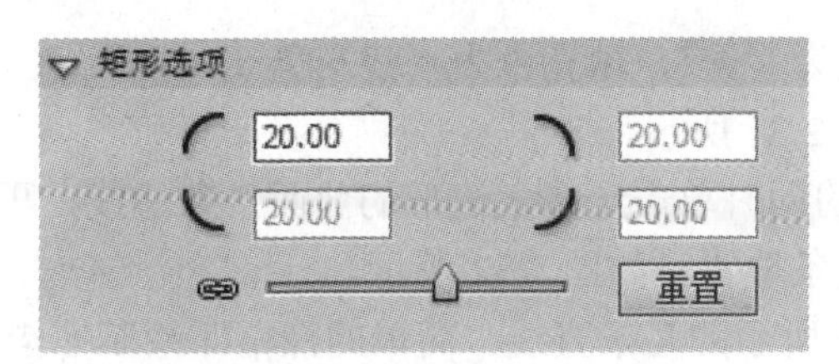

图 2.25　“矩形选项”对话框

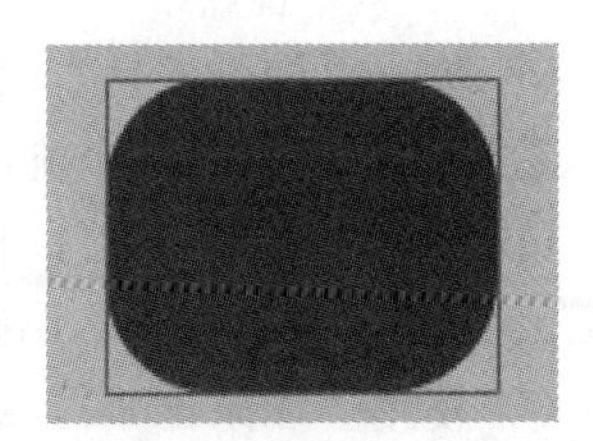

图 2.26　圆角矩形

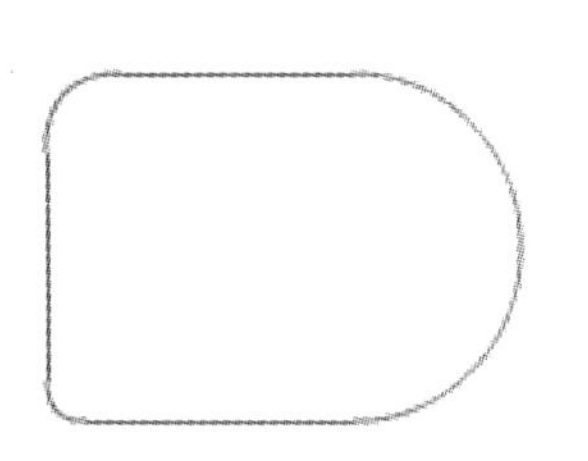
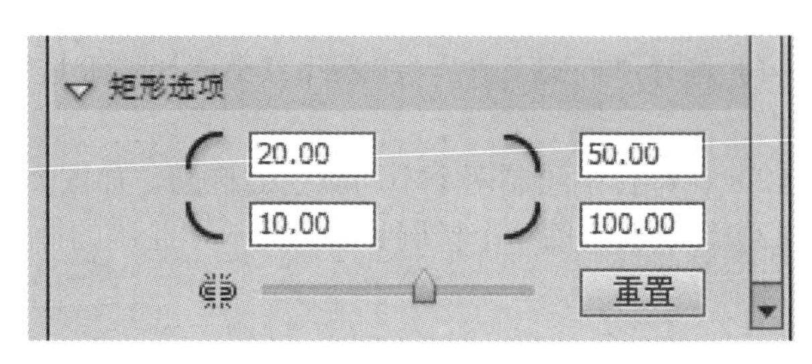

图 2.27　设置不同边角半径效果的矩形

在选择了矩形工具并用鼠标拖出一个圆角矩形后，不松开鼠标，再按住键盘上的向上、向下方向键，还可以可视化地调整矩形的边角半径。

（3）单击“矩形工具”右下角的黑色三角形按钮，切换为“多角星形工具”后，再单击“属性”面板上的“工具设置”栏将其展开，单击其中的“选项”按钮，打开“工具设置”对话框，在其中的“样式”下拉菜单中，可选择“多边形”或“星形”，如图 2.28 所示。

设置“边数”的值，可以设置多边形或者星形的顶点数，该值介于 3～32 之间。设置“星形顶点大小”值，可以设置星形顶点的锐化程度，该值介于 0～1 之间。数值越小，锐化越深，即顶点越尖。

例：绘制一个螺帽，操作步骤如下。

① 新建一个 Flash 文档。

② 选择“多角星形工具”，在其“属性”面板中设置笔触颜色为“黑色（#000000）”，填充颜色为“灰色（#CCCCCC）”。

③ 单击展开“工具设置”栏，单击“选项”按钮，打开“工具设置”对话框，在“样式”下拉菜单中选择“多边形”，设置边数为“6”，星形顶点大小为“0.5”，如图 2.29 所示。

④ 用鼠标在舞台中拖动，即可绘制一个六边形，如图 2.30 所示。

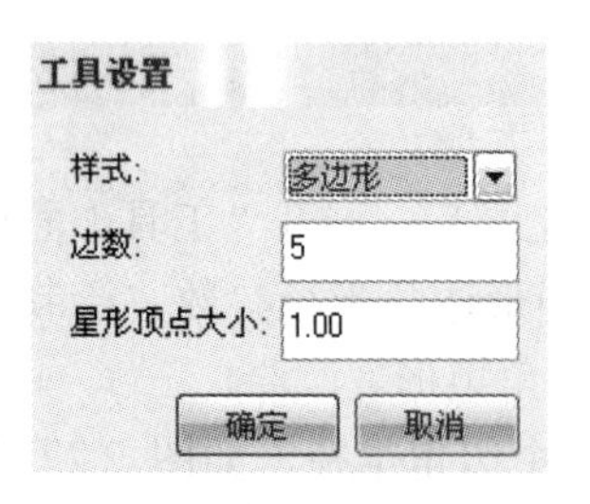

图 2.28　“工具设置”对话框

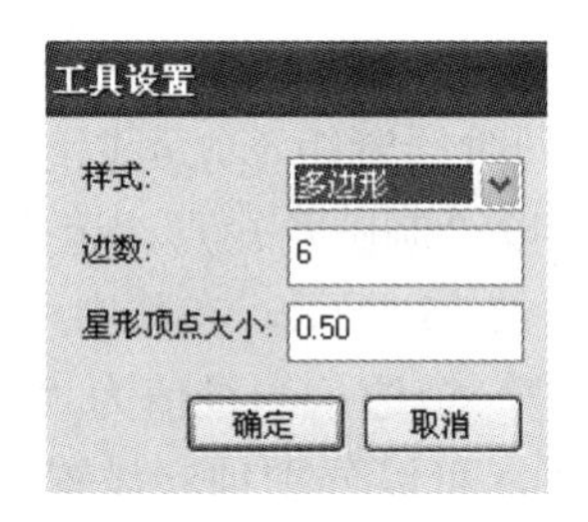

图 2.29　“多角形工具”选项参数设置

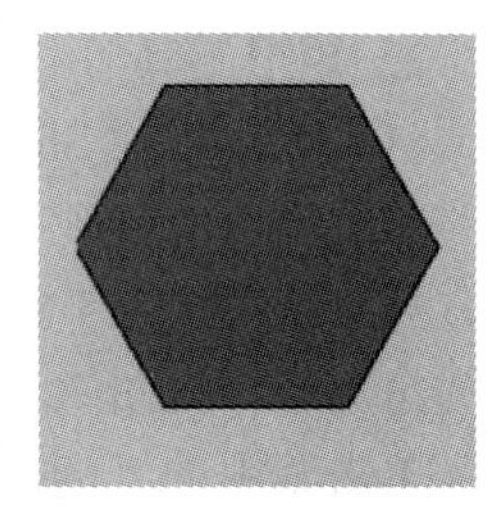

图 2.30　绘制出的六边形

⑤ 单击“椭圆工具”，设置笔触颜色为“无”，填充色为“浅灰色（#CCCCCC）”。在六边形的中间绘制一个椭圆形状，如图 2.31 所示。

⑥ 使用“选择工具”，按住 Shift 键的同时单击选择六边形的前面三条边线，再按住 Ctrl 键向下拖动复制。调整复制后的线条位置，如图 2.32 所示。

⑦ 使用“线条工具”，绘制如图 2.33 所示的几条直线。简单的螺帽即绘制完毕。

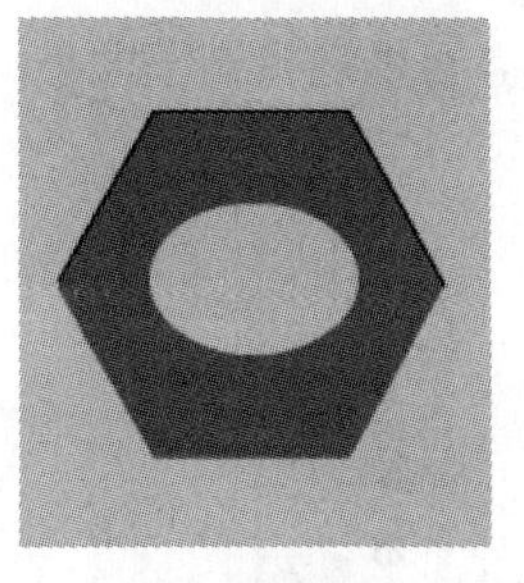

图 2.31　在六边形中间绘制椭圆

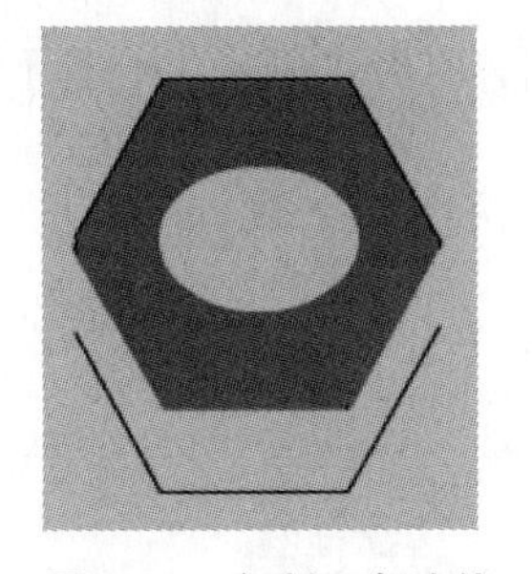

图 2.32　复制三条边线

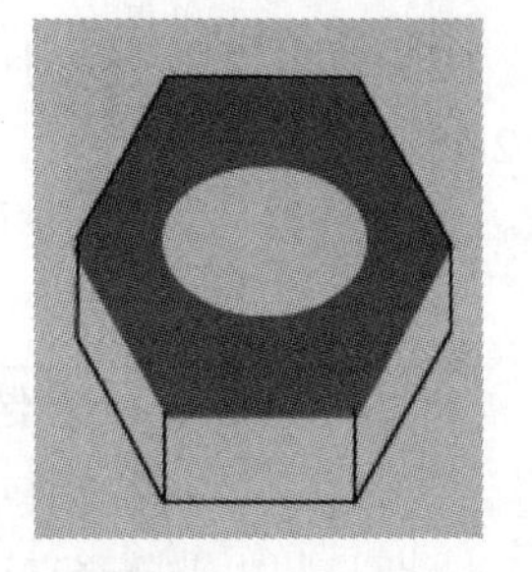

图 2.33　添加几条直线

3．线条工具

（1）如果按住 Shift 键的同时绘制直线，可以绘制一条倾角为 45° 角的整数倍的线条。

（2）当绘制两条直线相接时，可以单击该“属性”面板中的“接合”按钮，如图 2.34 所示。在弹出的下拉菜单中设置不同的接合样式，图 2.35、图 2.36 和图 2.37 就是这三种接合方式的效果图。

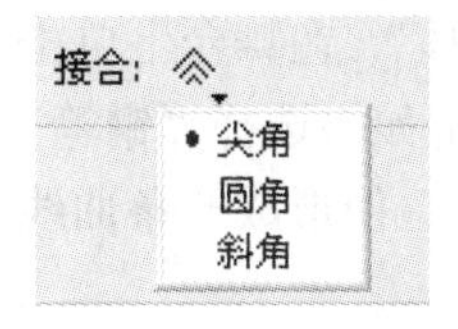

图 2.34　“接合”下拉菜单

图 2.35　尖角样式

图 2.36　圆角样式

4．铅笔工具

使用“铅笔工具”绘图和真正使用铅笔绘图相似。按住 Shift 键的同时可以绘制直线。它有三种选项模式：伸直、平滑和墨水，如图 2.38 所示。

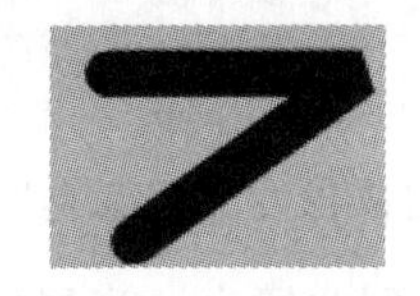

图 2.37　斜角样式

图 2.38　“铅笔工具”的三种模式

5．刷子工具

在使用“刷子工具”时，其“属性”面板中只有“填充颜色”可以设置。在绘图时，除了“刷子大小”可以设置外，还可以对“刷子模式”和“刷子形状”等进行设置。

（1）单击“刷子模式”按钮，打开“刷子模式”下拉菜单，如图 2.39 所示。刷子模式有下面 5 种模式。

① 标准绘画：直接涂抹线条或者填充。

② 颜料填充：只涂抹填充区域或者空白区域，边线不受影响。

③ 后面绘画：只涂抹空白区域，填充区域和边线不受影响。

④ 颜料选择：只涂抹被“选择工具”或者“套索工具”选取的区域。

⑤ 内部绘画：只涂抹开始使用刷子工具时所在的填充区域或者空白区域，边线不受影响。

（2）单击“刷子大小”按钮，打开“刷子大小”下拉菜单，可以选择刷子大小，如图 2.40 所示。

图 2.39 “刷子模式”下拉菜单

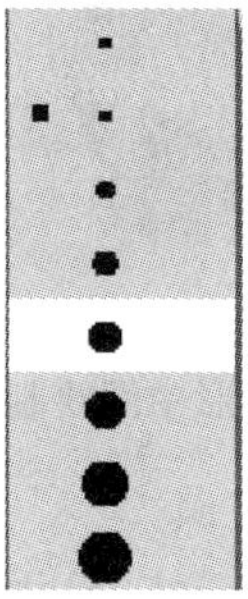

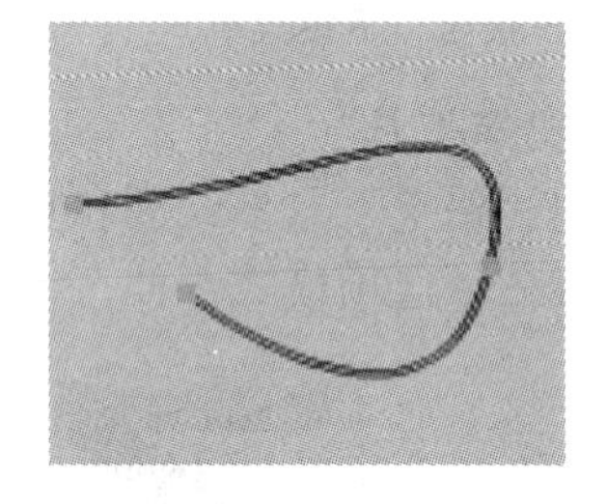

图 2.40 “刷子大小”下拉菜单

（3）如果选择了“刷子工具”，再单击“锁定填充”按钮，则在使用渐变色或者位图填充时，这一填充会扩展到整个舞台中。

6．钢笔工具

“钢笔工具”一般用于绘制一些精确的线条。使用“钢笔工具”，在舞台上单击，各个单击的点就会依次连接，形成一条折线，如图 2.41 所示。但是如果选择“钢笔工具”后，在单击各个点后按住鼠标左键不放，那么各个点依次相连时，便形成一条曲线，如图 2.42 所示。

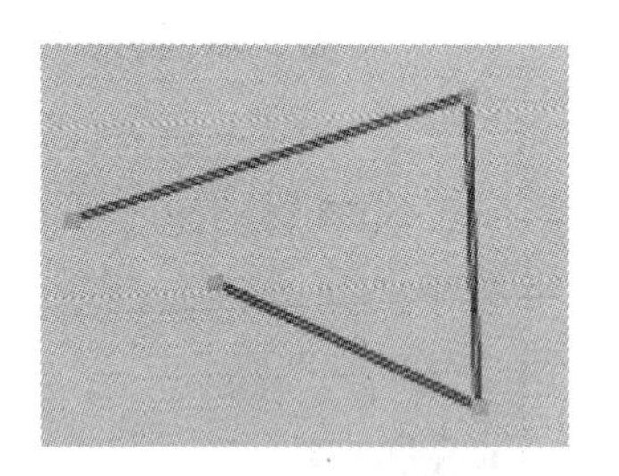

图 2.41 “钢笔工具”画出的折线

图 2.42 “钢笔工具”画出的曲线

使用“钢笔工具”中的“添加锚点工具”，鼠标移到曲线上，当鼠标下方出现一个“+”符号时单击鼠标，可以在曲线上添加一个锚点。选择“删除锚点工具”，在曲线上的锚点处，鼠标下方出现一个“–”符号时单击鼠标，就可以将该锚点删除。

要调整使用钢笔工具绘制的曲线时，通常要使用“工具”面板上的“部分选取工具”进行调整，相关内容留待后面介绍“部分选取工具”时再介绍。

2.1.2　任务 2　使用选择工具绘制“角色 2”

2.1.2.1　任务说明

选取工具包括选择工具、部分选取工具和套索工具。本任务主要是应用这些选取工具在完成任务 1 的基础上再绘制一个女性化的卡通图形“角色 2”，如图 2.43 所示。

2.1.2.2 操作步骤

1．打开 Flash CS5 应用程序，打开任务 1 中制作完成的文档“项目 1_爱.fla”。在任务 1 的操作基础上，再单击“时间轴”面板下方的新建图层按钮，新建一个图层，并将该图层重命名为“角色 2”。

2．选择“角色 2”图层的第 1 帧。单击选择“工具”面板中的“矩形工具”。在“属性”面板中设置矩形的边框颜色和填充色等参数，如图 2.44 所示。单击 后的 色块，在弹出的调色板中选择颜色，将笔触颜色设置为“黑色（#000000）”；单击 后的色块 ，在弹出的调色板中将填充颜色设置为“白色（#FFFFFF）”；单击“样式”下拉菜单，选择笔触样式为“实线”；拖动“笔触”滑块，或者在其后的文本框中输入“1”，设置笔触粗细为 1。

图 2.43 “角色 2”的效果

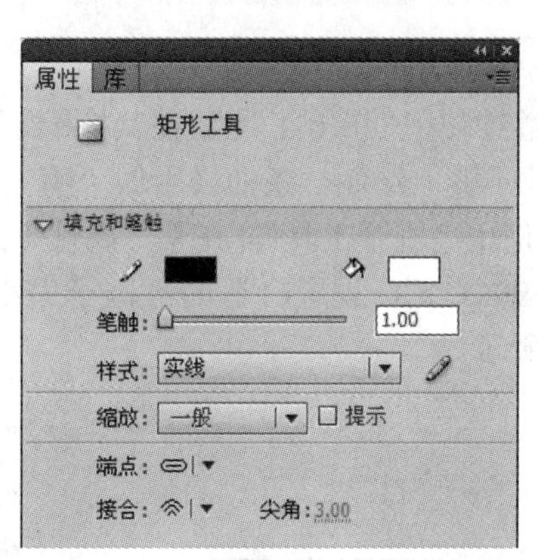

图 2.44 设置“属性”面板的参数

3．将鼠标移到舞台中，按住左键拖动，绘制一个黑色边框、白色填充色的矩形，如图 2.45 所示。

4．选择“工具”面板中的“线条工具”，在其“属性”面板中，设置笔触颜色为“黑色（#000000）”，笔触样式为“实线”，笔触高度为“1”，在前面绘制的矩形上方和右侧绘制线条，组成一个立方体，如图 2.46 所示。

5．再使用“线条工具”，保持前面的属性设置，在立方体的正面再绘制三条直线，效果如图 2.47 所示。

图 2.45 绘制的矩形

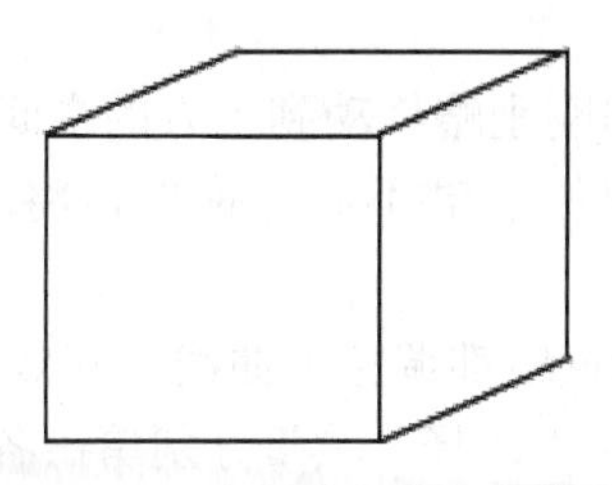

图 2.46 绘制成一个立方体

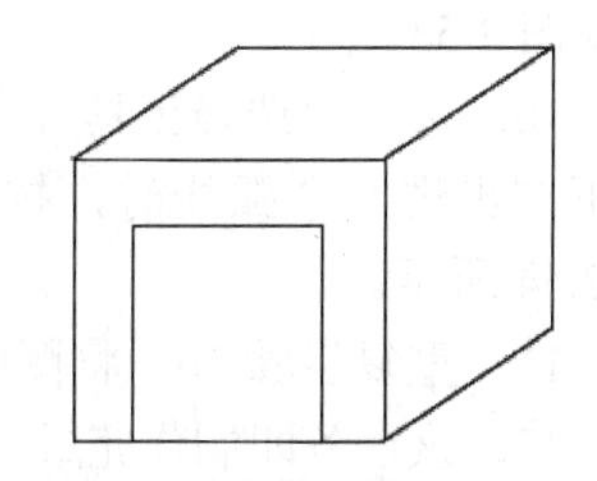

图 2.47 绘制出三条直线

6．选择“工具”面板中的“铅笔工具”，在其“属性”面板中，设置笔触颜色为“黑色（#000000）”，笔触样式为“实线”，笔触高度为“4”，如图 2.48 所示；在立方体的正面小矩形中，绘制两个直线用做“眉毛”，如图2.49所示。

图2.48 设置笔触参数

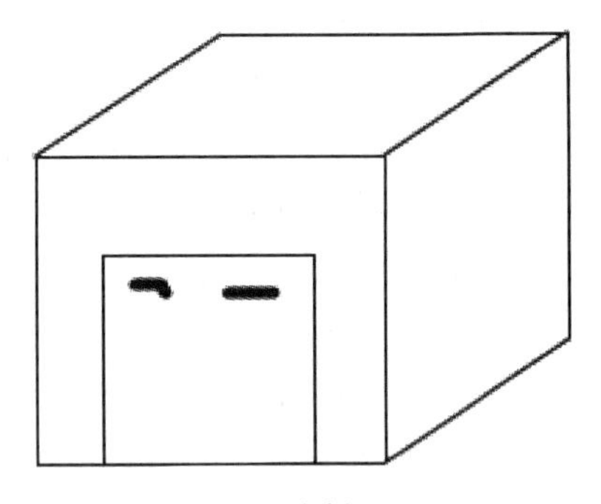

图2.49 绘制“眉毛”

7. 继续使用“铅笔工具”，在其“属性”面板中，设置笔触颜色为“红色（#FF0000）”，其他参数不变。绘制一条曲线用做“嘴”，如图2.50所示。

8. 使用“刷子工具”，在其“属性”面板中，设置笔触颜色为无，填充颜色为“粉色（#FF99CC）”，设置合适的“刷子大小”，如图2.51所示；绘制两个“腮红”，如图2.52所示。

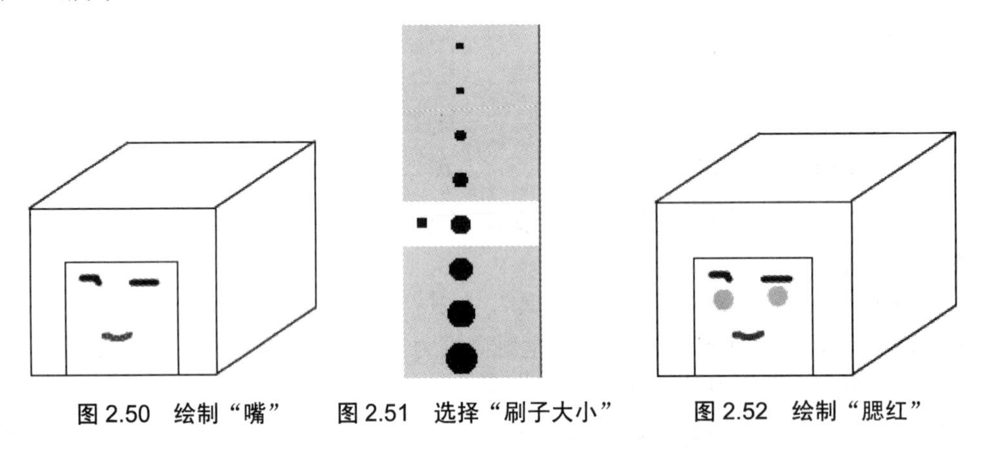

图2.50 绘制“嘴”　　图2.51 选择“刷子大小”　　图2.52 绘制“腮红”

9. 选择“选择工具”，单击选择角色2脸部最下方中间的线段，略向上移动，其效果如图2.53所示。

10. 选择“选择工具”，指向刚刚略移动到上方的中间线段，当鼠标指针变为箭头右下方出现一个弧线时，按住鼠标左键不放并拖曳，将边线调整成弧线，其效果如图2.54所示。

11. 重复步骤10，将图中的直线都调整为曲线，其效果如图2.55所示。

12. 该任务即制作完成，使用“选择工具”分别单击各个图层的第1帧，可以分别选定“角色1”、“角色2”和“星”三个对象，分别调整它们的位置，其总体效果如图2.56所示。

13. 该任务制作完成，保存文档，测试影片。

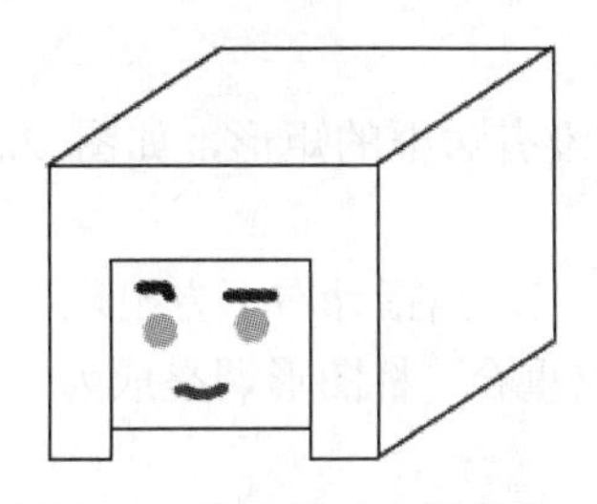

图 2.53 向上移动中间线段

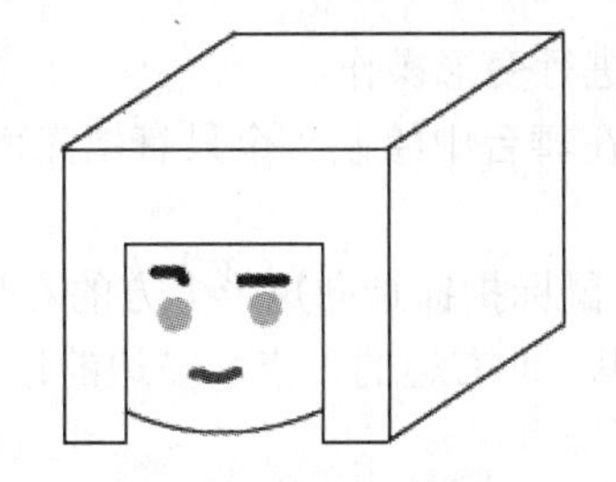

图 2.54 调整中间线段为曲线

图 2.55 调整其他直线为曲线

图 2.56 完成任务 2“角色 2”绘制后的效果

2.1.2.3 技术支持

1．选择工具

使用“选择工具”单击一个对象时，可以选中单击的部分。如绘制一个既有边框又有填充色的椭圆，使用“选择工具”单击边框，此时边框被选中，而填充不被选中，如图 2.57 中左边的部分。若单击填充，则填充被选中，边框不被选中，如图 2.57 中的中间部分。

按住 Shift 键不放，连续单击对象的多个不同部分，可以选择这些部分。如果按住 Shift 键不放，连续在边框和填充上单击，则此时边框和填充都被选中，如图 2.57 中的右边部分。

使用“选择工具”后，按住鼠标左键不放并拖曳，拖出一个矩形框，则该矩形框所框选的部分即被选中，如图 2.58 所示。

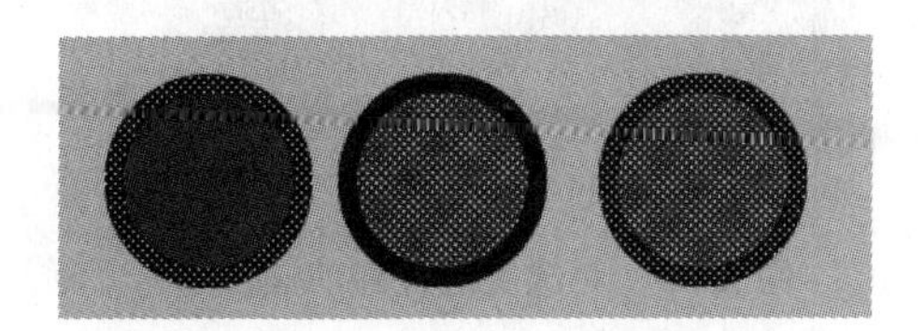

图 2.57 选择的不同对象

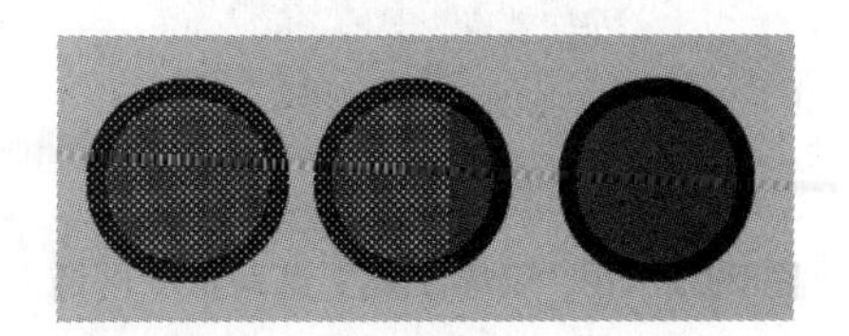

图 2.58 框选中的部分被选中

可以使用“选择工具”进行变形操作。

（1）选择“矩形工具”在舞台中绘制一个只有填充而没有边框的矩形，如图 2.59 所示。

（2）选择“选择工具”，鼠标指针指向矩形上方的右顶点，当指针右下方出现“L”形状时，按住左键不放并拖曳，使右边的顶点和左边的顶点重合，将图形调整成为一个三角形。

（3）为了便于顶点重合，可以选择菜单项“视图”→“贴紧”→“贴紧对象”，将其勾选。顶点重合的效果如图 2.60 所示。

（4）选择“选择工具”，鼠标指针指向三角形的边线，指针右下方出现弧线形状时，按住左键不放并拖曳，将其调整成圆弧形，如图 2.61 所示。

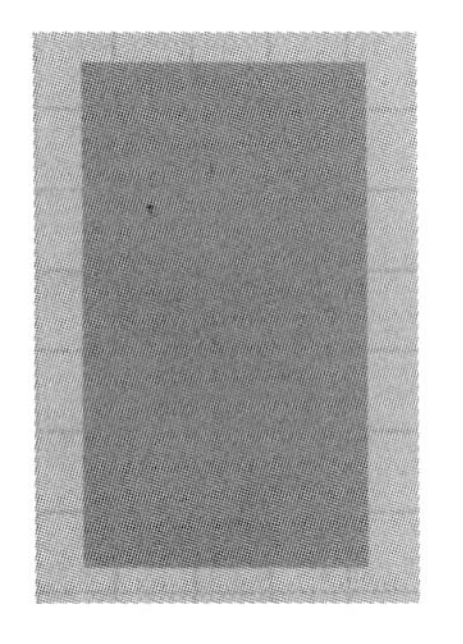

图 2.59　无边框的矩形

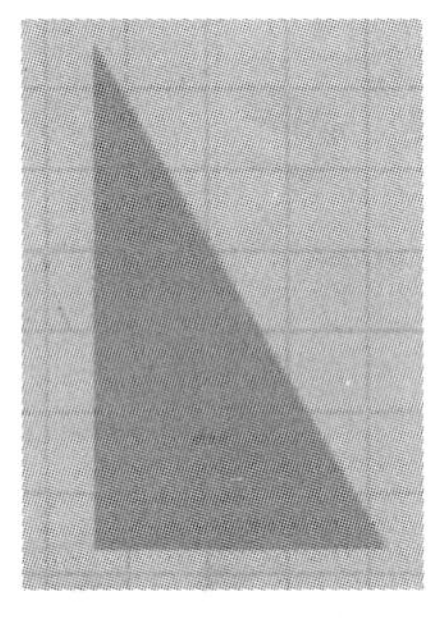

图 2.60　顶点重合成三角形

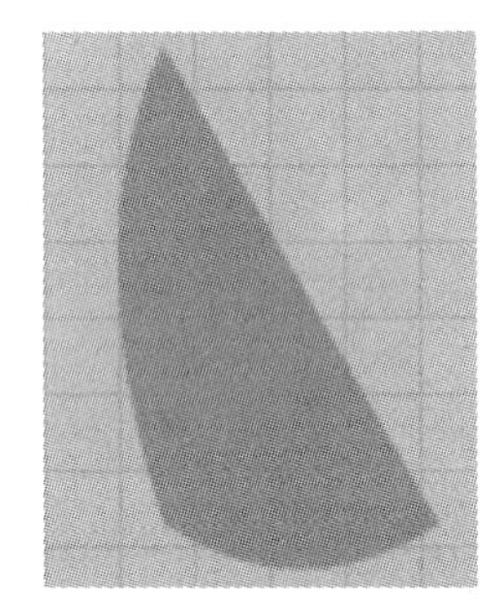

图 2.61　边线调整成圆弧形

2．部分选取工具

使用“部分选取工具”在边框轮廓线上单击时，可以显示轮廓线上的锚点。按住锚点进行拖动，可以调整控制点的位置；或者按住控制柄进行拖动，可以改变切线的方向，从而改变曲线的曲度。移动锚点还可以按键盘上的四个方向键来调整。

3．套索工具

“套索工具”也可以用来部分或全部选取对象。选取该工具，将鼠标移到舞台中，可以像“铅笔工具”一样自由地绘制线条。当绘制线条的起点和终点重合时，生成的闭合区域就是选取的对象。

（1）使用“矩形工具”在舞台中绘制一个填充色任意的图形。

（2）选择“套索工具”在矩形图形中绘制一个区域，如图 2.62 所示。

（3）该区域就是选取的对象，可以对其进行操作，如移动等，如图 2.63 所示。

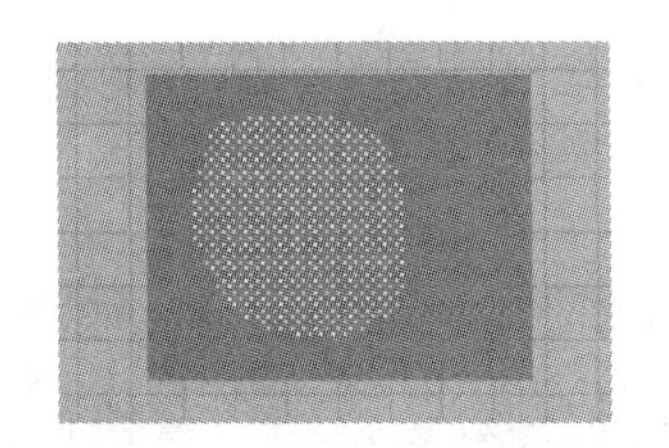

图 2.62　用“套索工具”选取任一区域

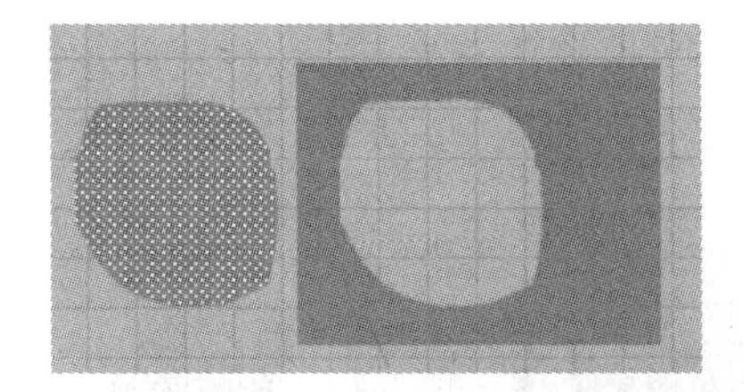

图 2.63　对选区进行移动操作

在“套索工具”的“选项”选区中还可选择“魔术棒”和“多边形模式”两种模

式，如图 2.64 所示。用“多边形”模式选取时，就是绘制出一个直多边形的选区，如图 2.65 所示。

单击选择“选项”中的“魔术棒”工具，它只能用于选择被分离为以像素为单位的位图，而且它一般用来选择对象上颜色相近的区域，通常在选择这个区域时，结合“魔术棒设置工具”进行选择，单击“魔术棒设置” 工具，打开“魔术棒设置”对话框进行参数设置，如图 2.66 所示。在该对话框中的“阈值”参数中可以输入 0～200 之间数值，该数值越小，表示可以选择的颜色越相近。“平滑”用来定义所选区域的边缘的平滑度。最后单击“确定”按钮。在对“魔术棒设置工具”的参数进行设置后，就可以使用“魔术棒工具”进行区域的单击选择了。

图 2.64 “套索工具”的选项

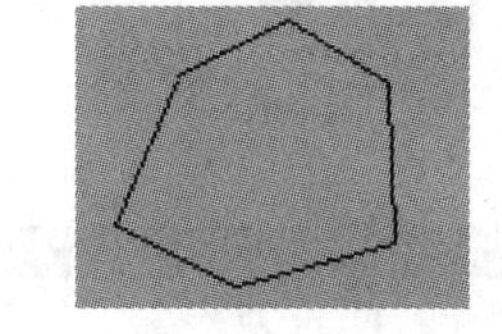

图 2.65 直多边形的选区

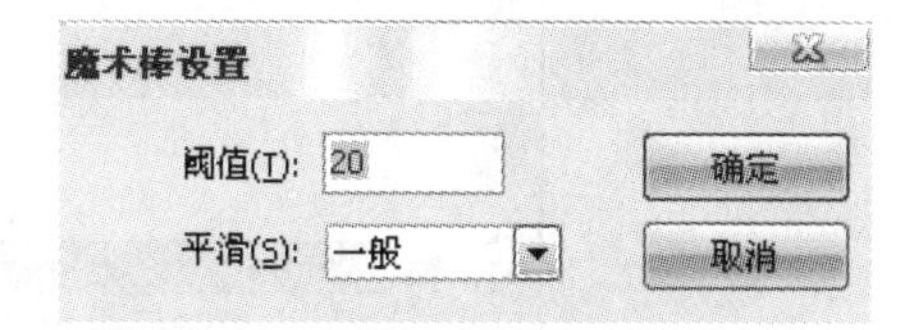

图 2.66 “魔术棒设置”对话框

2.1.3 任务 3 为“角色 1”和“角色 2”图形填充色彩

2.1.3.1 任务说明

色彩工具包括颜料桶工具、墨水瓶工具、滴管工具和填充变形工具。应用这些工具，可以制作出非常美妙的图形效果和神奇的动画效果。本任务主要是应用色彩工具对任务 1 完成的“角色 1”、“角色 2”和“月亮”以及背景等填充色彩，以增强图形的效果。本任务最后的效果如图 2.67 所示。

图 2.67 “角色 1”色彩填充后的效果图

2.1.3.2 操作步骤

1．打开 Flash CS5 应用程序，打开任务 2 中制作完成的文档“项目 1_爱.fla”，如图 2.68 所示。

图 2.68　“项目 1_爱.fla”文件

2．在任务 2 操作基础上，进行色彩设置。首先设置“角色 1”头发的颜色。单击“工具”面板中的“颜料桶”工具，然后单击“属性”面板中的“填充颜色”按钮，在打开的调色板面板中选择黑色（#000000），如图 2.69 所示。

3．移动鼠标到舞台中，其指针呈一个颜料桶形状。移动鼠标指针到图形立方体的上面、左侧面和前面部分单击，将这些部分填充为黑色。注意：此时若发现颜色填充不了，可以单击“选项”选区中的“空隙大小”按钮，在弹出的下拉菜单中选择一个合适的空隙模式，以保证能够填充得上颜色，如图 2.70 所示。

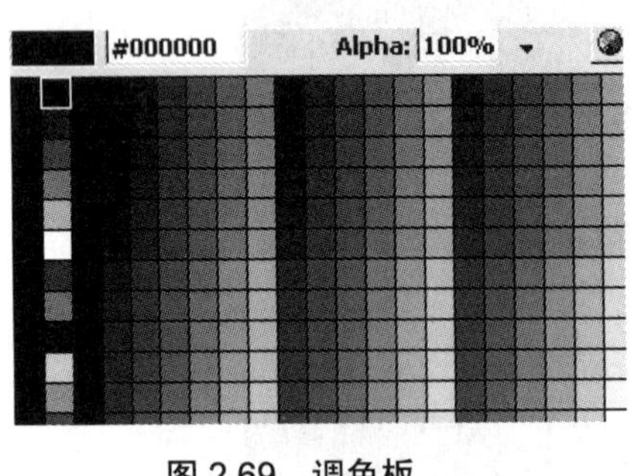

图 2.69　调色板

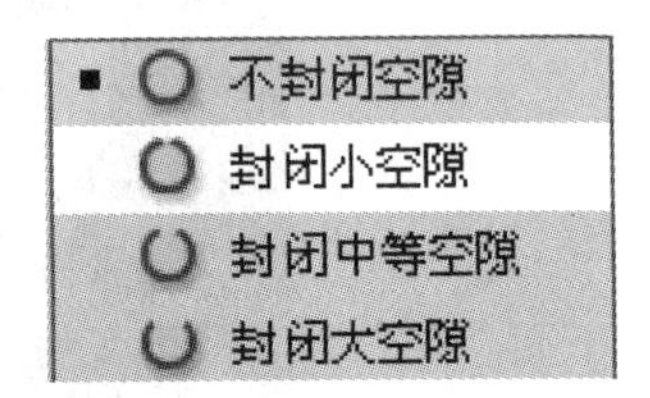

图 2.70　“空隙大小”菜单

4．填充颜色后的效果如图 2.71 所示。

5．设置“角色 2”的颜色。选择“颜料桶”工具，单击“属性”面板中的“填充颜色”按钮，在打开的调色板面板中选择深黄色（#FFCC00）。将鼠标移到“角色 2”头发区域单击，如图 2.72 所示。

图 2.71　填充“角色 1”头发的颜色

图 2.72　填充“角色 2”头发的颜色

6．下面设计背景色。原先的背景为白色，若从文档背景色来修改，都只能使用一种单纯的颜色用做背景，这样未免单调，下面设计用一种渐变色来用做图形的背景。

7．单击图层面板下方的“新建图层”按钮，新添加一个图层。鼠标双击新图层的名称，将其重命名为“背景”，如图 2.73 所示。

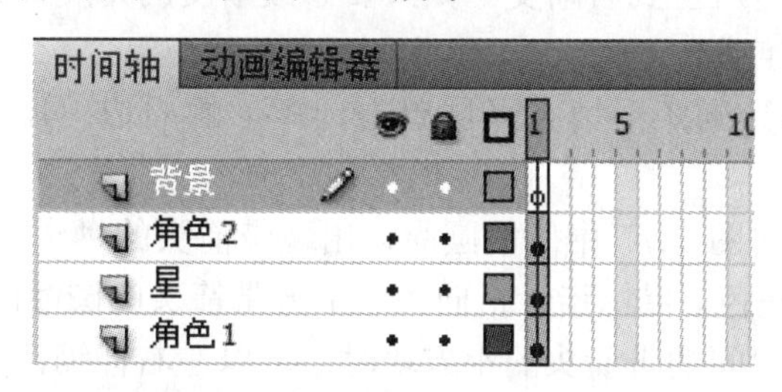

图 2.73　新建图层命名为“背景”

8．选择图层“背景”，选择“矩形工具”，在“属性”面板中设置笔触颜色为“取消”，填充颜色为黑白线性渐变。

9．选择菜单项“窗口”→“颜色”，打开“颜色”面板。在其中的“渐变定义栏”中设置左边颜色块为“灰色（#CCCCCC）”，右边的颜色块设置为“海蓝色（#000066）”，如图 2.74 所示。

10．然后将鼠标移到舞台，绘制一个大矩形，如图 2.75 所示。

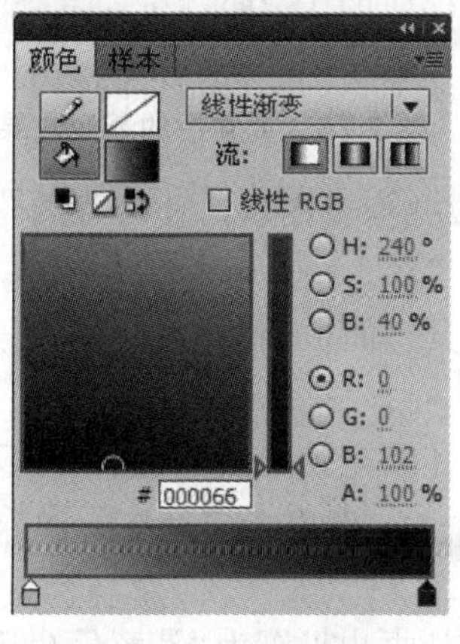

图 2.74　混色器的参数

图 2.75　绘制渐变色的矩形

11．使用“选择工具”选择该矩形，打开“属性”面板，设置其大小和位置，具体参数如图2.76所示。

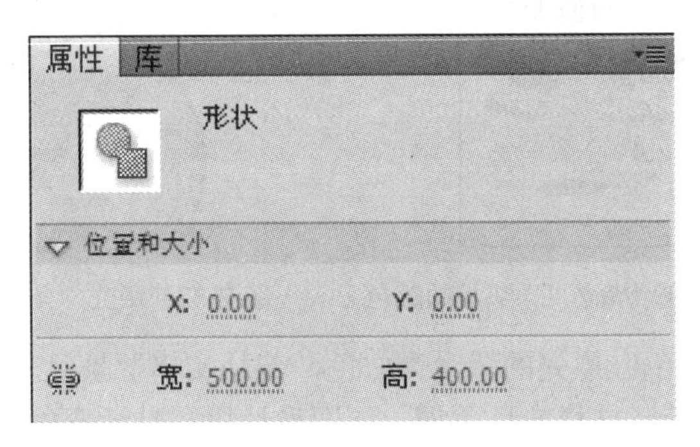

图2.76　设置位置和大小

12．默认的渐变是从左到右渐变。如果要修改渐变的角度，此时可以单击“工具”面板中的“填充变形工具”。

13．移动鼠标指针到矩形填充区域单击，矩形的周边出现了控制点，如图2.77所示。

14．鼠标指针指向图2.77中间的圆圈，出现带箭头的“十”字形时，按住鼠标拖动，可以移动整个填充色。鼠标指针指向图中上方带箭头的圆圈时，可以旋转填充的角度。鼠标指针指向图中间的带箭头的小方块时，可以左右伸缩，调整渐变的过渡。

15．按上述操作将水平方向的线性渐变调整为垂直方向，其效果如图2.78所示。

图2.77　“填充变形工具”控制点

图2.78　调整后的渐变效果图

16．单击选中图层“背景”，按住鼠标左键不放并拖曳图层，使“背景”图层位于所有图层的下方，如图2.79所示。

17．下面填充“月亮”的色彩。单击选择“工具”面板中的“颜料桶工具”，设置填充颜色为“浅黄色（#FFCC666）”。

18．用鼠标在月亮图案的内部填充上单击，将其填充为“浅黄色（#FFCC66）”。

19．选择“工具”面板中的“墨水瓶工具”，再单击“属性”面板中的“笔触颜色”，设置为“浅黄色（#FFCC66）”。

20．移动鼠标到月亮图案的轮廓线部分单击，将边框也设置为“浅黄色（#FFCC66）”。

21．将月亮图案的轮廓线全选中。

图 2.79 图层和设置了背景后的效果图

22．选择菜单项“修改”→“形状”→“将线条转换为填充”。

23．选择菜单项“修改”→“形状”→“柔化填充边缘”，弹出“柔化填充边缘”对话框，在其中设置相应的参数，如图 2.80 所示。

24．设置后的月亮图案的效果如图 2.81 所示。

25．该任务制作完成，保存文档，测试影片。

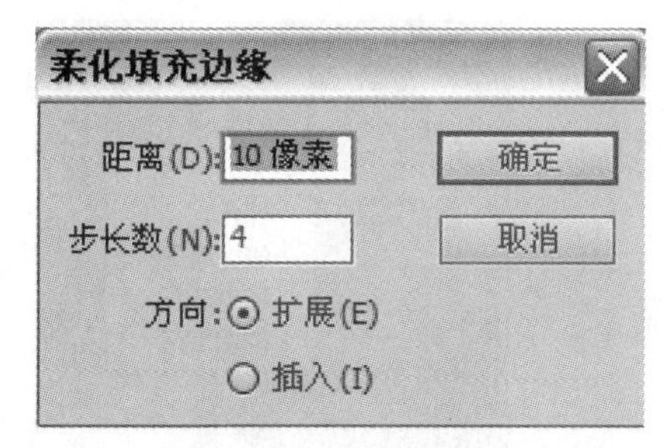

图 2.80 “柔化填充边缘”对话框的有关参数

图 2.81 柔化填充边缘后的月亮图案

2.1.3.3 技术支持

1．颜料桶工具

“颜料桶工具”可以给对象填充颜色。在填充颜色时，可以设置颜色为纯颜色或者渐变色。“颜料桶工具”在填充时，应注意“选项”选区的“空隙大小”和“锁定填充”。如果发现用“颜料桶工具”无法填充上颜色，首先要看看有没有选择“锁定填充”功能，一旦选取该工具，就无法填充颜色了。另外还要检查“空隙大小”的模式是否合适，有时区域看似封闭，其实还有空隙，此时应该放大视图来检查区域是否封闭，然后再选择合适的模式进行填充。

2．墨水瓶工具

“墨水瓶工具”可以给对象添加轮廓线，或者改变轮廓线的颜色、笔触高度和笔触样式等属性。如下例：

（1）选择“椭圆工具”，先设置其无轮廓线但有填充，且在“填充色”调色板中选择一个径向渐变的模式，然后绘制一个红色的小球，如图 2.82 所示。

（2）选择“墨水瓶工具”，打开该工具的“属性”面板，在其中设置笔触样式为“虚线”，笔触高度为“5”，笔触颜色为“白色（#FFFFFF）”，此时效果如图 2.83 所示。

图 2.82　无轮廓线的小球

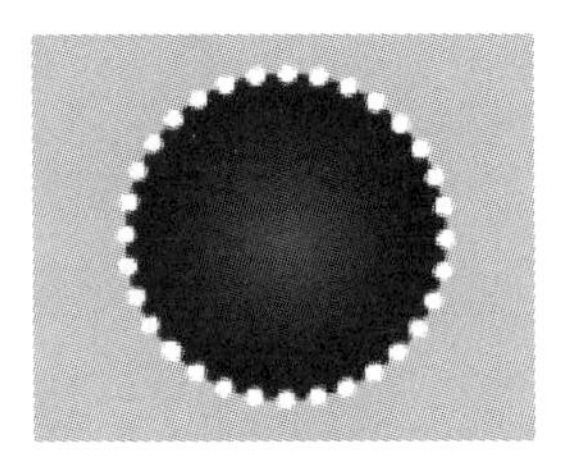

图 2.83　添加轮廓后的小球

3．颜色面板

当对图形颜色进行一些特殊的处理时，常常要用到“颜色”面板。选择菜单项“窗口”→“颜色”，可以打开或关闭“颜色”面板，如图 2.84 所示。“颜色”面板上有“颜色”和“样本”两个选项卡。“颜色”选项卡中有以下参数：

（1）“笔触颜色”按钮，用于设置线条颜色。

（2）单击“类型”右边的按钮，可以设置填充类型，如图 2.85 所示。有“无”、“纯色”、“线性渐变”、“径向渐变”和“位图填充”5 种类型。

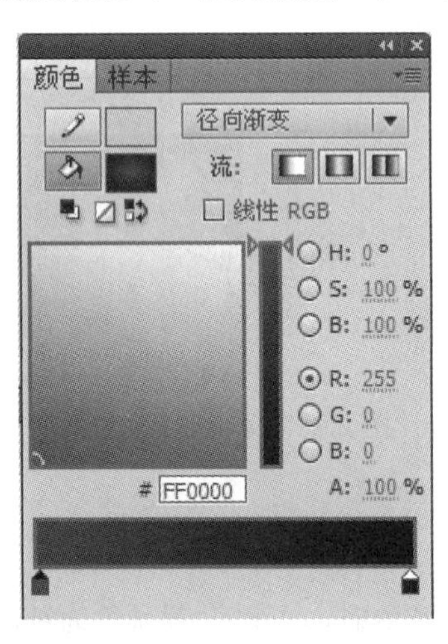

图 2.84　“颜色”面板

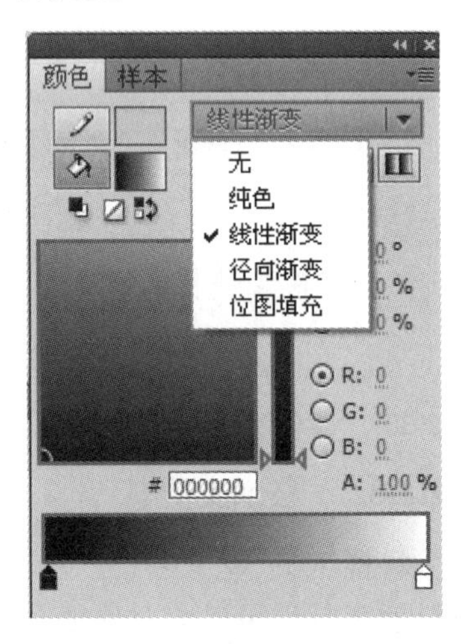

图 2.85　“填充类型”下拉菜单

① 无：不设置颜色。

② 纯色：设置一个单色。

③ 线性渐变：产生从起始点到终点沿直线逐渐变化的渐变。

④ 径向渐变：产生一个从中心焦点出发沿环形轨道混合的渐变。

⑤ 位图填充：将位图作为填充内容。

（3）“渐变定义栏和颜色指针”。在“颜色”面板上的“渐变定义栏和颜色指针”区域（如图 2.86 所示）单击颜色指针，颜色指针上的三角形呈黑色，表明该颜色指针被选中，面板上出现与它对应的颜色# FF0000 和透明度的数值 A: 100 %，可以在其输入框中设置相应的参数。双击渐变定义栏中的颜色指针（即颜色选择器），弹出“颜色拾色器”，如图 2.87 所示；可以在颜色选择器中拾取新的颜色，就可以改变该颜色指针的颜色。如果需要添加颜色指针，则在渐变定义栏需要添加颜色的地方左键单击，就添加一个颜色指针了，最多可以有 15 个颜色指针。如果需要改变颜色指针的位置，只要将该颜色指针沿着渐变定义栏拖动即可；如果要删除某个颜色指针，只要直接将其向下拖离渐变定义栏即可。

图 2.86 渐变定义栏和颜色指针

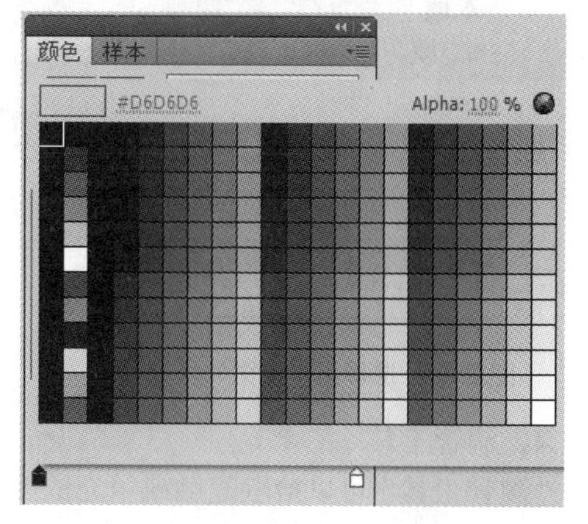

图 2.87 颜色拾色器

（4）径向渐变的设置与线性渐变的不同在于，它是从中间向四周辐射的，如图 2.88 所示，就是利用混色器设置了放射状渐变的色块，然后绘制的图案。

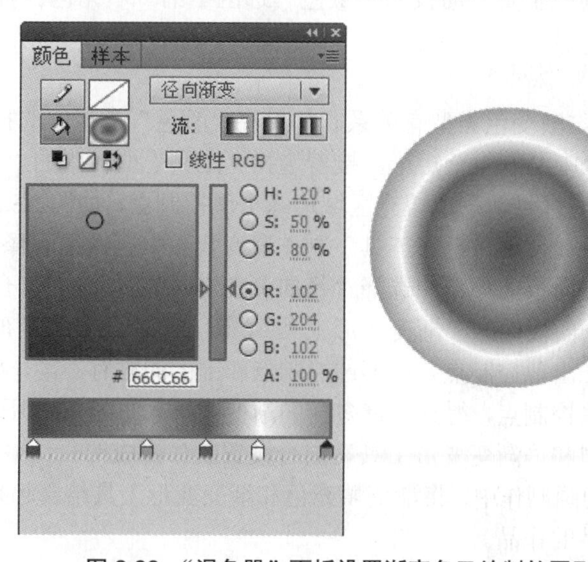

图 2.88 “混色器”面板设置渐变色及绘制的图形

（5）位图填充模式就是将一幅位图作为填充的图案来填充一个区域。如下例：

① 新建一个 Flash 文档。

② 选择菜单项“文件”→“导入”→“导入到库”，将准备好的位图导入到库中。

③ 打开“颜色”面板，在“类型”下拉菜单中选择“位图填充”，然后在列出的位图预览中选择要填充的图像，如图 2.89 所示。

④ 再用“矩形工具”在舞台上绘制一个矩形。

⑤ 该矩形就使用所选择的图像作为图案进行填充了，如图 2.90 所示。

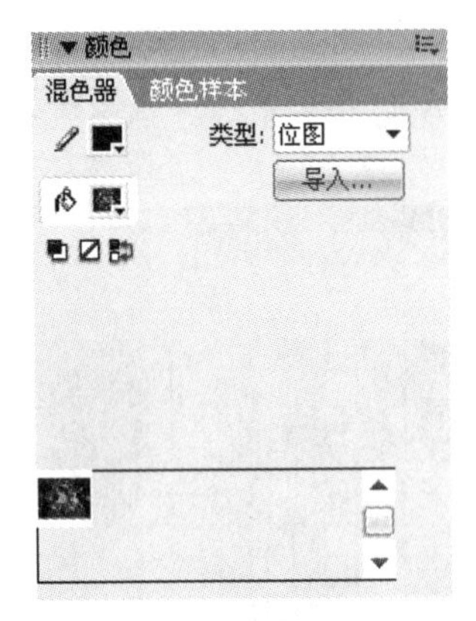

图 2.89　选择用“位图”填充

图 2.90　绘制出的矩形效果图

4．滴管工具

“滴管工具”可以拾取笔触或填充的颜色。例如，绘制一个笔触高度为“20”，边框颜色为“绿色（#00FF00）”，填充色为“红色（#F34E25）”的矩形。然后在“工具”面板中选择“滴管工具”，将鼠标指针指向矩形的边框单击，则“工具”面板的“颜色”选区中的“笔触颜色”就变成了“绿色（#00FF00）”；如果选取该工具在舞台中矩形的填充色上单击，则“工具”面板的“颜色”选区中的“填充色”就变成了“红色（#F34E25）”。

5．填充变形工具

“渐变变形工具”与渐变色类型有关系。如果在“颜色”类型中选择“线性渐变”，然后用矩形工具在舞台中绘制一个矩形，接着选择“工具”面板中的“渐变变形工具”，再单击舞台的填充区域，发现填充区域边缘出现控制点，如图 2.91 所示。这些控制点的使用在前面任务 3 使用“色彩工具”制作渐变背景中已做过解释。

但如果在“颜色”面板的类型中选择“径向渐变”，然后同样在舞台中绘制一个矩形，接着选择“工具”面板中的“渐变变形工具”，单击舞台中矩形填充区域，发现填充区域边缘也同样出现控制点，只不过控制点和上面的略有不同，如图 2.92 所示。同样可以通过调节这些控制点，得到丰富多样的渐变效果。如图 2.93 所示的立体按钮，就是使用径向渐变类型和“渐变变形工具”结合设置制作而成的。

另外，在后面的动画制作中，将渐变填充色和渐变变形工具结合起来灵活使用，可以制作出更加神奇美妙的作品。

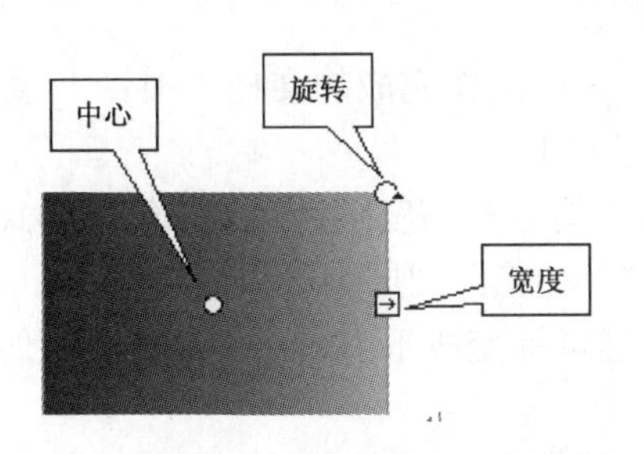

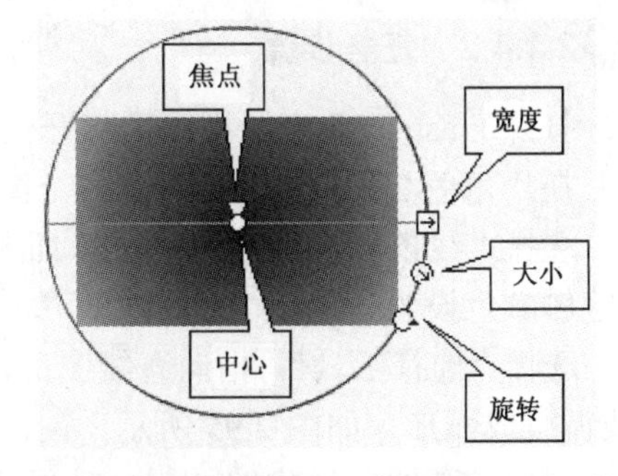

图 2.91 线性渐变的“填充变形工具”的控制点　图 2.92 放射状渐变的“填充变形工具”的控制点

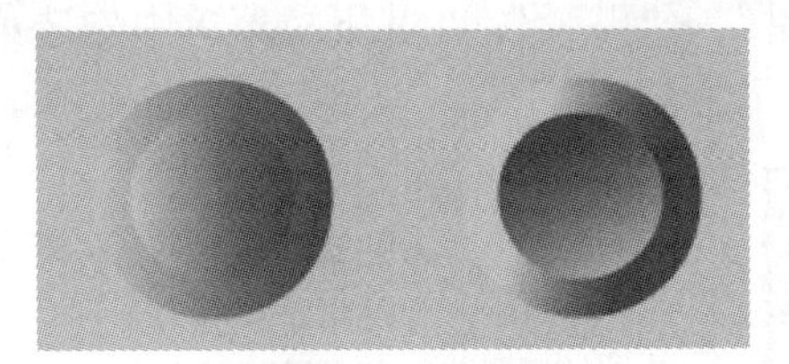

图 2.93 立体按钮

2.1.4 任务 4 使用编辑修改工具制作图形“小花”

2.1.4.1 任务说明

编辑修改工具包括任意变形工具、橡皮擦工具。应用这些编辑修改工具，可以对对象进行缩放、旋转和倾斜等操作，特别是和后面的动画操作相结合，可以制作出很多丰富且精彩的作品。本任务是在完成任务 3 的基础上使用该类编辑修改工具制作“小花”图案，其效果如图 2.94 所示。

图 2.94 任务 4 的效果

2.1.4.2 任务步骤

1. 打开 Flash CS5 应用程序，打开任务 3 中制作完成的文档“项目 1_爱.fla”。

2. 在“角色 2”图层之上新建一个图层“小花”。

3. 选择“线条工具”，在“属性”面板中将笔触高度设为“1”，笔触样式设为“实线”，笔触颜色设为“黑色（#000000）”，在“小花”图层中绘制一条直线。

4. 选择“选择工具”，指向直线图形，当鼠标变成下方带一弧线的箭头时拖动，可将直线调整成弧形，如图 2.95 所示。

5. 选中该弧线，按住 Ctrl 键拖动鼠标复制一条新弧线。

6. 选择菜单项“视图”→“贴紧”，在其下拉菜单中勾选菜单项“贴紧对齐”和“贴紧至对象”，如图 2.96 所示。

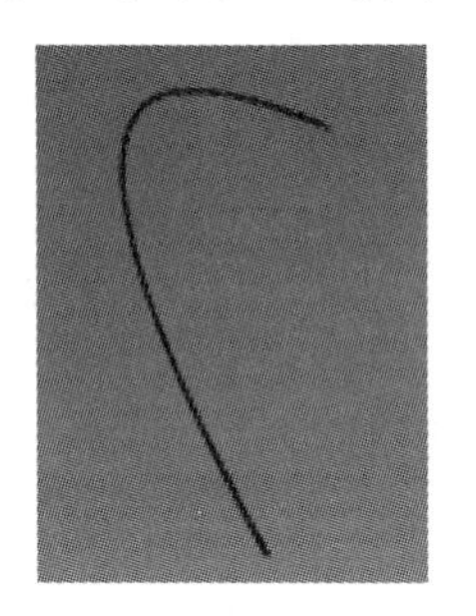

图 2.95 将直线调整成弧线

图 2.96 选择贴紧

7. 选中复制后的弧线，选择菜单项“修改”→“变形”→“水平翻转”，并调整其位置，使两条弧线对接，如图 2.97 所示。

8. 选择“线条工具”，在图中的两条曲线下方绘制一条直线，将该曲线闭合，形成一个花瓣图案，如图 2.98 所示。

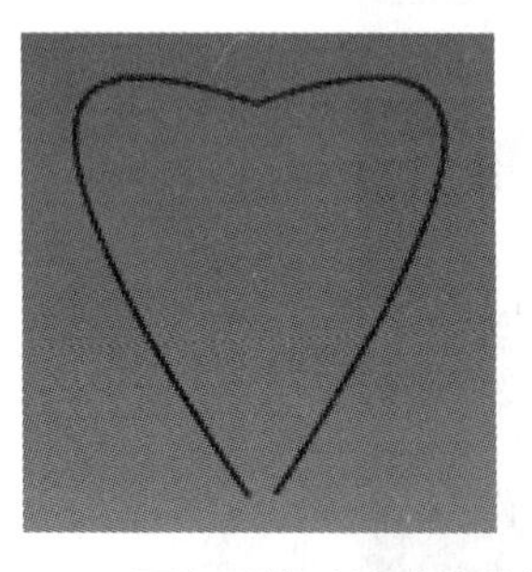

图 2.97 两条弧线对接后的曲线

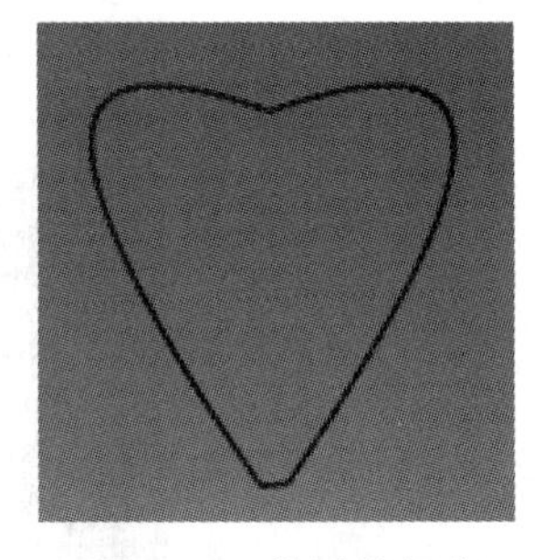

图 2.98 将弧线闭合

9. 选择“工具”面板中的“颜料桶工具”，打开“颜色”面板，将填充样式设为“线性渐变”，在渐变条上设置左边第一个色块为“白色（#FFFFFF）”，设置右边的色块为“绿色（#368D3F）”，如图 2.99 所示。

10. 将鼠标移到花瓣图形区域中单击，为其填充上线性渐变色，再选择“工具”面板中的“渐变变形工具”，调整控制点对填充的颜色进行适当调整，其效果如图 2.100 所示。

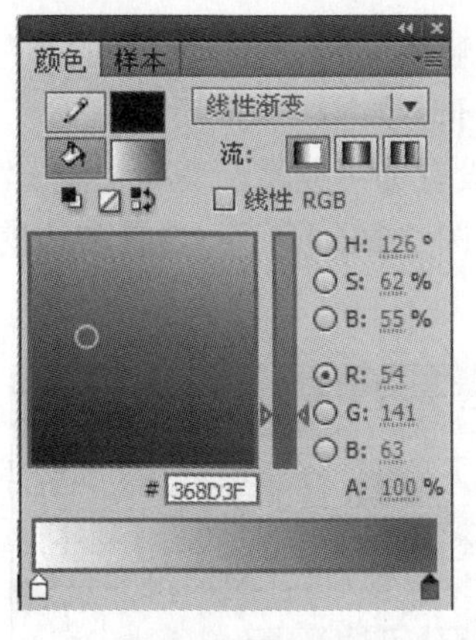

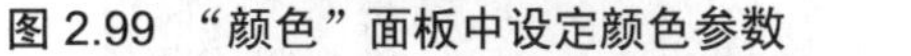

图 2.99 “颜色”面板中设定颜色参数

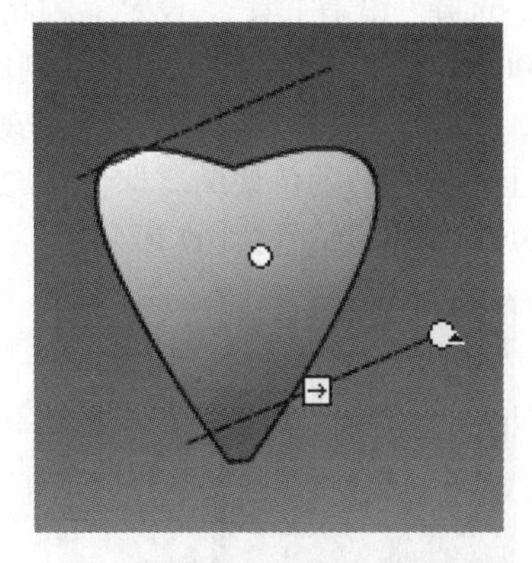

图 2.100 用“渐变变形工具”调整后的效果图

11．选择“选择工具”，将花瓣图案全部选中，单击“工具”面板中的“任意变形工具”，该图案周围出现控制点，如图 2.101 所示。

12．将鼠标移到上方中间的控点纵向压缩花瓣图案，再将轴心（即中间的圆圈）拖到花瓣的下方控点处，如图 2.102 所示。

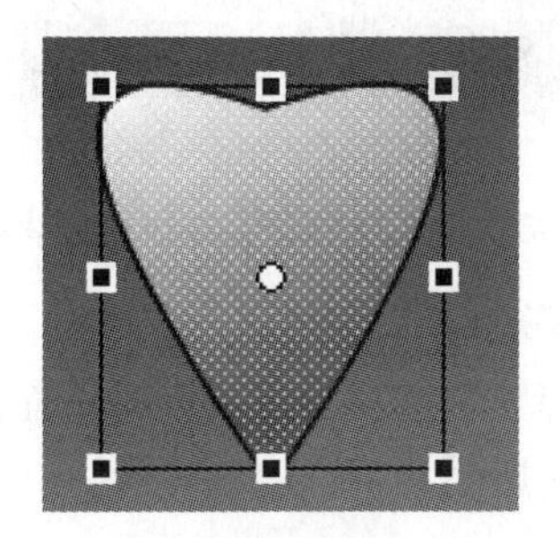

图 2.101 “任意变形工具”的控制点

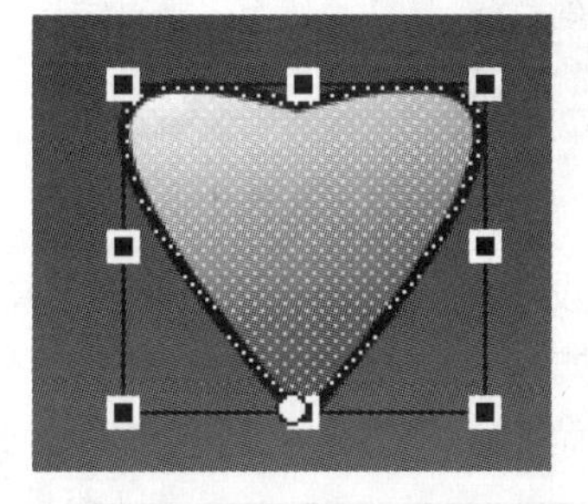

图 2.102 将中间的轴心点拖动到正下方控点处

13．选择菜单项“编辑”→“复制”，再选择菜单项“编辑”→“粘贴到当前位置”，此时已复制了一个花瓣图案，但两个图案在原处重叠。

14．将鼠标移到右上方的控点处，顺时针旋转其中一个花瓣图案，再将其调整成比较细长的效果，如图 2.103 所示。

15．模仿步骤 11～步骤 14，再复制两个花瓣图案，经旋转、缩放后组成花朵图案，其效果如图 2.104 所示。

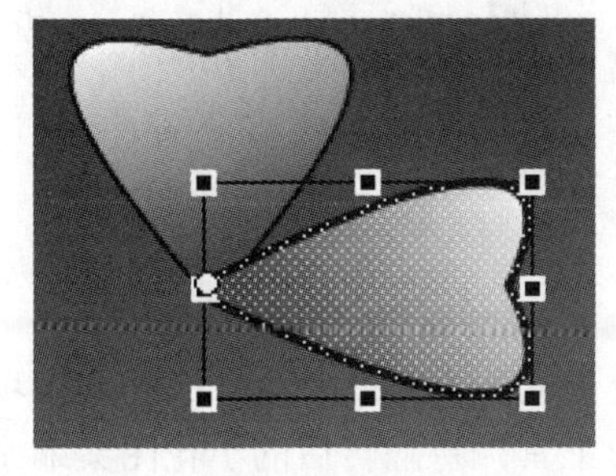

图 2.103 旋转、缩放复制后的花瓣

图 2.104 花朵图案

16. 选择“铅笔工具”，设定笔触高度为“1”，笔触线形为“实线”，笔触颜色为“黑色（#000000）”，在花朵图形下方绘制曲线，用做树干，如图 2.105 所示。

17. 选择“颜料桶工具”，打开“颜色”面板，设置为“线性渐变”，并在“渐变定义栏”上设置左边的色块为“棕色（#2C1807）”，如图 2.106 所示；设置右边的为“黄色（#E99A27）”，如图 2.107 所示。

图 2.105　添加树干

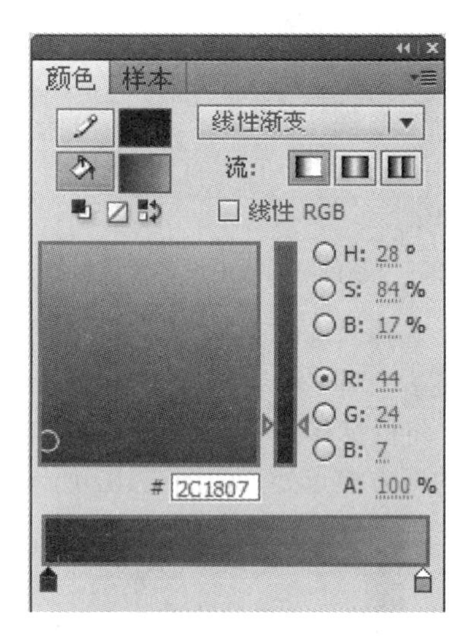

图 2.106　设置线性渐变左边的色块颜色

18. 设置完后，在树干区域单击，为其填充色彩。

19. 如果对填充颜色的效果不满意，还可以选择“填充变形工具”对填充的渐变色进行适当调整，一朵小花就制作完成了，如图 2.108 所示。

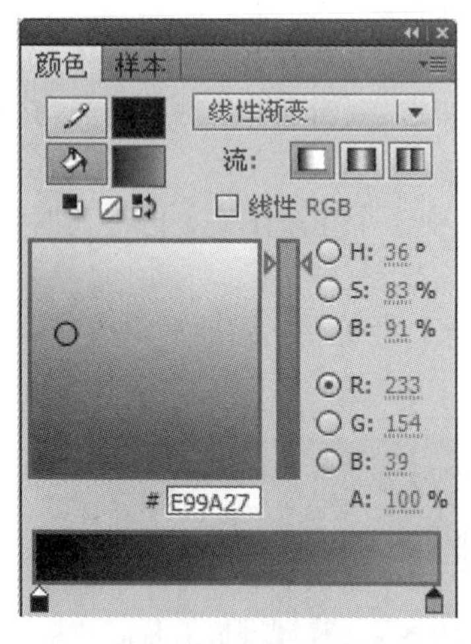

图 2.107　设置线性渐变右边的色块颜色

图 2.108　“小花”图形的最后效果图

20. 全选中制作好的小花图案，按住 Ctrl 键拖动鼠标复制一个，选择菜单项“修改”→“变形”→“水平翻转”，再用“任意变形工具”将翻转后的小花图案缩小，并调整至适当位置，如图 2.109 所示。

21．该任务制作完成，保存文档，测试影片。

图 2.109 “小花”图形的最后效果图

2.1.4.3 技术支持

1．任意变形工具

（1）使用“任意变形工具” 可以对所选中的对象进行变形。当用该工具单击对象时，对象的周围会出现 8 个黑色控制点的变形框，可以按住变形框上的控制点进行拖动来调整对象的形状，如图 2.110 所示。

（2）通过“任意变形工具”可以对对象进行移动、旋转、倾斜、缩放、扭曲和封套操作。

① 旋转与倾斜：选择“工具”面板的“选项”区域中的“旋转与倾斜”按钮，将鼠标指针放在 4 个顶点的控制点上，使指针变为旋转符号时，拖曳对象，就可以旋转对象了，如图 2.111 所示。注意：旋转是围绕对象的中心点旋转的，中心点位置不同，旋转的效果则不同。将鼠标指针放在控制点上，指针变为倾斜符号时，左右拖曳对象，就可以倾斜调整对象了，如图 2.112 所示。

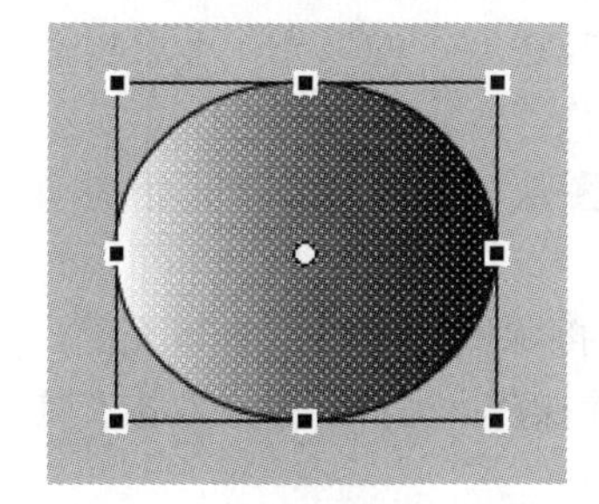

图 2.110 用“任意变形工具”单击图形

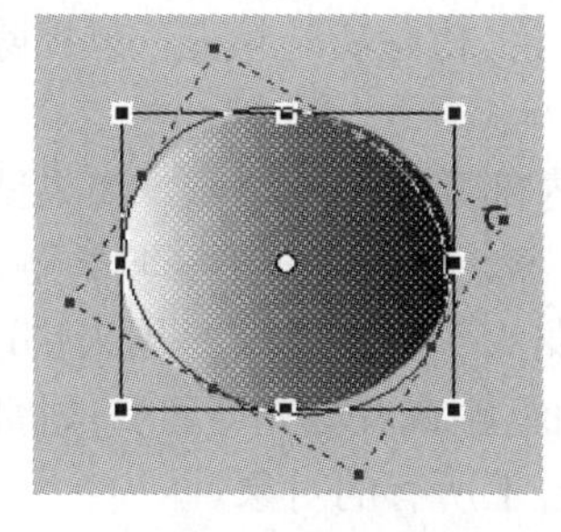

图 2.111 旋转对象

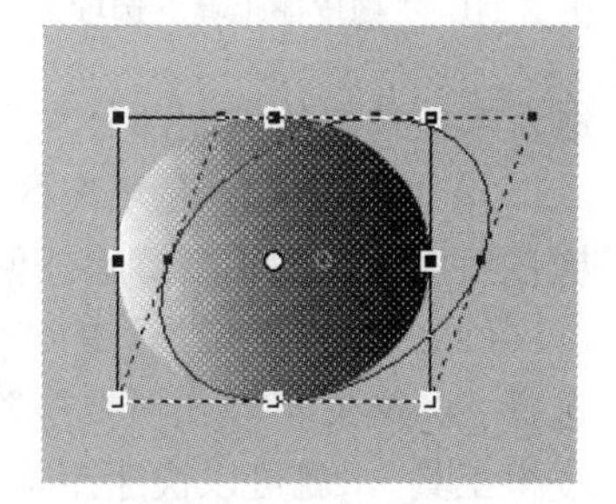

图 2.112 倾斜调整对象

② 缩放：选择“选项”区域中的“缩放”按钮，将鼠标指针放在控制点上，指针变为缩放符号时，拖曳对象，就可以缩放对象了，如图 2.113 所示。注意：如果按

Alt键缩放对象，则以中心点为中心，对称缩放对象。

③ 扭曲：选择“选项”区域中的“扭曲”按钮，将鼠标指针放在控制点上，指针变为扭曲符号时，拖曳对象，就可以扭曲对象了，如图2.114所示。

④ 封套：选择“选项”区域中的“封套”按钮，则对象上出现控制点和切线手柄，其中控制点呈方形，切线手柄呈圆点。拖曳控制点和切线手柄，可以自由地扭曲变形对象，如图2.115所示。完成对象变形操作之后，在对象之外的舞台区域单击，即可取消封套。

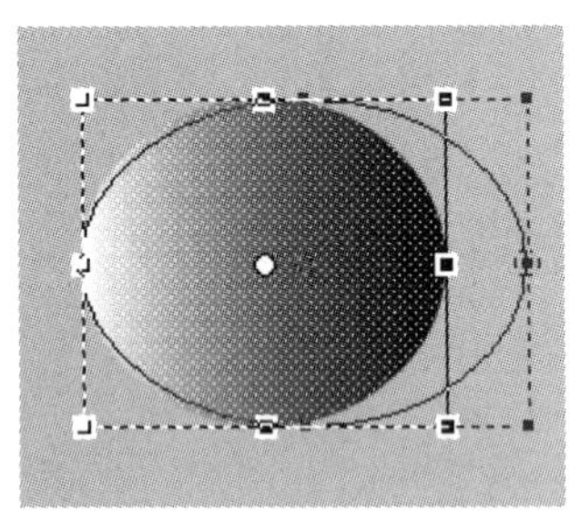

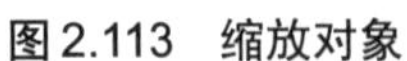

图2.113 缩放对象

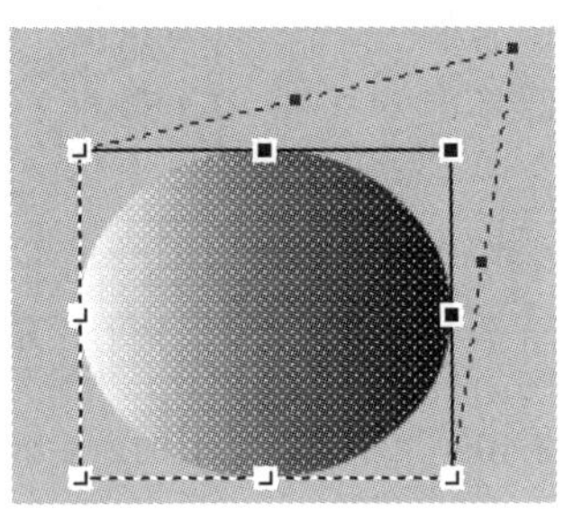

图2.114 扭曲对象

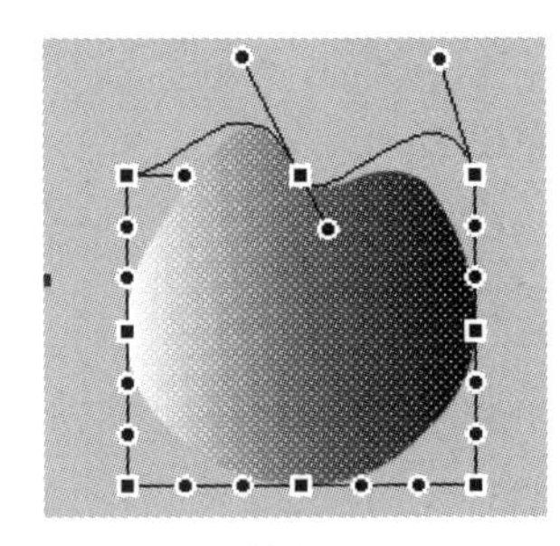

图2.115 利用封套变形对象

上述使用“任意变形工具”对对象的几种变形操作，还可以通过选择菜单项“修改”→“变形”，在其下拉菜单中选择相应菜单项完成变形操作。

（3）使用“任意变形工具”的扭曲和封套进行变形操作时，这两个功能只能用于形状对象，而对元件、文本、位图和渐变均无效。

2. 橡皮擦工具

（1）“橡皮擦工具”可以用来擦除能够被擦除的笔触或者填充。选择该工具后，在其“选项”中还有三个相关的选项：橡皮擦模式、橡皮擦形状和水龙头，如图2.116所示。“橡皮擦模式”是用来指定“橡皮擦工具”的擦除模式的，它有下面5种模式。

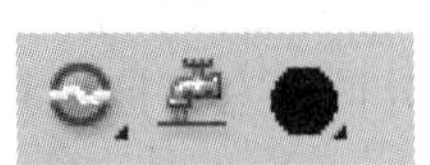

图2.116 “橡皮擦工具”选项

① 标准擦除：任意擦除笔触和填充区域的内容。

② 擦除填色：只擦除填充区域，不影响笔触。

③ 擦除线条：只擦除笔触，不影响填充。

④ 擦除所选填充：只擦除被选取了的填充，不影响笔触及未被选取的填充部分。

⑤ 内部擦除：从填充区域内部开始擦除填充，如果试图从填充区域外部开始拖动橡皮擦擦除，则不会擦除任何内容。即该模式不影响笔触。

（2）“橡皮擦工具”的“水龙头”选项，是用来快速擦除所选笔触或者填充的。选择“水龙头”，单击所要擦除的笔触或者填充即可完成擦除操作。另外，如果双击“橡皮擦工具”，就可以快速擦除舞台上所有的对象。

2.1.5 任务5 使用文本工具制作特殊效果主题文字“情人”

2.1.5.1 任务说明

文本工具是用来在Flash中输入文字的工具，它包括三种类型：静态文本、动态文本和输入文本。其中动态文本是指动态更新的文本，是相对于静态文本而言的；输入文本是指允许用户在文本框中输入的文本，它们通常都要配合 ActionScript 制作设计，相关内容留待后面介绍。本任务是在完成任务 4 的基础上利用静态文本添加特殊效果的文本，其效果如图 2.117 所示。

图 2.117 "情人"文字特效

2.1.5.2 任务步骤

1．打开 Flash CS5 应用程序，打开任务 4 中制作完成的文档"项目 1_爱.fla"。

2．在图层"小花"的上面新建一个图层，命名为"文字"。

3．选择"文字"图层，选择"工具"面板中的"文本工具" T，在"属性"面板中设置文本类型为"静态文本"，字体为"华文新魏"，字号大小为"50"，文字颜色为"橙色（#FF6600）"，如图 2.118 所示。

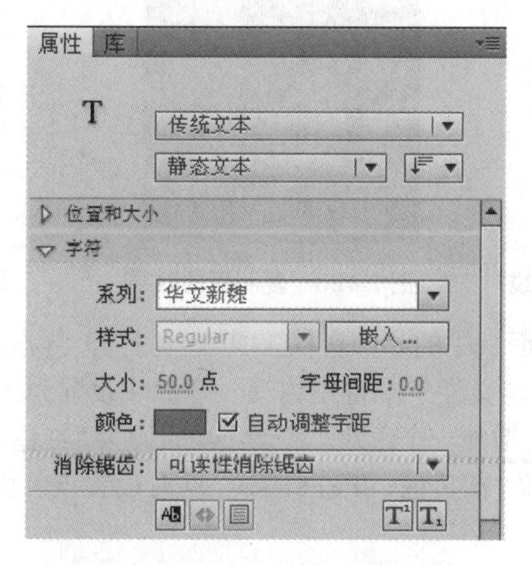

图 2.118 文本"属性"参数设置

4．在舞台中输入“情人”两个字，接着连续执行两次菜单项“修改”→“分离”，或者连续两次按 Ctrl+B 组合键，使其呈网点状，即成为可编辑的图形状态，如图 2.119 所示。

5．选择“工具”面板中的“墨水瓶”工具，设定笔触颜色为“白色（#FFFFFF）”，笔触样式为“实线”，笔触高度为“2”，然后逐个在文字轮廓部位单击，给文字加上白色边框。

6．用“橡皮擦工具”擦去“情”字左边的点，如图 2.120 所示。

7．使用“工具”面板中的“选择工具”，将鼠标放到“人”字的撇笔画，当出现弧线形状时，向左下方拖动撇笔画，将其拉长，如图 2.121 所示。

图 2.119　将文字彻底分离

图 2.120　擦去“情”字左边的点

图 2.121　调整笔画

8．选择“文字”图层，使用“线条工具”，在舞台中绘制一条竖线。

9．使用“部分选取工具”，单击曲线端点，端点上会出现调节手柄，上下左右移动手柄，将直线调整为曲线，如图 2.122 所示。

10．选中该曲线，选择“编辑”→“复制”菜单项，再选择“编辑”→“粘贴”菜单项，复制生成一条新曲线。

11．选择复制得到的曲线，选择“修改”→“变形”→“水平翻转”菜单项，如图 2.123 所示。

12．将这两条曲线拖放连接好，成为一个心形，如图 2.124 所示。

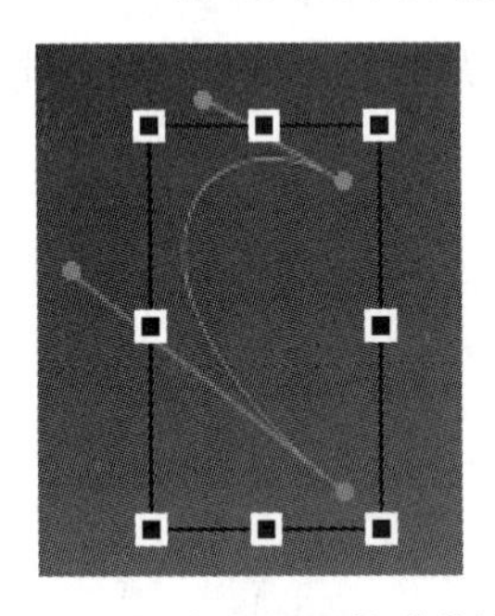

图 2.122　将直线调整成曲线

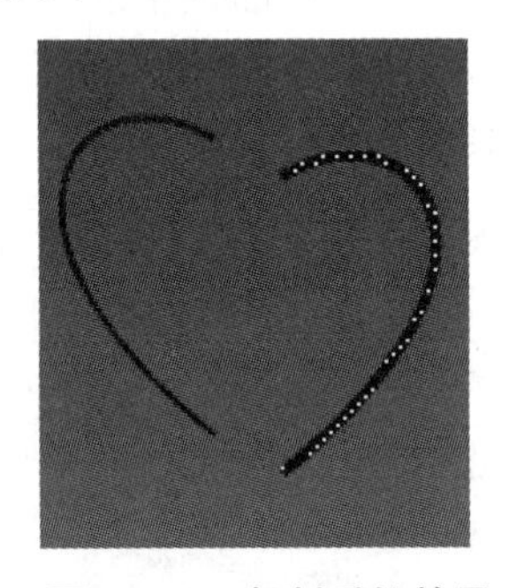

图 2.123　复制后的效果

图 2.124　制作好的效果

13．选择“工具”面板中的“颜料桶工具”，再打开“颜色”面板，将填充样式设为径向渐变。在“渐变定义栏”中将左边第一个色块设置为“黄色（#F2CB2F）”，如图 2.125 所示；中间单击增加一个色块，将该色块设置为“红色（#F34E25）”，如图 2.126 所示；最右边的色块设置“橘黄色（#FFF8F7）”，同时设置该色块的 Alpha 值设为“0%”，如图 2.127 所示。

14．移动鼠标到心形区域单击，填充放射状的色彩。

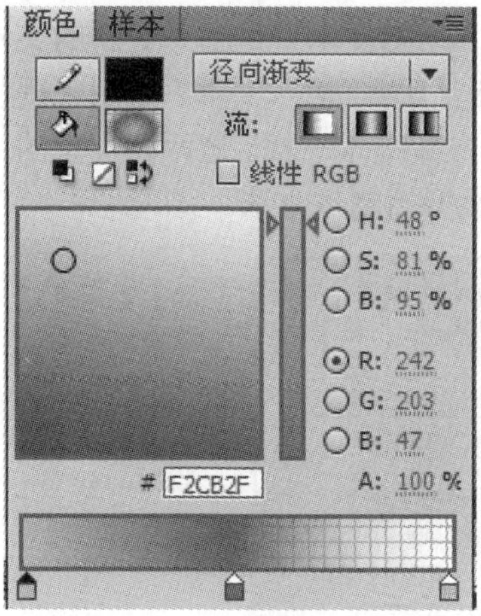

图 2.125　左边色块参数

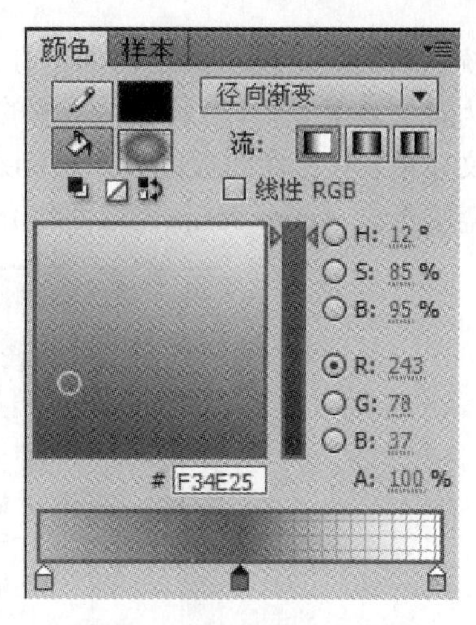

图 2.126　中间色块参数

15．单击“工具”面板中的“填充变形工具”，将填充的线性渐变颜色调整合适。

16．选中“心”形的边框线，然后将所有的边框线删除，如图 2.128 所示。

17．选择“选择工具”，全选“心”图形，将其移到“情”的左边，用做被删除的“点”笔画。

18．如果大小不合适，再使用“任意变形工具”，对其缩放、旋转直到调整到满意的效果，如图 2.129 所示。

19．该任务制作完成，保存文档，测试影片。

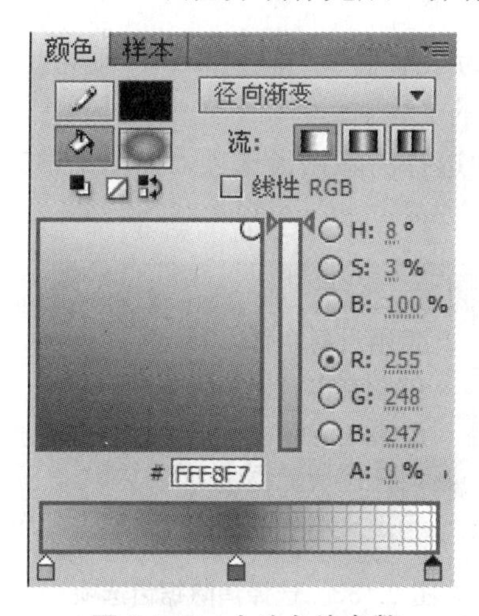

图 2.127　右边色块参数

图 2.128　删除后的效果图

图 2.129　制作好的文字图层中的文字

2.1.5.3　技术支持

1．使用“文本工具” T 可以输入和设置文本的格式，而且利用前面介绍的编辑修改和色彩工具等可以制作出很精彩的文字效果。在“属性”面板的文本类型中有“静态文本”、“动态文本”和“输入文本”三种类型，如图 2.130 所示。其中“静态文本”

是系统默认的，可以自由地输入单行或多行文本；“动态文本”是动态更新的文本，当改变为该文本类型后，“属性”面板的“变量”就激活了；“输入文本”是用来提供用户输入文本的，其属性面板的参数与动态文本的属性参数基本一样。这两种类型的文本制作都需要配合 ActionScript，后面将介绍两种文本类型的制作方法。

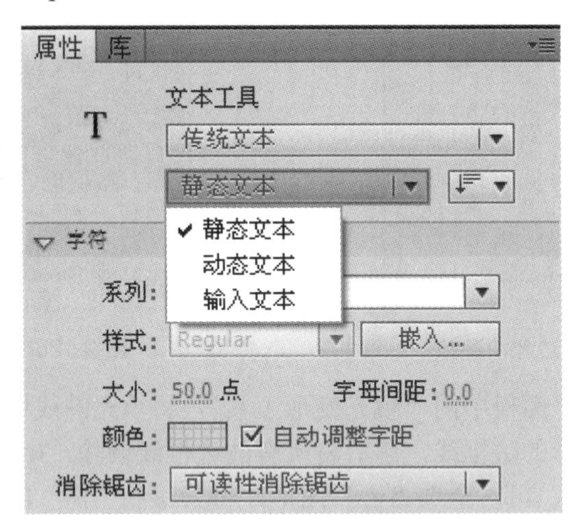

图 2.130　文本的三种类型

2．在静态文本的“属性”面板中，可以对文字的大小、颜色和字体等属性进行调整，在其中还可以单击“切换上标” T^1 和“切换下标” T_1 按钮，进行上标和下标文字的制作，如图 2.131 所示。

3．在“改变文本方向”列表中，可以将文本设置为“水平”、“垂直”和“垂直，从左向右”三种方式，图 2.132 就是选择“垂直”输入的文本。

4．消除文本锯齿。单击“消除锯齿”列表，在其中选择消除锯齿选项，如图 2.133 所示。

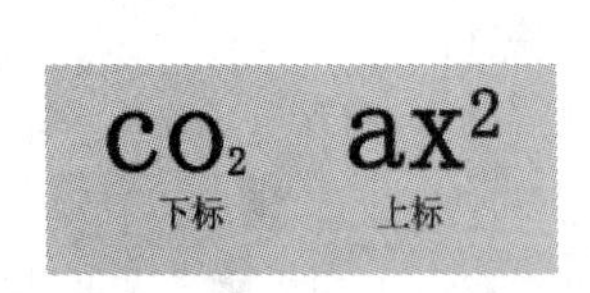

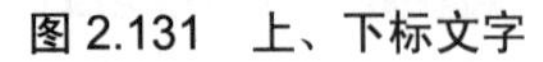

图 2.131　上、下标文字

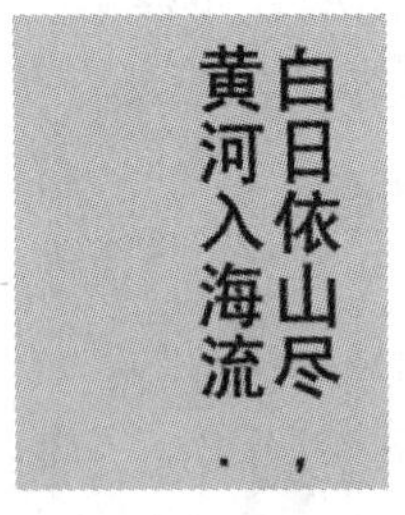

图 2.132　“垂直”文本

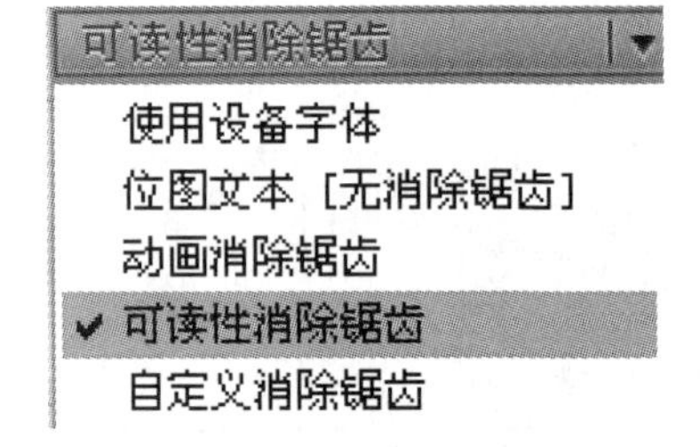

图 2.133　选择消除锯齿选项

（1）使用设备字体：指定 SWF 文件使用本地计算机上安装的字体来显示。如果播放内容的计算机上没有该字体，则无法正常显示文本。所以，如果选择这个选项，在文本制作时应只选择通常都安装的字体系列。该选项对 SWF 文件的大小影响很小。

（2）位图文本（未消除锯齿）：如果选择该选项，则会关闭消除锯齿功能，不对文本进行平滑处理。当位图大小与导出大小相同时，文本比较清晰，但对位图文本缩放后，文本显示效果比较差。该选项会增加 SWF 文件的大小。

（3）动画消除锯齿：可以选择该选项来创建比较平滑的动画，但是由于Flash会忽略对齐方式和字距微调信息，所以该选项不适合所有的文本。选择该选项时，如果字体太小则会不清晰，所以要选择10点以上大小的字体。但此项会使SWF文件较大。

（4）可读性消除锯齿：选择该选项可创建高清晰的字体，改进较小字体的可读性，但不适用于动画文本。此选项会使SWF文件较大。

（5）自定义消除锯齿：可以自定义字体属性，但此项会使SWF文件较大。选择该选项会弹出“自定义消除锯齿”对话框，如图2.134所示，在该对话框中可以设置“粗细”和“清晰度”参数。

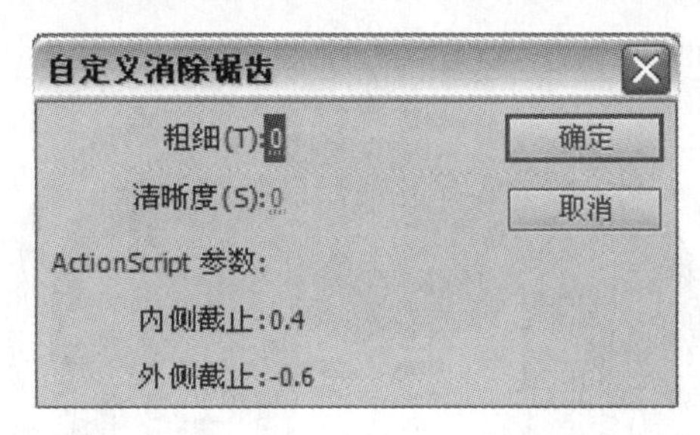

图2.134 “自定义消除锯齿”对话框

5．一次输入的文本内容是组合的。如果要设计出更特殊一点的文字效果，就不仅仅是简单地设置颜色和大小，而应先将它转换为图形对象，再对它设计各种特效。将文字转换为图形的操作就是选择菜单项“修改”→“分离”或者按Ctrl+B组合键。不过要注意：如果一次输入的文字只有一个，则只需选择一次菜单项“修改”→“分离”或者按一次Ctrl+B组合键即可；如果一次输入的文字有两个或两个以上，则就要两次选择菜单项“修改”→“分离”或者是按两次Ctrl+B组合键，才能将其分离。

文字转换为图形对象之后，就具有了图形的性质，即有轮廓和填充。可以对它们分开进行处理，如可以制作成空心字，如图2.135所示；可以制作成彩虹字，如图2.136所示；还可以制作成荧光字，如图2.137所示。

图2.135 空心字

图2.136 彩虹字

图2.137 荧光字

2.1.6 任务6 使用导入位图“制作相框”

2.1.6.1 任务说明

对象的编辑操作除了前面介绍的选取、移动、复制、删除、变形外，还包括对齐、打散和组合。本任务主要针对导入外部图片的操作和导入后的编辑操作进行介绍。本任务是在任务5完成的基础上，编辑导入的位图图片制作成一个相框，其效果如图2.138所示。

图2.138 任务6效果

2.1.6.2 任务步骤

1．打开Flash CS5应用程序，打开任务5中制作完成的文档“项目1_爱.fla”。

2．在“文字”图层的上方新建一个图层，命名为“相框”。

3．选择菜单项“文件”→“导入”→“导入到库”，在打开的“导入”对话框中，找到要导入的位图图像所存放的文件夹“chap2\素材文件”，选择其中“相框.jpg”图片文件，再单击“打开”按钮，将其导入到库中。

4．选择“相框”图层。选择菜单项“窗口”→“库”，打开“库”面板，在中间列表名称中选择已导入的“相框.jpg”项，再从“库”上方的预览窗中将其拖放入舞台中。

5．选择“选择工具”选择舞台中的该图片，打开其“属性”面板，设置其中位置和大小，如图2.139所示。

6．选中舞台中的图片，按一次Ctrl+B组合键将其分离。

7．选择工具面板中的“套索工具”，单击“选项”选区的“魔术棒设置”按钮，如图2.140所示。在弹出的对话框中设置相应的参数，然后单击“确定”按钮，如图2.141所示，再选择“选项”中的“魔术棒”工具。

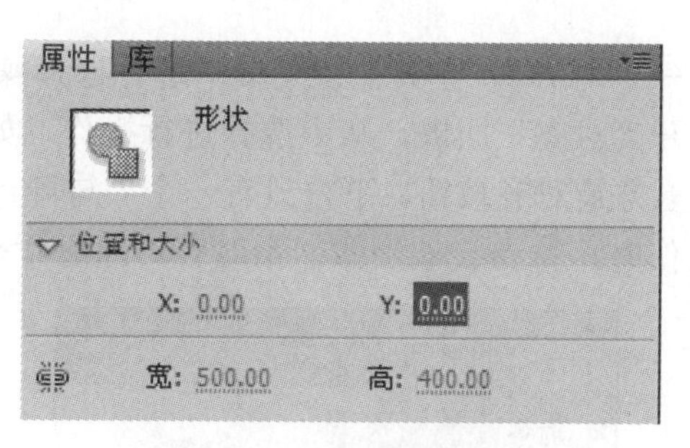

图 2.139　设置位置和大小

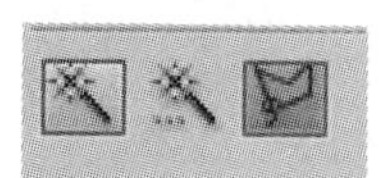

图 2.140 “套索工具”的选项

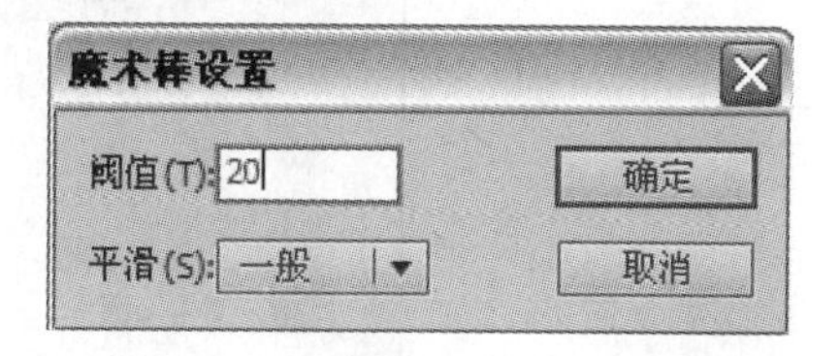

图 2.141 “魔术棒设置”对话框的参数

8．将鼠标指针移到被分离后相框图片中间的白色区域单击，此时利用颜色域值将该区域选中。

9．按键盘上的 Delete 键，将选中的区域删除。此时在删除的区域中就露出下方图层的图形内容了，其效果如图 2.142 所示。

10．该任务制作完成，保存文档，测试影片。

图 2.142　删除相框中间白色区域后的效果

2.1.6.3　技术支持

1．对象的排列和对齐

通常在操作时，需要对对象按某种规则进行排列，这时就要用到“对齐”操作了。

即选择菜单项“修改”→“对齐”，在其下拉菜单中进行选择操作。也可以选择菜单项“窗口”→“对齐”，打开“对齐”面板，从中选择进行操作，如图 2.143 所示。该面板分为上、下两个部分，上方是对齐按钮，下方只有一个“与舞台对齐”按钮，如果按下该按钮，在进行对齐操作时，舞台会被当做一个对齐对象进行操作。

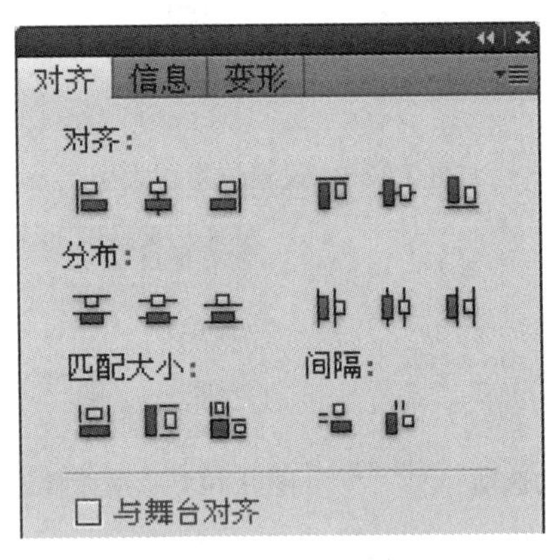

图 2.143 “对齐”面板

具体操作如下例：

（1）选择“椭圆工具”，且选择“选项”中的“对象绘制”，在舞台绘制一个只有轮廓线而无填充色的圆圈，如图 2.144 所示。

（2）复制该圆圈若干个，并使它们交叉，如图 2.145 所示。

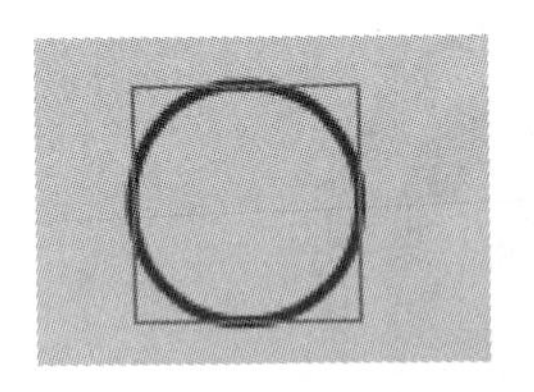

图 2.144 用“对象绘制”绘制的圆圈

图 2.145 复制若干个圆圈后的效果图

（3）用“选择工具”框选住所有的圆圈。

（4）打开“对齐”面板，单击“对齐”面板的“间隔”中的“垂直平均分布”，再单击该面板中的“垂直中齐”按钮，调整结果如图 2.146 所示。

（5）单击其中的“水平居中分布”按钮，其结果如图 2.147 所示。

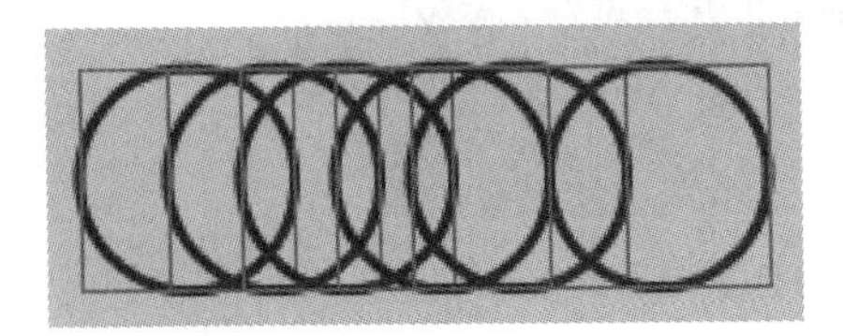

图 2.146 垂直平均分布和垂直中齐

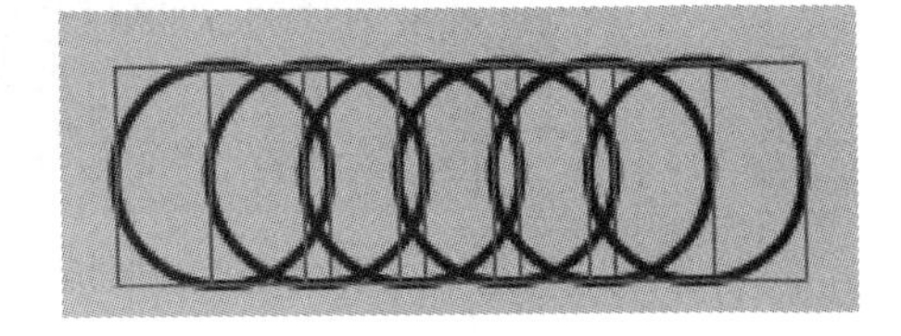

图 2.147 水平居中分布

2．导入外部图片

Flash 中一般常用导入到舞台和导入到库两种方法导入外部图片。可以选择菜单项

“文件”→“导入”，然后再选择其中的方法之一进行操作。

如果选择“导入到舞台”导入外部图片，打开“库”面板，就会发现导入的图片出现在舞台中的同时，也被导入到库中了。第二次再使用这个图片，就可以直接从库中调用，而不用再次从外部导入，如图 2.148 所示。

如果选择“导入到库”方法导入外部图片，则图片只出现在库中，而不会直接出现在舞台中，若要使用该图片，就需要在“库”面板中将该图片拖放入场景，如图 2.149 所示。

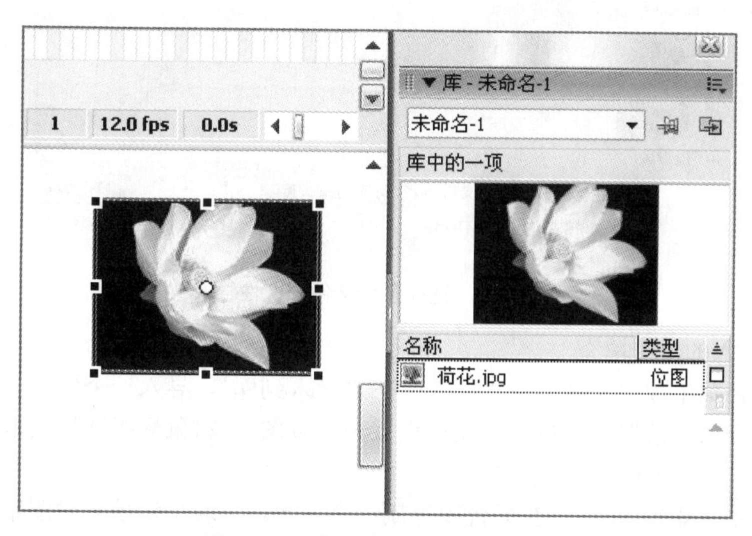

图 2.148　将图片“导入到舞台”

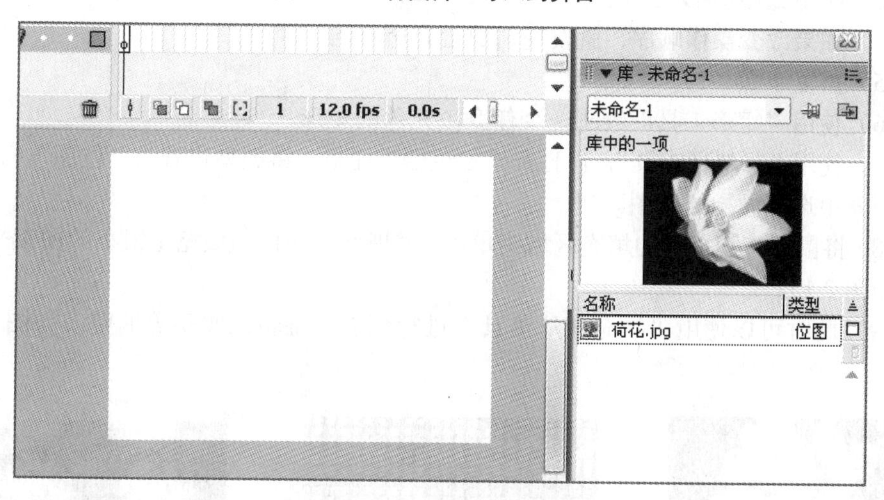

图 2.149　将图片“导入到库”

如果一次要导入多个外部图片，可以在“导入”对话框中选择导入文件时，在按住 Shift 键的同时单击文件名，最后单击“打开”按钮，就可以一次导入多个图片了，如图 2.150 所示。

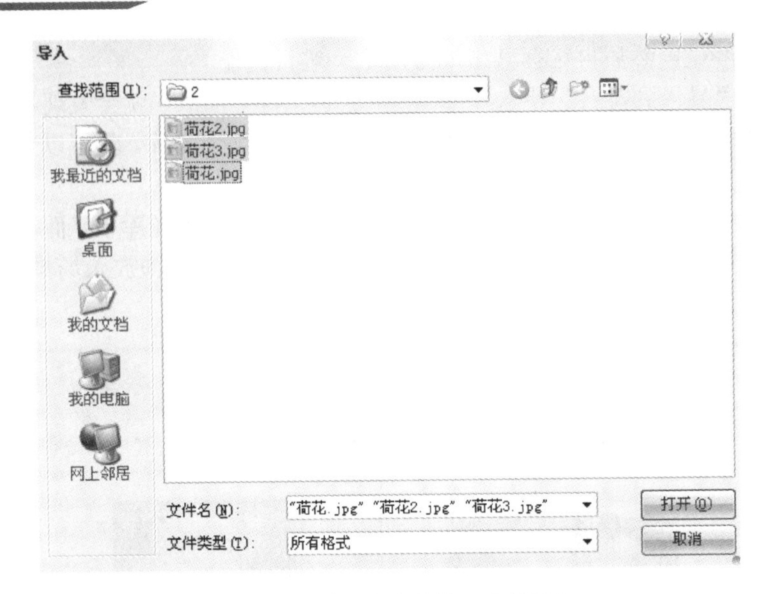

图 2.150 选择多个文件一次性导入

3．用导入的位图填充

（1）选择菜单项“文件”→“导入”→“导入到库”，导入一个位图。

（2）打开“混色器”面板，将类型设置为“位图”，将鼠标指针移到该面板下方的列表中选择一个导入的位图。

（3）使用“矩形工具”，在舞台中绘制一个矩形。发现平铺填充时图案和原文件大小一致，如图 2.151 所示。

（4）如果改变操作顺序，就发现情况会有所不同。

（5）重复步骤（1）。

（6）使用“矩形工具”绘制一个任意填充色的矩形。

（7）使用“颜料桶工具”，再打开“混色器”面板，将类型设置为“位图”，并在下方的列表中选择同样的位图。

（8）将鼠标移到矩形的填充区域中单击，发现此时的位图填充是很小的图案平铺填充，如图 2.152 所示。

（9）此时可以使用“填充变形工具”进行缩放、旋转或倾斜等调整，如图 2.153 所示。

图 2.151 图案和原文件一样大

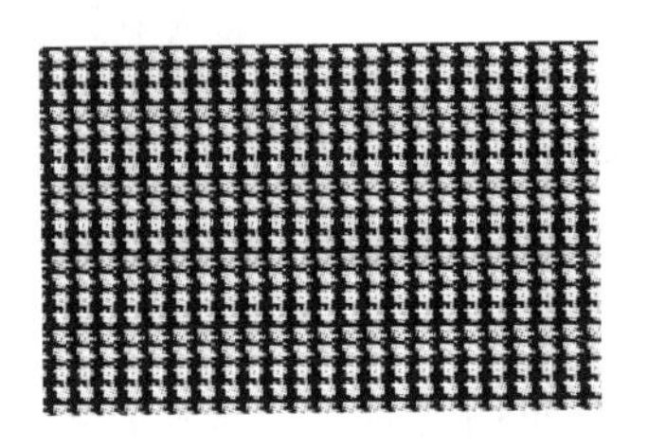

图 2.152 小图案平铺填充

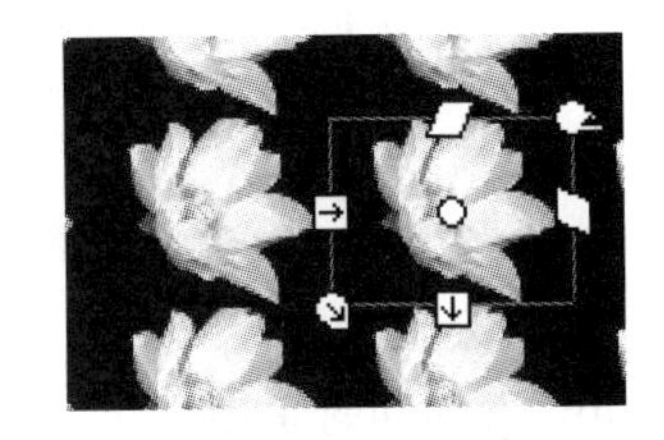

图 2.153 使用“填充变形工具”对图案进行调整

4．分离后图形的编辑

导入的位图图形分离后，可以进行编辑，可以用选区工具（套索工具和滴管工具）选取图片部分，相关内容在前面的任务中已经详细介绍过。

5．对象的组合和合并

“组合”是将多个对象合成为一个对象来处理，即将多个对象打包在一起，其操作是先选中要组合的多个对象，再选择菜单项“修改”→“组合”来完成。如果要取消组合，则选择菜单项“修改”→“取消组合”来完成，取消组合后，还可以得到原先的对象。

“合并”操作可以通过选择菜单项“修改”→“合并”来完成。它和组合是有区别的，它们的不同就在于“合并”多个对象时，是对多个对象进行逻辑运算，生成新的对象。

2.1.7　任务 7　使用 Deco 工具“装饰画面”

2.1.7.1　任务说明

Deco 工具是 Flash CS4 中新增的一个亮点，其在 Flash CS5 中得到了进一步完善。使用 Deco 工具可以快速完成大量相同元素的绘制，也可以应用它制作出很多复杂的动画效果。将其与图形元件和影片剪辑元件配合，可以制作出效果更加丰富的动画效果。本任务是在任务 6 完成的基础之上使用 Deco 工具进一步装饰画面，其完成后效果如图 2.154 所示。

图 2.154　任务 7 效果

2.1.7.2　任务步骤

1．打开 Flash CS5 应用程序，打开任务 6 中制作完成的文档“项目 1_爱.fla”。

2. 在图层“文字”之上新建一个图层，并命名为“花”。

3. 单击选择工具面板的Deco工具。

4. 在Deco工具的“属性”面板“绘制效果”下拉列表中选择“花刷子”，在“高级选项”的下拉列表中选择“玫瑰”选项，并设置其相应的参数；花色为“玫瑰色（#CC0066）”，花大小为“102%”，树叶颜色为“绿色（#339919）”，树叶大小为“50%”，果实颜色为“粉红色（#FF337F）”。具体如图2.155所示。

5. 将鼠标移到舞台中，选择“花”图层，绘制一朵装饰花，调整其位置位于“角色2”的头部附近，其效果如图2.156所示。

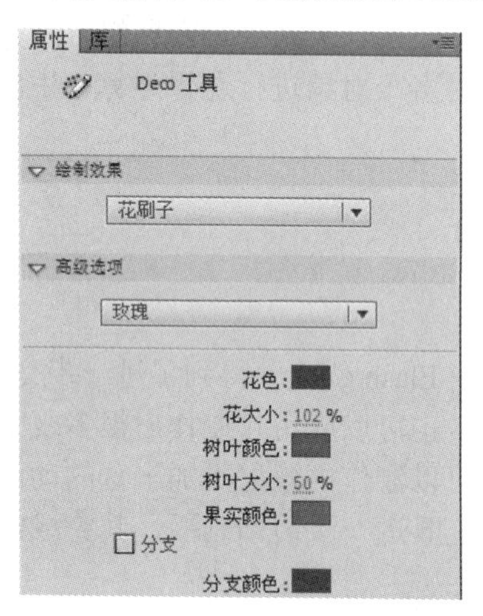

图2.155 设置“花刷子”参数

图2.156 绘制玫瑰花

6. 继续选择Deco工具，在“绘制效果”列表中选择“树刷子”，在其“高级选项”中选择“卷藤”，并设置其相应参数：树比例“100%”，分支颜色和树叶颜色均为“深绿色（#006600）”，花和果实颜色为“橙色（#FF9900）”，如图2.157所示。

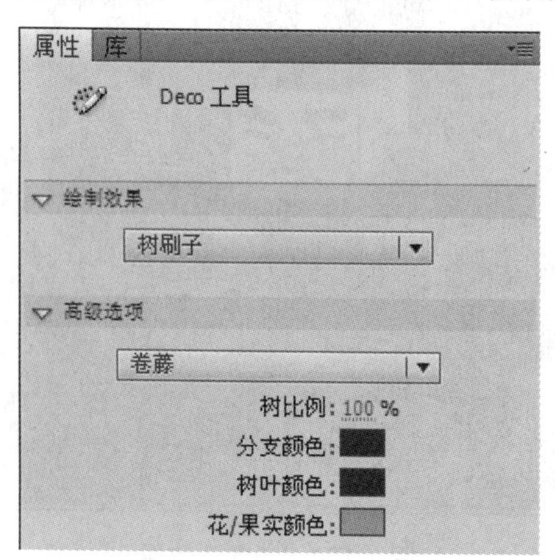

图2.157 设置“树刷子”参数

7. 将鼠标移到舞台中，选择“花”图层，在底部的花盆处绘制两条卷藤装饰图案，其效果如图 2.158 所示。

8．该任务制作完成，保存文档，测试影片。

9．至此该项目全部制作完成。

图 2.158　绘制卷藤

2.1.7.3　技术支持

Deco 工具是在 Flash CS4 版本中首次出现的，在 Flash CS5 中得到了大大增强，其中增加了很多绘图工具，它是使用算术计算（称为过程绘图）来绘制图形效果的，其中有的类型要求应用库中创建的影片剪辑或图形元件。Deco 工具具有丰富的 Flash 的绘图表现能力，它使得绘制丰富背景变得方便而快捷。它提供了 13 种绘制效果，包括藤蔓式填充、网格填充、对称刷子、3D 刷子、建筑物刷子、装饰性刷子、火焰动画、火焰刷子、花刷子、闪电刷子、粒子系统、烟动画和树刷子。

1．藤蔓式填充

利用藤蔓式填充效果，可以用藤蔓式图案填充舞台、元件或封闭区域。通过从库中选择元件，可以替换叶子和花朵的插图。生成的图案将包含在影片剪辑中，而影片剪辑本身包含组成图案的元件。该类型的“属性”面板如图 2.159 所示。

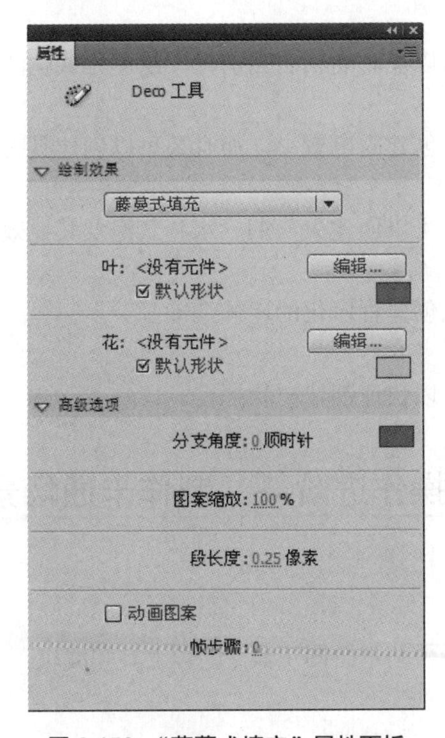

图 2.159　“藤蔓式填充”属性面板

2．网格填充

网格填充可以复制基本图形元素，并有序地排列到整个舞台上，产生类似壁纸的效果。

3．对称刷子

使用对称刷子效果可以围绕中心点对称排列元件。在舞台上绘制元件时，将显示手柄，使用手柄增加元件数、添加对称内容或者修改效果来控制对称效果。使用对称刷子效果可以创建圆形用户界面元素（如模拟钟面或刻度盘仪表）和旋涡图案。

4．3D 刷子

通过 3D 刷子效果，可以在舞台上对某个元件的多个实例涂色，使其具有 3D 透视效果。

5．建筑物刷子

使用建筑物刷子效果，可以在舞台上绘制建筑物。建筑物的外观取决于为建筑物属性选择的值。

6．装饰性刷子

通过应用装饰性刷子效果，可以绘制装饰线，例如点线、波浪线及其他线条。

7．火焰动画

火焰动画效果可以创建程序化的逐帧火焰动画。

8．火焰刷子

借助火焰刷子效果，可以在时间轴的当前帧中的舞台上绘制火焰。

9．花刷子

借助花刷子效果，可以在时间轴的当前帧中绘制程式化的花。

10．闪电刷子

通过闪电效果，可以创建闪电效果，而且还可以创建具有动画效果的闪电。

11．粒子系统

使用粒子系统效果，可以创建火、烟、水、气泡及其他效果的粒子动画。

12．烟动画

使用烟动画效果可以创建程序化的逐帧烟动画。

13．树刷子

通过树刷子效果，可以快速创建树状插图。

2.2 项目 2 操作进阶——制作卡通场景“想飞翔的青蛙”

2.2.1 操作说明

本项目是综合使用各种基本绘图工具、色彩工具和编辑工具等制作完成的，其最后效果如图 2.160 所示。

图 2.160 “项目 2_想飞的青蛙”效果图

2.2.2 操作步骤

1. 新建一个 Flash 文档，尺寸为“550px×400px”，背景颜色为“灰色（#CCCCCC）”。

2. 选择图层 1，将其重命名为“背景”。

3. 选择“背景”图层，选择菜单项“文件”→“导入”→“导入到舞台”，在文件夹“chap2\素材文件”中选择图片文件“背景.jpg”，将其导入到舞台中。

4. 选中舞台中的该图片，打开“属性”面板，设置其位置和大小：“550px×400px”，X、Y 参数值均为“0”。这样就使该图片刚好平铺舞台区域，用做背景。

5. 在“背景”图层的上方新建一个图层，命名为“镜框”。

6. 选择“镜框”图层的第 1 帧，使用“工具”面板中的“矩形工具”，在舞台的上方边界线处绘制一个笔触颜色为“取消”、填充颜色为线性渐变的矩形。设置渐变颜色分别为“浅棕色（#E9BC9E）”和“深棕色（#552F09）”，绘制后的矩形如图 2.161 所示。

图 2.161 在舞台背景边界处绘制的矩形

7．下面要将矩形调整成镜框的立体效果，使用“工具”面板中的“渐变变形工具”，单击矩形填充色，之后出现线性填充色的调整锚点，如图 2.162 所示。

图 2.162　矩形填充色上出现线性填充色调整锚点

8．先用鼠标在“旋转”锚点上沿逆时针方向拖曳 90°，再用鼠标在“宽度”锚点上向下拖曳，使填充色集中变小，从而设置出立体效果，如图 2.163 所示。

图 2.163　使用“填充变形工具”设置出的立体边框效果图

9．选中矩形边框，复制一个，将新复制的矩形边框移动到舞台背景的下方边界处，它们用做镜框的上、下两个边框，如图 2.164 所示。

图 2.164　新复制一个矩形边框

10．选择“镜框”图层，使用“矩形工具”，在舞台的左边界处再绘制一个有轮廓线、填充与上方矩形填充相同的矩形，且该矩形的高度与舞台的高度相同，宽度与上方矩形的高度相同，如图 2.165 所示。

图 2.165　在场景的左边绘制一个矩形

11．使用“线条工具”在左边矩形块的右上角和右下角各画一条直线，如图 2.166 所示。

图 2.166　在左边的矩形上画两条直线

12．按住 Shift 键选中其中的两个小三角形，再选中所有轮廓线，按 Delete 键将其删除，如图 2.167 所示。

13．将修改后的左边的矩形向右移动，如图 2.168 所示。

图 2.167　删除两个小三角形和所有轮廓线

图 2.168　将左边修改后的矩形向右移

14．选中左边的矩形，复制一个；选中复制后的图形，选择菜单项“修改”→“变形”→“水平翻转”，且将其移动到舞台的边界处，如图 2.169 所示。

图 2.169　复制且水平翻转形成的右边框

15．根据光线照射的特点，将左边框的填充色使用“填充变形工具”旋转 180°，如图 2.170 所示。

图 2.170　将左边框的填充色旋转 180°后的效果图

16．在“镜框”图层的上方新建一个图层，命名为“青蛙”，在该图层中使用“椭圆工具”绘制一个轮廓线为“黑细线”、填充色为放射状渐变的椭圆，用做青蛙的身子，渐变色为中间“绿色（#00FF00）”，外围“灰色（#7B7B7B）”，如图 2.171 所示。

17．使用“椭圆工具”，绘制一个轮廓线为黑细线、填充色为“白色（#FFFFFF）”的小椭圆，再使用“刷子工具”，在该小椭圆的中间绘制一个点，用做青蛙的眼睛，且将该形状复制一个，用做另一个眼睛，如图 2.172 所示。

18．使用“椭圆工具”，绘制两个轮廓线为黑细线、填充色为“绿色（#00FF00）”的小椭圆，使用“任意变形工具”分别将这两个椭圆旋转，用做青蛙的两条后大腿，再使用“椭圆工具”，设置不变，用类似的方法在两条后大腿下方绘制两条小腿，如图 2.173 所示。

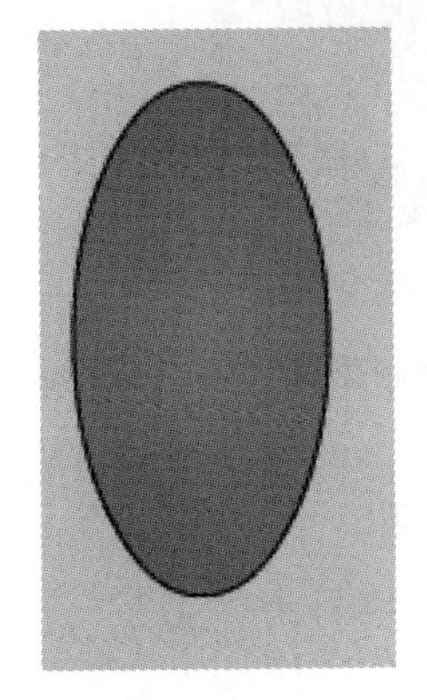

图 2.171　椭圆

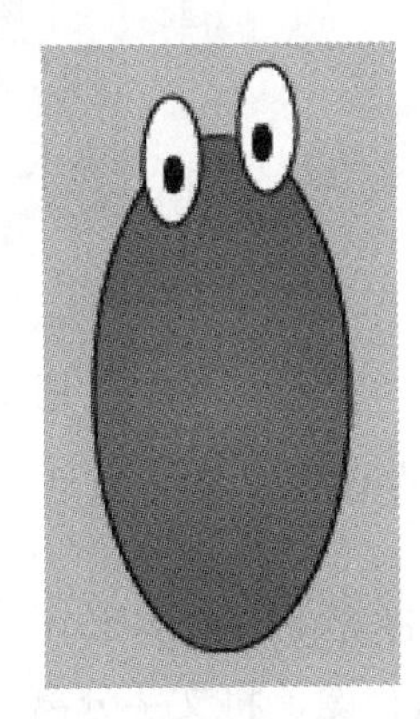

图 2.172　添上眼睛

图 2.173　青蛙的两条后腿

19．选中青蛙身子图形，移动到两条腿上，如图 2.174 所示。

20．使用“椭圆工具”再绘制一个轮廓线为黑细线、填充色为“绿色（#00FF00）”的椭圆，使用“任意变形工具”分别将其旋转一定角度，再使用“选择工具”将其调整成不很规则的椭圆形状，用做青蛙的前腿，如图 2.175 所示。

21．使用“椭圆工具”在前腿图形的右边绘制几个小椭圆，小椭圆的笔触颜色为黑色，填充色为“绿色（#00FF00）”，用做脚趾，如图 2.176 所示。

图 2.174　青蛙的身子移到后腿上

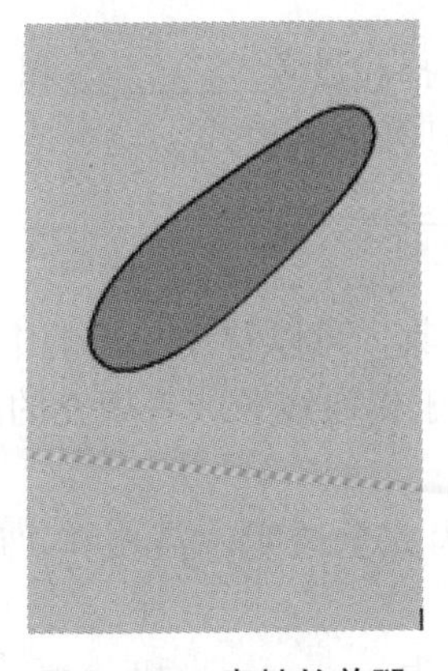

图 2.175　青蛙的前腿

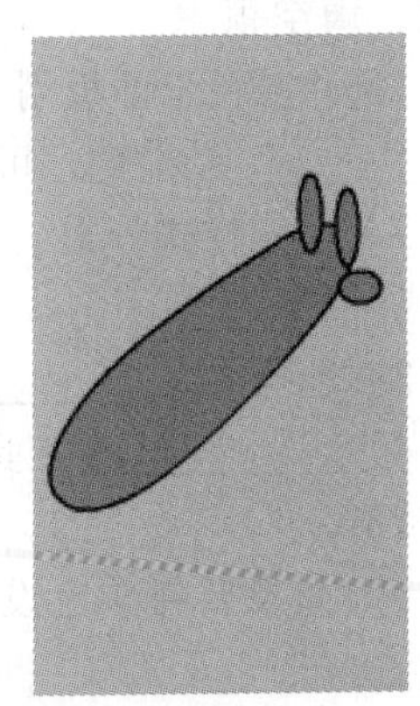

图 2.176　前腿上绘制脚趾

22．选中绘制后的前腿，复制一个，将复制后的图形水平翻转，即绘制了青蛙的两条前腿；然后再将图2.174所示的青蛙图形移到前腿上，其效果如图2.177所示。

23．使用“刷子工具”，将填充色设置为“军绿色（#669900）”，在青蛙图形上绘制花纹，如图2.178所示。

图2.177　绘制前腿后的青蛙图形

图2.178　绘制花纹

24．在青蛙图层的上方再添加一个图层，命名为“文字”。在该图层中使用“文本工具”输入“想飞的青蛙”字样。

25．打开文字的“属性”面板，设置文字的字体为“行楷”，字号为“36”。

26．选中文字，按一次Ctrl+B组合键，将文字分离。

27．依次分别选中各个文字，将它们设置为不同的颜色。

28．至此本项目全部制作完毕。保存文档，命名为“项目 2_想飞的青蛙.fla”，测试影片。

习题

1．填空题

（1）“颜色”面板用于选择和设置__________和__________，执行__________命令或者按__________功能键，可以打开该面板。

（2）填充样式分为__________、__________、__________、__________和__________5种模式。

（3）选择____________工具，可以移动图形的中心控制点。

（4）____________工具用于提取线条或者填充的属性，并将提取到的属性应用于其他的图形。

（5）如果要将颜色设置为完全透明，需要在“颜色”面板中改变Alpha选项值为____________。

（6）“多角星形”工具分为__________和__________两种。

（7）选择了“矩形工具”后，单击“工具”面板下方“选项”选区中的“边角半径设置”按钮可以绘制__________。

（8）“铅笔工具”有三种选项模式__________、__________和__________。

（9）当使用“颜料桶”工具填充形状颜色时，如果发现颜色填充不了，可以选择“选项”选区中的__________按钮。

（10）使用__________面板可以对齐、匹配大小或者分布舞台上元素之间的相对位置以及相对于舞台的位置。

2．选择题

（1）在 Flash 中，使用“钢笔”工具创建路径时，关于调整曲线和直线的说法错误的是_______。

A．当用户使用“部分选择”工具单击路径时，定位点即可显示

B．使用“部分选择”工具调整线段可能会增加路径的定位点

C．在调整曲线路径时，要调整定位点两边的形状，可拖动定位点或拖动正切调整柄

D．拖动定位点或拖动正切调整柄，只能调整一边的形状

（2）下面关于导入的位图说法错误的是_______。

A．可以直接对导入的位图进行编辑

B．需要分离才能对导入的位图进行编辑

C．导入位图的分离可以按 Ctrl+B 组合键

D．导入位图分离之后可以使用套索工具选取其中的部分图案

（3）选择“修改”→“形状”→“柔化填充边缘”菜单项，________按照指定的像素值以模糊的形式扩展或者缩进形状。

A．可以　　　　B．不可以

（4）__________工具可以设置或者改变形状图形和图形对象的轮廓线。

A．颜料桶　　　　B．墨水瓶

（5）如果要将两个以上的文字分离，则需要按__________次的“分离”菜单项或者 Ctrl+B 组合键。

A．一次　　　　B．两次

C．有多少个字就按几次　　　　D．0

3．思考题

（1）比较“颜料桶”工具和“墨水瓶”工具的区别和相同点。

（2）总结“选择工具”和“部分选取工具”在使用上的区别。

实训二　Flash 绘制图形——基本图形绘制

一、实训目的

掌握绘图工具的使用，绘制简单的图形。

二、操作内容

1．使用椭圆工具、线条工具和选择工具绘制高尔夫球，如图 2.179 所示。

图 2.179　高尔夫球

（1）使用“椭圆工具”绘制一个圆。

（2）使用“线条工具”在圆上绘制两条虚线。

（3）使用“选择工具”将直线调整成弧形。

（4）使用“颜料桶工具”，将填充色设置为放射状，将圆形填充成球。

2．绘制一个冒汽的茶杯，如图 2.180 所示。

图 2.180　冒汽的茶杯

（1）使用“钢笔工具”绘制茶杯形状。

（2）使用“颜料桶工具”和“颜色”面板填充杯子为线性渐变，并使用“填充变形工具”调整渐变色。

（3）使用“铅笔工具”绘制“点状线”线型的曲线用做冒出的汽。

3．使用椭圆工具、文字工具制作台球，如图 2.181 所示。

图 2.181　台球

（1）使用“椭圆工具”绘制一个圆。使用“颜料桶工具”，将填充色设置为放射状，将圆形填充成球。

（2）使用“椭圆工具”在圆上再绘制一个椭圆，也将该椭圆填充成放射状。

（3）在小椭圆上使用“文字工具”输入文字。

实训三　Flash 文字效果的设置

一、实训目的

掌握文字工具的使用，制作几种特殊效果的文字。

二、操作内容

1．使用文字工具和墨水瓶工具制作空心效果文字，如图 2.182 所示。

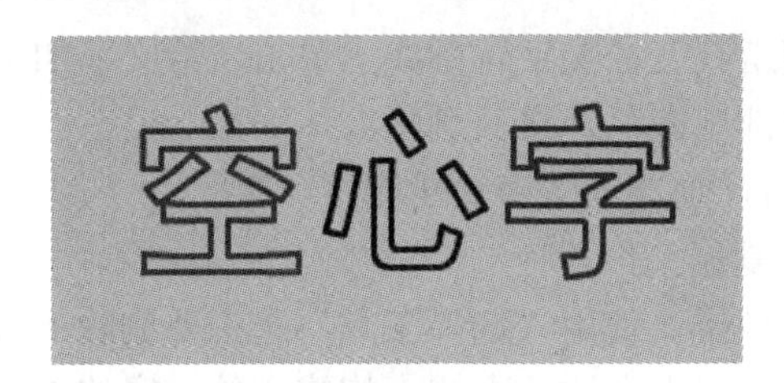

图 2.182　空心字

（1）使用“文字工具”输入“空心字”字样的文字。

（2）按两次 Ctrl+B 组合键，将文字分离。

（3）使用“墨水瓶工具”，设置笔触大小和不同的笔触颜色，在文字轮廓线上单击。

（4）使用“选择工具”选取文字的填充，按 Delete 键将其删除。

2．使用文字工具和颜色桶工具，通过将边框转换为填充且柔化填充边缘等操作制作彩虹效果文字，如图 2.183 所示。

图 2.183　彩虹字

（1）使用“文字工具”输入“彩虹字”字样的文字。

（2）将文字分离为图形。

（3）使用“墨水瓶工具”，设置笔触大小为“4”，笔触颜色为“白色（#FFFFFF）”，在文字轮廓线上单击。

（4）使用“颜色桶工具”，设置填充色为渐变色，在文字填充区域中单击。

（5）选定文字的轮廓线，将其转换为填充，再设置“柔化填充边缘”效果。

3．应用文字工具、颜料桶工具和填充变形工具制作立体文字，如图 2.184 所示。

（1）使用“文字工具”，输入文字。

（2）将文字分离为图形。

图 2.184　立体文字

（3）使用“墨水瓶工具”在文字轮廓线上单击，给文字加上轮廓线。

（4）选中文字的内部填充色，将其删除。

（5）按 Shift 键单击，全选中文字的轮廓线。

（6）按 Ctrl 键拖动复制一份。

（7）要制作出立体效果，使用“选择工具”选中要删除的线，按 Delete 键将其删除，再使用“线条工具”添上合适的直线，构成立体文字的外围轮廓线。

（8）使用“颜料桶工具”并设置填充色为线性，在文字上单击填充色彩，通过色彩制作出立体的效果。

（9）全选中轮廓线，将其删除。

实训四　色彩填充、调整操作和简单卡通图形制作

一、实训目的

掌握图形色彩的填充与变形操作，灵活综合应用“工具”面板中的工具绘制复杂的图形。

二、操作内容

1．应用椭圆工具和色彩的填充及填充变形工具制作纽扣，如图 2.185 所示。

图 2.185　纽扣

（1）使用“椭圆工具”绘制一个圆形。

（2）使用“颜色桶工具”，将填充色设置为线性进行填充。

（3）复制同心圆，将复制的圆形使用“任意变形工具”将其缩小，且使用“填充变形工具”将填充色调整 180° 。

（4）重复步骤（3）三次，每次都将新复制的同心圆缩小，且使用“填充变形工具”将填充色调整 180°。

（5）使用“椭圆工具”绘制白色无轮廓线的小圆形，且将该小圆形复制三个，用做纽扣的四个小洞眼。

2．使用“绘图工具”，设计创作一个 Logo 标志，也可以自选主题设计，如图 2.186 所示。

图 2.186　Logo 标志

3．自行选择一幅卡通图形，进行模仿制作。

第3章 元件与实例

在Flash作品设计中可以说几乎离不开元件的应用。元件即是在元件库中存放的图形、影片剪辑、按钮、导入的音频和视频文件。但一般常指前三者：图形元件、按钮元件和影片剪辑元件。元件是一种可以重复使用的对象，即只需创建一次，以后即可在整个文档或其他文档中重复使用，从而大大提高工作效率。

3.1 项目1 制作电子动画贺卡“母亲节快乐”

本项目介绍使用元件来制作的“母亲节”动画贺卡，其效果如图3.1所示。本项目分解为4个任务制作完成。

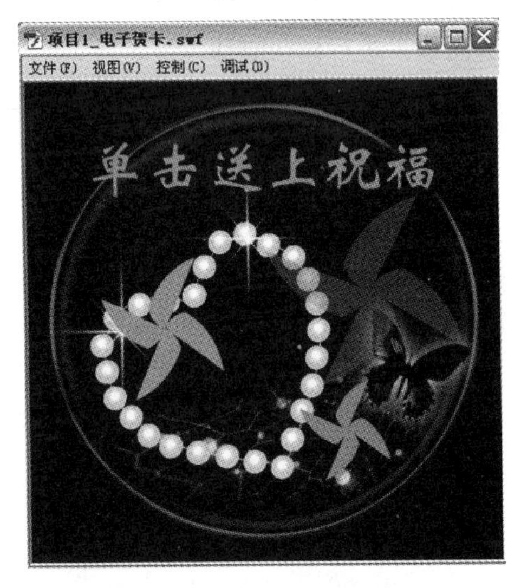

图3.1 “珍珠项链”效果图

3.1.1 任务1 使用图形元件制作“珍珠项链”

3.1.1.1 任务说明

图形元件一般用于静态图像，但也可以用于创建连接到主时间轴的可重复使用的动画片段。图形元件的时间轴是与主时间轴同步的。图形元件是可以嵌套的，即在一个图形元件中可以包含另一个图形元件，但是交互式控件和声音在图形元件的动画序列中是不起作用的。本任务主要介绍使用图形元件制作一串珍珠项链，其效果如图 3.2 所示。

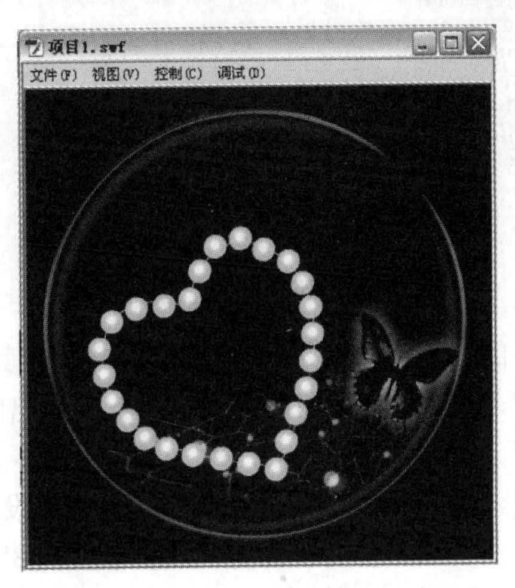

图 3.2 任务 1 的“珍珠项链”效果图

3.1.1.2 任务步骤

1. 打开 Flash CS5 应用程序，新建一个 Flash 文档，文档尺寸设置为“400px×400px”，背景颜色为“黑色（#000000）”。

2. 选择菜单项“文件”→“导入”→“导入到舞台”，从素材库中找到“chap3\素材文件\背景.jpg”图片文件，将该文件导入到舞台。

3. 选择菜单项“修改”→“对齐”→“水平居中”和“垂直居中”，使图片刚好铺满舞台，用做背景，如图 3.3 所示。

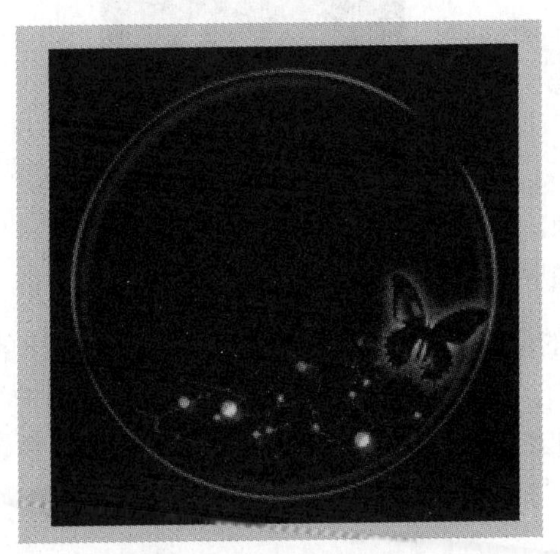

图 3.3 导入图片用做背景

4. 选择图层 1，将其重命名为“背景”。

5. 选择菜单项“插入”→“新建元件”，或者按 Ctrl+F8 组合键，弹出“创建新元件”对话框，在该对话框的名称文本框中输入元件名称为“珍珠”，选择类型为“图形”，如图 3.4 所示。

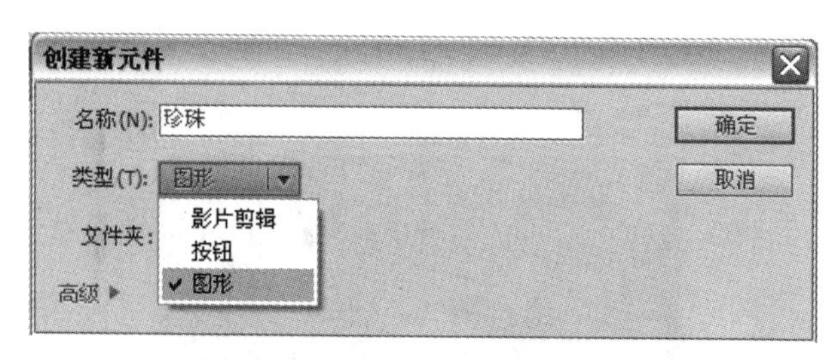

图 3.4　创建“珍珠”图形元件

6. 进入“珍珠”元件的编辑窗口。选择“椭圆工具”。在其“属性”面板中设置“笔触颜色”为取消，单击“填充颜色”按钮，在弹出的调色板中，在下方任意选择一个径向渐变的小球。

7. 打开“颜色”面板，在“渐变定义栏”中将左边色块设置为“灰色（#A09090）”，且稍向右移，如图 3.5 所示，右边色块设置为“浅黄色（#F3F0D6）”，且稍向左移。

8. 设定之后，将鼠标移到舞台，在图层 1 按住 Shift 键绘制一个正圆，如图 3.6 所示。

9. 使用“填充变形工具”将渐变的中心略向上移，其效果如图 3.7 所示。

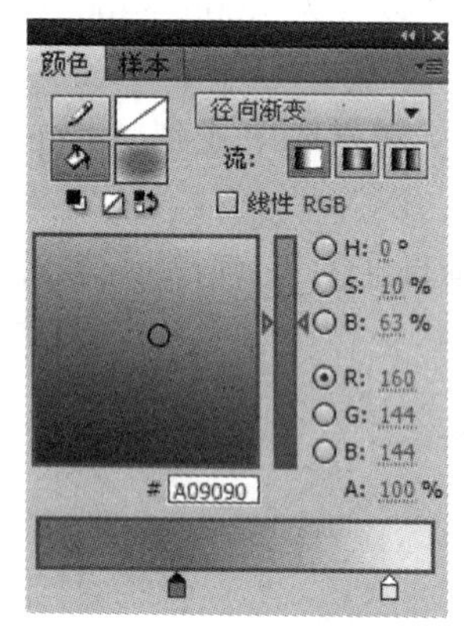

图 3.5　设置径向渐变的左边颜色块的值

图 3.6　绘制一个正圆（珍珠）

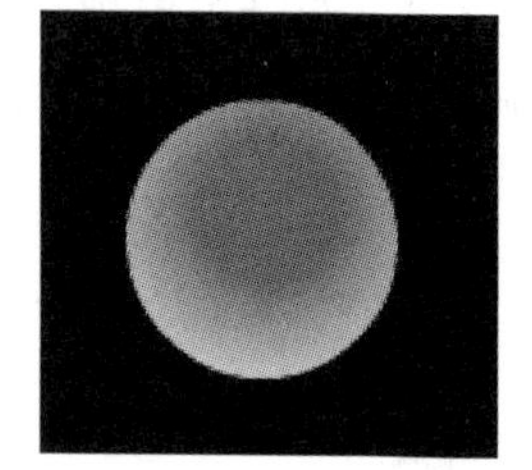

图 3.7　调整渐变中心后的效果

10. 为了使制作出的珍珠具有光泽感，可复制前面制作出的珍珠图形。选择菜单项“编辑”→“复制”。

11. 在“图层 1”的上方添加一个新图层“图层 2”，选择新建的“图层 2”的第 1 帧，选择菜单项“编辑”→“粘贴到当前位置”。该方法使新复制的珍珠图形和原图形重叠在一起。

12. 选定“图层 2”新复制的珍珠图形，为了便于选择，可以先将“图层 1”隐藏，如图 3.8 所示。

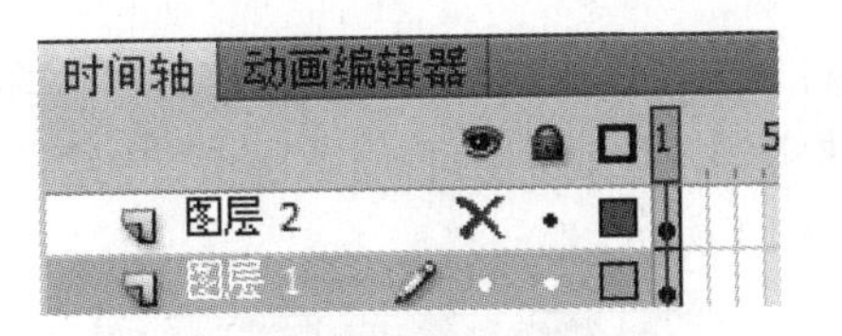

图 3.8 隐藏图层 2

13．打开“颜色”面板，将渐变定义栏中左边的色块设置为“白色（#FFFFFF）”，右边的色块设为“浅黄色（#F3F0D6）”，“Alpha”值设为“0%”，如图 3.9 所示。这样两个图层的效果叠加起来，就制作出了珍珠的光泽效果，如图 3.10 所示。

14．下面把制作好的“珍珠”串成一串项链。

15．再新建一个图形元件，命名为“项链”。

16．进入到该元件的编辑窗口，选择“图层 1”，在其第 1 帧上用“钢笔工具”绘制一个心形曲线，如图 3.11 所示。

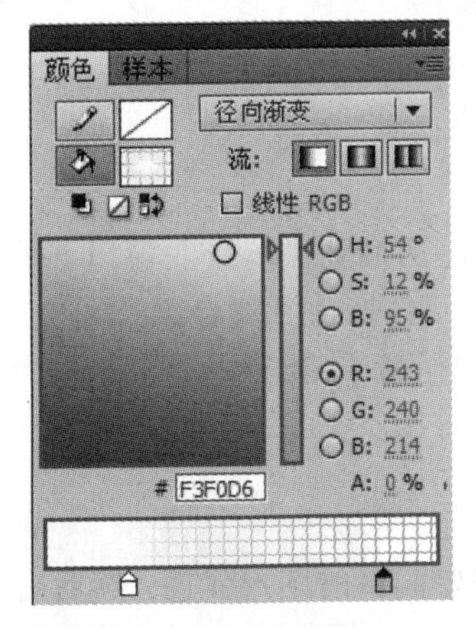

图 3.9 “颜色”面板中的渐变参数

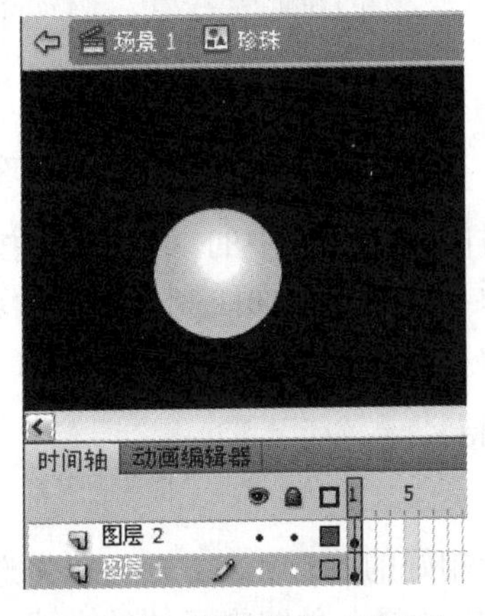

图 3.10 制作好的“珍珠”效果

图 3.11 使用钢笔工具绘制的心形曲线

17．添加一个新图层“图层 2”，选择“图层 2”的第 1 帧，打开“库”面板，如图 3.12 所示。在“库”面板下方的名称栏中选择“珍珠”，面板上方的预览窗口中出现其图形，用鼠标从预览窗口将“珍珠”图形元件拖放进舞台，使用“任意变形”工具调整其大小合适，如图 3.13 所示。

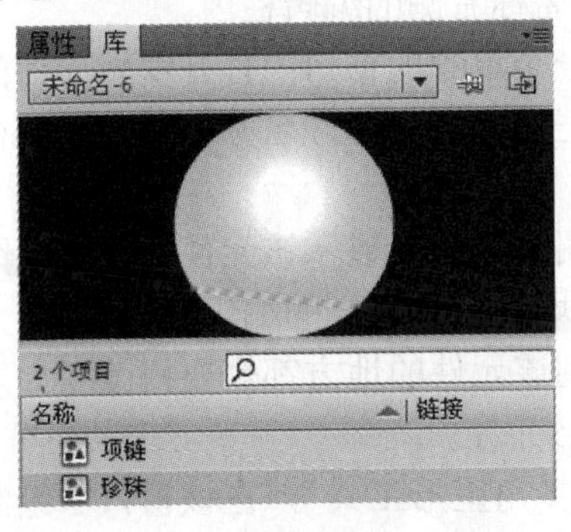

图 3.12 从“库”面板中拖放“珍珠”元件

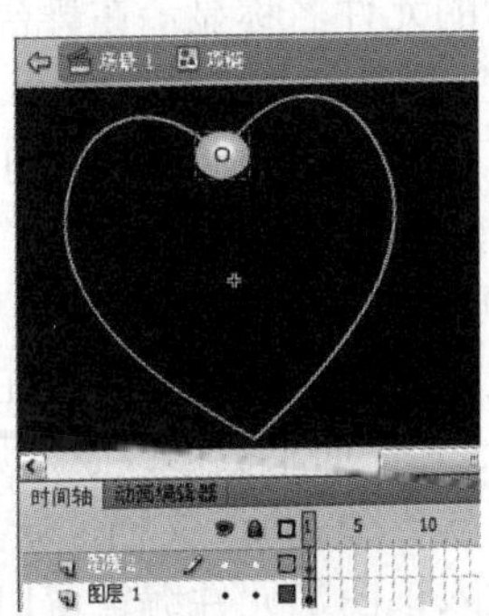

图 3.13 将“珍珠”拖放进“项链”元件

18．鼠标指针移到窗口中，按住 Alt 键，拖住“珍珠”实例进行复制，且复制多个。

19．调整每一个珍珠实例，让它们沿着“图层 1”中绘制好的曲线排列，这样就串成了一串“珍珠”，如图 3.14 所示。

图 3.14　串成一串的珍珠

20．用鼠标单击“时间轴”面板中的 场景 1 按钮，切换到“场景”窗口。

21．打开“库”面板，将其中前面绘制好的“珍珠”元件拖放到舞台。

22．该任务制作完成，保存文件，命名为“项目 1_电子贺卡.fla”。

3.1.1.3　技术支持

1．图形元件的修改

如果需要修改已经绘制好的图形元件，则可以先选定要编辑的图形元件，然后右键单击，在弹出的快捷菜单中选择一种编辑元件的方式。此处一共提供了三种元件编辑方式：“在当前位置编辑”、“在新窗口中编辑”和“编辑”，如图 3.15 所示。

编辑
在当前位置编辑
在新窗口中编辑

图 3.15　三种元件编辑方式

（1）“在当前位置编辑”命令。该元件和其他对象一起出现在舞台上，该元件处于可以编辑状态，但其他对象是以灰色的不可编辑的方式出现的，这样很容易将它们区别开来。正在被编辑的元件名称显示在舞台上方场景名称右侧的编辑栏内。

（2）“在新窗口中编辑”命令。这是在一个单独的窗口中打开编辑元件的命令，即窗口中只有该元件，其他的对象均不出现。正在编辑的元件名称会显示在舞台上方的编辑栏内。

（3）“编辑”命令。可将窗口从舞台视图更改为只显示该元件的单独视图来编辑元件。正在被编辑的元件名称显示在舞台上方场景名称右侧的编辑栏内。

2．图形元件如果被修改了，则所有用到该元件的地方都需要修改（如下例）

（1）新建一个 Flash 文档，新建一个图形元件。

（2）进入该图形元件编辑窗口，选择“多角星形工具”，在该窗口中绘制一个红色的五角星形。

（3）切换到场景中，把该元件拖入场景，如图 3.16 所示。此时“库”面板中的元件形状与舞台场景的图形形状一致。

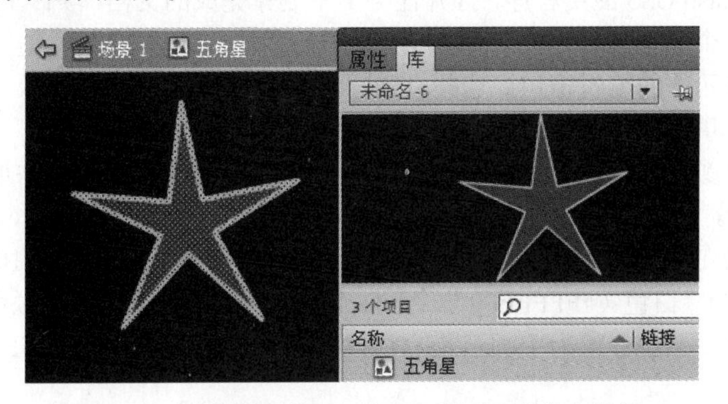

图 3.16　将制作好的“五角星”图形元件拖入场景

（4）进入五角星图形元件编辑窗口，使用“选择工具”拖曳改变其图形形状。

（5）单击“主场景”按钮，返回到场景中，发现此时主场景中的图案也随之改变。

3．可以将已经绘制好的图形转换为元件

如果已经在主场景中绘制了图形，但要将其转为元件，可不需要在元件编辑窗口中再绘制一次，只需在主场景中先选中该图形，然后选择菜单项“修改”→“转换为元件”，即可将当前已经绘制好的图形转换为元件。

3.1.2　任务 2　应用影片剪辑元件制作“星光闪烁”

3.1.2.1　任务说明

一般将可重复使用的动画片段制作成影片剪辑元件。影片剪辑元件拥有独立于主时间轴的独立时间轴，可以看做是主时间轴中嵌套着另一个时间轴，它可以包含交互式控件、声音，还可以包含图形元件或是其他影片剪辑元件等。本任务是在任务 1 完成的基础之上，应用影片剪辑元件制作一个星光闪烁的动画效果，其效果如图 3.17 所示。

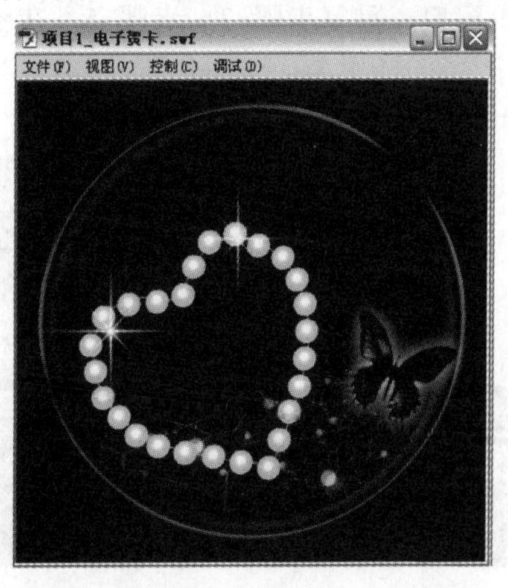

图 3.17　任务 2“星光闪烁”效果图

3.1.2.2 任务步骤

1．打开 Flash CS5 应用程序，打开任务 1 中制作完成的文档“项目 1_电子贺卡.fla”。

2．新建一个图形元件，将其命名为“光”。

3．进入该元件的编辑窗口，选择“椭圆工具”，在其“属性”面板中，设置笔触颜色为“取消”，填充颜色为任意一个的径向渐变小球。

4．打开“颜色”面板，在面板下方渐变编辑栏中间单击两次，添加两个颜色块，如图 3.18 所示。

5．设置最左边的颜色块颜色为“白色（#FFFFFF）”，Alpha 值为 100%；左边第二个颜色块颜色为“白色（#FFFFFF）”，Alpha 值为 100%；左边第三个颜色块颜色为“白色（#FFFFFF）”，Alpha 值为 19%；最右边的颜色块颜色为“白色（#FFFFFF）”，Alpha 值为 0%。

6．将鼠标移到舞台中，按住 Shift 键，绘制一个正圆，如图 3.19 所示。

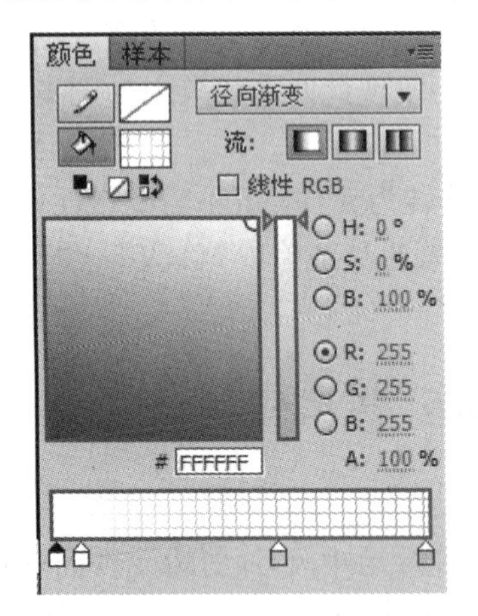

图 3.18　在“颜色”面板中添加两个颜色块

图 3.19　绘制正圆

7．新建一个图形元件，将其命名为“星”。

8．进入该元件的编辑窗口，重复步骤 3～步骤 5，在图层 1 绘制一个椭圆，如图 3.20 所示。

9．在图层 1 上新建一个图层 2，在图层 2 中再绘制一个椭圆，如图 3.21 所示。

图 3.20　绘制椭圆 1

图 3.21　绘制椭圆 2

10．在图层 2 上新建一个图层 3，在图层 3 中再绘制一个椭圆，如图 3.22 所示。

11．在图层 3 上新建一个图层 4，在图层 4 中再绘制一个椭圆，如图 3.23 所示。

图 3.22　绘制椭圆 3

图 3.23　绘制椭圆 4

12．选择菜单项“插入”→“新建元件”，在弹出的“创建新元件”对话框中创建一个影片剪辑元件，将其命名为“闪烁的星”，如图 3.24 所示。

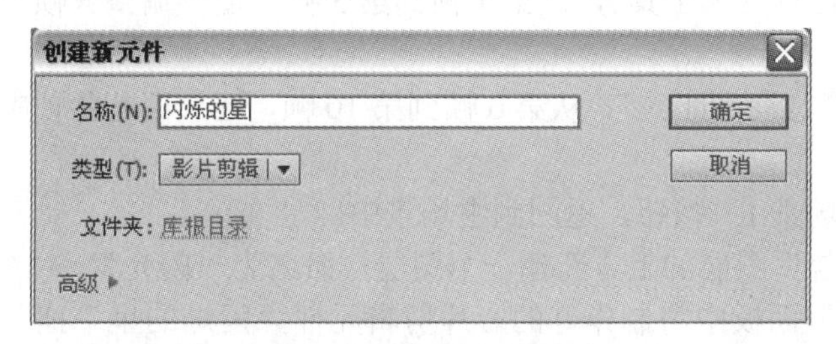

图 3.24　创建影片剪辑元件

13．进入该元件的编辑窗口，选择图层 1 的第 1 帧，将“库”面板中的元件“光”拖入舞台。

14．选择图层 1 的第 2 帧，鼠标右击，选择快捷菜单“插入关键帧”，如图 3.25 所示。

15．重复 8 次步骤 14，再插入 8 个关键帧，“时间轴”面板如图 3.26 所示。

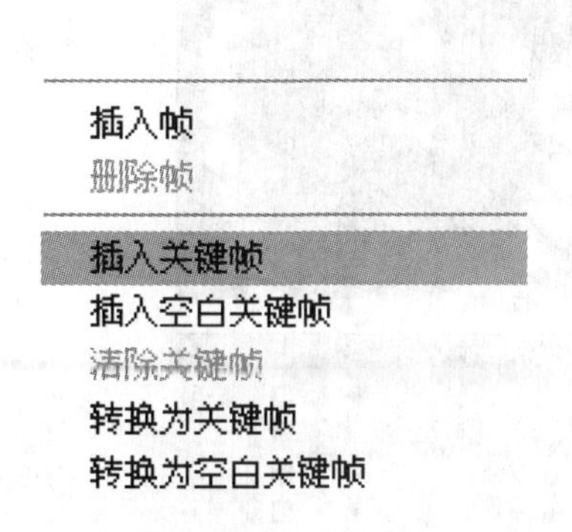

图 3.25　选择“插入关键帧”

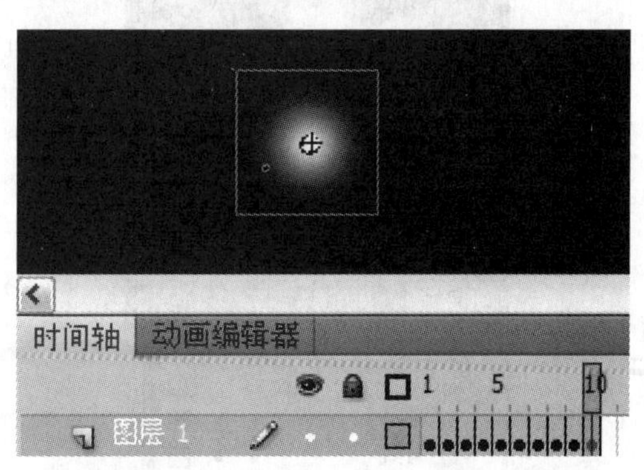

图 3.26　插入关键帧后的“时间轴”面板

16．使用“任意变形工具”，从第1帧到第5帧，逐一调整各帧中的元件实例的大小使其越来越小。

17．使用“任意变形工具”，从第6帧到第10帧，逐一调整各帧中的元件实例的大小使其越来越大。

18．在图层1的上方新建一个图层2，将“库”面板中的元件“星”拖入图层2的第1帧，其效果如图3.27所示。

19．选择图层2的第2帧，鼠标右击，选择快捷菜单“插入关键帧”。

20．重复8次步骤19，再插入8个关键帧，“时间轴”面板如图3.28所示。

图3.27　拖入“星”元件

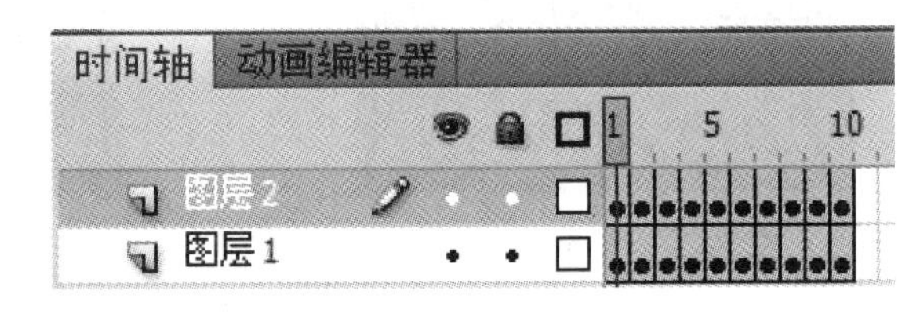

图3.28　“时间轴”面板

21．使用“任意变形工具”，从第1帧到第5帧，逐一调整各帧中的元件实例的大小使其越来越大。

22．使用“任意变形工具”，从第6帧到第10帧，逐一调整各帧中的元件实例的大小使其越来越小。

23．单击“场景1”按钮，返回到主场景中。

24．在“项链”图层的上方新建一个图层，命名为“闪光”。

25．从“库”面板中将制作好的影片剪辑元件“闪烁的星”拖入“闪光”图层的第1帧。

26．调整舞台中“闪烁的星”实例的位置和大小，如图3.29所示。

27．选中该实例，按住Alt键拖动，复制一个；使用“任意变形工具”调整其大小和位置，如图3.30所示。

28．该任务制作完成，保存文档，测试影片。

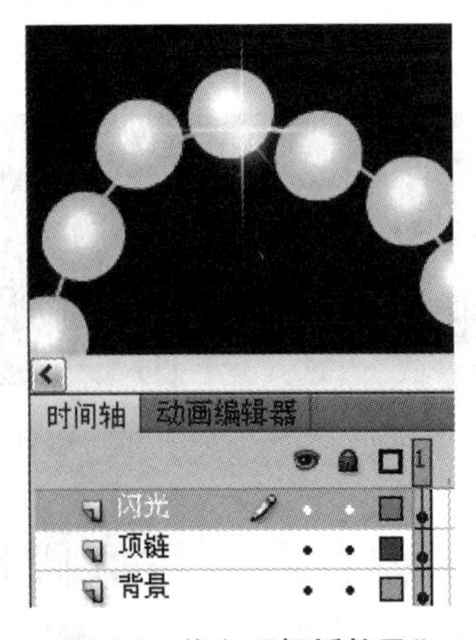

图3.29　拖入“闪烁的星”

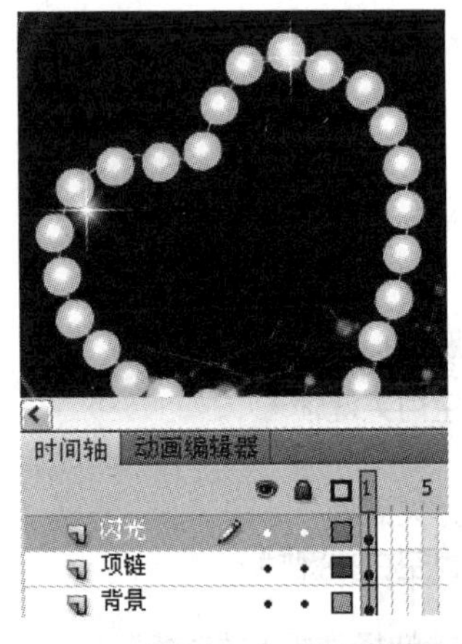

图3.30　复制一个“闪烁的星”

3.1.2.3 技术支持

影片剪辑元件是制作复杂动画必不可少的元件，实际上一个影片剪辑元件就是一个小 Flash 影片。

1．影片剪辑元件和图形元件的相同点

影片剪辑元件和图形元件都是可以重复使用的，而且使用方便，都可以直接从“库”面板中拖出来使用。

2．影片剪辑元件和图形元件的不同点

（1）首先，影片剪辑元件的时间轴是独立于主时间轴的，而图形元件的时间轴其实是和主时间轴同步的。下面来看一个小例子。

① 新建一个 Flash 文档。新建一个图形元件“A”。

② 进入该元件的编辑窗口，选择图层的第 1 帧，用“椭圆工具”绘制一个椭圆。

③ 单击选择第 10 帧，右键单击，在弹出的快捷菜单中选择“插入空关键帧”。选择第 20 帧，在该元件的编辑窗口中，用“矩形工具”绘制一个矩形。

④ 返回，单击选择第 1 帧，右击鼠标，选择“创建补间形状”。用鼠标在“时间轴”面板中拖动播放头测试，动画正常。

⑤ 单击“场景 1”按钮，返回到主场景。选择主时间轴的第 1 帧。选择“库”面板中的图形元件“A”并将其拖放到主场景中，选择菜单项“控制”→“测试”→“测试影片”，弹出播放器播放影片。发现此时画面是静止的，没有播放动画，这是因为图形元件的时间轴和主时间轴是同步的。

⑥ 下面用两种操作进行修改使动画播放正常。第一种操作，在“库”面板中，选中“A”图形元件的名称，右键单击，在弹出的快捷菜单中选择“类型”→“影片元件”，将图形元件“A”修改为影片剪辑元件类型。返回主场景，将原先拖入的实例删除，将修改类型后的“A”影片剪辑元件重新拖入舞台中。重新测试，发现此时动画播放正常，这是因为影片剪辑元件的时间轴是独立的。第二种操作，不修改元件的类型，保持元件“A”为图形元件，但选择主场景时间轴的第 10 帧，右键单击“插入关键帧”，再选择菜单项“控制”→“测试”→“测试影片”，测试影片，发现此时动画正常了。这是因为图形元件的时间轴和主场景的时间轴是同一个。

（2）其次，在编辑环境中，只要按 Enter 键就可以查看图形元件的动画效果。而对于影片剪辑元件来说，只有导出动画，才可以查看效果。

（3）影片剪辑元件中可以使用 ActionScript 脚本。可以用动作脚本控制它的播放、暂停、跳转和颜色设置等。影片剪辑元件可包含音频文件，而图形元件即使包含音频文件，也是不会发出声音的。

3．影片剪辑元件可以设置实例名称

同一个元件可以创建多个实例，每个实例可以有不同的名称。实例名称一般在动作脚本中使用，相关内容将在第 7 章介绍。

4．元件可以嵌套

元件嵌套是指一个元件可以包含另一个元件，如在图形元件中可以包含一个图形元件，在一个影片剪辑元件中可以包含图形元件或者包含另一个影片剪辑元件。

3.1.3 任务 3 应用按钮元件制作“献上祝福”

3.1.3.1 任务说明

按钮元件可以创建响应鼠标单击、滑过或其他动作的交互式按钮。可以定义与各种按钮状态关联的图形，然后将动作指定给按钮实例。本任务就是在任务 2 的基础上，使用按钮元件制作响应鼠标显示动态祝福文字效果，其效果如图 3.31 所示。

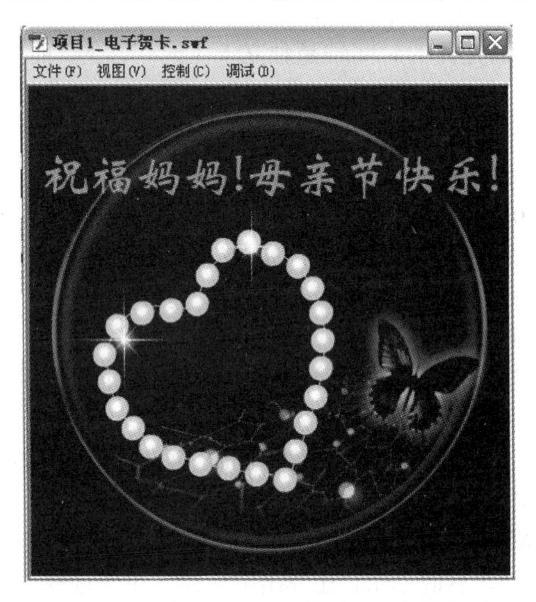

图 3.31 任务 3“动态立体按钮”的效果图

3.1.3.2 任务步骤

1．打开 Flash CS5 应用程序，打开任务 2 中制作完成的文档“项目 1_电子贺卡.fla”。

2．选择菜单项“插入”→“新建元件”，在弹出的对话框中，设置类型为“按钮”，名称为“祝福”，如图 3.32 所示。

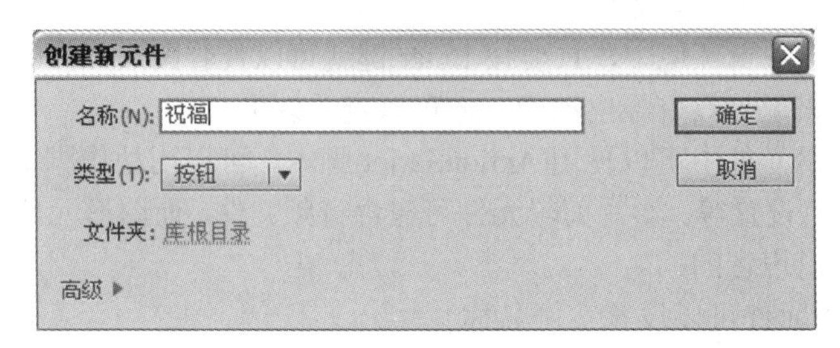

图 3.32 创建按钮元件

3．选择菜单项“插入”→“新建元件”，新建一个图形元件，命名为“文字 1”。

4．进入该元件的编辑窗口，使用文本工具输入文本“单击送上祝福”，在其“属性”面板中设置文本属性，文字效果及其参数如图 3.33 所示。

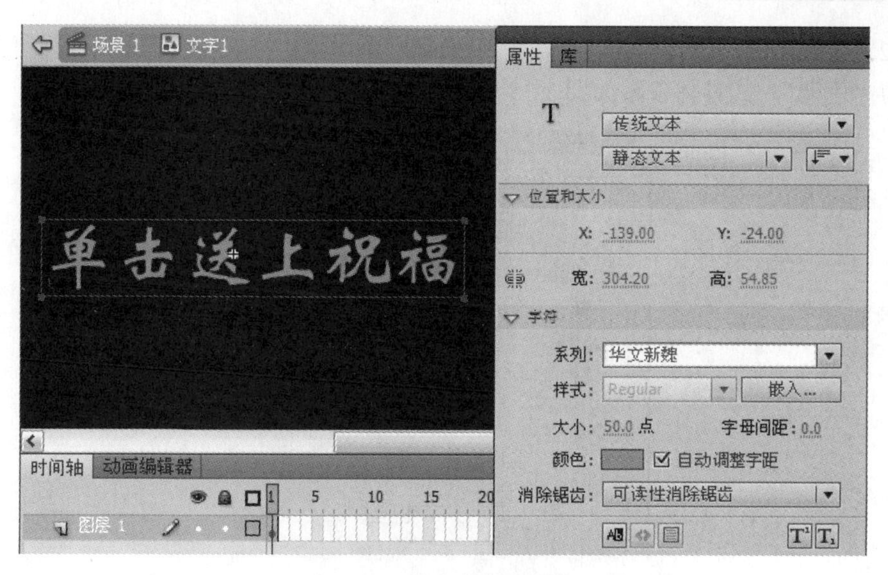

图 3.33　文字效果及参数

5．再新建一个影片剪辑元件，命名为“文字 2”。

6．进入该元件的编辑窗口，使用文本工具输入文本“祝福妈妈！母亲节快乐！”，在其“属性”面板中设置文本属性，文字效果及其参数如图 3.34 所示。

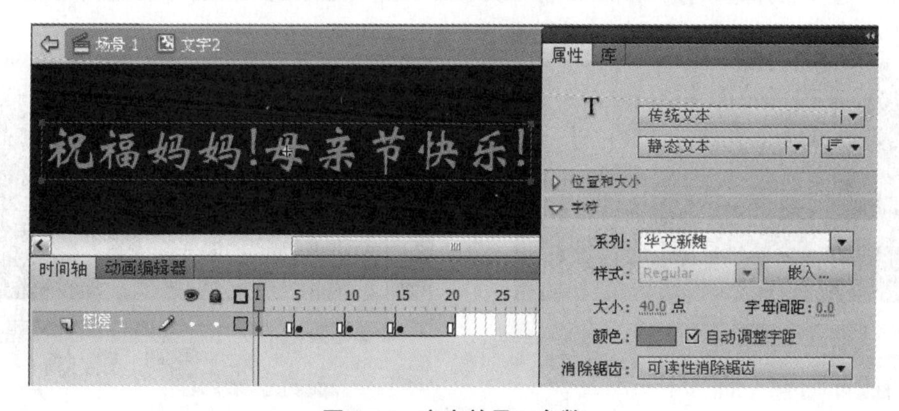

图 3.34　文字效果及参数

7．选择第 5 帧，按 F6 键，插入关键帧，选择该帧的文字，在“属性”面板中将文字颜色修改为“粉红色（#FF99FF）”。

8．选择第 10 帧，按 F6 键，插入关键帧，选择该帧的文字，在“属性”面板中将文字颜色修改为“浅绿色（#CCFF99）”。

9．选择第 15 帧，按 F6 键，插入关键帧，选择该帧的文字，在“属性”面板中将文字颜色修改为“浅黄色（#FFFFCC）”。

10．新建一个图形元件，命名为“文字 3”。

11．进入该元件的编辑窗口，使用文本工具输入文本“深恩如海！”，该文字的颜色设置为“玫瑰色（#CC0099）”，其他参数不变。

12．选择舞台中该元件的实例，在其“属性”面板的“色彩效果”栏中设置“样式”类型为“色调”，其具体参数如图 3.35 所示。

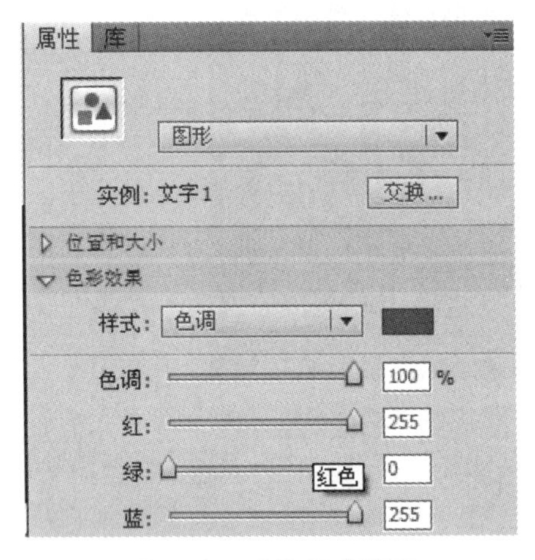

图 3.35　选择样式类型

13．在“库”面板中选择“祝福”按钮元件，双击其预览窗，进入该元件的编辑窗口，如图 3.36 所示。

14．选择“弹起”帧，从库中将“文字 1”图形元件拖入舞台。调整其中心点和元件的中心点“+”对齐，如图 3.37 所示。

图 3.36　进入编辑窗口

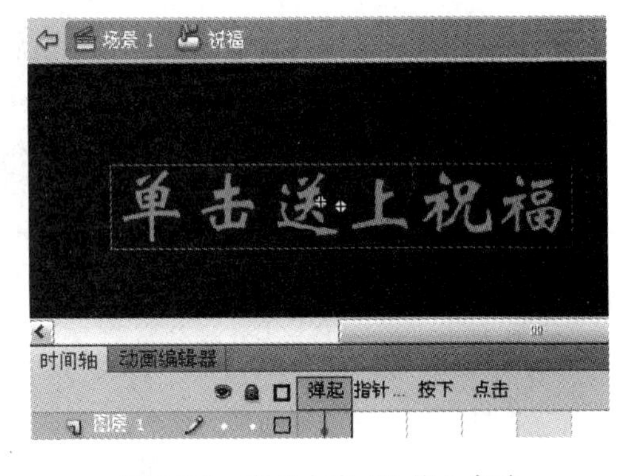

图 3.37　将“文字 1”拖入舞台

15．选择“指针”帧，按 F7 键，插入空白关键帧；选中该帧，从库中将“文字 2”影片剪辑元件拖入舞台。调整其中心点和元件的中心点“+”对齐，如图 3.38 所示。

16．选择“按下”帧，按 F7 键，插入空白关键帧；选中该帧，从库中将“文字 3”图形元件拖入舞台。调整其中心点和元件的中心点“+”对齐，如图 3.39 所示。

17．“祝福”按钮元件制作完成，单击“场景 1”返回到主场景中。

18．在图层“闪光”之上新建一个图层，重命名为“文字”。

19．从“库”面板中将按钮元件“祝福”拖入图层“文字”的第 1 帧，如图 3.40 所示。

20．该任务制作完成，保存文档，测试影片。

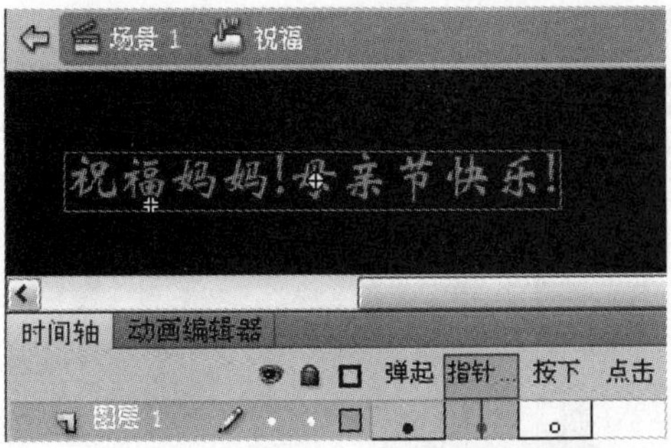

图 3.38　将“文字 2”拖入舞台

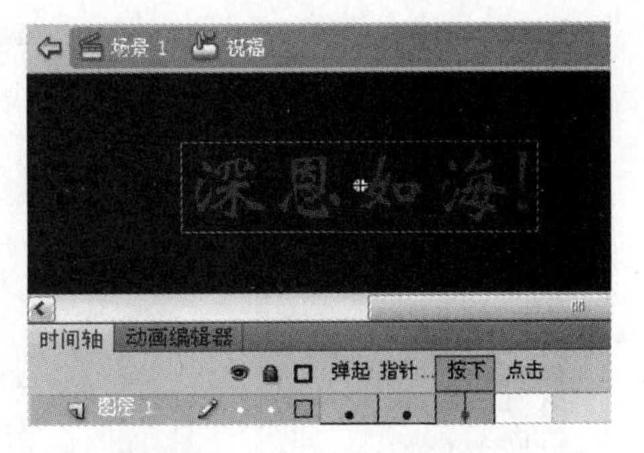

图 3.39　将“文字 3”拖入舞台

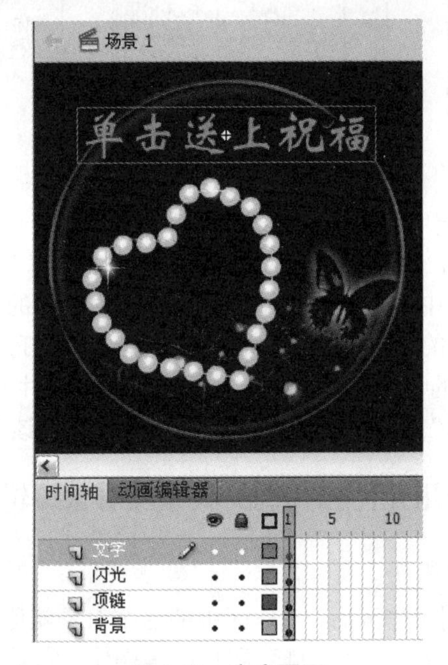

图 3.40　文字图层

3.1.3.3　技术支持

1．按钮元件的帧面板与图形元件和影片剪辑元件的帧面板不同，它只有 4 个帧：弹起、指针经过、按下和单击。

（1）弹起：表示鼠标指针不在按钮上时的状态。

（2）指针经过：表示鼠标指针在按钮上时的状态。

（3）按下：表示在按钮上按下鼠标时的状态。

（4）单击：用于设置鼠标单击有效的区域。如果没有特意设置，则默认“按下”帧的图形区域。

2．Flash 中还自带了公用库，公用库有按钮、声音和类三种类型。可以将公用库中的元素添加到文档中。选择菜单项“窗口”→“公用库”，在“公用库”菜单中进行选择，如图 3.41、图 3.42 和图 3.43 所示。

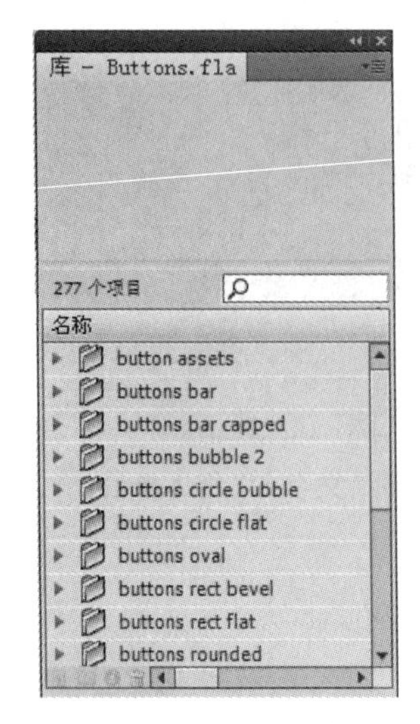

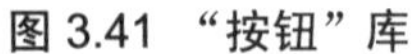
图 3.41 “按钮”库

图 3.42 “声音”库

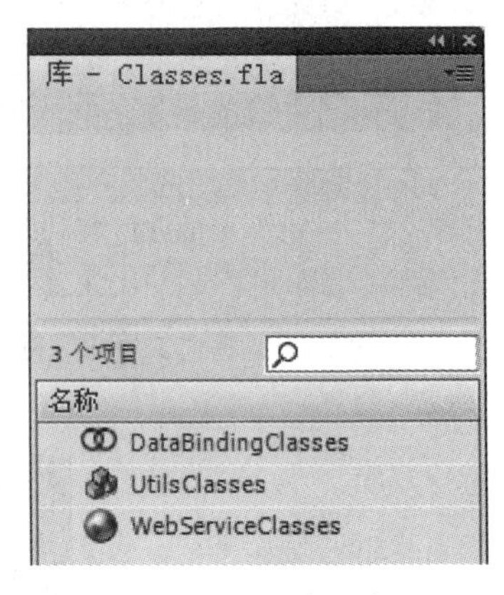

图 3.43 “类”库

3．外部库中元素的调用。如果要使用外部库中的素材，可以选择菜单项“文件”→“导入”→“打开外部库”，打开其他 Flash 文档文件中的“库”面板，将外部库中的元素拖入当前正在编辑的文件中，以达到调用外部库中素材的目的。在调用外部库时，会在当前的文档库中生成对应的元素。另外，如果在编辑窗口中打开了多个 Flash 文档，则打开“库”面板，单击其中的 未命名-1 ，在弹出的文件列表中选择其他的文件名，则可以打开该文件的“库”面板，也可以在当前文件中调用该文件的元素。

3.1.4 任务 4 应用元件和实例的关系及对象编辑制作“五彩风车”

3.1.4.1 任务说明

把库中的元件拖放到工作区后，工作区中的这个对象就称为实例。对于实例可以进行选取、移动、复制、旋转、缩放、排列和打散等操作，它是组成动画的基础，从前面的任务中都可以体会到。但是实例和元件之间有着怎样的关系？本任务将告诉读者。本任务只制作一个风车，然后通过实例属性的调整，制作出五彩的风车，添加到任务 3 完成的效果中，使画面更丰富多样，本任务完成后的效果如图 3.44 所示。

图 3.44 任务 4“五彩风车”效果图

3.1.4.2 任务步骤

1．打开 Flash CS5 应用程序，打开任务 3 中制作完成的文档“项目 1_电子贺卡.fla”。

2．新建一个图形元件，命名为“风车”。

3．在“风车”图形元件编辑窗口中，利用绘图工具制作一个风车，如图 3.45 所示。

4．再新建一个影片剪辑元件，命名为“旋转的风车”，进入该元件的编辑窗口。

5．从库中将“风车”图形元件拖入第 1 帧。

6．选择第 30 帧，右键单击选择“插入关键帧”。

7．选择第 30 帧的风车图形，使用“任意变形工具”对它进行旋转。

8．返回选择第 1 帧，鼠标右击，选择“创建传统补间”。该元件制作完毕，如图 3.46 所示。

图 3.45　风车图形

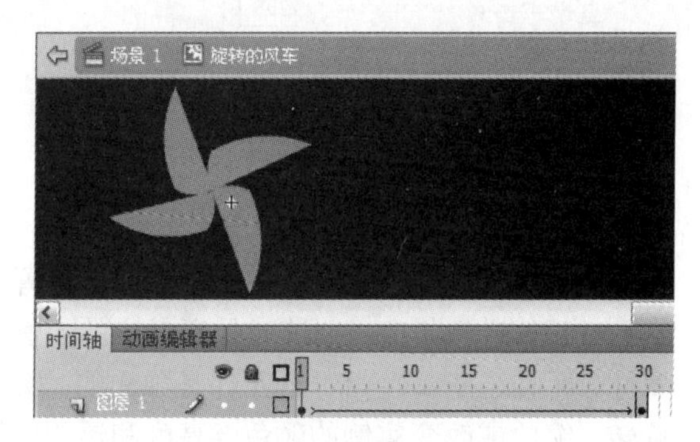

图 3.46　旋转的风车

9．返回到主场景，在“文字”图层的上方新建一个图层“风车”。选择该图层的第 1 帧，从“库”面板中选择“旋转的风车”影片剪辑元件，连续三次拖入舞台中，使舞台上有三个风车，且调整大小，如图 3.47 所示。

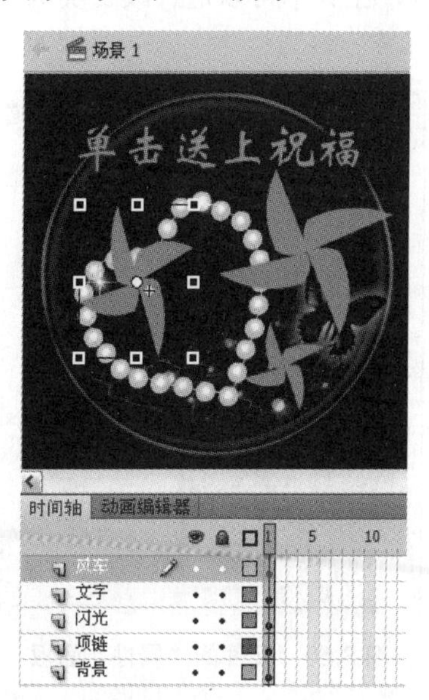

图 3.47　将“旋转的风车”拖入“风车”图层

10．选中“风车”图层中最左边的风车实例，然后单击“属性”面板中的“色彩效果”栏，选择“样式”类型为“色调”，具体参数如图3.48所示。

11．选择最右边的风车实例，然后单击“属性”面板中的“色彩效果”，选择“样式”类型为“高级”，且设置其各项参数，具体数值如图3.49所示。

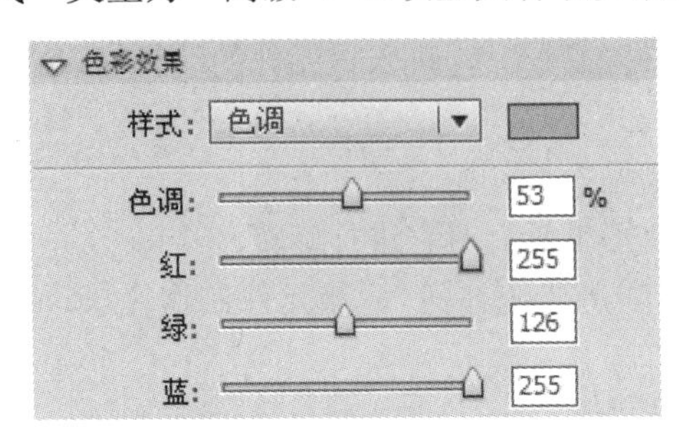

图3.48　设置“色调”参数

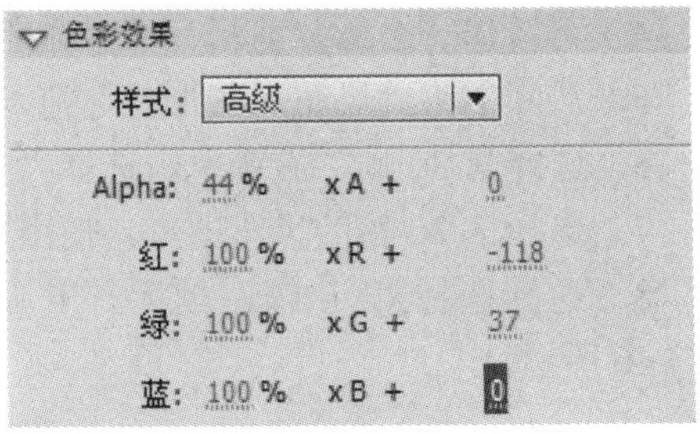

图3.49　设置“高级”参数

12．本任务制作完毕。保存文件，测试影片。

3.1.4.3　技术支持

元件制作好后，将元件放置在舞台上或者放置在其他元件中，就创建了该元件的实例。如果对元件进行修改，则该元件所对应的实例也随着改变。另外，每个实例又有自己的属性，而且这些属性相对于元件是独立的。所以从上面的任务制作中可以得知，对实例旋转、缩放或改变实例的颜色、亮度和透明度等，是不会改变元件、也不会影响其他元件的。相反，如果对元件进行编辑和修改，是会影响实例的。

1．当选中某个实例后，打开“属性”面板，就可以设置实例的颜色、亮度和透明度等属性，这些属性的修改仅仅针对于选中的实例，对其他实例则没有影响。如图3.50所示就是实例的“属性”面板，在其中可以进行改变实例类型、亮度、色调、透明度和替换实例等操作。

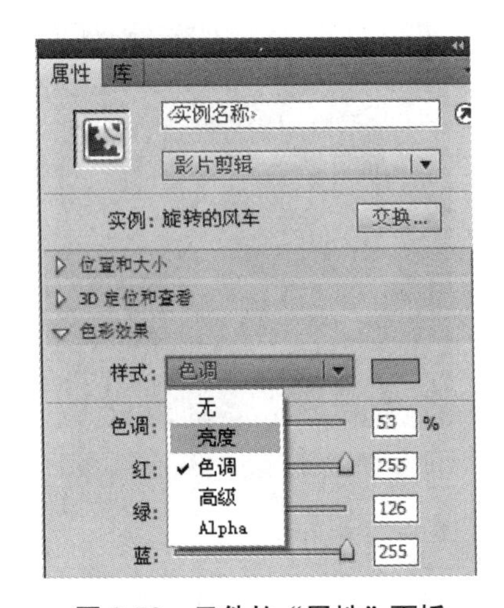

图3.50　元件的“属性”面板

（1）改变元件和实例的类型。每个元件创建之后，其类型是可以更改的。可以在“库”

面板中的列表中选择元件，鼠标右击，在弹出的快捷菜单中选择“类型”；实例的最初类型都和其所对应的元件类型相同，但是实例的类型是可以更改的。可以在舞台中单击选中实例，然后选择单击“属性”面板中实例类型的列表项进行修改。

（2）改变实例的亮度。在“属性”面板中“色彩效果”的“样式”列表选择“亮度”选项，弹出其相应参数进行设置，如图 3.51 所示；可以在其中输入亮度参数，其值介于 0～100 之间；或者单击按钮，拖动滑块，改变其亮度参数就可以改变该实例的亮度。

（3）改变实例的色调。使用色调可以将实例的颜色从一种变到另一种，如图 3.52 所示。选中该实例后，单击“色调”按钮右侧色块，弹出调色板，从中选择新的颜色；或者依次调整其中的“色调”、“红”、“绿”和“蓝”各项参数。再或者，可以拖动滑块来设置；可以指定新颜色的纯度，该参数值越高，颜色越纯；如果该值为 0%，则不起作用。

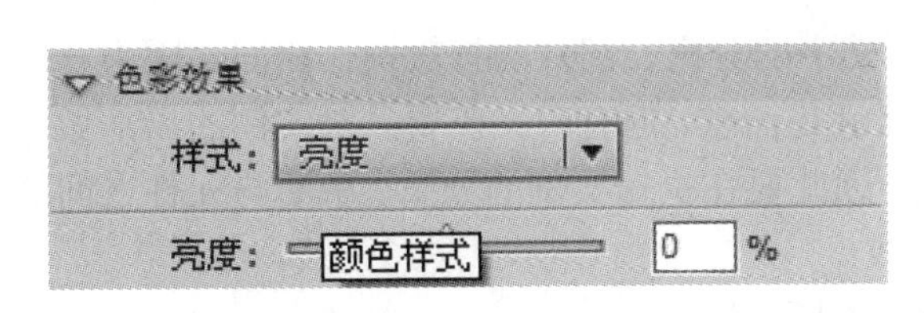

图 3.51 “亮度”选项

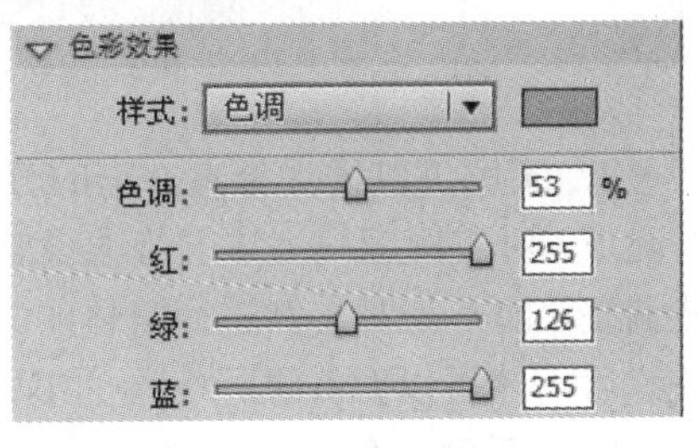

图 3.52 “色调”选项

（4）改变实例的透明度。选中实例后，在“色彩效果”的“样式”列表中选择“Alpha”，可以在文本框中输入 0～100 之间的参数值后按 Enter 键，或者单击按钮，拖动滑块，改变实例的透明度。如图 3.53 所示。该值越低，图形越透明，如果调到 0%，则实例完全看不见。

（5）通过“高级”效果对话框改变实例的颜色。选中实例后，单击 颜色 右侧的黑色三角按钮，选择“高级”，弹出“高级效果”对话框，如图 3.54 所示。在该对话框中分别单击红、绿、蓝三原色、透明度和明亮度右侧的按钮，拖动滑块，可以改变实例的颜色和透明度。

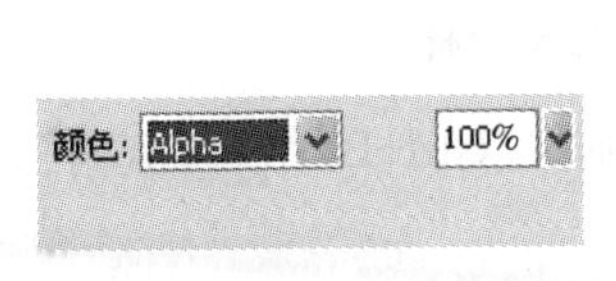

图 3.53 “Alpha”选项

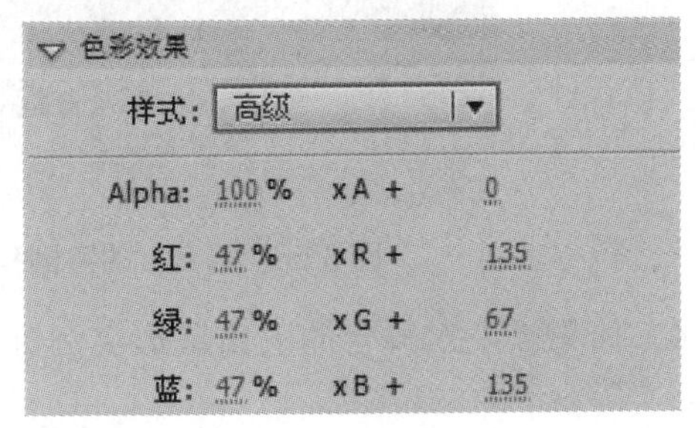

图 3.54 “高级效果”对话框

（6）替换实例。选中实例后，单击“属性”面板中的 交换... 按钮，在弹出的菜单中选择“交换元件”，可以弹出“交换元件”对话框，如图 3.55 所示。在该对话框中显示当前应用的元件，在中间的元件列表中单击要替换现有元件的元件，然后再单击右侧的“确定”按钮，即可替换当前元件，而且在替换的同时保持实例原来的位置和变形等相关属性。该操作也可以通过先选中实例，右键单击，在弹出的快捷菜单中选择“交换元件”菜单项来完成，或者选择菜单项“修改”→“元件”→“交换元件”来完成。

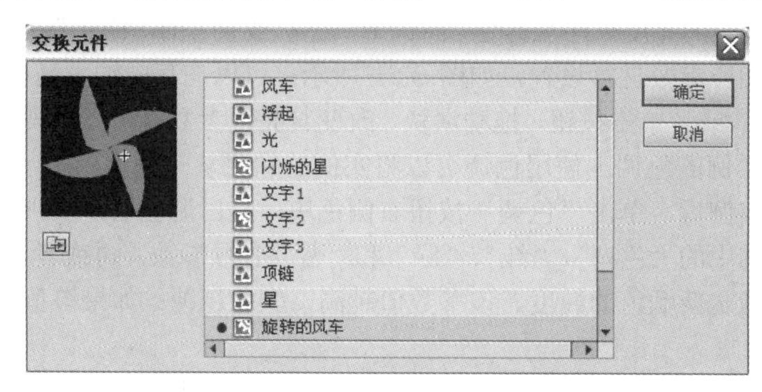

图 3.55 “交换元件”对话框

2．实例可以进行分离。它的分离与文字的分离、图片的打散操作相同。因为一般情况下，对实例应用上述的修改设置即能满足需求，但有时又需要只对实例的局部做一些调整，而不是对实例进行整体的改变，因此要在执行实例的分离、中断与元件之间的关联后，才可以对其进行个别的编辑修改。

（1）新建一个 Flash 文档，新建一个图形元件。

（2）进入该元件编辑窗口，选择“多角星形工具”，在该窗口中绘制一个五角星形。

（3）切换到场景，把该元件拖入舞台中，如图 3.56 所示。

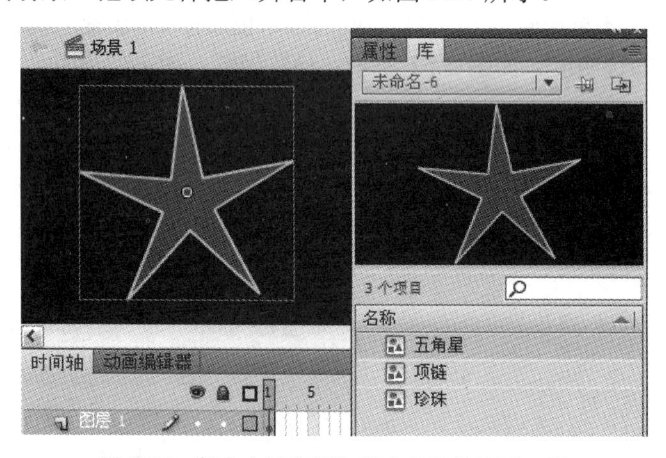

图 3.56 舞台上的实例和库中元件的图形一样

（4）如果需要对舞台的五角星形实例进行修改，则按 Ctrl+B 组合键，将该实例打散。

（5）对其进行调整，如选择“自由变形工具”对它进行变形调整。

（6）打开“库”面板，发现库中的图形元件不受任何影响，没有任何变化，还是五角星形，如图 3.57 所示。

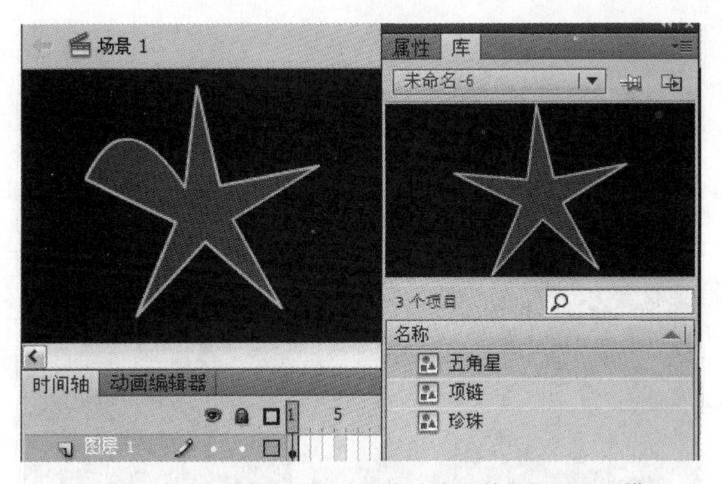

图 3.57 分离后舞台上的实例和库中元件的图形不一样

（7）进入“元件 1”图形元件编辑窗口，对五角星形进行调整。

（8）观察舞台中的实例，它不随元件的变化而变化，即不做任何改变，即实例与元件之间已经中断关联了，如图 3.58 所示。

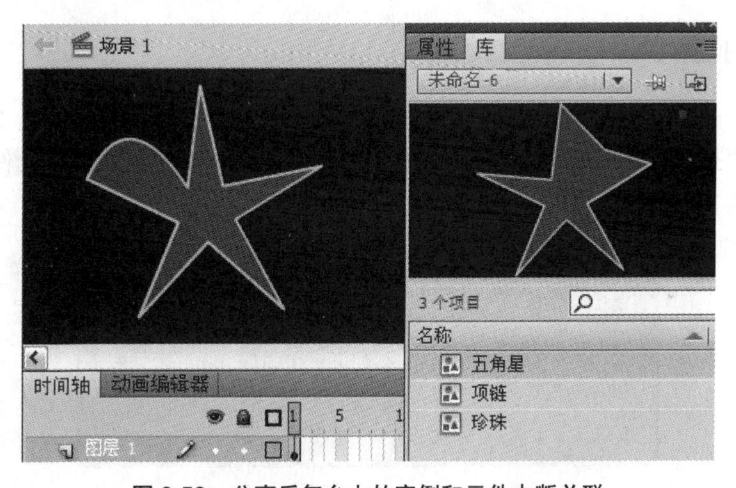

图 3.58 分离后舞台上的实例和元件中断关联

3.2 项目 2 操作进阶——综合应用三种类型元件制作“变幻的花”

3.2.1 项目说明

本项目主要是综合应用三种类型的元件制作的。项目制作中，在影片剪辑元件中嵌套图形元件，按钮元件中又嵌套图形元件和影片剪辑元件，其效果如图 3.59 所示。

图 3.59 “项目 2_变幻的花”效果图

3.2.2 操作步骤

1．新建一个 Flash 文档，尺寸为“400px×300px”，背景颜色为“黑色（#000000）”。选择菜单项“插入”→“新建元件”，如图 3.60 所示。在该对话框中，将元件命名为“花瓣”，类型为“图形”。

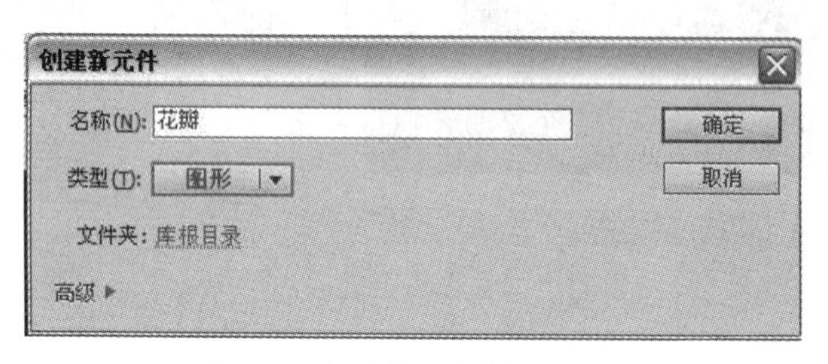

图 3.60 创建“花瓣”图形元件

2．进入该元件的编辑窗口，利用“钢笔”工具绘制花瓣的形状，且选中绘制好的形状，打开“颜色”面板，将花瓣的颜色填充类型选为“放射状”，渐变编辑栏中左边的颜色块为“金黄色（#E177OF）”，具体参数如图 3.61 所示；右边的颜色块为“白色（#FFFFFF）”，再使用“渐变变形工具”调整填充的颜色，最后的花瓣效果如图 3.62 所示。

3．新建一个图形元件，命名为“花朵”。

4．进入该元件的编辑窗口，选择第 1 帧，然后将“库”面板中的“花瓣”图形元件拖入舞台；在窗口中，按住 Alt 键拖动该“花瓣”元件的实例，复制出多个实例，调整各个花瓣的位置，排列成一朵花朵的形状，效果如图 3.63 所示。

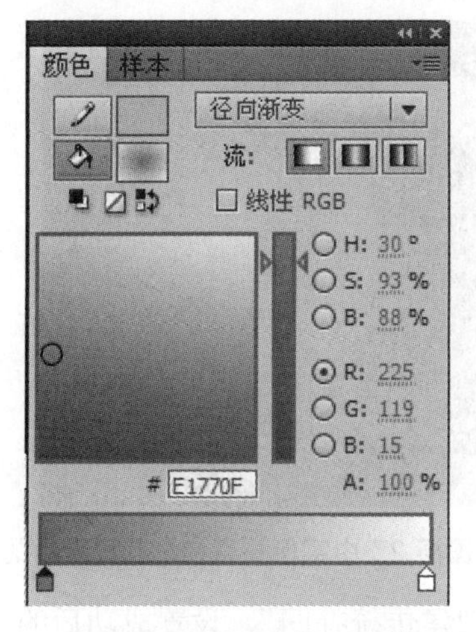

图 3.61 “混色器”参数

图 3.62 填充颜色后的花瓣效果

5．新建一个影片剪辑元件，将该元件命名为“旋转的花”。

6．进入该影片剪辑元件编辑窗口，在“图层 1”的第 1 帧将“库”面板中的“花朵”影片剪辑拖放到窗口中，接着选择第 11 帧，右键单击，在快捷菜单中选择“插入关键帧”，或者直接按 F6 功能键插入关键帧。

7．选择第 11 帧的“花朵”实例，将在“属性”面板中“色彩效果”的“样式”设置为 “Alpha”类型，且设置其值为“62%”，如图 3.64 所示。

图 3.63 复制“花瓣”后的花朵

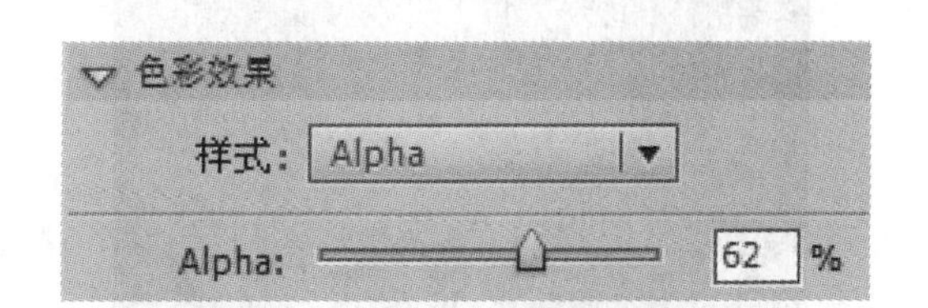

图 3.64 “Alpha”参数

8．选择该层的第 1 帧，鼠标右击，选择“创建传统补间”，设置成功后的时间轴为 。

9．在“图层 1”的上方，新建“图层 2”；选择“图层 1”的第 1 帧，右击，选择“复制帧”；选择“图层 2”的第 1 帧，右击，选择“粘贴帧”。选择该层的第 11 帧，右键单击，设置该帧为插入关键帧，在窗口中选择第 11 帧的“花朵”实例，将“属性”面板上“色彩效果”中的“样式”选择为“Alpha”，且将其值改成“0%”，如图 3.65 所示。同时在该帧对“花朵”实例使用“工具”面板中的“任意变形工具” ，使其缩小，且移动到左上角，如图 3.66 所示。

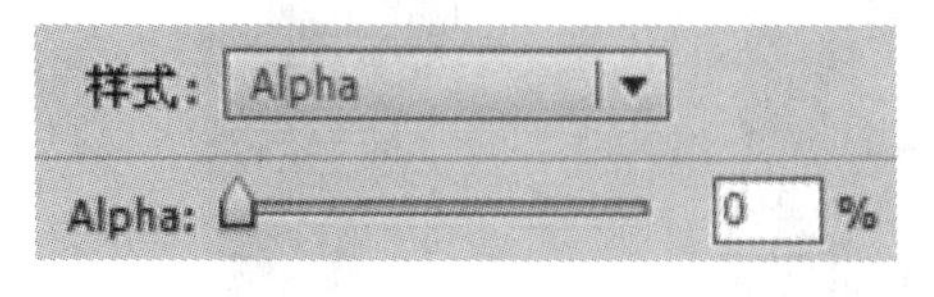

图 3.65 “Alpha”参数

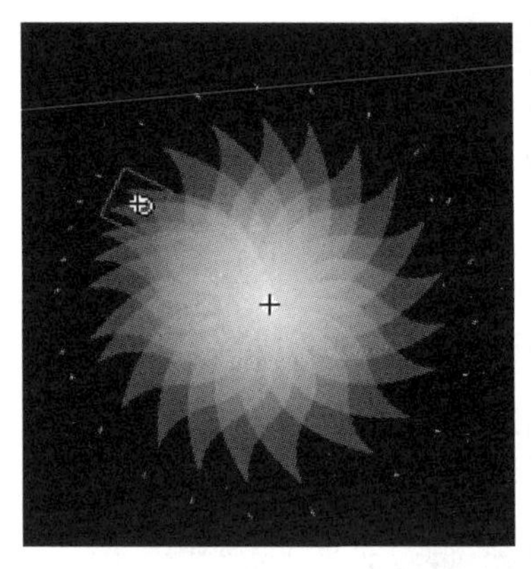

图 3.66 “图层 2”中实例位置和形状改变后的效果图

10．选择该层的第 1 帧，鼠标右击，选择“创建传统补间”，设置成功后的时间轴为。

11．重复三次步骤 9 至步骤 10 的操作，新建三个图层“图层 3”、“图层 4”和“图层 5”，且分别在这三个图层的第 11 帧缩小“花朵”实例并调整其位置到右边、上方和下方。最后的图层位置及效果如图 3.67 所示。

12．在“图层 5”的上方新建一个图层“图层 6”，将图层 1 的第 1 帧复制到该图层的第 1 帧，选择第 11 帧，右键单击，将该帧设置为插入关键帧，选择该帧的“花朵”实例，在“属性”面板中将“Alpha”值改为“0%”。

13．选择该层的第 1 帧，设置为“动画补间”，如，最后所有图层的位置及效果如图 3.68 所示。

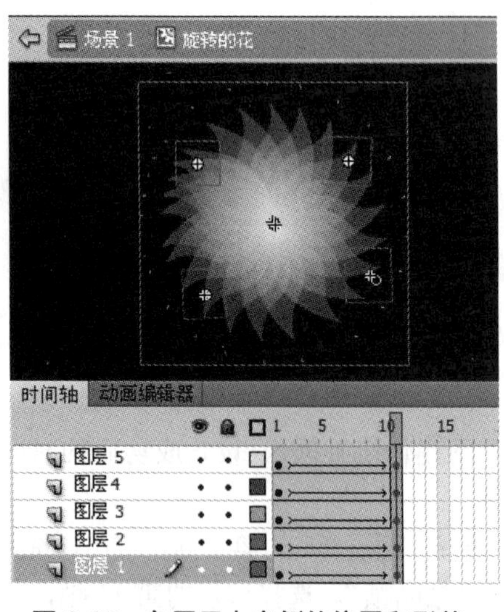

图 3.67 各图层中实例的位置和形状

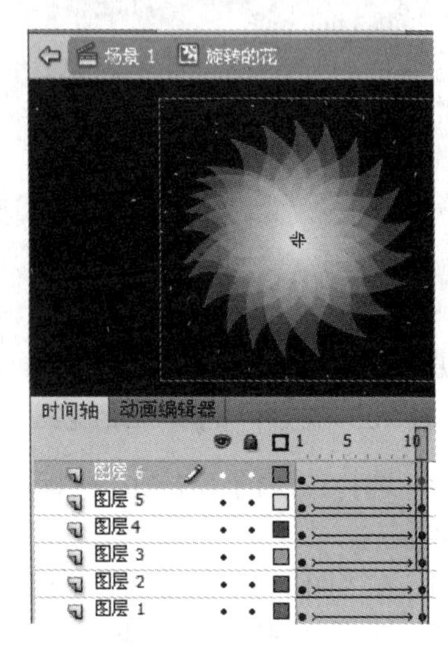

图 3.68 “旋转的花”效果图

14．新建一个按钮元件，命名为“变化花”。

15．进入该按钮元件的编辑窗口，在“弹起”帧中，把“花朵”图形元件从“库”面板中拖入，且调整到编辑窗口的中央。

16．选择“指针”帧，按 F7 键插入空白关键帧，将“库”面板中“旋转的花”的影片剪辑元件拖入。注意该帧的实例位置和“弹起”帧的实例位置要一致，

17．选择“按下”帧，按 F7 键插入空白关键帧，把“花朵”图形元件从“库”面板中再次拖入，且其实例位置与前面两帧的一致，如图 3.69 所示。

18．返回到主场景，将“库”面板中制作好的按钮元件“变化花”拖入舞台。本案例制作完毕，保存文档，命名为“项目 2_变幻的花.fla”，测试文档。

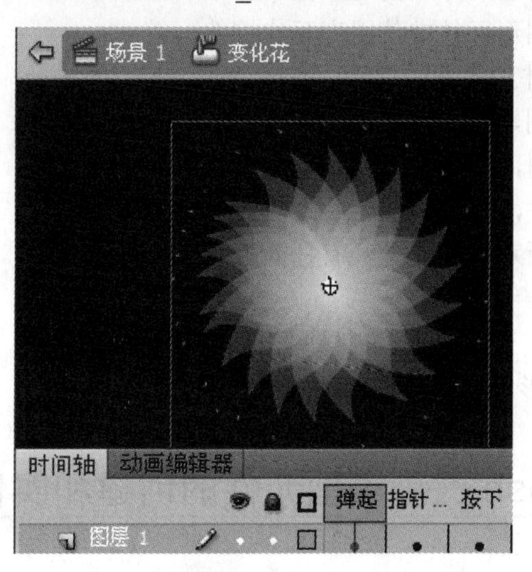

图 3.69　制作好的“变化花”按钮元件

习题

1．填空题

（1）元件用于存储可重复使用的图形、按钮和动画，在 Flash 中可以创建__________、__________和__________三种类型的元件。

（2）如果要将实例设置为完全透明，则要将该实例的_______值设置为______。

（3）将影片剪辑元件的实例类型改为__________后，变成可以指定实例的开始帧。

（4）执行菜单项_________________，可以打开“新建元件”对话框，创建各种类型的元件。

（5）在____________中可以使用 ActionScript 脚本。

2．选择题

（1）__________元件必须为其指定足够的帧才能播放动画效果。

A．按钮　　B．影片　　C．图形　　D．所有类型

（2）在 Flash 编辑窗口中，__________查看影片剪辑元件的动画效果。

A．可以　　B．不可以

（3）在下列的________帧中可以定义按钮响应鼠标的响应区域。

A．“弹起”　　B．“指针”　　C．“按下”　　D．“点击”

（4）以下各种关于图形元件的叙述，正确的是________。

A．可用来创建可重复使用的并依赖于主电影时间轴的动画片段

B．可用来创建可重复使用的，但不依赖于主电影时间轴的动画片段

C．可以在图形元件中使用声音

D．可以在图形元件中使用交互式控件

（5）下列关于元件和实例的说法，正确的是________。

A．修改实例，则元件也随着改变

B．修改实例，则元件不随着改变

C．修改元件，则实例也随着改变

D．实例和所对应的元件没有任何关系

3．思考题

（1）什么是元件？什么是实例？二者之间存在什么关系？

（2）图形元件和影片剪辑元件的区别是什么？

实训五　Flash三种类型元件的创建和实例的应用

一、实训目的

掌握三种元件的创建和应用。掌握实例和元件的关系。

二、操作内容

1．应用图形元件和影片剪辑元件制作海底世界，如图3.70所示。

图3.70　海底世界

（1）新建文档。插入图形元件，在图形元件中使用“绘图工具”绘制。

（2）分别插入三个图形元件，在这三个图形元件中分别使用“绘图工具”绘制鱼、水草和气泡。

（3）插入一个影片剪辑元件，将图形元件“气泡”拖入，使用“补间动画”制作气泡向上冒的效果。

（4）返回主场景，将“鱼”拖入舞台中，并使用“任意变形工具”将“鱼”调整成

不同形状，选择“属性”面板中的“颜色”选项，给“鱼”设置不同的颜色和透明度等。

（5）在主场影中，将气泡向上冒的影片剪辑元件拖入。本题即制作完毕。

2．应用图形元件和影片剪辑元件制作一个“时钟”，如图 3.71 所示。

图 3.71　时钟

（1）新建一个 Flash 文档。导入一个图片用做背景。

（2）使用图形元件制作时针元件、秒针元件和钟盘。

（3）插入一个影片剪辑元件，将钟盘图形元件拖入，将时针元件导入用做时针；再导入一次，缩放调整后用做分针；将秒针元件导入；分别对时针、分针和秒针设置动画补间，实现它们绕钟盘中心点旋转的效果。

（4）将制作好的时钟拖入主场景中。本题即制作完毕。

3．应用图形元件、影片剪辑元件和按钮元件制作“变幻的图案”，如图 3.72 所示。

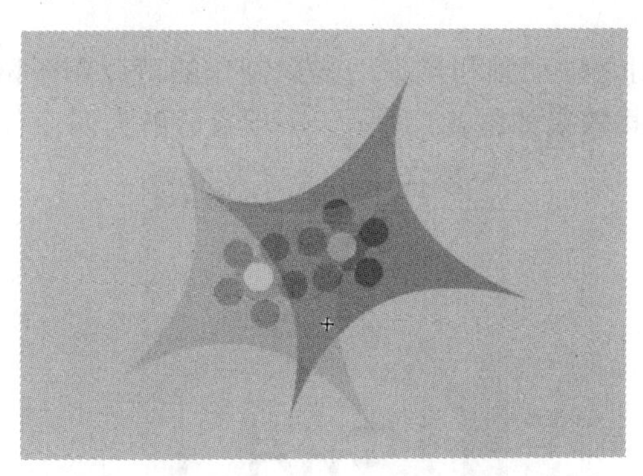

图 3.72　变幻的图案

（1）新建 Flash 文档。

（2）插入图形元件，使用“绘图工具”制作如图 3.72 所示的图形。

（3）插入影片剪辑元件，将图形拖入，改变其颜色选项，且设置成绕左上顶点旋转的动画补间效果。

（4）插入按钮元件，将图形元件拖入按钮元件的“弹起”帧，将影片剪辑元件拖入按钮的“指针经过”帧，再将图形元件拖入按钮的“按下”帧。本题即制作完毕。

第4章 逐帧动画和预设动画

Flash 作品一般都是以动画形式出现的，掌握好动画的操作非常重要。在前面项目的影片剪辑元件制作中，我们其实已经接触了动画制作，但没有系统和完整地学习。本章主要介绍逐帧动画的制作和动画预设的功能。其中逐帧动画是传统的动画创建形式，它通过更改每一帧中的舞台内容来制作动画，又称为"帧-帧"动画。动画预设是从 Flash CS4 版本之后新增的功能之一，它将预先制作好的补间动画片段内置于系统中，只要安装了 Flash CS5 应用程序，就有该动画预设了，可以直接将其快速应用到其他各种对象上，使该应用的对象也快捷地制作出相同的动画效果来。另外，还可以根据需要创建并保存自定义预设动画，或者导入和导出预设动画。

4.1 项目 1 制作"网络表情"

本项目主要是使用逐帧动画和预设动画来制作的可以用于网络聊天中发送给朋友的一个"网络表情"，其效果如图 4.1 所示。本项目分解为两个任务制作完成。

图 4.1 "项目 1_网络表情"效果图

4.1.1 任务 1 应用逐帧动画制作"拳击小人"

4.1.1.1 任务说明

创建逐帧动画，需要将每一帧都定义为关键帧，然后在每帧中创建不同的图形内容，最后再通过时间轴播放这些画面，从而串成动画。它比较适合于制作复杂的动画，特别是每个关键帧中图形的变化不是简单运动变化的动画。例如，人的跑步和走路、动物的奔跑、鸟的飞翔等，但是运用逐帧动画制作会增大文件占用空间。本任务主要介绍应用逐帧动画来制作一个小人拳击的动画，其效果如图 4.2 所示。

图 4.2　任务 1“拳击小人”效果图

4.1.1.2　任务步骤

1．新建一个 Flash 文档，背景色为“灰色（#CCCCCC）”，尺寸为“200px×200px”。

2．新建一个名称为“锤子”的图形元件。进入该元件的编辑窗口，用“工具”面板中的“矩形工具”和“线条工具”绘制一个锤子形状的图形，如图 4.3 所示。

3．再新建 7 个图形元件，分别命名为“小人 1”、“小人 2”、“小人 3”、“小人 4”、“小人 5”、“小人 6”和“小人 7”。进入这些元件的编辑窗口，用“工具”面板中的“椭圆工具”和“线条工具”分别绘制不同动作状态的小人图形，如图 4.4～图 4.10 所示。

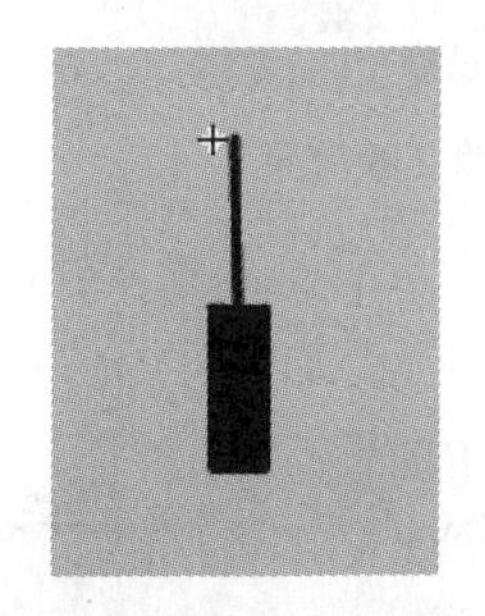

图 4.3 “锤子”图形元件

图 4.4 “小人 1”图形元件

图 4.5 “小人 2”图形元件

图 4.6 “小人 3”图形元件

图 4.7 “小人 4”图形元件

图 4.8 “小人 5”图形元件

图 4.9 “小人 6”图形元件

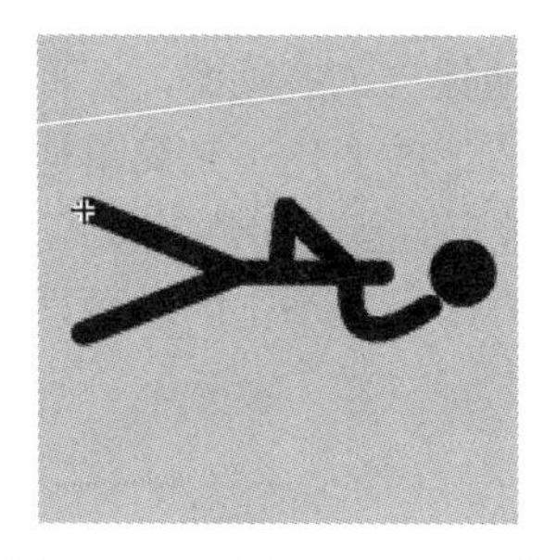

图 4.10 “小人 7”图形元件

4．再新建一个图形元件，命名为“直线”，在该元件编辑窗口中用“线条工具”绘制一根直线。

5．返回到场景中，选择第 1 帧，从“库”面板中将制作好的图形元件“直线”、“锤子”、“小人 1”拖入舞台，调整它们的位置，如图 4.11 所示。

6．选择第 2、3、4、5 帧，按 F6 功能键插入关键帧。

7．选择第 2 帧，将其中的“小人 1”实例删除。

8．从库中将元件“小人 2”拖入舞台，并调整到合适位置，如图 4.12 所示。

图 4.11 第 1 帧效果

图 4.12 第 2 帧效果

9．重复步骤 7，将“小人 3”元件拖入第 3 帧，将“小人 4”元件拖入第 4 帧，将“小人 5”元件拖入第 5 帧。各帧效果如图 4.13～图 4.15 所示。

图 4.13 第 3 帧效果

图 4.14 第 4 帧效果

图 4.15 第 5 帧效果

10．选择第 6～9 帧，按 F6 功能键插入关键帧。

11．使用“任意变形工具”，分别旋转调整这四帧中的“锤子”实例，使其在每帧中都沿逆时针方向旋转一定角度，而且制作成超出舞台的暂时隐藏的效果，这四帧的调整效果如图 4.16～图 4.19 所示。

图 4.16　第 6 帧效果

图 4.17　第 7 帧效果

图 4.18　第 8 帧效果

图 4.19　第 9 帧效果

12．选择第 10、11、12、13 帧，按 F6 功能键插入关键帧。

13．把这四帧中每帧的“锤子”实例删除，制作成锤子被推开不见的效果。

14．同时在这四帧中，将每帧中的“小人 5”实例删除，而将“库”面板中的“小人 6”图形元件分别拖入各帧，并且分别适当调整这六帧中的该实例位置，达到“小人上下得意跳动”的效果，这几帧的效果如图 4.20 所示。

15．选择第 14、15 帧，按 F6 功能键插入关键帧。在这两帧中重新拖入“锤子”实例，将“锤子”实例放置在“小人”正上方，且用“任意变形工具”调整“锤子”实例的形态。这两帧的效果如图 4.21 和图 4.22 所示

图 4.20　第 10～13 帧的效果

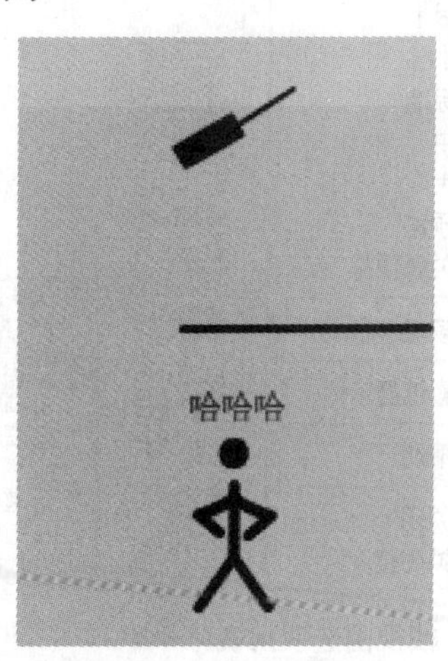

图 4.21　第 14 帧效果

16．选择第 16 帧，按 F6 功能键插入关键帧。在该帧中，将舞台中的“小人 6”实

例删除，而将“库”面板中的“小人 7”图形元件拖入，并且旋转和向下移动“锤子”实例，以达到“锤子”将“小人”砸倒的效果，如图 4.23 所示。

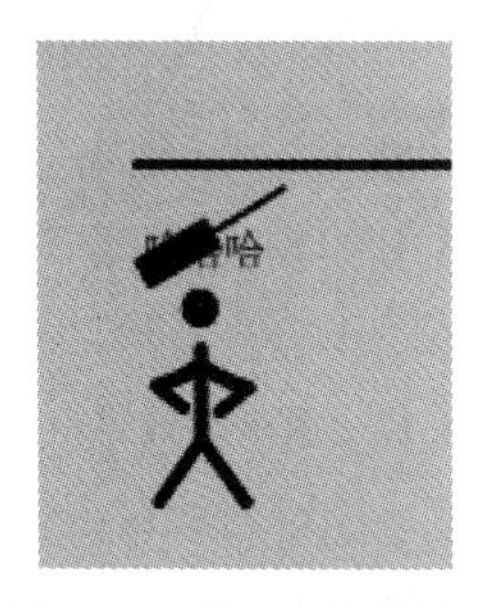

图 4.22　第 15 帧效果

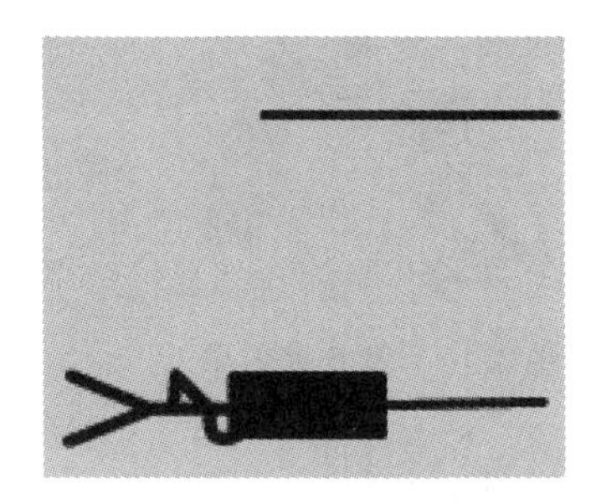

图 4.23　第 16 帧效果

17．至此，该任务制作完毕。保存文件，命名为“项目 1_网络表情.fla”，测试影片。

4.1.1.3　技术支持

1．时间轴面板的操作

Flash 动画是由帧顺序排列而成的，时间轴显示的是动画中各帧的排列顺序。在“时间轴”面板的右上角有一个按钮，选择该按钮就可以打开“帧视图”，如图 4.24 所示。在弹出的帧视图选项列表中，选择相应的菜单项可以改变帧的宽度、颜色和风格。

（1）很小、小、标准、中和大。这些选项用来调整帧的单元格的宽度，在默认情况下，以“标准”模式显示帧，但是其显示空间有限，若要能够显示更多帧，则可以选择“小”、“很小”模式，以缩小帧的宽度。特别是在制作 Flash MV 时，如果动画的大小为上百帧、上千帧时，为了便于编辑，通常使用“很小”模式，以显示更多的帧，如图 4.25 所示。

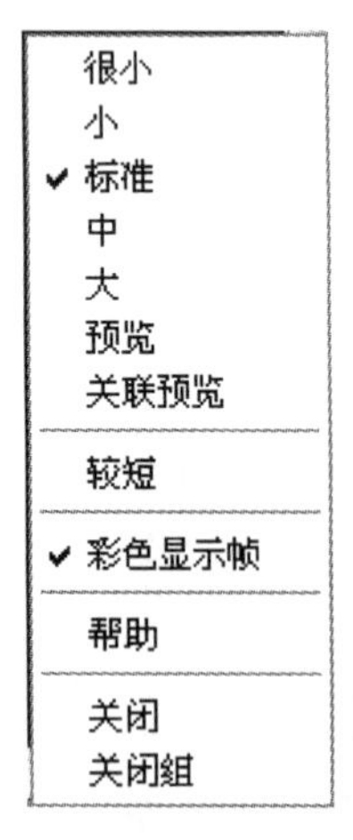

图 4.24　帧视图选项列表

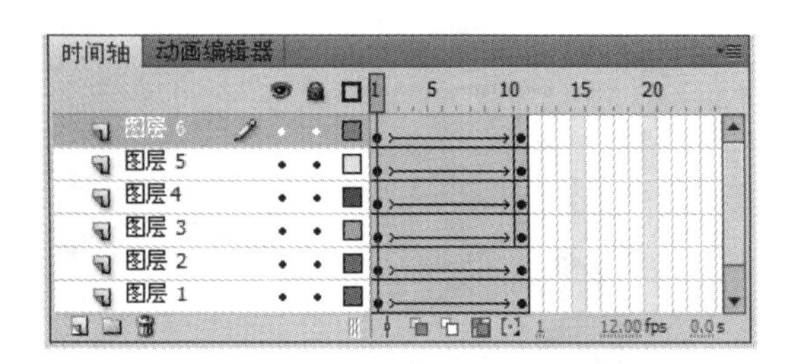

图 4.25　“很小”模式显示的时间轴

（2）预览、关联预览。“预览”是可以在关键帧中显示内容的缩略图；“关联预览”是显示每个完整帧的缩略图。

（3）彩色显示帧。可以改变帧的显示颜色，也可以关闭彩色显示，以灰色显示。

（4）较短。缩小单元格的高度。

2．帧、普通帧、关键帧及属性关键帧的概念与操作

Flash 的帧是按从左到右的顺序在时间轴上排列的，其类型分为关键帧、普通帧、空白关键帧、空白帧等。

（1）帧的编辑。

① 帧：是进行 Flash 动画制作的最基本单位。每一个精彩的 Flash 动画都是由很多个精心雕琢的帧构成的，在时间轴上的每一帧都可以包含需要显示的所有内容，包括图形、声音、各种素材和其他多种对象。

② 关键帧：顾名思义，它是有关键内容的帧，是用来定义动画变化、更改状态的帧，即编辑舞台上存在实例对象并可对其进行编辑的帧。关键帧在时间轴上显示为实心的圆点。可以在关键帧中添加帧动作脚本。

③ 普通帧：在时间轴上能显示实例对象，但不能对实例对象进行编辑操作的帧。普通帧在时间轴上显示为灰色填充的小方格。在普通帧中不能添加帧动作脚本。

④ 空白关键帧：空白关键帧是没有包含舞台上的实例内容的关键帧。空白关键帧在时间轴上显示为空心的圆点。可以在空白关键帧中添加帧动作脚本。

⑤ 属性关键帧：属性关键帧是 Flash CS4 之后的版本中新增加的，它是动画制作补间动画所特有的，用菱形表示。它其实不是关键帧，只是对补间动画中对象的属性（缓动、亮度、Alpha 值、位置）进行控制。

（2）帧的操作。首先用鼠标单击选中某个帧，然后右键单击，在弹出的快捷菜单中选择相应的菜单项完成操作，如图 4.26 所示。

① 插入帧：可以在所选帧和一个关键帧之间插入普通帧。

② 删除帧：Flash 经常会产生一些多余的帧，选中多余的帧，右键单击，执行“删除帧”命令，可以将其删除。如：在插入新层时，若当前层为多帧，则系统为新添加的图层自动插入帧以配合动画制作。若不需要这些延长帧，则可以右键单击无用的帧，选择“删除帧”命令，将其删除。

③ 清除帧：若要清除帧（包括关键帧和延长帧）中的内容，可以右键单击该帧，执行“清除帧”命令，将帧中的内容删除，并将其转换为空白关键帧。

④ 转换为关键帧：在制作动画时，经常会用到将延长帧转换为关键帧。选中帧，右键单击，选择“转换为关键帧”命令；或者执行菜单项“修改”→“时间轴”→“转换为空白关键帧”；或者直接按 F6 功能键，将延长帧转换为关键帧。

删除补间
创建补间形状
创建传统补间
插入帧
删除帧
插入关键帧
插入空白关键帧
清除关键帧
转换为关键帧
转换为空白关键帧
剪切帧
复制帧
粘贴帧
清除帧
选择所有帧
复制动画
将动画复制为 ActionScript 3.0...
粘贴动画
选择性粘贴动画...
翻转帧
同步元件
动作

图 4.26 “帧”编辑操作的菜单

⑤ 转换为空白关键帧：若要将延长帧转换为空白关键帧，选中相应的帧并右键单

击，选择“转换为空白关键帧”命令，或直接按 F7 功能键，将该帧转换为空白关键帧。

⑥ 翻转帧：若在制作动画时颠倒了两个关键帧中图像的大小、位置等关系，可以选中两个关键帧中所有帧（包括两个关键帧），然后右键单击，在快捷菜单中选择“翻转帧”命令，可以将图像的关系调回。如：在制作动画时，若要制作从左到右移动的动画效果，查看后发现动画为从右到左移动，此时，选中所有的帧，再右键单击，选择“翻转帧”命令，就可以将位置关系调回。具体操作步骤如下。

步骤一：在第 1 帧中使用“椭圆工具”在场影中绘制一个椭圆。

步骤二：选择第 10 帧，右键单击，在菜单中选择“插入空白关键帧”命令。

步骤三：使用“矩形工具”在第 10 帧中绘制一个矩形。

步骤四：选择第 1 帧，在“属性”面板的“补间”下拉菜单中选择“形状补间”，这样就实现了一个从椭圆变化到矩形的效果。

步骤五：现在要将其效果颠倒过来，即变为“从矩形变为椭圆”。用鼠标在时间轴中选中并拖动第 1～10 帧。

步骤六：右键单击，在弹出的快捷菜单中选择“翻转帧”命令，这样就完成从矩形变为椭圆效果的制作了。

⑦ 复制和粘贴关键帧：当需要在不同层中或帧中制作相同的内容或动画时，可以采用复制帧的方式来实现。

4.1.2 任务 2 应用预设动画制作跳动的文字“End”

4.1.2.1 任务说明

预设动画是系统内置的一种补间动画，使用它可以很快给对象制作出相应的动画效果，可以大大节省工作量。本任务是在任务 1 完成的基础上，使用预设动画制作该项目动画影片的结尾，其效果如图 4.27 所示。

图 4.27 任务 2“End”效果

4.1.2.2 任务步骤

1．打开 Flash CS5 应用程序，打开任务 1 中制作完成的文档“项目 1_网络表情.fla”。

2．新建一个图形元件，将其命名为“End”，进入该元件的编辑窗口，选择文本工具，设置其属性，字体颜色为“黑色（#000000）”，大小为 45，字体为英文手写体，具体参数如图4.28所示。

图4.28 “End”字体属性

3．将鼠标移到该元件编辑窗口中输入文本“End”。

4．新建一个影片剪辑元件，命名为“摇摆”；进入该元件的编辑窗口，从“库”面板中将“End”元件拖入第1帧。

5．按住Ctrl键，连续单击选择第3、6、9、12、15、18、21、24帧，按F6键，插入关键帧。“时间轴”面板如图4.29所示。

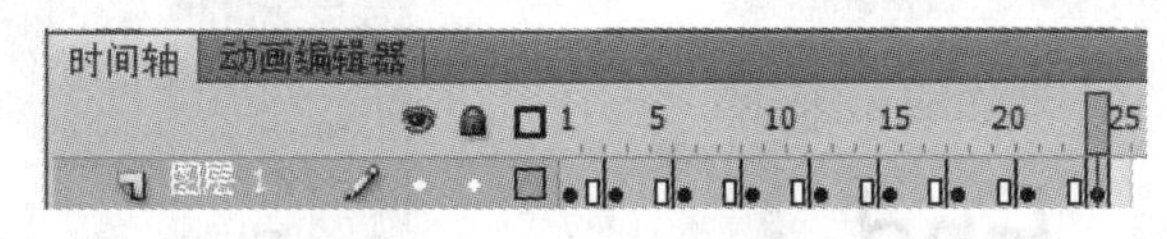

图4.29 “时间轴”面板

6．选择第3帧和第15帧，使用“任意变形工具”，将“End”文字逆时针略旋转过一点角度，效果如图4.30所示。

7．选择第9帧和第24帧，使用“任意变形工具”，将“End”文字顺时针略旋转过一点角度，效果如图4.31所示。

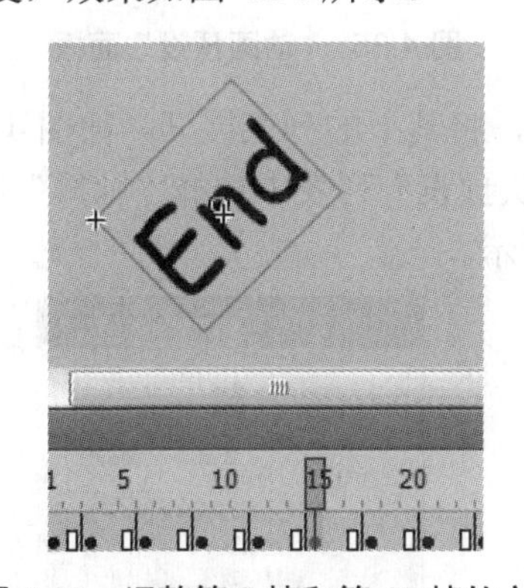

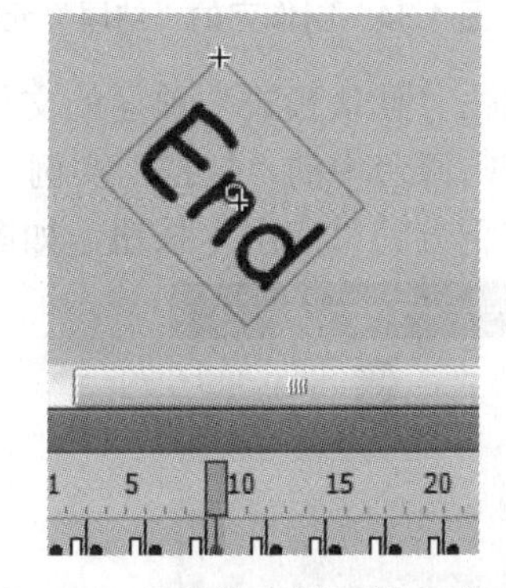

图4.30 调整第3帧和第15帧的文字　　图4.31 调整第9帧和第24帧的文字

8．新建一个影片剪辑元件，命名为“结尾”；进入该元件的编辑窗口，在图层1的第1帧，使用“矩形工具”，在其“属性”面板中设置笔触颜色为“黑色（#000000）”，笔触高度为“1”，笔触颜色为“白色（#FFFFFF）”，如图4.32所示。

9．将鼠标移到该元件编辑窗口中绘制一个矩形，且使用选择工具将其调整为不规则的四边形，效果如图4.33所示。

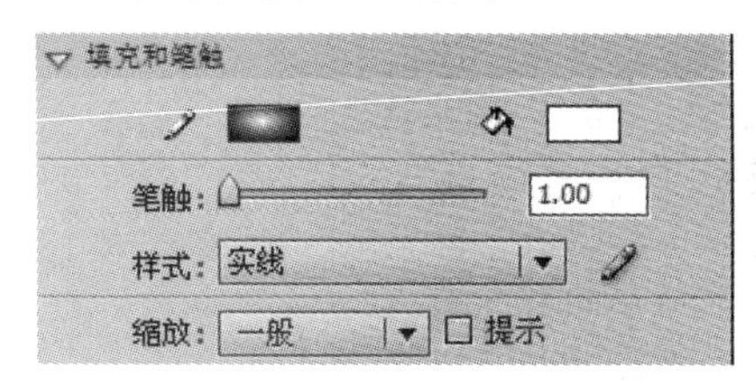

图4.32 “属性”面板的参数

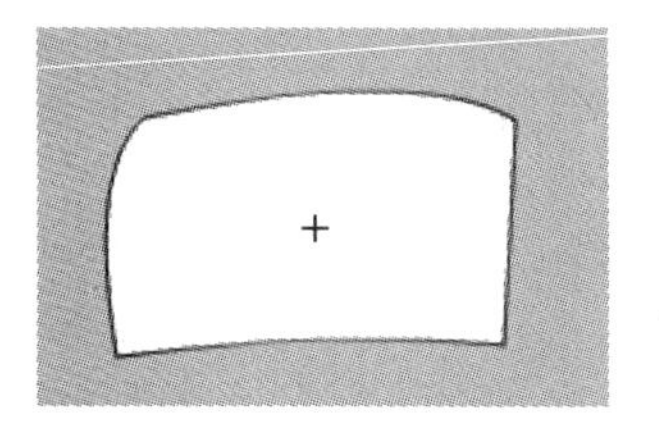

图4.33 将矩形调整为四边形

10．在图层1的上方新建一个图层，默认名称为“图层2”。

11．在图层2的第1帧，将“库”面板中的元件“摇摆”拖入，且使该实例位于四边形的上方，如图4.34所示。

12．单击“场景1”按钮，返回到主场景中，在主场景的图层1上方新建一个图层2，选择图层2的第18帧，按F7键，插入一个空关键帧。

13．选择图层2的第18帧，从“库”面板将影片剪辑元件“摇摆”拖入舞台中间。

14．选择菜单项“窗口”→“动画预设”，打开“动画预设”面板，如图4.35所示。

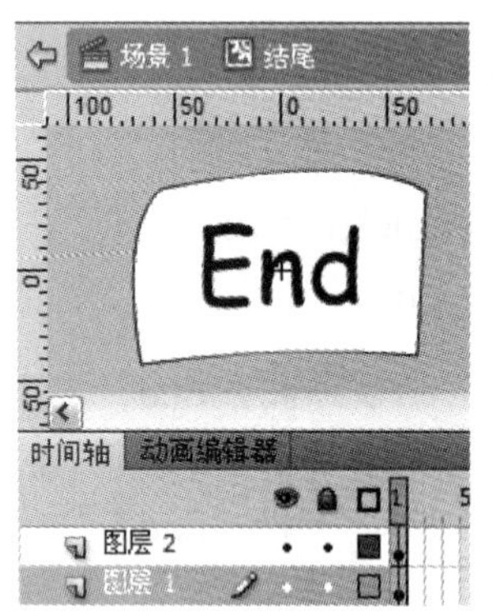

图4.34 制作完的“结尾”元件

图4.35 “动画预设”面板

15．双击“默认预设”前面的文件夹图标，将其下的列表展开，如图4.36所示。

16．单击舞台中的“摇摆”实例，在“默认预设”列表中选择“脉搏”选项，最后单击面板右下方的“应用”按钮，如图4.37所示。

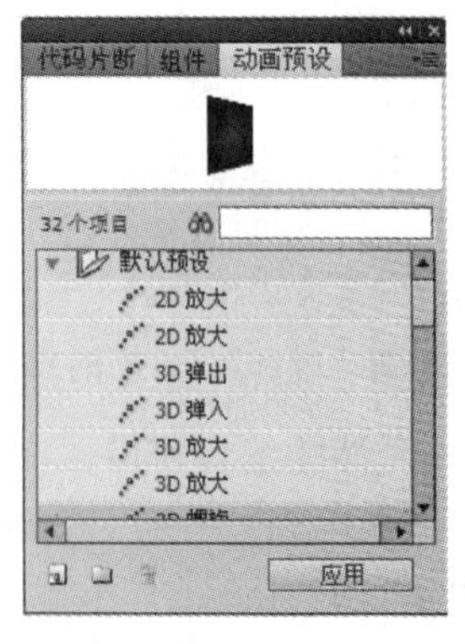

图4.36 “默认预设”列表

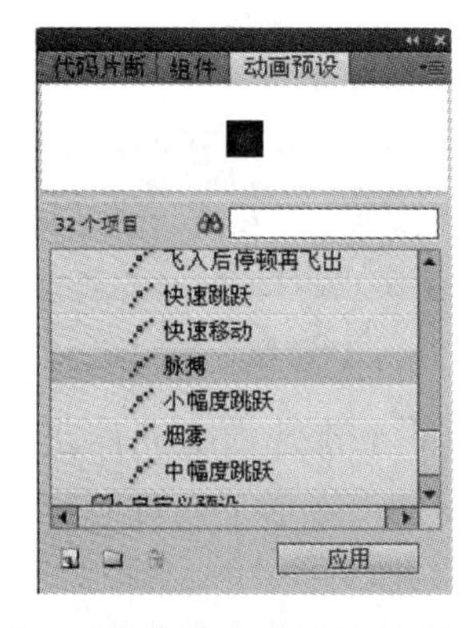

图4.37 在“默认预设”列表中选择“脉搏”选项

17．动画预设制作完成，此时的时间轴中自动出现补间动画的帧，如图 4.38 所示。

18．该任务制作完成，保存文档，测试影片。

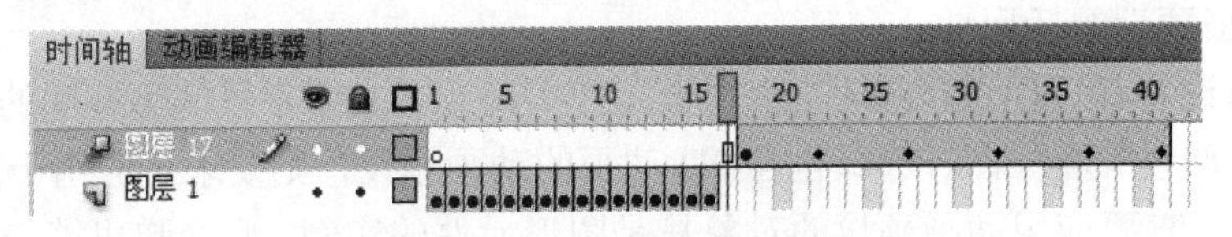

图 4.38　应用预设动画后的帧面板

4.1.2.3　技术支持

选择菜单项"窗口"→"动画预设"，打开"动画预设"面板，如图 4.39 所示。双击其中"默认预设"前面的文件夹图标，可以将其列表展开。列表即是各种动画预设名称，每个动画预设均是预制作好的一个小动画。在其中单击任意一个列表项，即可在该面板的顶部预览窗口中播放该预设的动画效果。应用动画预设的操作是先在舞台中选择要应用预设动画的对象，再单击列表中的某一项，最后单击面板右下方的"应用"按钮即可。

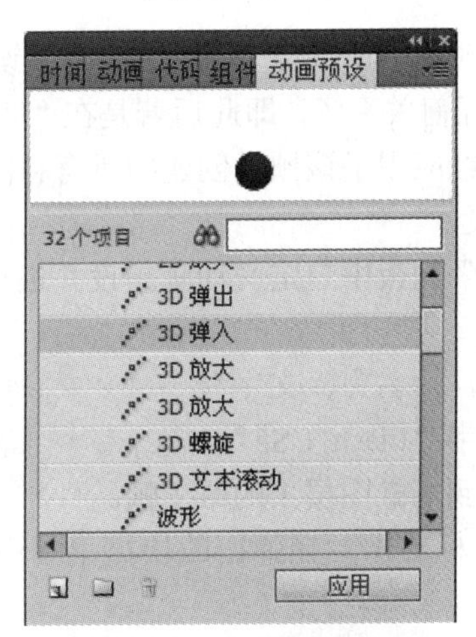

图 4.39　"动画预设"面板

1．"动画预设"面板

"动画预设"的面板的组成如下。

（1）预览窗口：该窗口位于面板的上方，用于显示当前所选的动画预设的预览效果。

（2）搜索区：该区域位于中间，是一个输入框，用于输入预设的名称。在其中输入要搜索的字符后，单击其前面的"搜索"按钮即可。

（3）动画预设区：位于面板的下方，即列表区。该列表列出了所有已保存的动画预设，其中包括系统自带的预设和用户自定义的预设。

（4）"将选区另存为预设"按钮：该按钮位于面板最底下一行的第一个，其功能是将选定的某个动画范围保存为自定义预设。

（5）"新建文件夹"按钮：该按钮位于面板最底下一行的第二个，其功能是创建新的文件夹，使用文件夹可以将各个预设分类保存起来。

（6）“删除项目”按钮：该按钮位于面板最底下一行的第三个，选中自定义的预设之后，单击该按钮可以将选中的动画预设项删除。

2．动画预设的适用性

动画预设有其适用性，它只能应用于元件实例或者文本字段等可补间的对象。特别是在“动画预设”面板，若选择包含 3D 动画的动画预设，则要求是应用于影片剪辑元件的实例的。若要应用动画预设的对象只是图形元件的实例，则会弹出警告框，警告用户须将对象转换为影片剪辑才能应用成功，如图 4.40 所示。

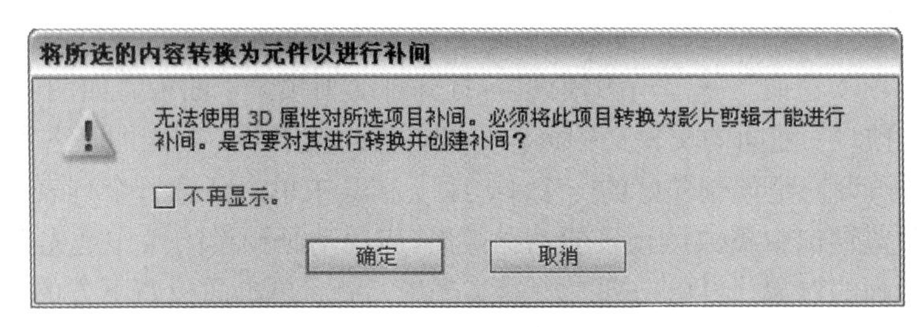

图 4.40　警告框

一个对象只能应用一种预设，而且当一个对象应用预设后，时间轴中创建的补间就不再与“动画预设”面板有任何关系了，即此后若是在“动画预设”面板中删除或者重命名某个预设，则对之前已经应用了该预设创建的所有补间无任何影响。

3．创建自定义动画预设

用户还能在“动画预设”面板中自定义动画预设并进行应用。如下例：

（1）创建一个新文档。

（2）新建一个图形元件，命名为“文字”。

（3）在该元件中输入文字“Flash CS5”。

（4）从库中将该元件拖到场景图层 1 的第 1 帧。

（5）单击选中该帧，鼠标右击，在弹出的快捷菜单中选择“创建补间动画”，如图 4.41 所示。

（6）选择第 24 帧即可，使用“任意变形工具”，将该帧舞台中的文字实例放大。

（7）此时单击第 1 帧即可，将图层 1 的第 1～24 帧全部选中。

（8）单击“动画预设”面板中的“将选区另存为预设”按钮。

（9）弹出“将预设另存为”对话框，在该对话框中输入预设名称为“放大”，再单击“确定”按钮，这样就创建了一个自定义的预设，如图 4.42 所示。

（10）该自定义的动画预设在应用时和其他默认的相同。

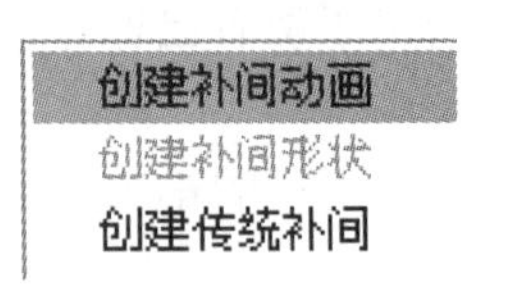

图 4.41　选择“创建补间动画”

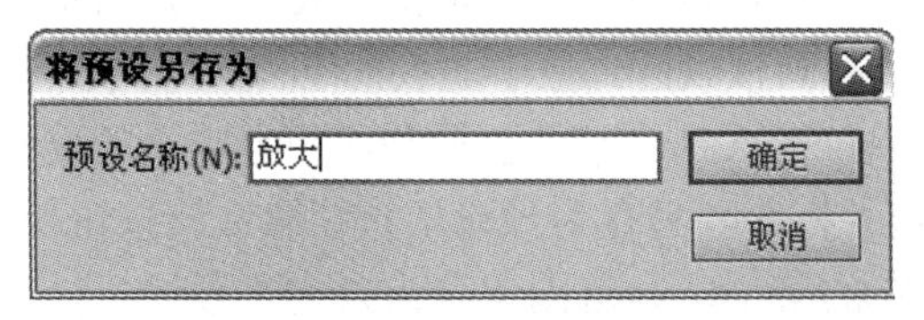

图 4.42　“将预设另存为”对话框

4．自定义动画预设的预览

自定义动画预设的预览是有别于默认动画预设的，刚刚创建之后，其在“动画预设”面板中默认情况下是看不到动画效果的，如图 4.43 所示，它需要手工添加才能预览。

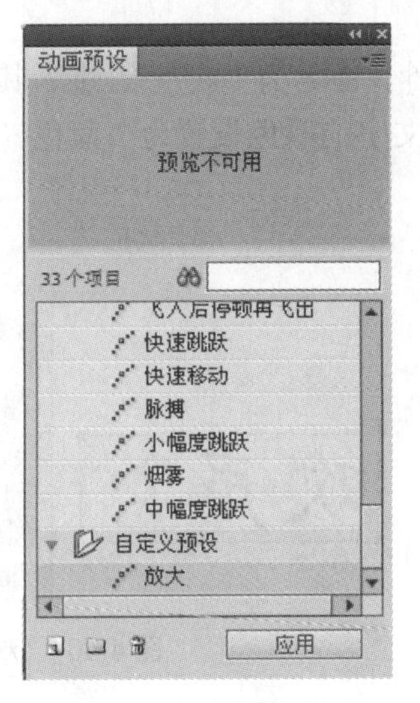

图 4.43 创建的自定义动画预设默认情况下无法预览

4.2 项目 2 操作进阶——动画综合应用制作“网站广告”

4.2.1 项目说明

本项目主要是在本章项目 1 和前文介绍的基础之上，综合使用动画预设和逐帧动画制作一个网站中应用的横幅广告，其效果如图 4.44 所示。

图 4.44 “项目 2_网站广告”效果图

4.2.2 操作步骤

1．新建一个文档，尺寸为“700px×150px”，背景颜色为“白色（#FFFFFF）”，帧频为 12。

2．选择菜单项“文件”→“导入”→“导入到库”，在打开的“导入到库”对话框中，找到“chap4\素材文件\背景.jpg”并将其导入。

3．新建一个影片剪辑元件，命名为“心”。进入其编辑窗口，使用文本工具在其中输入文本“心”，将该文字的颜色设置为“红色（#FFFFFF）”，其他属性参数如图 4.45 所示。

4．新建一个影片剪辑元件，命名为“欢声”。进入其编辑窗口，使用文本工具在其中输入文本“欢声？”，将该文字的颜色设置为“蓝色（#0066CC）”，其他属性参数如图 4.46 所示。

图 4.45 “心”文本属性参数

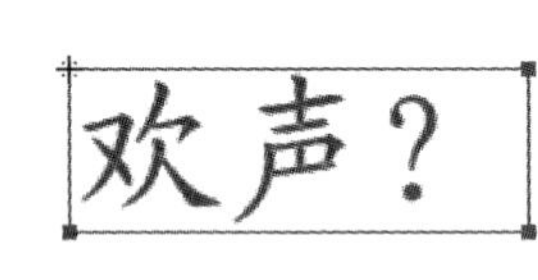

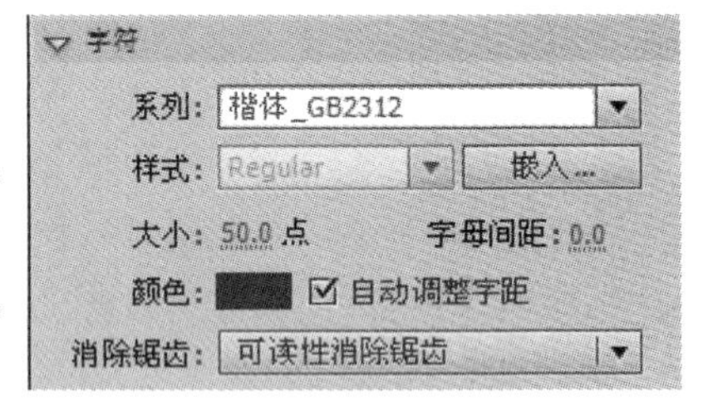

图 4.46 “欢声”文本属性参数

5．新建一个影片剪辑元件，命名为“笑语”。进入其编辑窗口，使用文本工具在其中输入文本“笑语？”，将该文字的颜色设置为“蓝色（#0066CC）”，其他属性参数如图 4.47 所示。

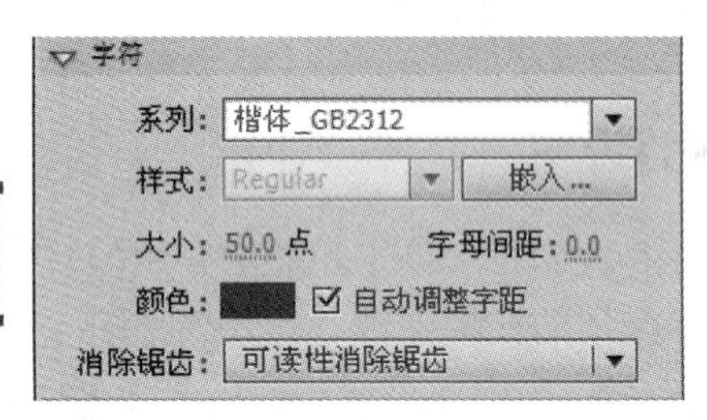

图 4.47 “笑语”文本属性参数

6．新建一个影片剪辑元件，命名为“开”。进入其编辑窗口，使用文本工具在其中输入文本“开”，将该文字的颜色设置为“蓝色（#0066CC）”，其他属性参数如图 4.48 所示。

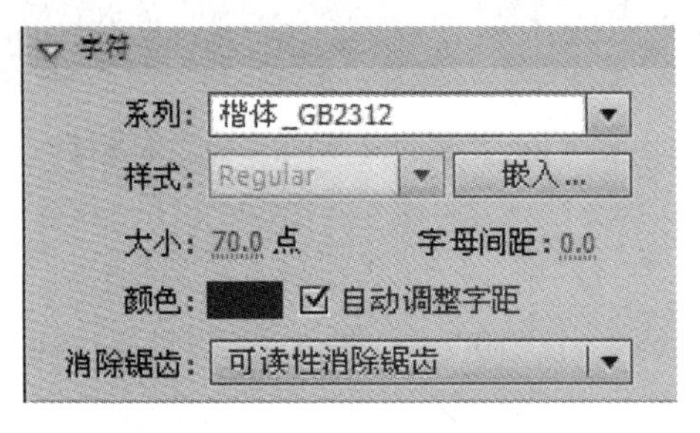

图 4.48 “开”文本属性参数

7．新建一个影片剪辑元件，命名为“之”。进入其编辑窗口，使用文本工具在其中输入文本“之”，该文字的属性参数与“开”字相同。

8．新建一个影片剪辑元件，命名为“夜”。进入其编辑窗口，使用文本工具在其中输入文本“夜”，该文字的属性参数与“开”字相同。

9．单击“场景1”按钮，返回到主场景中，将图层1重命名为“背景”。

10．选择“背景”图层的第1帧，将“背景.jpg”图片拖入舞台中，调整其位置，使其刚好铺满舞台用做背景。选择该图层的第300帧，按F5键插入帧。

11．在背景图层的上方新建一个图层，命名为“夜”。选择该图层的第1帧，将元件“夜”拖入。调整其位置，使其位于舞台左边的视图区中，如图4.49所示。

12．选中舞台中的“夜”字，打开“动画预设”面板，如图4.50所示。选择其中“默认预设”列表中的“从左边飞入”，最后单击“应用”按钮。设置后的舞台和时间轴如图4.51所示。

图4.49 “夜”字位于舞台左边的视图区

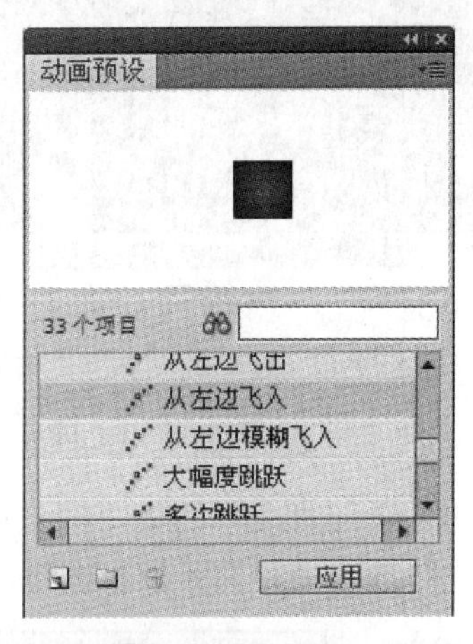

图4.50 “动画预设”面板

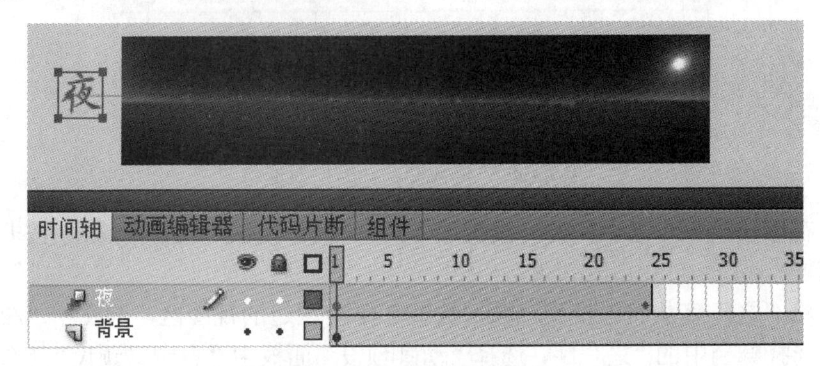

图4.51 应用动画预设后

13．使用选择工具拖曳调整舞台中出现的路径形状，使该字最后的位置比较合适。路径右边调整的效果如图4.52所示。

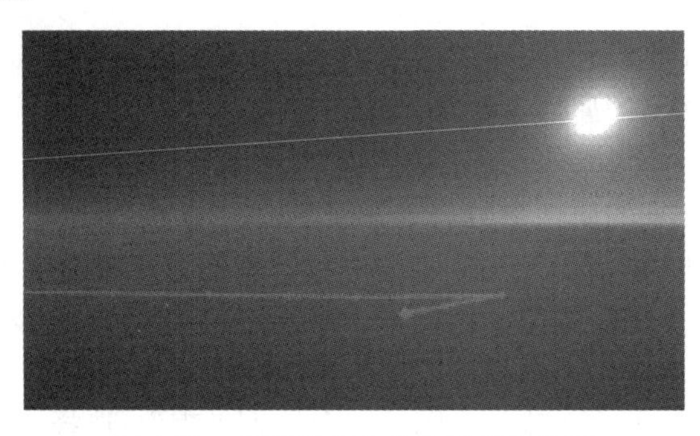

图 4.52　调整路径右边的形状和位置

14．在时间轴中，用鼠标拖曳图层“夜”的最后一帧到第 50 帧，将补间动画的帧数扩展到 50 帧，如图 4.53 所示。

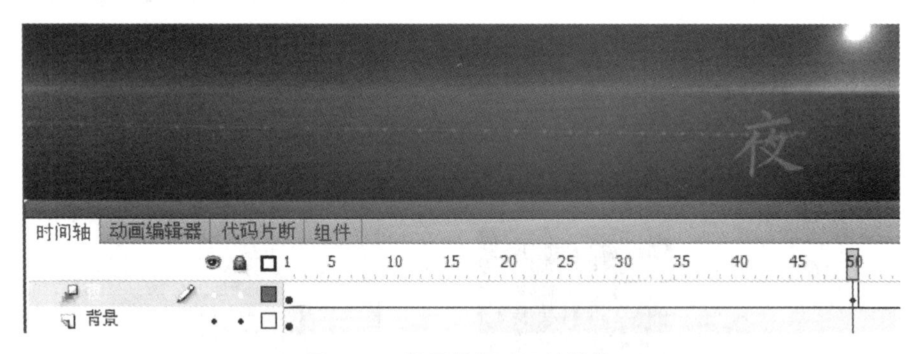

图 4.53　扩展补间动画的帧数

15．单击图层“夜”的第 1 帧，将其所有补间动画的帧全选中。单击“动画预设”面板中的“将选区另存为预设”按钮，弹出“将预设另存为”对话框，如图 4.54 所示。

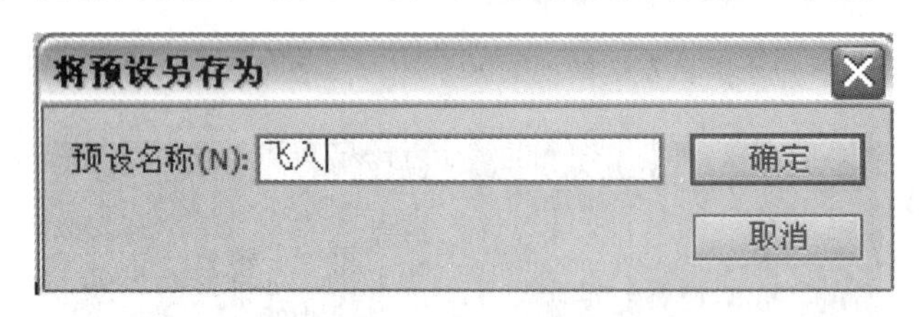

图 4.54　“将预设另存为”对话框

16．在图层“夜”之上新建一个图层“之”；选择该图层的第 15 帧，按 F6 键插入空关键帧。

17．将“之”字从库中拖到该帧，放置在舞台左边的视图区，与文字“夜”相似。

18．选择舞台中的“之”字，选择“动画预设”面板中“自定义预设”下的“飞入”选项，如图 4.55 所示。

19．在时间轴中，用鼠标拖曳图层“之”的最后一帧到第 65 帧。

20．重复步骤 15，调整“之”图层最后一帧文字“之”的位置，使其位于“夜”字偏左，其效果如图 4.56 所示。

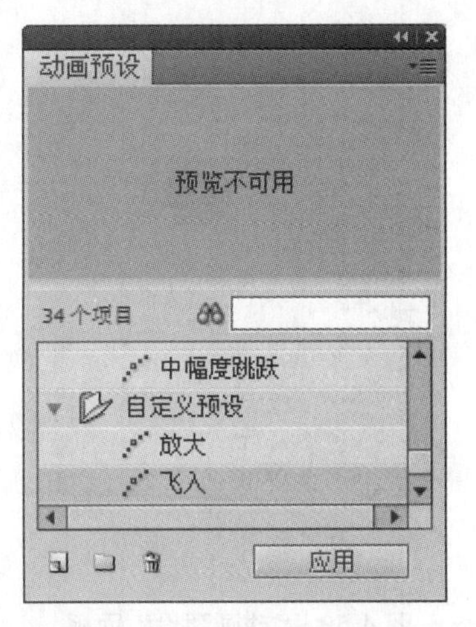

图 4.55　选择“自定义预设”下的“飞入”选项

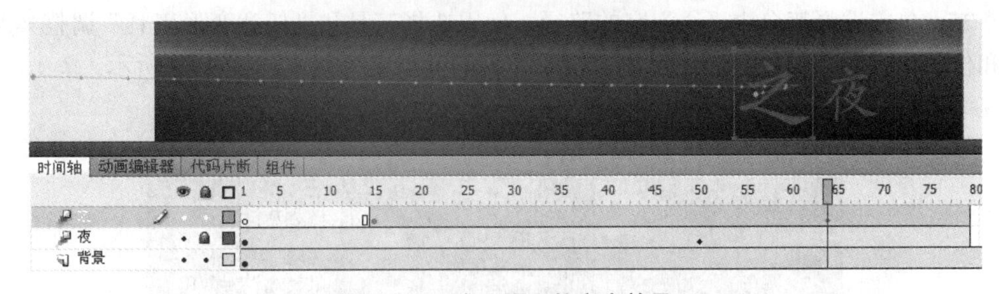

图 4.56　“之”图层的文字效果

21．在“之”图层之上新建一个图层“开”；选择该图层的第 30 帧，按 F5 键插入空关键帧；将“开”字从库中拖到该帧，放置在舞台左边的视图区，与文字“夜”相似。

22．重复步骤 19～步骤 21，对“开”字也应用“飞入”自定义预设，其效果如图 4.57 所示。

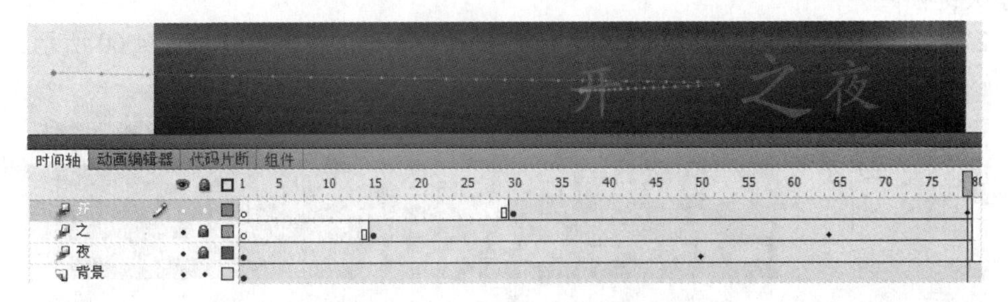

图 4.57　“开”图层的文字效果

23．在“开”图层之上新建一个图层“心”；选择该图层的第 45 帧，按 F5 键插入空关键帧；将“心”字从库中拖到该帧，放置在舞台左边的视图区，与文字“夜”相似。

24．选择舞台中的“心”字，选择“动画预设”面板中“默认预设”栏中的“3D 弹入”选项，如图 4.58 所示。

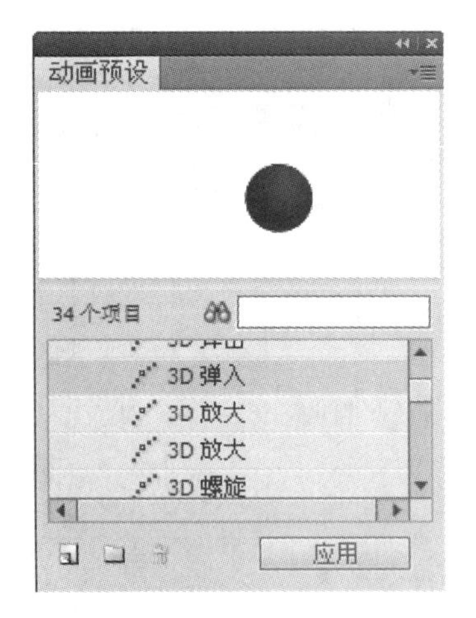

图4.58 “动画预设”面板

25．单击选择舞台中“心”字的路径，使用选择工具和“任意变形工具”调整其形状和位置，使结束帧的“心”字刚好位于“开”和“之”间，如图4.59所示。

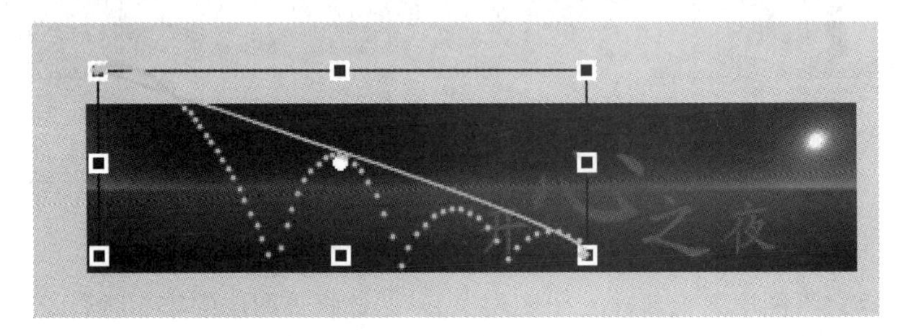

图4.59 调整“心”动画预设的路径

26．在“心”图层之上新建一个图层“欢声”。选择该图层的第120帧，按F6插入空关键帧。

27．从库中将元件“欢声”拖入并放置在舞台左边的视图区，如图4.60所示。

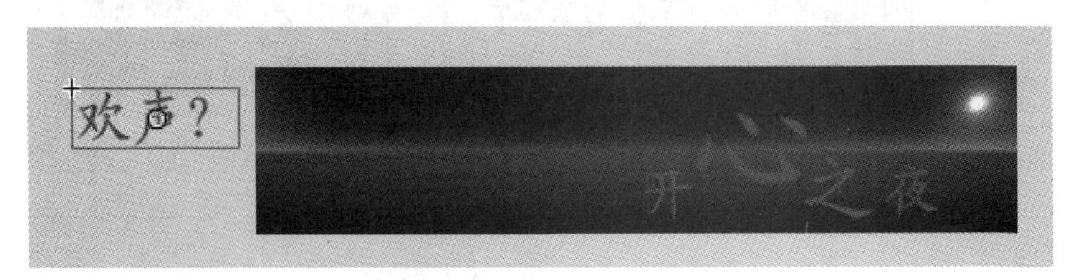

图4.60 拖入“欢声”元件

28．选择舞台中的“欢声”实例，选择“动画预设”面板中“默认预设”栏中的“从左边模糊飞入”选项。

29．选择舞台中“欢声”文字路径，使用选择工具将路径右边端点拖到舞台右边，如图4.61所示。

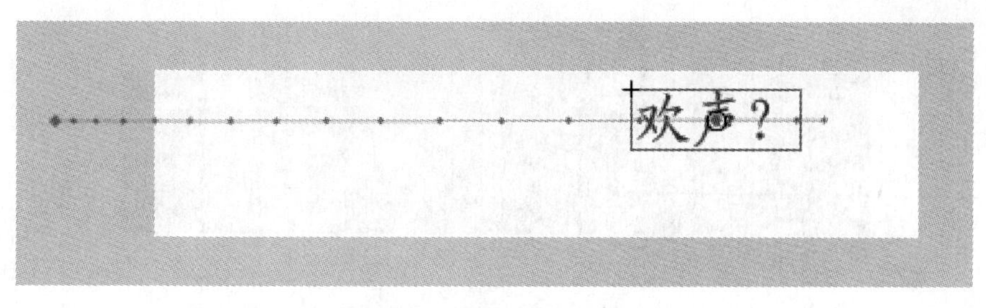

图 4.61　拖动“欢声”路径

30．在“欢声”图层之上新建一个图层“笑语”。选择该图层的第 140 帧，按 F6 键插入空关键帧。将库中的“欢声”元件拖入。

31．重复步骤 28～步骤 30 制作该文字的动画预设。

32．新建一个影片剪辑元件，命名为“进入”。在该元件的编辑窗口中，使用文本工具输入文本“还在等待什么？马上进入吧！”。

33．设置该文本的属性，文本颜色为“蓝色（#0066CC）”，其他参数如图 4.62 所示。

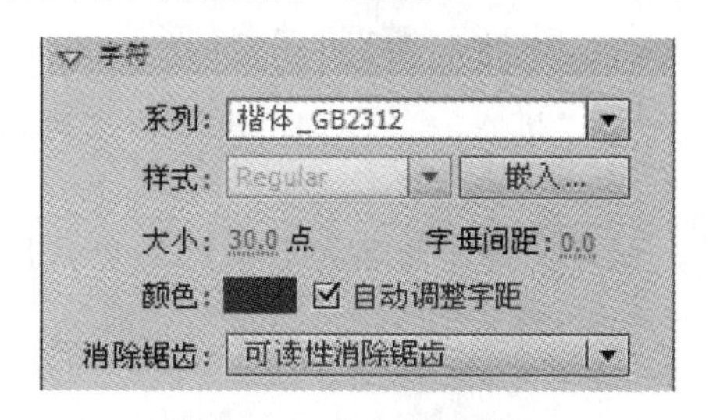

图 4.62　文本属性参数

34．在“笑语”图层之上新建一个图层“进入”。选择该图层的第 160 帧，按 F6 键插入空关键帧。将库中的“进入”元件拖入。重复步骤 28 和步骤 29 制作该文字的动画预设。

35．选择舞台中的“进入”文字路径，使用选择工具将其右边端点拖到舞台中间，如图 4.63 所示。

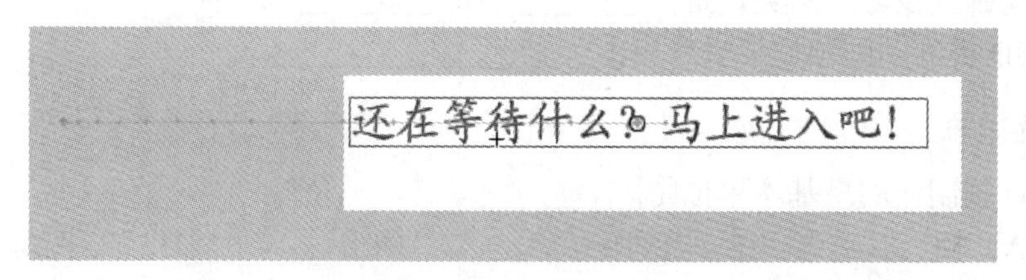

图 4.63　拖动“进入”路径

36．将时间轴中的播放头拖动到第 119 帧，按住 Shift 键单击舞台中的“开”、“心”、“之”、“夜”四个实例，如图 4.64 所示，再按 Ctrl+C 组合键复制。

37．新建一个图层“开心之夜”，选中第 120 帧，按 F6 键插入空关键帧。选择菜单项“编辑”→“粘贴到原处”，选择该图层第 120 帧中的“心”字，使用“任意变形工具”略调小些，如图 4.65 所示。

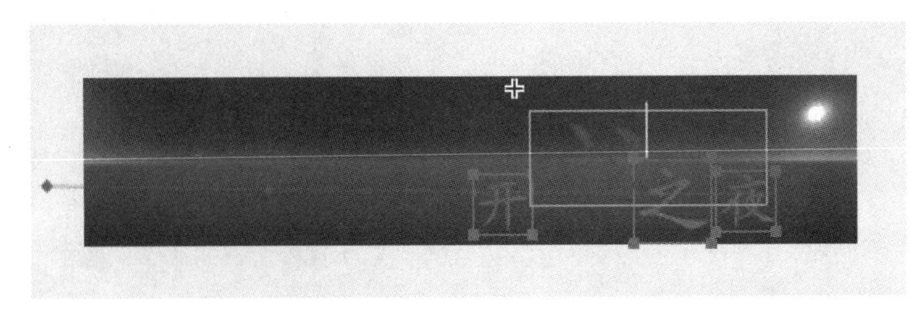

图 4.64 选中“开”、“心”、“之”、“夜”四个实例

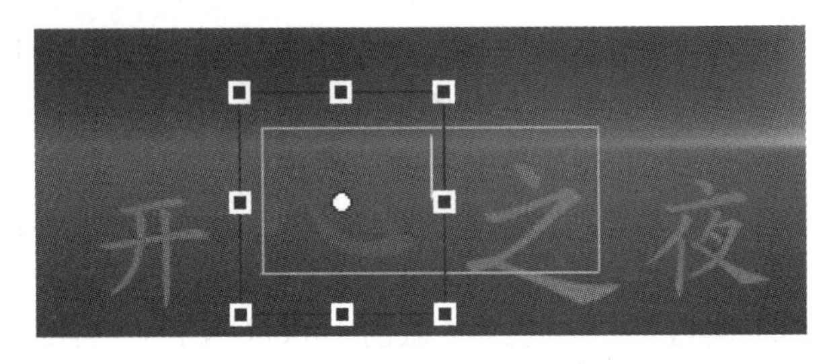

图 4.65 略缩小“心”字

38．按住 Ctrl 键单击图层“进入”、“开心之夜”和“背景”的第 220 帧，鼠标右击选择“插入帧”。

39．该项目制作完成，保存文件，命名为“项目 2_网页广告.fla”，测试影片。

习题

1．填空题

（1）关键帧是__________，空白关键帧是__________。

（2）插入关键帧的操作可以按功能键________________。

（3）Flash 的“动画预设”面板打开的方法是____________________。

（4）动画预设分为两类，是___________和 _________。

（5）3D 类的动画预设要求应用于____________________。

2．选择题

（1）动画制作的最基本单位是__________。

A．帧　　B．元件　　C．图形　　D．文字

（2）时间轴的帧显示颜色的操作是__________。

A．彩色显示　　B．灰色显示

C．彩色显示或者灰色显示　　D．以上都不对

（3）自定义的动画预设_________。

A．绝对不能预览　　B．默认可以预览

C．要手工添加后才能预览

（4）启动__________可以在舞台中连续显示多个帧中的图形内容。

A．预览　　B．较短　　C．标准　　D．很小

（5）下面说法正确的是_______。

A．关键帧可以定义动画变化　　B．普通帧不能放置对象

C．属性关键帧也是关键帧　　D．空白关键帧和关键帧一样

3．问答题

（1）关键帧和空白关键帧的区别和联系是什么？

（2）“翻转帧”该如何操作？

实训六　时间轴、帧的操作及逐帧动画的制作

一、实训目的

掌握时间轴的操作，掌握使用逐帧动画制作动画。

二、操作内容

1．时间轴及帧的操作，如插入关键帧、插入普通帧、插入空白关键帧、复制帧、移动帧等操作，总结它们的区别及应用情况。制作一个圆形变化为矩形的动画效果，再使用翻转帧将其改变为从矩形变化为圆形的动画效果。

2．应用逐帧动画制作一个打字效果的动画，如图 4.66 所示。

（1）新建一个 Flash 文档，导入一张图片用做背景。

（2）使用文本工具输入如图 4.66 所示的文字。

（3）使用逐帧动画将“快点行动”文字设置为打字效果。

（4）使用逐帧动画将“时尚就是魅力”设置为逐字闪光的效果。

图 4.66　逐帧动画制作打字效果图

3．应用逐帧动画制作文字逐个闪光的效果，如图 4.67 所示。

（1）新建一个 Flash 文档。

（2）输入如图 4.67 所示的文字。

（3）使用逐帧动画将文字设置为逐字闪光且放大的效果。

图 4.67　逐帧动画制作文字闪光效果图

4．应用逐帧动画制作一幅卡通画：小鸟在天空扑打着翅膀飞翔（也可以自行设计其他动画效果）。

第5章 补间动画

我们可以使用 Flash CS5 制作很多动画效果。不仅可以制作简单的逐帧动画，还可以制作比较复杂的补间动画。补间动画分为三种类型：补间动画、补间形状动画、传统补间动画。各种动画既可以独立进行，还可以组合在一起，从而创建出复杂的动画效果。

5.1 项目 1 制作“中秋节电子贺卡”

本项目主要是使用补间形状动画、传统补间动画和补间动画三种类型的动画来制作的一个“中秋节电子贺卡”，其效果如图 5.1 所示。本项目分解为三个任务来制作完成。

图 5.1 “项目 1_中秋节电子贺卡”效果图

5.1.1　任务 1　形状补间动画制作“展开屏幕”

5.1.1.1　任务说明

形状补间动画可以创建类似于形变的效果，即图形从一种形状随着时间的推移变成另一种形状，同时还可以改变图形对象的位置、大小和颜色等。本任务主要介绍应用补间形状动画来制作屏幕展开的动画效果，如图 5.2 所示。

图 5.2　任务 1“展开屏幕”效果图

5.1.1.2　任务步骤

1．新建一个 Flash 文档，尺寸为“550px×400px”，背景色为“黑色（#000000）”。

2．选择菜单项“文件”→“导入”→“导入到库”，将素材库“chap5\素材文件”中的图片文件“背景.jpg”导入到库中。

3．将“图层 1”重命名为“背景”，选择该图层的第 1 帧，将背景图片拖入主场景中，调整图片大小和位置，使其刚好和舞台一样大，且用做舞台背景。选择该图层的第 105 帧，按 F5 功能键，插入普通帧。

4．在图层“背景”的上方新建一个图层，命名为“上”。选择该图层的第 1 帧，使用“矩形工具”直接在舞台中绘制一个笔触颜色为“取消”，填充颜色为“黑色（#000000）”的大矩形，其大小是舞台的一半，且将该矩形放置于舞台的上半部分，矩形的上边缘与舞台的上方边缘对齐，如图 5.3 所示。

图 5.3　在“上”图层的第 1 帧绘制一个黑色的大矩形

5．选择“上”图层的第 38 帧，按 F6 键，插入关键帧。

6．选择该帧的矩形，使用“任意变形工具”，纵向缩小矩形，即调小矩形的高度。注意，不要调整矩形的宽度，缩小后的矩形与舞台的上方边缘对齐，如图 5.4 所示。

图 5.4 “上”图层的第 38 帧处纵向调整矩形后的效果图

7．选择该图层的第 1 帧，鼠标右击，在弹出的快捷菜单中选择“创建补间形状”，此时在“时间轴”面板中的第 1 帧到第 38 帧之间出现一个箭头，且时间轴的底纹颜色改变为“绿色”，如图 5.5 所示。

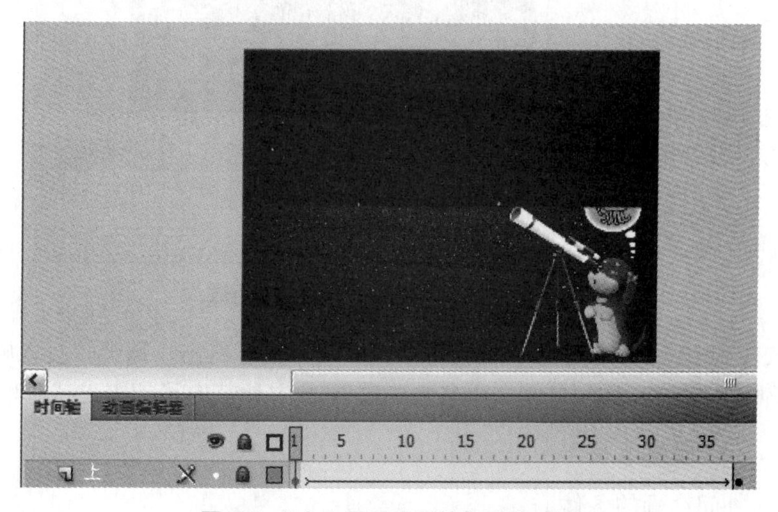

图 5.5 “上”图层设置补间形状动画

8．在图层“上”的上方，新建一个图层，命名为“下”。选择该图层的第 1 帧，使用“矩形工具”直接在舞台中绘制一个笔触颜色为“取消”、填充颜色为“黑色(#FFFFFF)”的大矩形。其大小是舞台的一半，将该矩形放置在舞台的下半部分，与舞台的下方边缘对齐，如图 5.6 所示。

图5.6　在“下”图层的第1帧绘制一个黑色的大矩形

9．重复步骤5～步骤7，模仿其方法，制作“下”图层中矩形的变形动画，如图5.7所示。

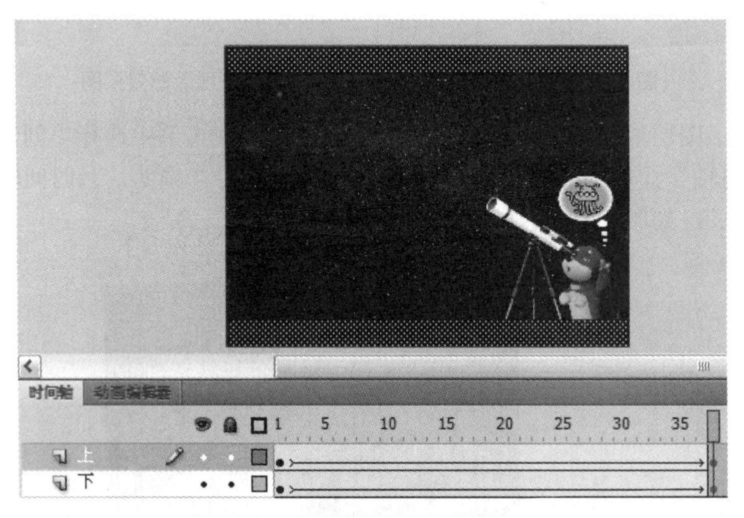

图5.7　“下”图层创建形状补间动画

10．按住Shift键单击这两个图层的第105帧，鼠标右击，选择“插入帧”。

11．该任务完成，保存文件，命名为“项目1_中秋节电子贺卡.fla”，测试影片。

5.1.1.3　技术支持

1．形状补间动画的条件

形状补间动画是将图形对象变形的动画，它要求的对象是分离了的图形对象，如分离了的组、实例、位图图像和文本等。它同样需要在同一个图层中设置两个有矢量形状的关键帧。例如，如果要将字母“A”的形状变化到字母“B”，则必须在分别输入这两个文本之后，按Ctrl+B组合键将文本分离后才可以正常完成补间动画。与动作补间不同，设置了形状补间后的起始帧到结束帧之间的过渡帧颜色在彩色显示时为“绿色”。

2．补间形状制作时的形状提示的应用

要控制复杂的形状变化，常常要用到形状提示。形状提示会标志起始形状和结束形状中相对应的点，这样在形状发生变化时，就不会乱成一团，照样能够分辨出来。

形状提示用字母 a～z 识别起始形状和结束形状中相对应的点，因此最多可以使用 26 个形状提示。起始关键帧上的形状提示是黄色的，结束关键帧的形状提示是绿色的，不在一条曲线上的为红色。下面制作一个应用形状提示制作的形状补间动画，具体操作步骤如下。

（1）新建一个 Flash 文档。

（2）在第 1 帧中，选择“文本工具”在舞台中输入数字“1”，按 Ctrl+B 组合键将该数字分离。

（3）选择第 20 帧，右击鼠标，选择“插入空白关键帧”命令，选择“文本工具”在该帧中输入数字“2”，按 Ctrl+B 组合键将该数字分离。

（4）选择第 1 帧，鼠标右击，选择“创建补间形状”，这样就制作出从数字“1”形状变化到数字“2”的形状补间动画。

（5）下面要应用“形状提示”来制作从数字“1”变化到数字“2”，注意观察其变化情况。

（6）选择第 1 帧，选择菜单项“修改”→“形状”→“添加形状提示”两次，如图 5.8 所示。在数字“1”中添加两个形状提示标志，并用鼠标拖动调整这两个标志到相应位置，如图 5.9 所示。

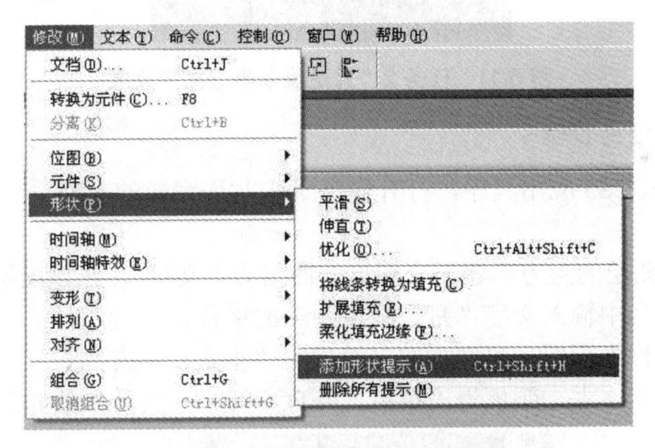

图 5.8 “添加形状提示”菜单项

（7）选择第 20 帧，将该帧数字“2”图形上的两个形状提示标志也调整到相应的位置，如图 5.10 所示。

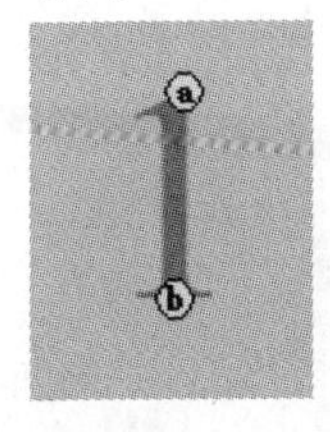

图 5.9 第 1 帧中的形状提示标志

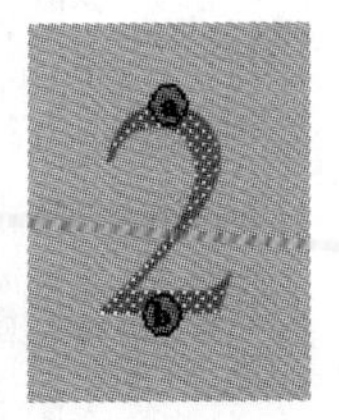

图 5.10 第 20 帧中的形状提示标志

（8）这样添加形状提示的操作就制作完毕了。

（9）重新测试文档，观察此时和添加形状提示标志前的区别。

5.1.2　任务2　传统补间动画制作“月是故乡明”

5.1.2.1　任务说明

传统补间动画是补间动画中的第二种类型，使用它可以对同一个图层中两个关键帧之间的对象进行补间。完成该补间的对象须是元件实例、文本、位图和群组。本任务在任务1完成的基础上，使用传统补间动画制作文字“月是故乡明”的动画效果，如图5.11所示。

图5.11　任务2“月是故乡明”文字效果

5.1.2.2　任务步骤

1．打开Flash CS5应用程序，打开任务1中制作完成的文档“项目1_中秋节电子贺卡.fla”。

2．在“下”图层的上方新建一个图层，命名为“文字”，在该图层的第1帧，使用“文字工具”在舞台中输入文字“月是故乡明”的字样。

3．打开“属性”面板，将文本方向设置为“垂直，从左到右”，字体为“隶书”，字号为“45”，静态文本，颜色为“黄色（#FFCC00）”，具体参数如图5.12所示。

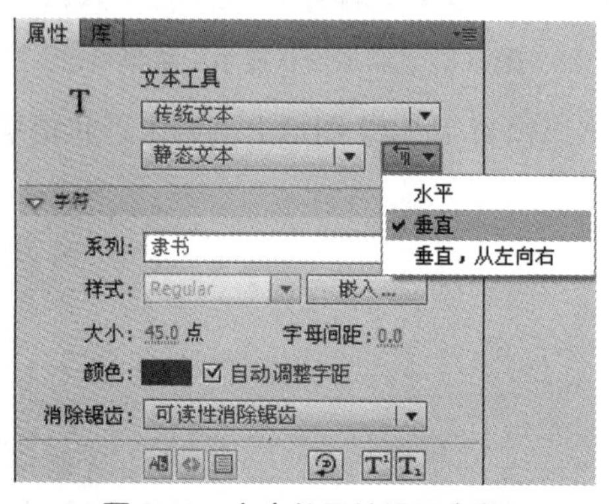

图5.12　文本的属性设置参数

4．选中该文本，按一次 Ctrl+B 组合键，将文字分离一次。

5．用选择工具全选中这五个字，右键单击，在出现的菜单中选择“分散到图层”，如图 5.13 所示。执行该菜单操作后，则五个汉字被分散到了五个图层中，图层面板如图 5.14 所示。

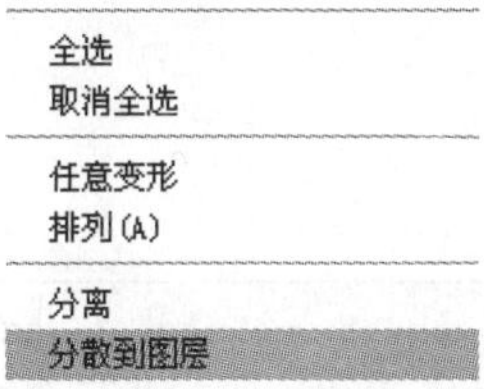

全选
取消全选
任意变形
排列(A)
分离
分散到图层

图 5.13　选择“分散到图层”

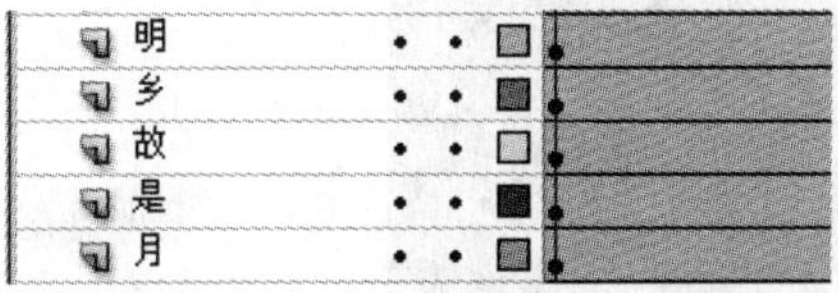

明
乡
故
是
月

图 5.14　执行“分散到图层”的图层面板

6．选中文字图层“月”的第 45 帧和第 55 帧，分别插入关键帧。然后选择第 55 帧，用鼠标将“月”字平移到右边一些，如图 5.15 所示。

7．选择图层“月”的第 45 帧，鼠标右击，选择“创建传统补间”。

8．选择图层“月”的第 45 帧，打开“属性”面板，设置“补间”栏中的“旋转”为“顺时针，1 次”，如图 5.16 所示。

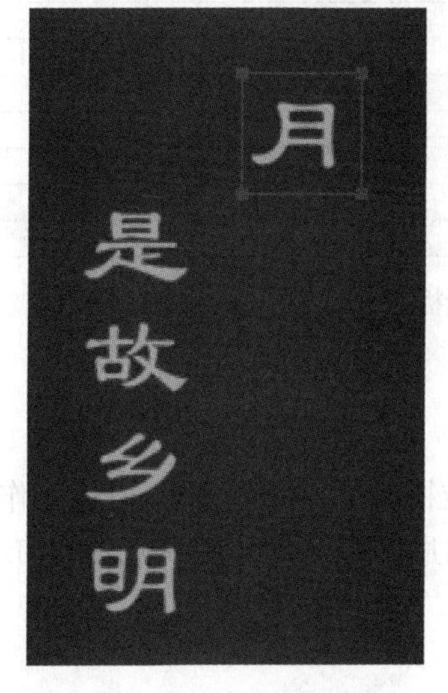

图 5.15　“月”字向右平移

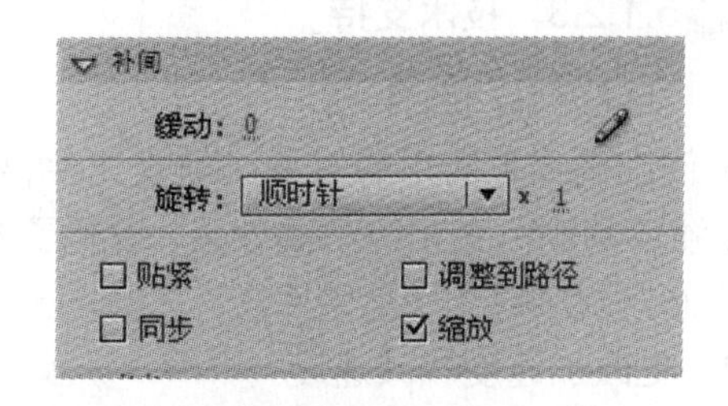

图 5.16　设置“旋转”

9．选择图层“月”的第 105 帧，鼠标右击，选择“插入帧”。

10．选择图层“是”的第 55 帧和第 65 帧，插入关键帧。

11．选择第 65 帧，在该帧将“是”字平移到右边一些，且与图层“月”第 45 帧的“月”字对齐，如图 5.17 所示。

12．选择图层“是”的第 55 帧，鼠标右击，选择“创建传统补间”。

13．选择图层“是”的第 55 帧，打开“属性”面板，设置“补间”栏中的“旋转”为“顺时针，1 次”，“时间轴”面板如图 5.18 所示。

14．选择该图层的第 105 帧，鼠标右击，选择“插入帧”。

图 5.17 “是”字向右平移

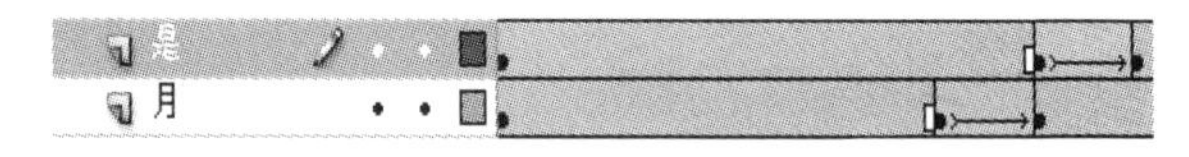

图 5.18 “时间轴”面板

15．模仿步骤 10～步骤 14，选择图层“故”、“乡”和“明”，对这三个图层中的三个文字分别在第 65～75 帧、第 75～85 帧、第 85～95 帧之间设置相同的传统补间动画效果，并且在这三个图层的第 105 帧处均插入帧。设置后的图层和“时间轴”面板如图 5.19 所示。

16．该任务制作完成，保存文档，测试影片。

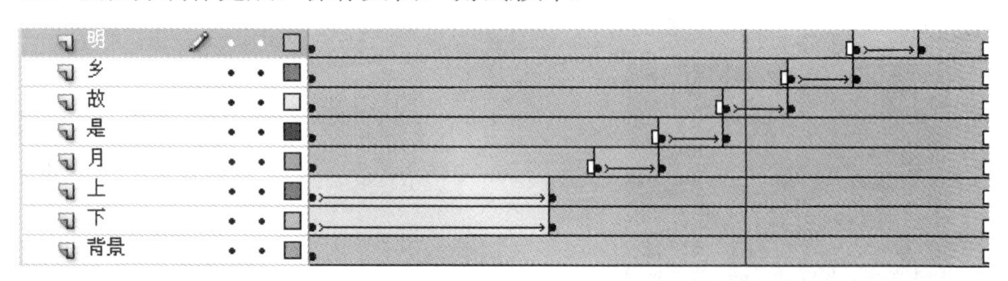

图 5.19 “时间轴”面板

5.1.2.3 技术支持

1．补间动画的条件

补间动画要求应用的对象必须是元件、组合和位图。应用补间动画，可以制作位移、旋转、缩放和颜色变化等动画效果。设置了补间动画后的起始帧到结束帧之间的过渡帧颜色在彩色显示时为“蓝色”。

2．更改加速度和减速度

一般在默认情况下，补间动画的关键帧之间是以固定的速度播放的，但是利用“缓动”值的设置，可以创建更逼真的加速度和减速度效果的动画，具体操作步骤如下。

（1）新建一个文件。插入一个名称为“小球”的图形元件，并在该图形元件的编辑窗口中使用“椭圆工具”，绘制一个小球，笔触颜色为“取消”，填充色为径向渐变模式，如图 5.20 所示。

图 5.20 小球

（2）返回到主场景窗口中，从“库”面板中将“小球”图形元件拖入，并调整小球使其位于舞台的正中上方位置。

（3）选择第 10 帧，插入关键帧。在该帧中，将小球的位置沿竖直方向移动到舞台的正中下方。

（4）选择第 1 帧，右键单击，在快捷菜单中选择“复制帧”，然后把鼠标移动到第 20 帧，右键单击，选择“粘贴帧”。

（5）分别选择第 1 帧和第 10 帧，鼠标右击，在弹出的快捷菜单中均选择“创建传统补间”，这样就制作了小球上下移动的效果。但是小球在上下移动时的速度是均匀的，为了制作出其重力影响的效果，可以进一步在“属性”面板的“缓动”栏中设置参数。

（6）选择第 1 帧，在“属性”面板中设置“缓动”值为“-100”，如图 5.21 所示。

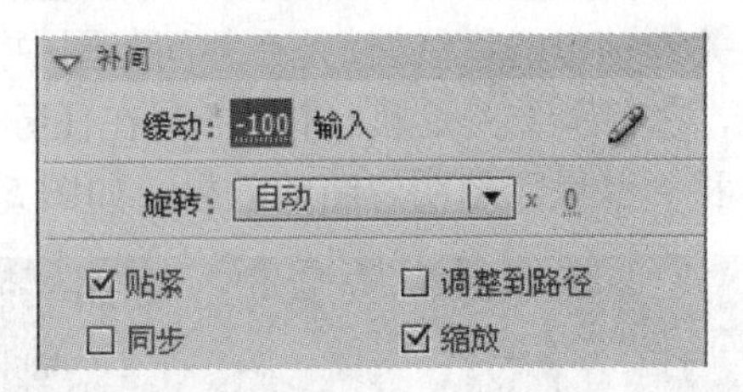

图 5.21　在第 1 帧设置“缓动”值为“-100”

（7）选择第 10 帧，在“属性”面板中设置“缓动”参数为“+100”。

（8）这样小球就会有受地球重力影响而跳动的感觉了。

注意：在这里“缓动”的值若为正值，则以较快的速度开始补间，越接近动画的末尾，补间的速度越低；若为负值，则以较慢的速度开始补间，越接近动画的末尾，补间的速度越高。

3．更改动画的速度

当测试动画时，可能会发现动画的运行速度有快有慢。可以通过更改帧频来更改速度（每秒帧数），但在文档属性中的帧频设置会应用于整个 Flash 文档，而不仅仅是该文档中的动画。

帧频用每秒帧数（fps）来度量，是指动画的播放速度。在默认情况下，Flash 动画以 12fps 的速率播放，该速率最适于播放 Web 动画。但是，有时可能需要更改 fps 速率，其更改的方式如下。

（1）选择菜单项“修改”→“文档”。

（2）在“文档设置”面板的“帧频”框中输入“30”，如图 5.22 所示。

（3）如果在“帧频”框中输入“8”，则动画的速度就会播放得慢一些。

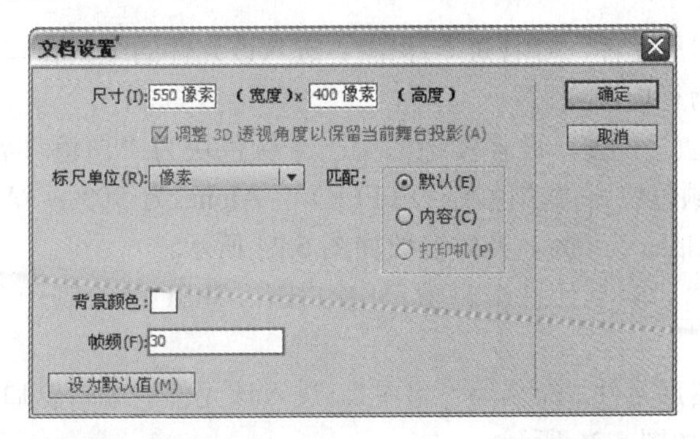

图 5.22　在“文档设置”面板中设置帧频参数

5.1.3 任务3 补间动画制作“星星”和“月亮”

5.1.3.1 任务说明

补间动画是Flash CS4之后的版本中新增加的功能之一，它是补间动画制作技术上的一个飞跃。是为了创建随着时间移动和变化的动画，且同时可以在最大程度上减小文件大小和使动画制作变得更加简单、便利。可补间的对象包括三种类型的元件和文本，在补间动画中会出现属性关键帧，属性关键帧是在补间范围中为补间目标对象显式地定义一个或多个属性值的帧，它有别于关键帧。本任务是在任务2完成的基础上，使用补间动画制作“月亮”上升和“星星”忽明忽暗的效果，如图5.23所示。

图5.23 任务3“月亮”和“星星”的效果

5.1.3.2 任务步骤

1. 打开Flash CS5应用程序，打开任务2中制作完成的文档“项目1_中秋节电子贺卡.fla”。

2. 新建一个图形元件，命名为“月亮”。进入该元件的编辑窗口，将笔触颜色设置为“取消”，填充为径向渐变。

3. 打开“颜色”面板，设置左边的第一个颜色块为“白色（#FFFFFF）”，Alpha为100%；第二个颜色块为“白色（#FFFFFF）”，Alpha为90%；第三个颜色块为“黑色（#000000）”，Alpha为0%。具体参数如图5.24所示。

4. 鼠标移到“月亮”元件编辑窗口中，按住Shift键绘制一个正圆，如图5.25所示。

5. 新建一个图形元件，命名为“星星”。进入该元件的编辑窗口，使用绘图工具绘制一个星星图案，如图5.26所示。

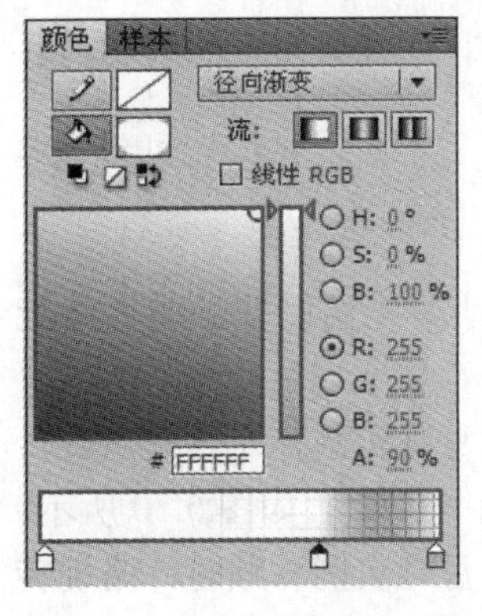

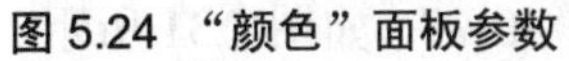

图 5.24 “颜色”面板参数

图 5.25 “月亮”元件

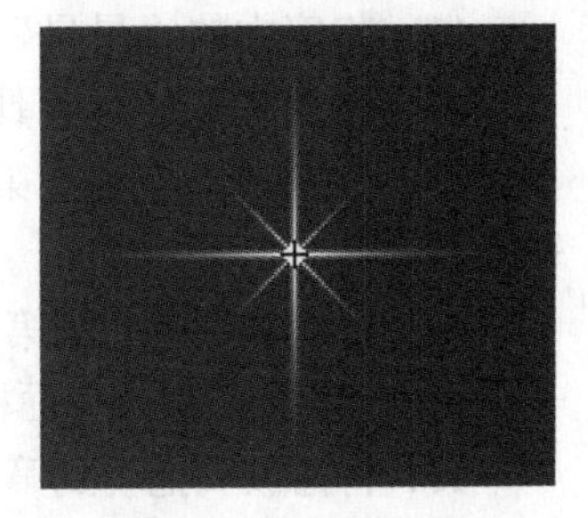

图 5.26 “星星”元件

6．在“背景”图层的上方新建一个图层，命名为“月亮”，从“库”面板中将元件“月亮”拖入该图层的第 1 帧，且调整位置使其位于舞台左边之外的视图区，如图 5.27 所示。

7．选择图层“月亮”的第 1 帧，鼠标右击，选择“创建补间动画”。此时时间轴的帧背景变为“蓝色”。

8．将播放头拖到第 44 帧，然后用鼠标将月亮实例拖动到舞台中间略偏左的位置，如图 5.28 所示。

图 5.27 “月亮”图层第 1 帧“月亮”实例的位置

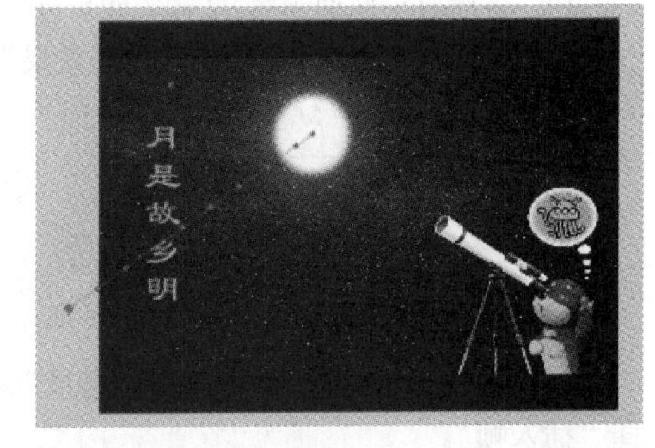

图 5.28 “月亮”图层第 44 帧“月亮”实例的位置

9．将播放头拖动到第 69 帧，然后使用任意变形工具放大月亮实例，如图 5.29 所示。

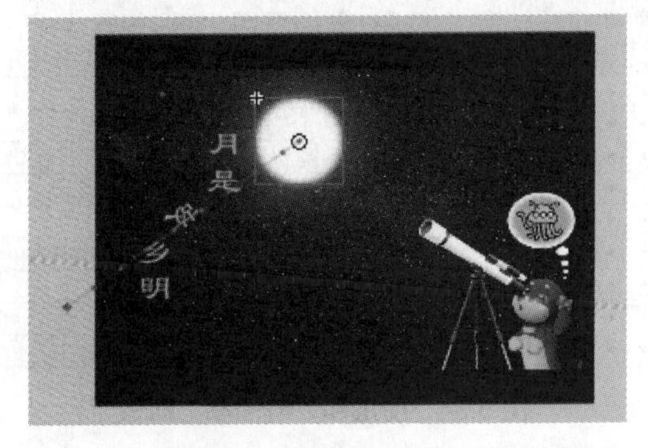

图 5.29 “月亮”图层第 69 帧放大“月亮”实例

10．在“月亮”图层的上方新建一个图层，命名为“星星”，选择该图层的第 20 帧，按 F6 功能键插入空关键帧。

11．将库中的“星星”元件拖入该帧。

12．使用任意变形工具调整为合适的大小。

13．将播放头拖动到第 36 帧，然后使用任意变形工具缩小月亮实例并顺时针略旋转一点角度。

14．将播放头拖动到第 52 帧，然后使用任意变形工具放大月亮实例并逆时针略旋转一点角度，调整“属性”面板中“色彩效果”栏中的 Alpha 值为“34%”，如图 5.30 所示。

15．将播放头拖动到第 68 帧，然后使用任意变形工具放大月亮实例并顺时针略旋转一点角度，调整“属性”面板中“色彩效果”栏中的 Alpha 值为“80%”，如图 5.31 所示。

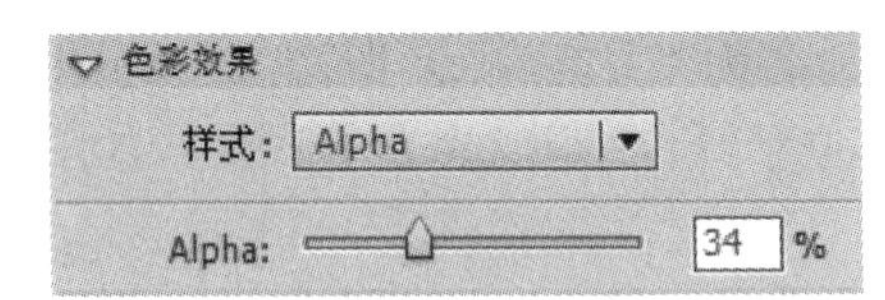

图 5.30 “星星”图层第 79 帧的 Alpha 值

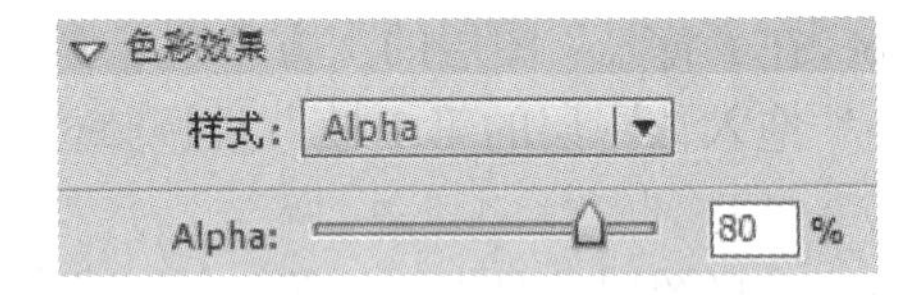

图 5.31 “星星”图层第 92 帧的 Alpha 值

16．将播放头拖动到第 79 帧，然后使用任意变形工具缩小月亮实例并逆时针略旋转一点角度，调整“属性”面板中“色彩效果”栏中的 Alpha 值为“30%”，如图 5.32 所示。

17．将播放头拖动到第 92 帧，然后使用任意变形工具缩小月亮实例并顺时针略旋转一点角度，调整“属性”面板中“色彩效果”栏中的 Alpha 值为“90%”，如图 5.33 所示。

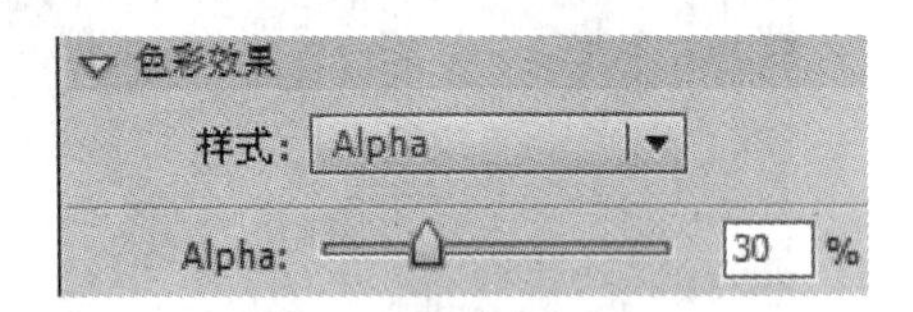

图 5.32 “星星”图层第 79 帧的 Alpha 值

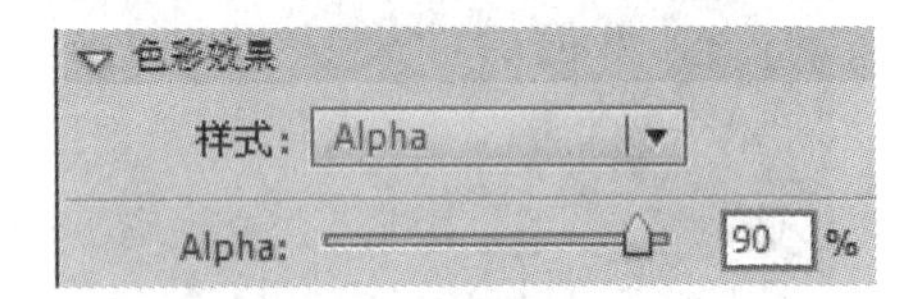

图 5.33 “星星”图层第 92 帧的 Alpha 值

18．按住 Shift 键，单击选择“星星”和“月亮”图层的第 105 帧，鼠标右击，选择“插入帧”。

19．该任务制作完成，其“时间轴”面板如图 5.34 所示，保存文档，测试影片。

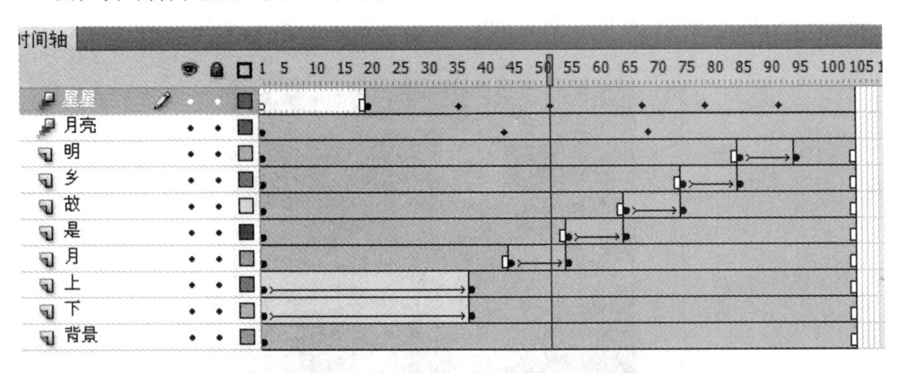

图 5.34 图层和“时间轴”面板

5.1.3.3 技术支持

1．补间动画的制作是先选定一个关键帧，然后鼠标右击，选择“补间动画”。此时时间轴中帧的背景为“蓝色”，默认的补间长度与在“文档属性”面板中设置的帧频有关。即如果帧频设置为24，则默认补间长度为24帧；如果帧频设置为12，则默认补间长度为12帧。此时，如果该默认的补间长度不合适，可以用鼠标拖动补间中的最后一帧对补间范围进行伸缩和调整大小。

2．选择某个图层创建补间动画之后，该图层标志更改为，如图5.35所示。

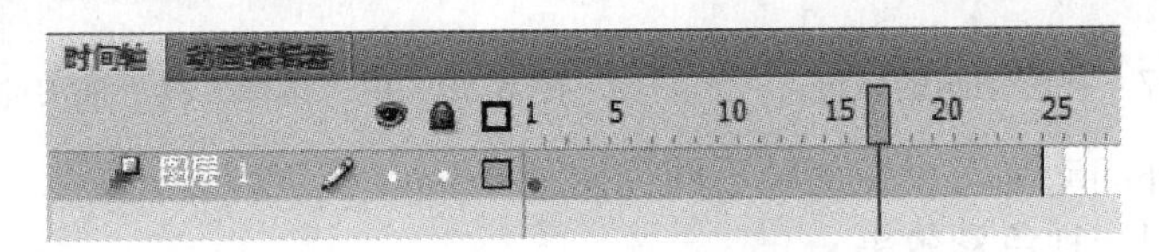

图5.35　创建补间动画的图层标志

3．如果在制作补间动画时所选的对象不是可补间的对象类型，或者在同一图层上选择了多个对象，则会弹出“将所选的多项内容转换为元件以进行补间”对话框，如图5.36所示，在该对话框中，单击“确定”按钮，即可将所选内容转换为影片剪辑元件，然后制作补间动画。

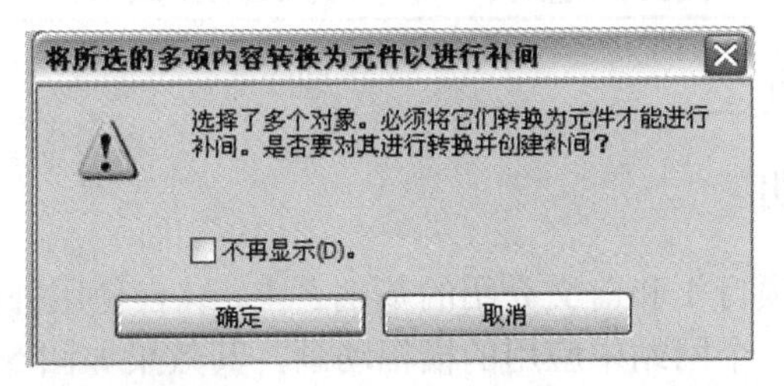

图5.36　“将所选的多项内容转换为元件以进行补间”对话框

4．补间动画的补间效果是通过修改属性关键帧的属性来完成的。属性关键帧是自动生成的，只要有属性变化即自动生成，无须手动创建。属性关键帧的形状呈菱形。

5．补间动画的轨迹调整

创建了补间动画以后，如果有移动对象，就会出现对象动画的轨迹，如图5.37所示。此时可以在舞台中用鼠标任意拖动对象，即可改变动画的轨迹；也可以用“工具”面板中的“选择工具”在轨迹上拖动来改变轨迹的形状，如图5.38所示。这些方法均可以改变动画的效果。

6．补间动画和传统补间动画的区别

（1）传统补间动画的补间须在两个关键帧之间完成，而补间动画只需一个关键帧即可。

（2）传统补间动画中的缓动是应用于关键帧之间的帧组，而补间动画的缓动则是应用于补间动画范围的整个长度的。如果仅对于补间动画的特定帧应用缓动，则需要创建自定义缓动曲线。

（3）传统补间动画的补间范围内某个帧的选择，可以直接用鼠标单击即可。而补间动画的补间范围内某个帧的选择，则必须按住Ctrl或Command键单击帧才可以选定。

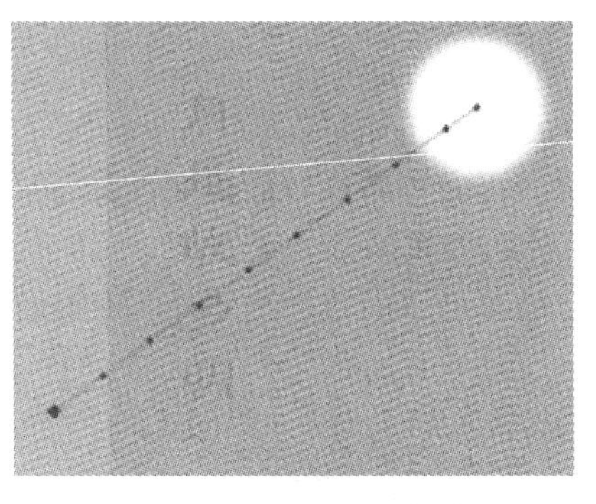

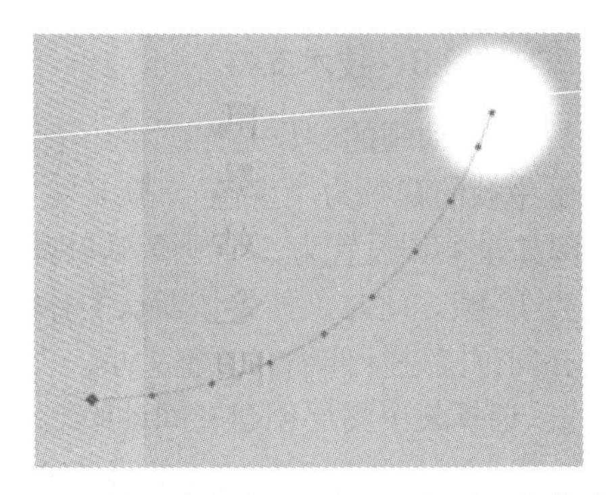

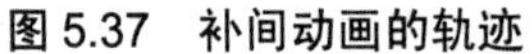
图 5.37　补间动画的轨迹

图 5.38　用“选择工具”拖动补间动画的轨迹

（4）传统补间动画可以在两种不同色调和 Alpha 之间创建动画，而补间动画可以对每个补间应用一种色彩效果。

（5）3D 动画只能使用补间动画来制作动画效果，而无法使用传统补间动画来制作。

（6）要保存自定义的动画预设，必须使用补间动画而不能使用传统补间动画。

（7）在补间动画范围上不允许采用帧脚本，传统补间动画允许采用帧脚本。

5.2　项目 2　操作进阶——动画综合应用制作“网站横幅动画”

5.2.1　项目说明

本项目主要是在项目 1 和前文介绍的基础之上，综合使用补间动画、形状补间动画和传统补间动画制作一个网站中应用的横幅动画，其效果如图 5.39 所示。

图 5.39　“项目 2_网站横幅动画”效果图

5.2.2　操作步骤

1．新建一个文档，尺寸为“765px×150px”，背景颜色为“白色（#FFFFFF）”，帧频为 12。保存文档，命名为“项目 2_网站横幅动画.fla”。

2．选择图层 1，改名为“背景”；选择矩形工具，笔触颜色为“灰色（#999999）”，笔触高度为“1”，填充颜色为“取消”，在“背景”图层的第 1 帧绘制一个矩形。调整矩形的位置和大小，如图 5.40 所示。

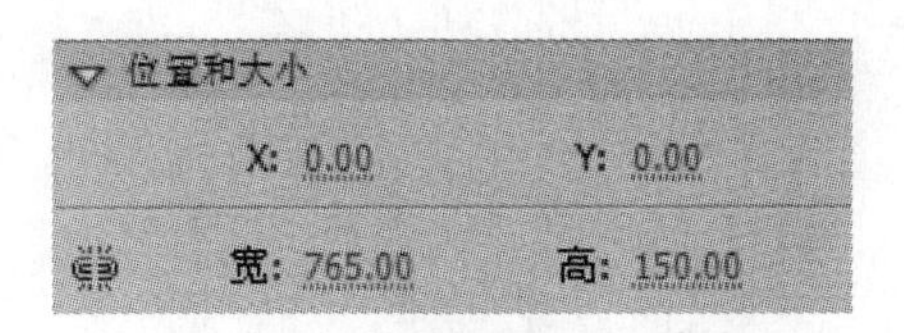

图 5.40　矩形位置和大小参数

3．使用直线工具，设置笔触颜色为“灰色（#999999）”，笔触高度为“1”，在背景图层的第 1 帧绘制一条斜线，如图 5.41 所示。

图 5.41　绘制一条斜线

4．使用选择工具将斜线调整成曲线，如图 5.42 所示。

图 5.42　调整斜线为曲线

5．选择颜料桶工具，选择径向渐变，打开“颜色”面板，设置径向渐变颜色，左边颜色滑块为“浅黄色（#F5DAB4）”，右边颜色滑块为“橙色（# DA870C）”。填充矩形左边的区域，如图 5.43 所示。

图 5.43　填充矩形左边的区域

6．选择该图层的第 130 帧，插入帧。

7．新建一个图层，命名为“进展条”，将该图层移到“背景”图层的下方。

8．在“进展条”图层的第 1 帧，使用矩形工具绘制一个笔触取消，填充颜色为“橙色（# DA870C）”的小矩形条，如图 5.44 所示。

9．选择“进展条”图层的第 24 帧，插入关键帧；选择该帧，使用任意变形工具单击矩形，将其中心轴点移到矩形左边，然后拉伸放大小矩形，如图 5.45 所示。

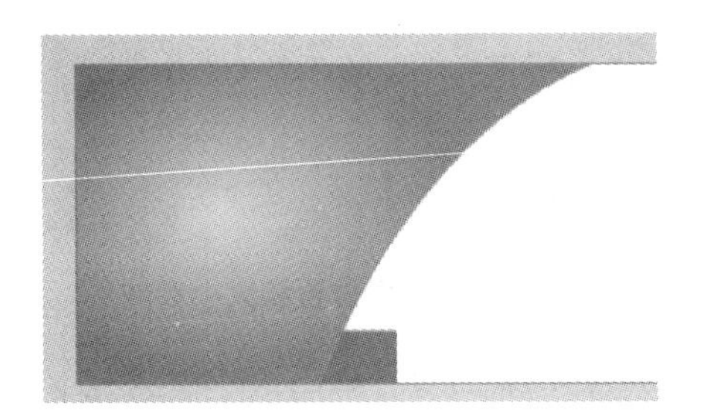

图5.44　在“进展条”图层的第1帧绘制小矩形

图5.45　“进展条”图层第24帧的矩形形状

10．选择该图层的第1帧，鼠标右击选择“创建补间形状”。

11．选择“进展条”图层的第38帧，插入关键帧；选择该帧，使用任意变形工具单击矩形，将其中心轴点移到矩形右边，然后收缩矩形且移到舞台的右边视图区，如图5.46所示。

图5.46　“进展条”图层第38帧的矩形形状

12．选择该图层的第24帧，鼠标右击选择“创建补间形状”。

13．新建一个图形元件“小球”，在该元件窗口中绘制一个无边框的正圆，将该圆形填充为径向渐变，在“颜色”面板中设置渐变的两种颜色，左边颜色块为“棕色（#442C09）”，右边颜色块为“橙色（DA870C）”。

14．返回到主场景中，新建一个图层，命名为“圆球”，将该图层放置在图层“进展条”上方。

15．将“小球”元件拖到“圆球”图层的第1帧。

16．选择“圆球”图层的第25帧，插入关键帧；将该帧中“小球”实例移动到舞台右边之外的视图区，如图5.47所示。

图5.47　“圆球”图层第25帧小球的位置

17．选择“圆球”图层的第1帧，右击选择“创建传统补间”。注意，此时要调整位置使“小球”实例在移动过程中和“进展条”图层中的矩形保持有交叉。

18．新建一个图形元件并命名为“世界”，在该元件窗口中输入文字“带你走进FLASH的世界”。文本颜色为“粉色（#FF3399）”，其他属性如图5.48所示。

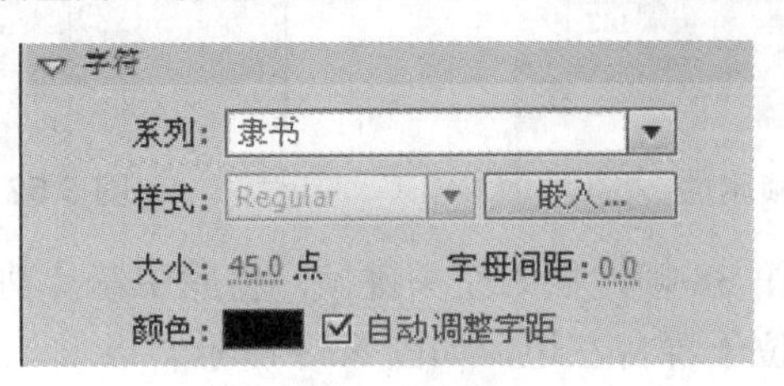

图5.48 文本属性

19．新建一个影片剪辑元件并命名为“走进世界”，将图形元件“世界”拖入第1帧。

20．选择第1帧，创建补间动画，并且将帧拉伸到第130帧。

21．将播放头拖到第26帧，选择舞台中的“世界”实例，在其“属性”面板中“色彩效果”栏的“样式”中选择“色调”，选择颜色为“绿色（#009933）”，其他参数如图5.49所示。

22．将播放头拖到第51帧，选择舞台中的“世界”实例，在其“属性”面板中“色彩效果”栏的“样式”中选择“色调”，选择颜色为“蓝色（#0066FF）”，其他参数如图5.50所示。

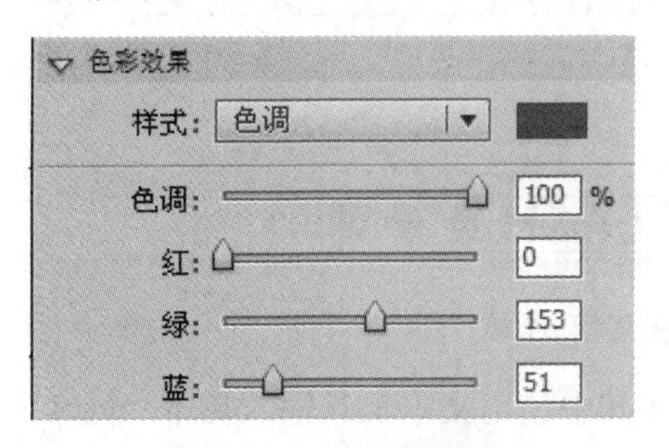

图5.49 第26帧属性

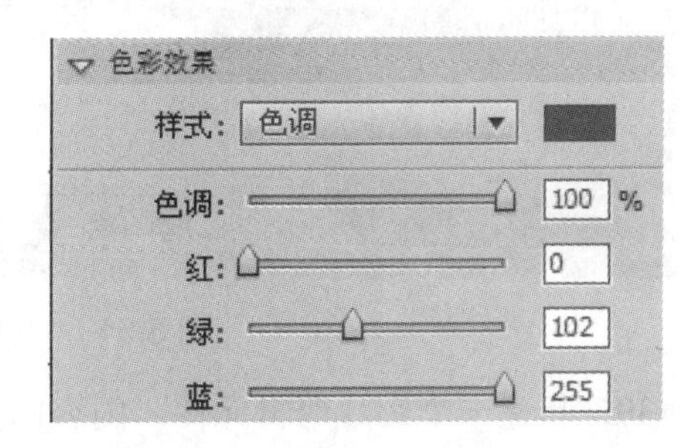

图5.50 第51帧属性

23．将播放头拖到第77帧，选择舞台中的“世界”实例，在其“属性”面板中“色彩效果”栏的“样式”中选择“色调”，选择颜色为“橙色（#FF6600）”，其他参数如图5.51所示。

24．将播放头拖到第104帧，选择舞台中的“世界”实例，在其“属性”面板中“色彩效果”栏的“样式”中选择“色调”，选择颜色为“紫色（#9900CC）”，其他参数如图5.52所示。

25．返回到主场景中，新建一个图层，命名为“世界”，将该图层放置在图层“背景”的上方。

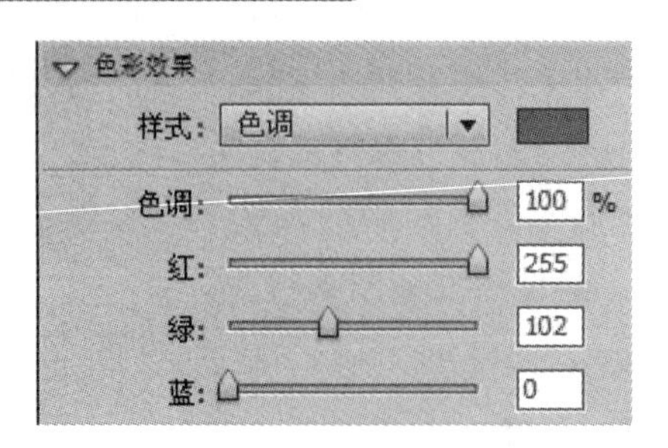

图5.51　第77帧属性

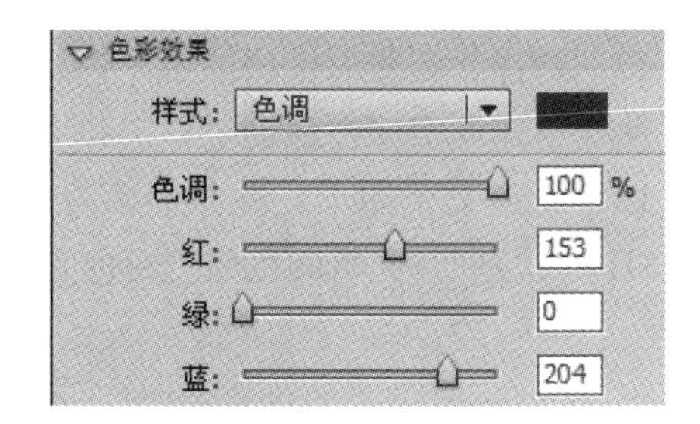

图5.52　第104帧属性

26．选择该图层的第38帧，插入空关键帧，将库中影片剪辑元件“走进世界”拖入该帧，且调整其位置位于舞台左边，如图5.53所示。

图5.53　“世界”图层的第38帧

27．选择该图层的第38帧，创建补间动画，并拉伸帧到第130帧。

28．在主场景中将播放头移到第51帧。

29．选择“走进世界”实例，将其移到舞台的中间，如图5.54所示。

图5.54　“世界”图层第51帧

30．新建一个影片剪辑元件“闪客网”，在其中使用文本工具输入文本“闪客网”，该文本的颜色设置为“白色（#FFFFF）”，其他属性如图5.55所示。

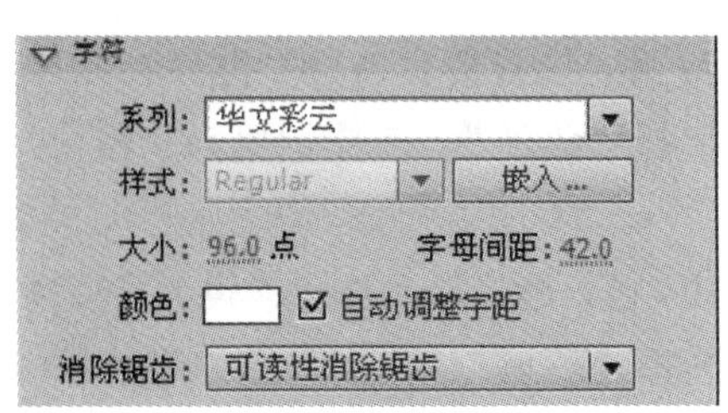

图5.55　“闪客网”中输入文本的属性

31．选中文本，鼠标右击，选择“分散到图层”。

32．选择“闪”图层的第1帧，鼠标右击，选择“创建补间动画”，将帧拉伸到第51帧。

33．将播放头移到第 10 帧，使用任意变形工具放大该文字，具体参数如图 5.56 所示。

34．将播放头移到第 18 帧，使用任意变形工具缩小该文字，具体参数如图 5.57 所示。

位置和大小
X: -204.05　Y: -82.65
宽: 210.00　高: 159.55

图 5.56 “闪”图层的第 10 帧

图 5.57 “闪”图层的第 18 帧

35．选择“客”图层的第 10 帧，插入关键帧。选择第 10 帧，鼠标右击，选择“创建补间动画”，将帧拉伸到第 51 帧。

36．分别将播放头移到第 18 帧和第 26 帧，重复步骤 33 和步骤 34 制作“客”字的放大、缩小的效果。

37．选择“客”图层的第 18 帧，插入关键帧。选择该帧，鼠标右击，选择“创建补间动画”，将帧拉伸到第 51 帧。

38．分别将播放头移到第 26 帧和第 31 帧，重复步骤 33 和步骤 34 制作“网”字的放大、缩小的效果。

39．返回到主场景中，在图层“世界”上方新建一个图层，命名为“闪客网”。将库中影片剪辑元件“闪客网”拖入该图层的第 1 帧，调整其大小和位置，如图 5.58 所示。

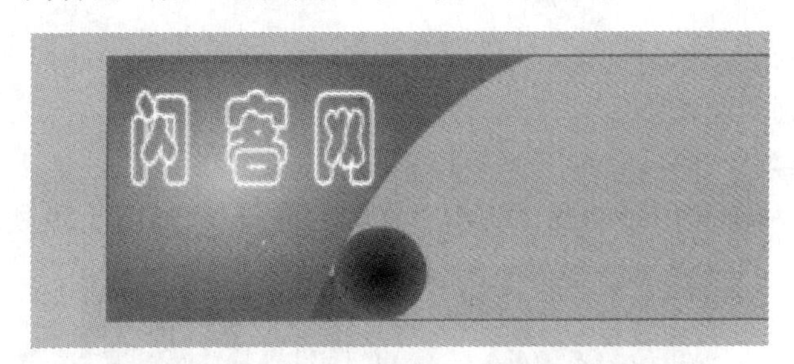

图 5.58 主场景“闪客网”实例的位置和大小

40．该项目制作完成，保存文档，测试影片。

习题

1．填空题

（1）Flash CS5 中的补间动画分为三种类型________、________和__________。

（2）形状补间动画是将__________，它要求的对象是_____________。

（3）设置___________可以改变动画的速度。

（4）补间动画要求应用的对象必须是______、______和______。

（5）对于文本应用形状补间动画，应该要将文本____________。

2．选择题

（1）设置正常的补间形状动画的帧底纹颜色是__________。

A．蓝色　B．绿色　C．白色　D．灰色

（2）设置正常的补间动画的帧底纹颜色是__________。

A．蓝色　B．绿色　C．白色　D．灰色

（3）传统补间动画的补间________________。

A．须介于两个关键帧之间　B．只要一个关键帧

C．只要普通帧也能完成

（4）若选择补间动画的补间范围内单帧，则必须按住_______________。

A．Ctrl 键　B．Shift 键　C．Alt 键

（5）保存自定义的动画预设，必须使用____________。。

A．补间形状动画　B．传统补间动画

C．补间动画　D．以上均可

3．问答题

（1）传统补间动画和补间动画的区别和联系是什么？

（2）形状补间动画的适用对象是什么？

实训七　补间动画的制作

一、实训目的

掌握补间动画的制作。

二、操作内容

1．应用补间动画和色彩的变化制作“悠闲的假日”，如图 5.59 所示。

图 5.59　补间动画和色彩变化制作的效果图

（1）新建一个 Flash 文档。

（2）导入预先准备好的背影图片调整图片用做舞台的背景。

（3）在背景图层的上方新建一个图层，在该图层的第 1 帧，使用文本工具输入“悠闲的假日”文字。

（4）右键单击文字，将文字转换为图形元件。

（5）选择文字图层的第 1 帧，鼠标右击，选择“创建补间动画”，拉抻帧到第 80 帧。

（6）分别将播放头拖到第 15、30、45 和 60 帧并插入关键帧。

（7）分别调整第 15、30、45 和 60 帧的文字的大小和颜色及 Alpha 等参数。

（8）制作文字变化的动画效果。

2．应用形状补间动画制作摇曳的“蜡烛”，如图 5.60 所示。

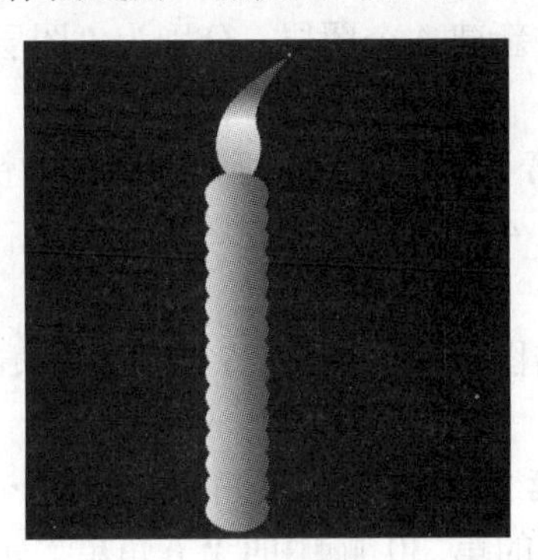

图 5.60　形状补间动画制作摇曳的“蜡烛”

（1）新建一个 Flash 文档，背景色设置为“黑色（#000000）”，尺寸为“400px×400px”。

（2）创建图形元件“烛身”，使用绘图工具绘制蜡烛的烛身。

（3）将图层 1 重命名为“烛身”，将库中“烛身”图形元件拖入“烛身”图层的第 1 帧。

（4）在“烛身”图层的上方新建一个图层，命名为“火焰”。在该图层的第 1 帧中，使用绘图工具绘制一个火焰的图形。

（5）选择“火焰”图层的第 20、40 和 60 帧，分别改变火焰形状。

（6）分别选择第 1、20、40 帧，鼠标右击，选择“创建补间形状”，制作蜡烛火焰摇曳的动画效果。

3．使用传统补间动画制作神奇变幻的五角星的动画效果，如图 5.61 所示。

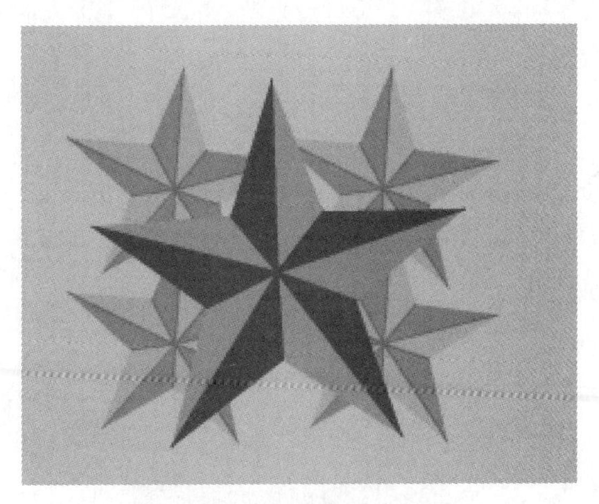

图 5.61　神奇变幻的五角星

（1）新建一个 Flash 文档，尺寸为“550px×400px”，背景色为“白色（#FFFFFF）”。

（2）使用绘图工具绘制一个立体效果的五角星。

（3）新建一个名称为“旋转的五角星”的影片剪辑元件。进入到该元件的编辑窗口中，选择“图层 1”的第 1 帧，将“库”面板中的“五角星”图形元件拖入。

（4）选择该图层的第 30 帧，按 F6 功能键插入一个关键帧。

（5）在“图层 1”的上方新建 4 个图层，分别为“图层 2”、“图层 3”、“图层 4”和“图层 5”。

（6）选择“图层 1”的第 1 帧，右击鼠标，在弹出的快捷菜单中选择“复制帧”。

（7）分别选择图层 2、3、4、5 的第 1 帧，右击鼠标，在弹出的快捷菜单中选择“粘贴帧”。

（8）按住 Shift 键，单击图层 2、3、4、5 的第 30 帧，将这 4 个帧全选中，按 F6 功能键分别插入关键帧。

（9）选择“图层 2”的第 30 帧中的“五角星”实例，用鼠标将其拖动到左下角。

（10）再选择“图层 2”的第 30 帧中的“五角星”实例，在“属性”面板中设置 Alpha 参数值为“0%”。

（11）返回选择“图层 2”的第 1 帧，设置“属性”面板中的补间为“动画”，旋转设置为“顺时针 1 次”。

（12）重复三次步骤 11～步骤 13，设置“图层 3”、“图层 4”和“图层 5”为类似的效果。不同的是，在“图层 3”中将实例移到右下角，“图层 4”中的实例对象被移到右上角，“图层 5”中的实例对象移到左上角。

（13）返回到主场景窗口中，将“库”面板中制作好的“旋转的五角星”影片元件拖入舞台中。

第 6 章

引导层和遮罩层动画

当创建了一个新的 Flash 文档之后，它就包含了一个层。普通图层承载帧的作用，可以将多个图层按照一定的顺序叠放。每一个图层都像一张透明的纸，可以在上面编辑不同的动画而互不影响，并且从下到上逐层被覆盖，这样就组成了一幅画面，因此使用图层可以很好地组织和安排内容。图层主要有三种类型：普通图层、引导层和遮罩层，应用其中引导层和遮罩层的特殊效果还能灵活地制作出神奇的效果。

6.1 项目 1 制作“美丽的季节”

在 Flash 的作品中，常常看到很多炫目神奇的效果，其中不少就是用“遮罩”完成的。“遮罩动画”是通过“遮罩层”来实现有选择地显示位于其下方“被遮罩层”中的内容。引导层可以辅助被引导图层中对象的运动或者定位，使用引导层可以制作出沿自定义路径运行的动画。本项目是使用遮罩层和运动引导层相结合而制作的影集——“美丽的季节”动画，如图 6.1 所示。本项目分解为两个任务来制作完成。

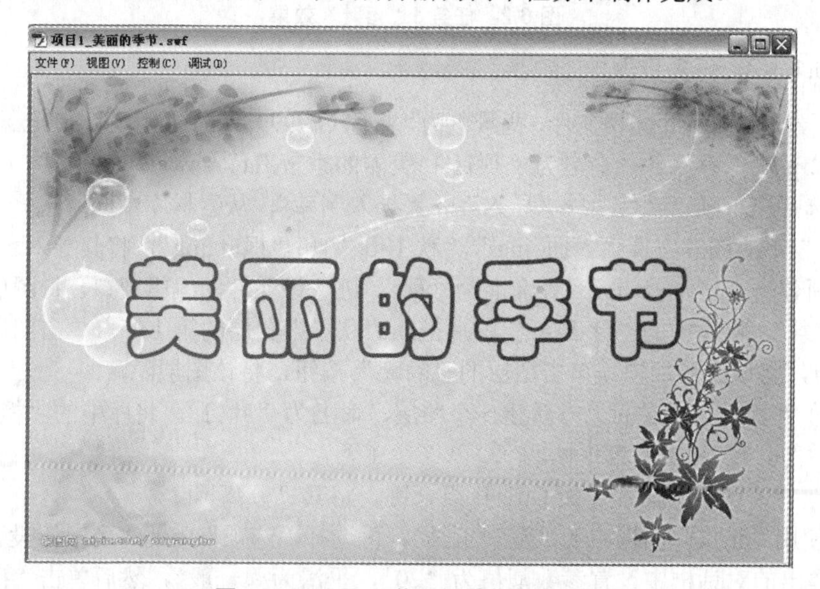

图 6.1 “项目 1_美丽的季节”效果图

6.1.1 任务1 应用引导层制作“落叶”

6.1.1.1 任务说明

引导层可以辅助被引导图层中对象的运动或者定位，使用引导层可以制作沿自定义路径运动的动画效果。引导层存放的引导路径内容在文件发布或导出时是不显示的，它只是起着辅助定位和为运动的角色指定运动路线的作用。引导层的图标是；被引导层的图标是，它与普通图层的相同。本任务是应用引导层制作秋天落叶自由飘落的动画效果，如图6.2所示。

图6.2 任务1“落叶”效果

6.1.1.2 任务步骤

1. 新建一个Flash文档文件，背景色为“灰色（#999999）”，尺寸为“800px×500px”，帧频为12fps。保存文件，命名为“项目1_美丽的季节.fla”。

2. 选择菜单项“文件”→“导入”→“导入到库”，从素材库中同时选择“chap6\素材文件”下的图片文件“封面.jpg”、“秋1.jpg”和“枫叶.jpg”，将其导入。

3. 新建一个影片剪辑元件，命名为“秋”。进入该元件的编辑窗口，将图层1重命名为“秋景”，将库中的“秋1.jpg”图片拖入“秋景”图层的第1帧。单击图层面板中的按钮，将该图层加锁，单击图层的“隐藏”按钮，将该图层隐藏。

4. 在“秋景”图层的上方新建一个图层，命名为“叶 1”。将库中的“枫叶.jpg”图片拖入“叶1”图层的第1帧。

5. 选择“枫叶”图片，按Ctrl+B组合键，将其“分离”。

6. 使用“工具”面板中的“套索工具”，再选择“选项”中的“魔术棒设置”按钮，在弹出的对话框中设置参数阈值为“20”，平滑为“一般”，然后单击“确定”按钮，如图 6.3 所示。

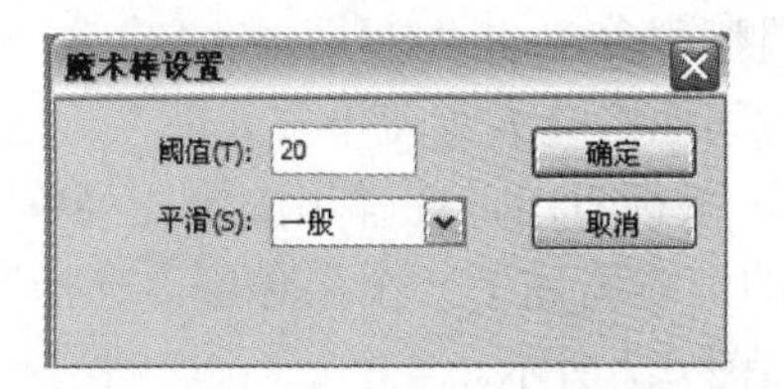

图 6.3 “魔术棒设置”对话框

7．单击“选项”中的“魔术棒工具”，移动鼠标到舞台中白色区域部分单击，将这部分选中，接着按 Delete 键，将该区域删除，其效果如图 6.4 所示。重复该操作多次，或者使用橡皮擦工具擦除白色，直至将白色区域全部删除，只剩枫叶，其效果如图 6.5 所示。

图 6.4 删除白色区域后的枫叶

图 6.5 全部删除白色区域后的枫叶

8．选中上方的叶片，右键单击，在弹出的快捷菜单中选择“转换为元件”。在弹出的“转换为元件”对话框中输入名称为“叶 1”，类型为图形元件，如图 6.6 所示。

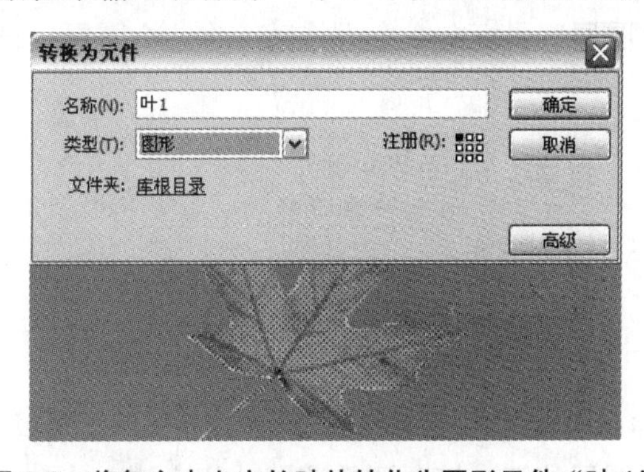

图 6.6 将舞台中上方的叶片转化为图形元件“叶 1”

9．选中下方的叶片，右键单击，在弹出的快捷菜单中选择“转换为元件”。在弹出的“转换为元件”对话框中输入名称“叶 2”，类型为图形元件。

10．选择舞台中的“叶 2”实例，单击 Ctrl+X 组合键将其剪切。

11．在“叶 1”图层的上方新建一个图层“叶 2”，单击 Ctrl+V 组合键，将“叶 2”实例粘贴到该图层的第 1 帧。

12．单击图层“秋景”的隐藏按钮“✕”，显示该图层。

13．用任意选择工具调整舞台中的“叶1”和“叶2”两个实例的大小、位置和形状，使之与“秋景”图层的其他枫叶大小差不多。

14．选择图层“叶 2”，鼠标右击，在弹出的快捷菜单中选择“添加传统运动引导层”，此时在图层“叶2”的上方新建了一个引导层。选择该引导图层的第1帧，使用铅笔工具绘制两条曲线，如图6.7所示。

图6.7　在引导层中使用铅笔工具绘制两条曲线

15．选择“叶1”图层，鼠标向右上方拖动，将这个图层也设置为被引导层，图层的效果如图6.8所示。

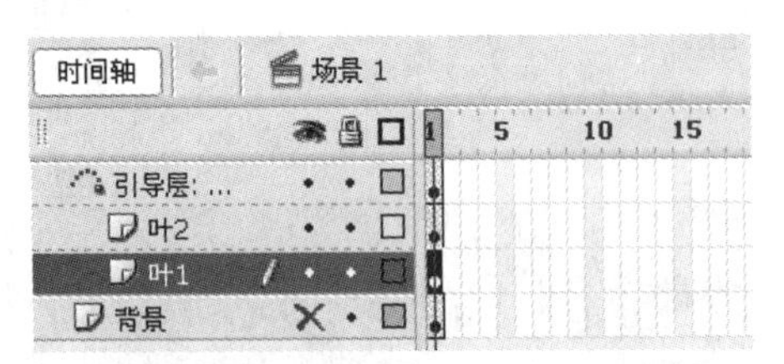

图6.8　将“叶1”图层也设置为被引导层

16．选择“叶1”图层的第1帧，调整该层叶片实例，使实例中出现的圆圈对准引导层中右边曲线路径的起点，如图6.9所示。

17．选择“叶2”图层的第1帧，调整该层叶片实例，使实例中出现的圆圈对准引导层中左边曲线路径的起点，如图6.10所示。

18．按住Shift键，选择“叶1”和“叶2”图层的第50帧，按F6功能键插入关键帧。按住Shift键，选择“引导层”和“秋景”图层的第50帧，按F5功能键插入帧。

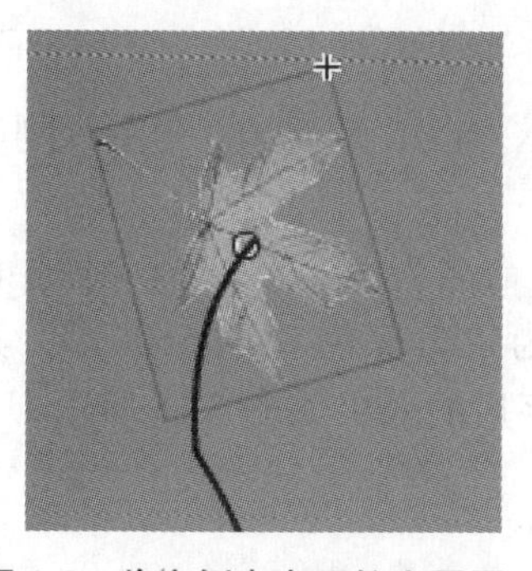

图 6.9　将实例中出现的小圆圈对准右边曲线的起点

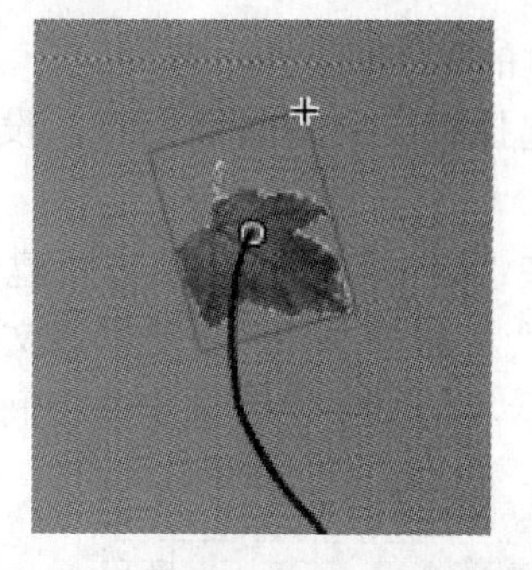

图 6.10　将实例中出现的小圆圈对准左边曲线的起点

19．选择“叶 1”图层的第 50 帧，选择其中的“叶 1”实例，用鼠标将该实例移动到右边路径曲线的末端，注意要使实例中出现的圆圈对准该路径的终点。为了使了叶片落下时显得自然，可以在该帧中，使用“任意变形工具”对该叶片进行适当的调整，如图 6.11 所示。

20．采用同样的方法，对“叶 2”图层的第 50 帧实例进行调整，使该帧实例中出现的圆圈对准左边曲线的终点，并同样使用“任意变形工具”对该叶片进行适当的调整，如图 6.12 所示。

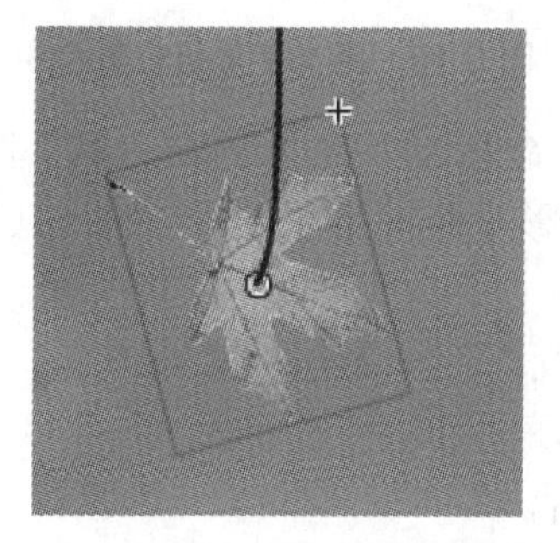

图 6.11　将“叶 1”图层第 50 帧的实例移到右边曲线的终点

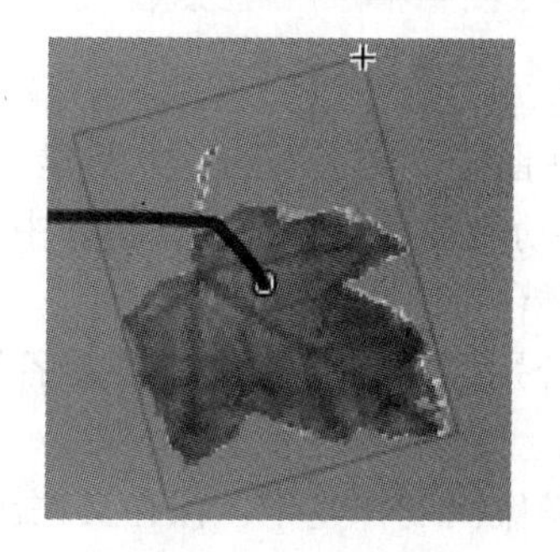

图 6.12　将“叶 2”图层第 50 帧的实例移到左边曲线的终点

21．返回，分别选择“叶 1”和“叶 2”图层的第 1 帧，鼠标右击，选择“创建传统补间”动画，其时间轴如图 6.13 所示。

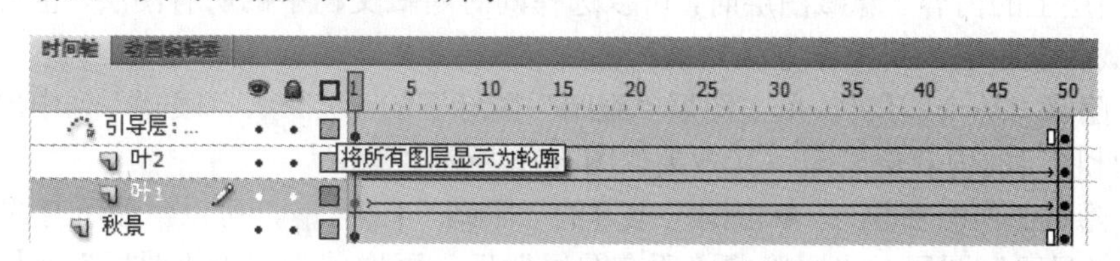

图 6.13　设置传统补间动画的时间轴

22．按住 Shift 键，选择这四个图层的第 70 帧，按 F5 功能键插入帧。这样制作树叶飘下后落在了地上的效果。

23．返回到主场景中，选择“图层 1”，改名为“封面”，将库中的图片“封面.jpg”

拖入图层1的第1帧。

24．选择舞台中的封面图片，设置其位置X为0，Y为0，使图片刚好铺满舞台区域。

25．在“封面”图层的上方新建一个图层，命名为“文字”，在该图层的第1帧，输入文字“美丽的季节”，设置该文字的颜色为“黄棕色（#996600）”，其他属性如图6.14所示。将文字输入到舞台中间，输入文字后的效果如图6.15所示。

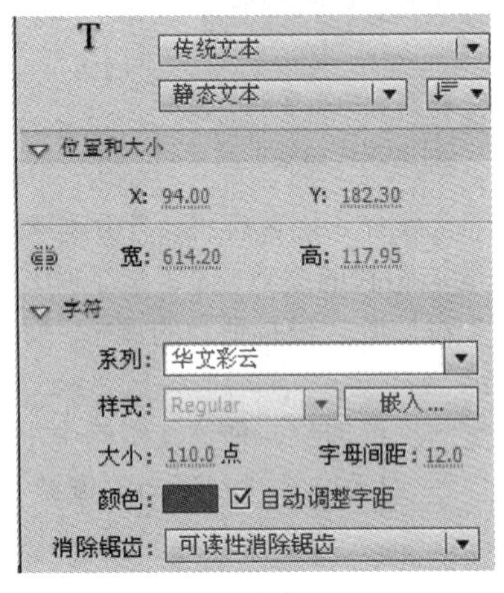

图6.14　设置文本属性

图6.15　将文字放置在舞台中间

26．在图层“文字”的上方新建一个图层，命名为“秋”；选择“秋”图层的第30帧，按F6功能键插入关键帧。将库中的“秋”影片剪辑元件拖入该帧，且调整该实例刚好铺满舞台。

27．分别选择图层“秋”、“文字”和“封面”三个图层的第110帧，按F5功能键插入帧。

28．该案例制作完毕，保存文件，测试影片。

6.1.1.3　技术支持

1．图层的操作

（1）“隐藏”和“显示”图层。当编辑不同图层中的对象时，可以隐藏图层以便查看其他图层上的内容。隐藏图层时，可以选择同时隐藏文档中的所有图层，也可以选择分别隐藏各个图层，其操作方法如下。

① 隐藏“一个图层”。单击图层“眼睛”图标下的小点，“眼睛”列中出现红色的，此图层的内容将隐藏，其效果如图6.16所示。

② 隐藏“所有图层”。单击图层上方的“眼睛”图标，可以隐藏所有的图层。

③ “显示”图层。当已隐藏“所有图层”后，再次单击位于“图层”面板上方的“眼睛”图标，可以显示所有的图层。或者依次单击该列中的每个红色，可以看到这些图层中的内容在舞台上再次出现。

（2）“锁定”图层。当图层上的内容已调整到符合要求后，可以锁定该图层，以避免误操作。锁定图层主要有以下两种操作。

① 在时间轴中，单击“锁定”列下面的黑点，其变为🔒时，该层被锁定，所有位于该图层上的对象则不能被操作，如图 6.17 所示。

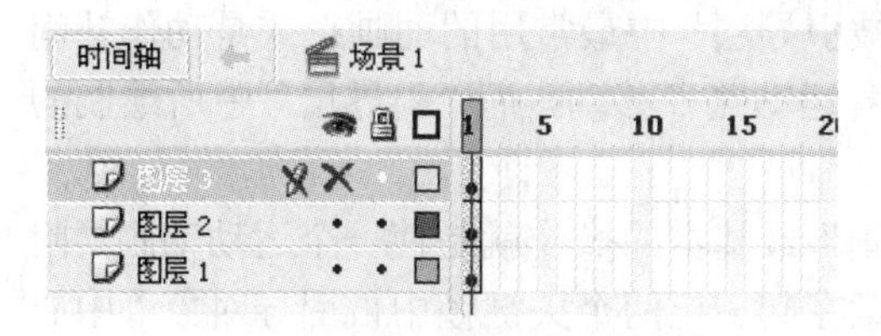

图 6.16 “图层”面板 、

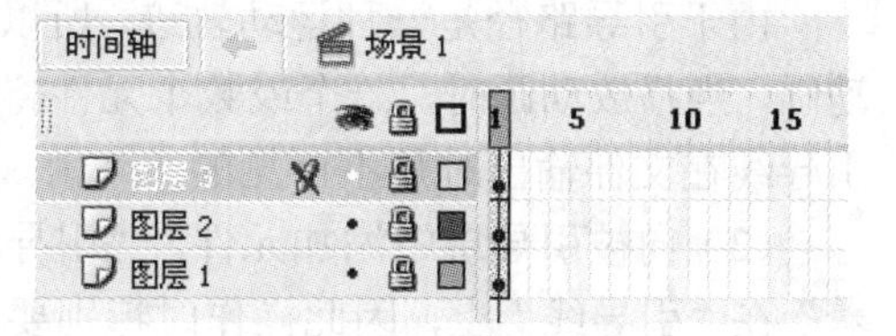

图 6.17 “锁定”图层

② 单击位于“图层”面板上方的🔒，可以将所有图层锁定；再次单击，可以全部释放。

2．以文件夹的形式组织图层

在 Flash 动画的制作过程中，由于一些动画需要建立许多图层，为此可以创建图层文件夹来组织这些图层。

（1）在时间轴中，选择“图层”面板下方的“插入文件夹”按钮，在“图层”面板中插入一个文件夹，该文件夹是对图层进行管制的。

（2）选择要移到图层文件夹的图层，将其拖入图层文件夹图标上，就可以将任意的一个图层移到图层文件夹下。在这个“时间轴”面板中，位于某一个图层文件夹内的图层相对于该文件夹是缩进显示的，如图 6.18 所示。

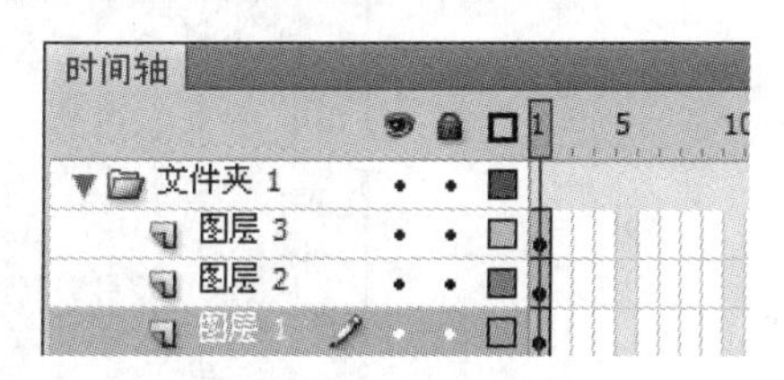

图 6.18 以文件夹组成图层

（3）在图层文件夹中，可以通过单击“展开箭头”▶来展开文件夹，也可以通过“折叠箭头”▼来折叠文件夹及其包括的图层。这样当一个作品包含很多图层时，也不显得杂乱无章。

3．引导层的操作

在 Flash 中，有很多对象的运动轨迹是弧线或是不规则的曲线，如月亮围绕地球旋转、小球沿着山坡滚动等。这些都可以使用引导路径动画。

（1）引导层和被引导层的创建。一个最基本“传统引导运动动画”由两个图层组成，上面一层是“引导层”，它的图层图标为，下面一层是“被引导层”，图标同普通图层图标一样。创建“引导层”时，只需在普通图层上右击，选择快捷菜单中的“添加传统运动引导层”，就可以在该层的上方添加一个引导层，同时该普通层自动缩进为“被引导层”。

（2）引导层和被引导层中的对象。引导层是用来指示实例运行路径的，所以“引导层”中的内容可以是用钢笔工具、铅笔工具、线条工具、椭圆工具、矩形工具等绘制出的线段。而“被引导层”中的对象是跟着引导路径运动的，可以使用影片剪辑、图形元件、按钮、文字等，但不能应用形状。

由于引导路径是一种运动轨迹，所以“被引导层”中最常用的动画形式是动作补间动画，当播放动画时，一个或数个元件将沿着运动路径移动，而“引导层”中所绘制的引导线在文件输出时是不可见的。

（3）向被引导层中添加元件。“引导动画”最基本的操作就是使一个运动动画“附着”在“引导线”上，因此操作时特别要注意在起、止两个关键帧中被引导对象“中心点”一定要对准引导路径的两个端点。

（4）路径调整与对齐的作用。被引导层中的对象在被引导运动时，还可进行更细致的设置。例如，如果勾选“属性”面板上的“调整到路径”复选项，则对象的基线就会调整到运动路径；如果勾选“贴紧”复选项，元件的注册点就会与运动路径对齐，如图6.19所示。

（5）引导层的解除。如果想解除引导层，可以把被引导层拖离引导层，或在图层区的引导层上右键单击，在弹出的菜单上选择“属性”，在对话框中选择“一般”类型，则该图层变为普通图层，不再具有引导层的功能，如图6.20所示。

☑ 贴紧 ☑ 调整到路径
☐ 同步 ☐ 缩放

图6.19 引导层“属性”面板参数设置

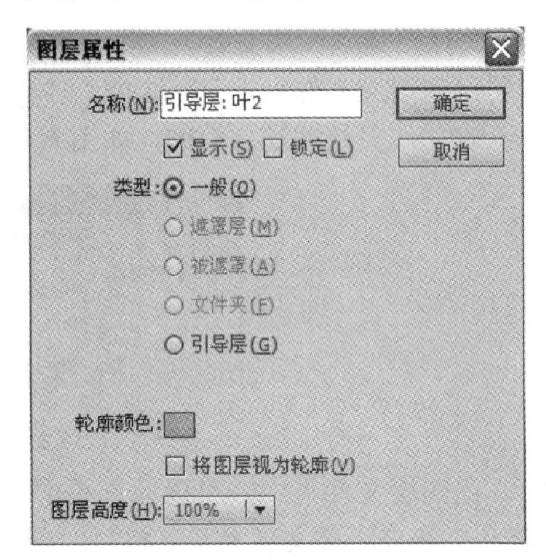

图6.20 “图层属性”面板

（6）圆周运动的制作。若要设计一个对象沿一个圆周运动，如小球绕着大球转，会发现若在引导层中直接绘制椭圆边框用做路径来引导小球，小球只沿着较短的弧线运动，而不会进行环绕。此时，需用“橡皮擦工具”将椭圆擦出一个小缺口，小球才能沿着较长的弧线运动。若这段弧线的起点和终点距离很近，则小球的运动效果如同环绕。引导层路径的绘制情况如图6.21和图6.22所示。

（7）引导层中可以绘制一条或者多条引导层路径，分别引导多个被引导层的对象沿指定的路径运动。如图6.23和图6.24所示的例子中，在引导层“图层3”中绘制了两条曲线用做引导路径，而在其下方的“图层1”和“图层2”中分别有两片叶子，“叶片1”沿着路径A运动，“叶片2”沿着路径B运动。

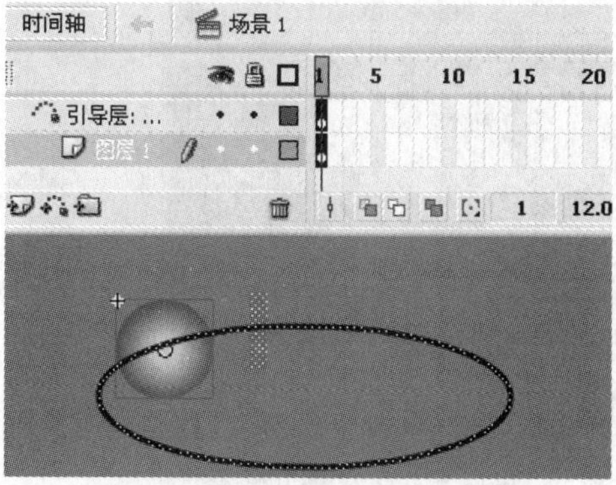

图 6.21 绘制好的圆圈

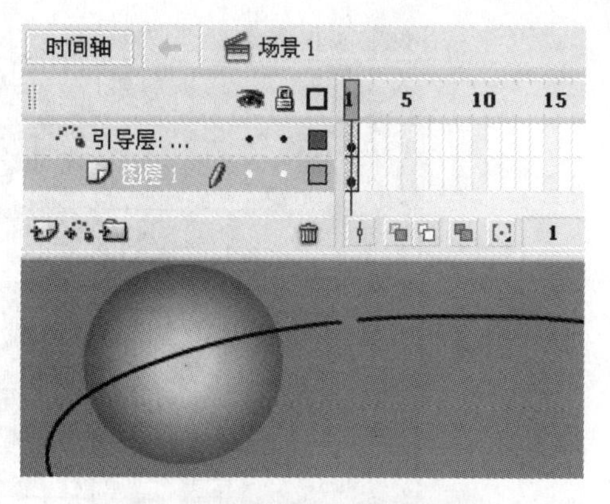

图 6.22 擦除一个缺口的椭圆

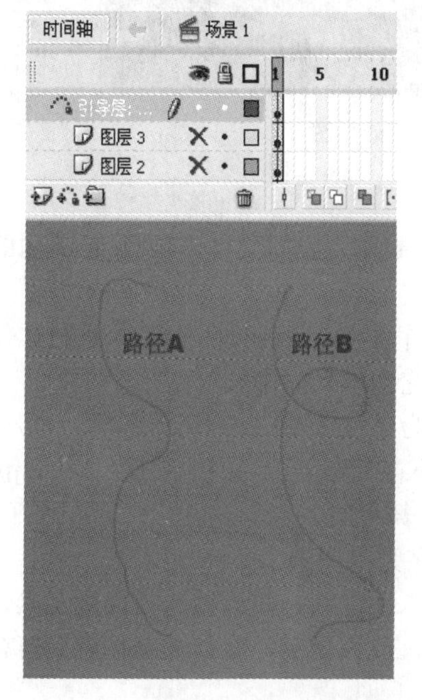

图 6.23 一个引导层中绘制两条引导线

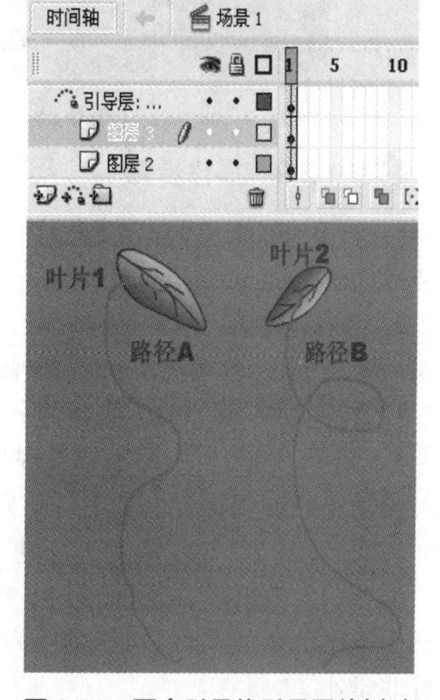

图 6.24 两个引导线引导两片树叶

6.1.2 任务 2 应用遮罩层制作“图片切换”

6.1.2.1 任务说明

遮罩动画是 Flash 中一个很重要的动画类型，“遮罩层”和“被遮罩层”是配对出现的图层，它们各有不同的特点。遮罩层中的图形对象在播放时是看不到的，而被遮罩层中的对象只能透过遮罩层中的对象才能看到。在一个遮罩动画中，遮罩层只有一个，被遮罩层可以有任意个；遮罩层的图标为■，被遮罩层的图标为■。本任务是介绍应用遮罩层来制作图片切换的动画效果，其效果如图 6.25 所示。

图 6.25 任务 2“图片切换”效果图

6.1.2.2 操作步骤

1．打开 Flash CS5 应用程序，打开任务 1 中制作完成的文档“项目 1_美丽的季节.fla”。

2．选择菜单项“文件”→“导入”→“导入到库”，打开素材库“chap6\素材文件”，找到“秋 2.jpg”和“秋 3.jpg”两个图片文件，将它们导入库中。

3．在图层“秋”的上方新建一个图层，命名为“秋 2”。

4．选择“秋 2”图层的第 85 帧，按 F6 键插入关键帧，从库中将图片“秋 2.jpg”拖入该帧，且调整舞台中的图片位置，使其刚好与舞台对齐。

5．在“秋 2”图层的上方新建一个图层，命名为“椭圆”。

6．选择“椭圆”图层的第 85 帧，按 F6 键插入关键帧。在该帧选择椭圆工具，绘制一个笔触为“取消”，填充颜色为任意的小椭圆，放大显示，将该椭圆调整到舞台中间且非常小。

7．选择“椭圆”图层的第 140 帧，按 F6 键插入关键帧。使用选择工具调整椭圆，让其放大，直至完全将舞台遮盖，如图 6.26 所示。

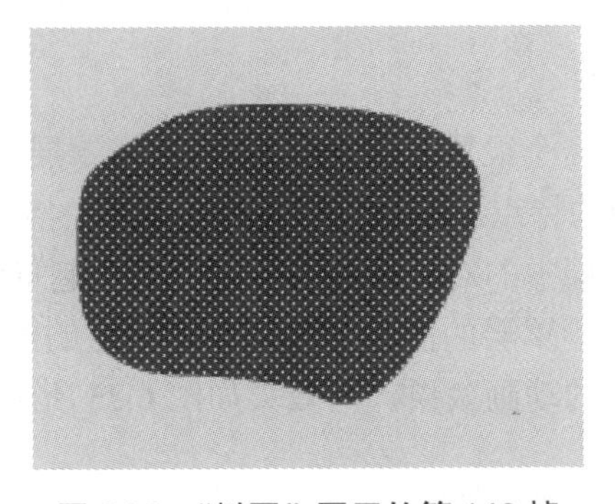

图 6.26 “椭圆”图层的第 140 帧

8．选择“椭圆”图层的第 85 帧，鼠标右击，在弹出的快捷菜单中选择“创建补间形状”。

9．在图层面板中选择“椭圆”图层，鼠标右击，在弹出的快捷菜单中选择“遮罩层”。“时间轴”面板如图 6.27 所示。

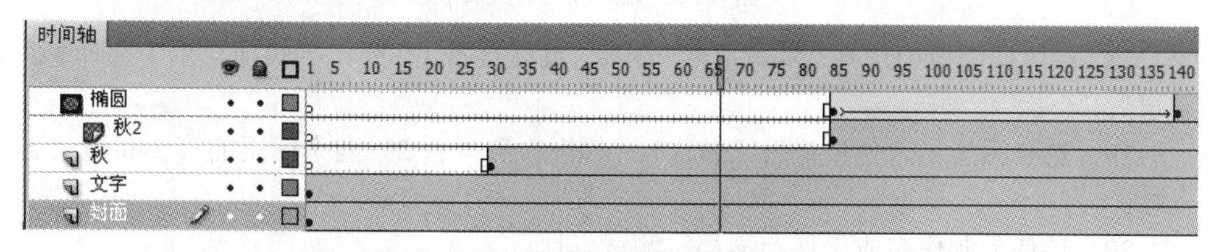

图 6.27　设置遮罩层后的“时间轴”面板

10．选择图层“椭圆”和“秋 2”的第 180 帧，插入帧。

11．插入一个名称为“六角星形”的图形元件。在该元件的编辑窗口中使用“星形工具”绘制一个无轮廓线、填充色任意的六角星形。

12．返回主场景，在“椭圆”图层的上方新建一个图层，命名为“秋 3”，选择该图层的第 170 帧，插入关键帧。

13．将库中的图片“秋 3.jpg”拖入舞台“秋 3”图层的第 170 帧，使用“对齐”面板中的“水平对齐”和“垂直对齐”使图片平铺舞台用做背景。

14．在“秋 3”图层的上方新建图层，命名为“六角星形”。选择该图层的第 170 帧，插入关键帧。

15．将库中的图形元件“六角星形”拖入“六角星形”图层的第 170 帧，调整舞台中六角星形的位置，使其位于舞台中间，且调整其大小为很小，如图 6.28 所示。

16．选择“六角星形”图层的第 210 帧，插入关键帧。选择该帧中的六角星形实例，用“任意变形工具”将其放大，大到将整个舞台遮盖住，如图 6.29 所示。

图 6.28　“六角星形”图层的第 170 帧

图 6.29　“六角星形”图层的第 210 帧

17．选择“六角星形”图层的第 170 帧，鼠标右击，在弹出的快捷菜单中选择“创建传统补间”。选择第 170 帧，在“属性”面板的“补间”栏中设置“顺时针”旋转 1 次，如图 6.30 所示。

图 6.30　设置顺时针旋转

18．在图层面板中选择“六角星形”图层，鼠标右击，在弹出的快捷菜单中选择“遮罩层”。

19．选择图层“六角星形”、“秋 3”、“椭圆”和“秋 2”四个图层的第 240 帧，插入帧。

20．该任务制作完成，保存文档，测试影片。

6.1.2.3　技术支持

1．图层是透明的，位于上面图层的空白处可以透露出下面图层的内容，而 Flash 的遮罩跟这个原理正好相反，只有遮罩层中的对象区域才可以显示出下层被遮罩层中的图像信息。

“遮罩”，顾名思义就是遮挡住下面的对象，在 Flash 中，“遮罩层”只有一个，“被遮罩层”可以有任意个，如图 6.31 所示。

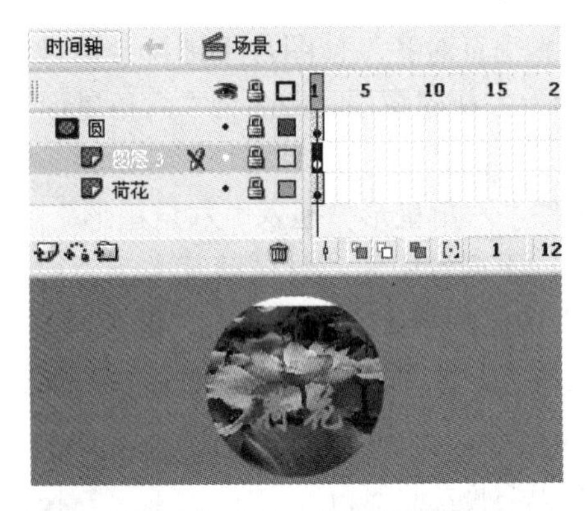

图 6.31　两个“被遮罩层”

2．遮罩的用处。在 Flash 动画中，“遮罩”主要有两个用途，一个用途是用在整个场景或一个特定区域，使场景外的对象或特定区域外的对象不可见；另一个用途是用来遮住某一元件的一部分，从而实现一些特殊的效果。

3．创建遮罩。在 Flash 中没有一个专门的按钮来创建遮罩层，遮罩层其实是由普通图层转化而来的。只需在要转换为遮罩层的图层上右键单击，在弹出菜单中将“遮罩”菜单项打个钩，该图层就转换成遮罩层了。图层的图标就会从普通层图标转变为遮罩层图标，系统也自动把遮罩层下面的一个图层关联为“被遮罩层”。如果要关联更多的图层为被遮罩层，则只需把这些图层拖到被遮罩层下面即可。

4．遮罩动画在 Flash 动画制作中是很常用的。很多炫目的图形和文字交错变换的效果都可通过应用遮罩来实现。遮罩层中的图形对象在播放时是看不到的，遮罩层中的内容可以是按钮、影片剪辑、图形、位图、文字、线条等；如果使用线条，则应选择菜单项“修改”→“形状”→“将线条转化为填充”即可。被遮罩层中的内容只能透过遮罩层中的对象被看到。在被遮罩层，可以使用按钮、影片剪辑、图形、位图、文字、线条，如下面“花纹文字”的制作。

① 新建两个图层，分别命名为“文字”和“荷叶”，在“文字”图层中输入文字“flash”，且将该图层设置为遮罩层。

② 在“荷叶”图层中导入位图。这样，经过遮罩，在文字区域中将显示位图图案，其效果如图 6.32 所示。

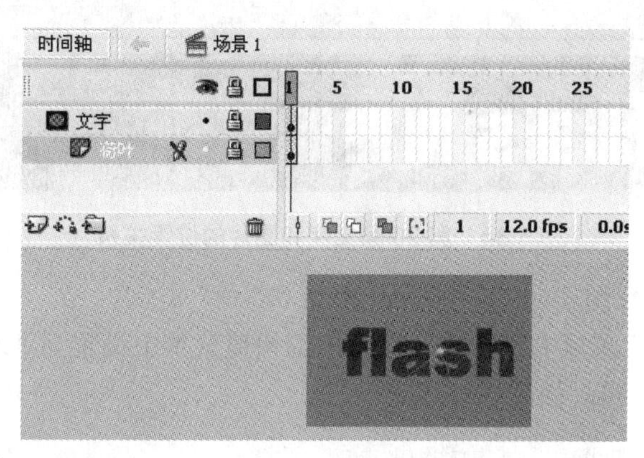

图 6.32　花纹文字

5．遮罩中使用动画形式。可以在遮罩层、被遮罩层中分别或同时使用形状补间动画、动作补间动画、引导层动画等动画手段，从而使遮罩动画变成一个可以施展无限想象力的创作空间。如下例：

① 新建两个图层——“文字”图层和“菊花”图层，且“文字”图层在上方，“菊花”图层在下方。

② 选择“文字”图层的第 1 帧，在舞台中央输入“flash”文字。

③ 在“菊花”图层的第 1 帧导入一幅菊花图，调整图片位置，使图片右边与文字的右边边缘对齐，如图 6.33 所示。

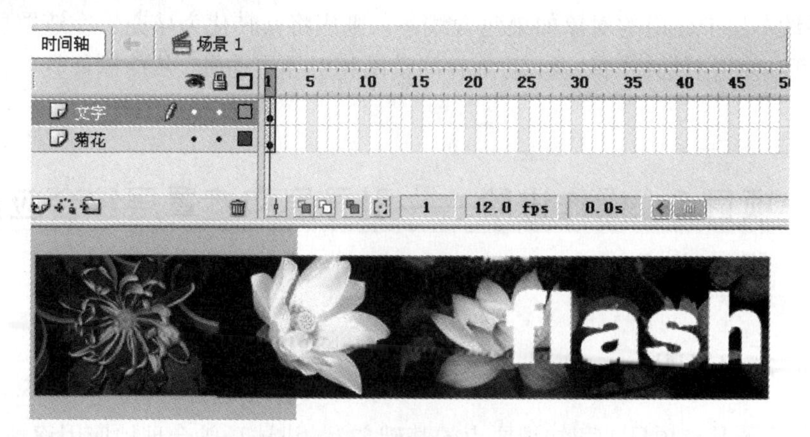

图 6.33　第 1 帧文字和图片的位置关系

④ 同时选择两个图层的第 30 帧，按 F6 键插入关键帧。

⑤ 选择“菊花”图层的第 30 帧。将“菊花”图片向右移动，移到其左边与文字的左边对齐，如图 6.34 所示。

图 6.34　第 20 帧文字和图片的位置关系

⑥ 选择“文字”图层的第 1 帧，设置为“动画”补间。

⑦ 选择“文字”图层右键单击，在弹出的快捷菜单中设置为“遮罩层”，这样就可设计出遮罩动画的形式，如图 6.35 所示。

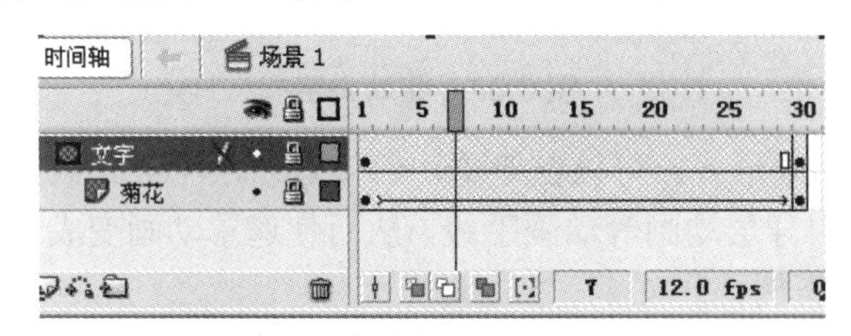

图 6.35　最后的效果图

6．在遮罩层中使用的对象如果包含线条，则应将其转化为填充。在遮罩层和被遮罩层中都可以使用形状补间动画、动画补间动画和引导层动画，从而制作具有特殊效果的作品。

6.2　项目 2　操作进阶——引导层和遮罩层综合应用“手机广告”

6.2.1　项目说明

本项目主要是在项目 1 和知识要点的基础之上，讲述巧妙合理地应用逐帧动画、遮罩图层、引导层动画等技术制作一个手机广告，其效果如图 6.36 所示。

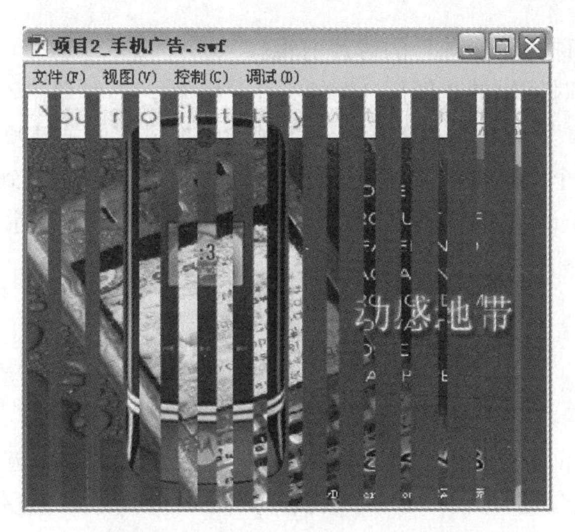

图 6.36 “项目 2_手机广告”效果图

6.2.2 操作步骤

1．新建一个 Flash 文档，设置尺寸为“395px×308px”，背景为“白色（#FFFFFF）”，帧频为“12fps”

2．选择菜单项“文件”→“导入”→“导入到库”，将文件夹“chap6\素材文件”下的该项目所需要的图片文件“图片 1.jpg”、“图片 2.jpg”、“图片 3.jpg”、“草坪.jpg”和“篮球 1”～“篮球 15”这几个文件导入。

3．新建一个名称为“背景”的图形元件，将“库”面板中的“图片 1.jpg”拖入该元件。

4．新建一个名称为“手机 1”的图形元件，将“库”面板中的“图片 2.jpg”拖入该元件。

5．新建一个名称为“手机 2”的图形元件，将“库”面板中的“图片 3.jpg”拖入该元件。

6．设计条形遮罩的图形元件。新建一个名称为“幕 1”的图形元件，用“矩形工具”绘制一组条形图案（矩形条从左到右按由大到小排列），如图 6.37 所示。

7．设计圆形遮罩的图形元件。新建一个名称为“幕 2”的图形元件，用“椭圆工具”绘制一组圆形图案（从中间到外围按由大到小排列），如图 6.38 所示。

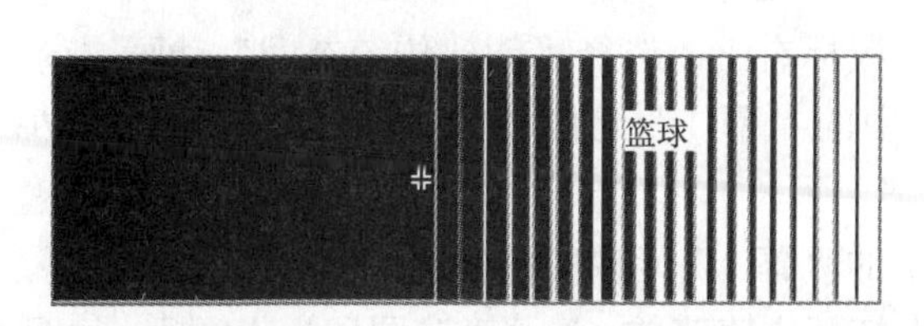

图 6.37 “幕 1”的图形元件

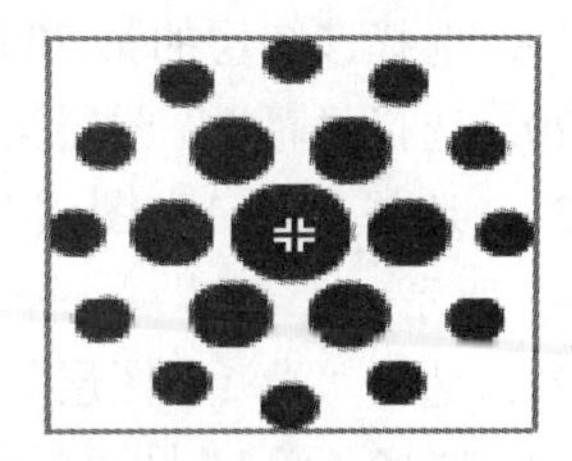

图 6.38 “幕 2”的图形元件

8．新建一个名称为“篮球”的影片剪辑。

9．选择该元件时间轴的“图层 1”的第 1～15 帧，右键单击，选择快捷菜单中的菜单项“转为关键帧”，将该元件的第 1～15 帧均转换成空白关键帧，接着依次从“库”面板中将导入的 15 个篮球图形文件“篮球 1”～“篮球 15”拖放到各空白关键帧中，这样即用逐帧动画设计了篮球旋转的效果，其时间轴如图 6.39 所示。

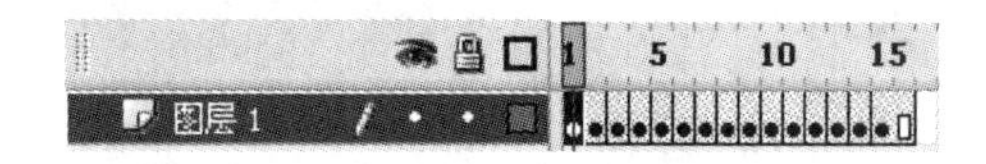

图 6.39 “篮球”逐帧动画的时间轴

10．返回主场景，将“图层 1”重命名为“背景”。

11．打开“库”面板，把“背景”元件拖入该图层的场景中。选择舞台中的“背景”实例，按 Ctrl+K 组合键打开“对齐”面板，如图 6.40 所示。然后，单击其中的“左对齐”和“垂直对齐”按钮进行对齐。在这里需要注意的是：一定要开启“相对舞台”按钮。

12．选择该图层的第 70 帧，右键单击，选择快捷菜单“插入帧”，在第 70 帧插入普通帧，如图 6.41 所示。

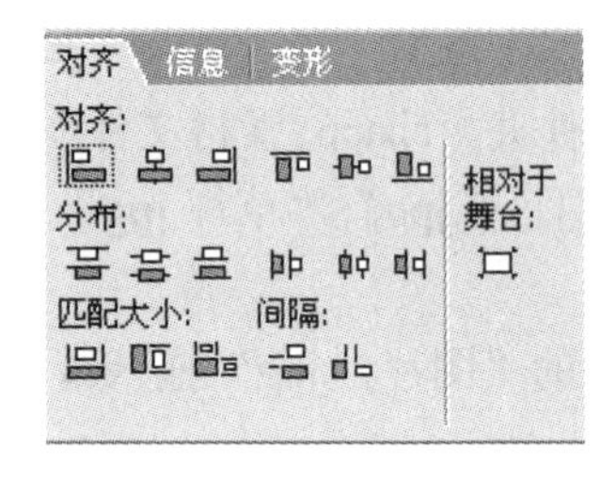

图 6.40 “对齐”面板

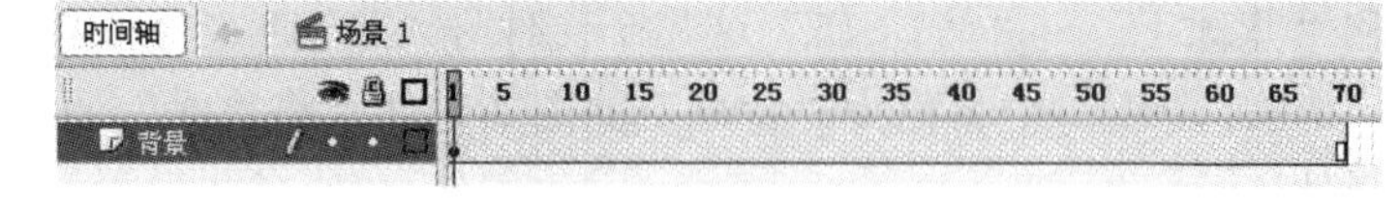

图 6.41 “背景”图层

13．在“背景”图层的上方新建一个“图层 2”，双击“图层 2”重命名为“手机 1”。

14．选中该图层的第 15 帧，将该帧设为关键帧。

15．打开“库”面板，把“手机 1”图形元件拖入“手机 1”图层的第 15 帧。

16．选择该图层的第 70 帧，按 F5 功能键，将该帧设为普通帧。

17．在“手机 1”图层的上方新建一个“图层 3”，重命名为“幕 1”。

18．选择该图层的第 15 帧，将该帧设为空白关键帧；打开“库”面板，把“幕 1”元件拖入该帧。

19．选择该图层的第 70 帧，设置为关键帧。

20．选择“幕 1”图层第 15 帧，鼠标右击，选择“创建传统补间”动画。

21．选择“幕 1”图层第 15 帧中的“幕 1”元件实例，移动其到舞台左边，如图 6.42 所示。

22．选择“幕 1”图层第 70 帧中的“幕 1”元件实例，将其移到舞台的右边。

23．选择“幕 1”图层，右键单击打开快捷菜单，选择“遮罩层”菜单项，如图 6.43 所示。

图 6.42 “幕 1”元件实例

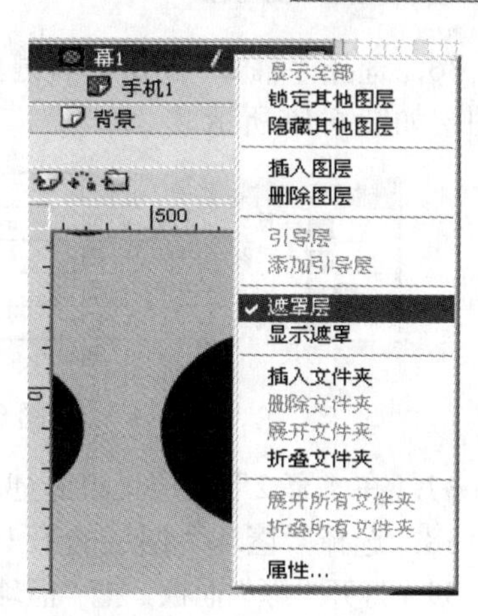

图 6.43 选择“遮罩层”

24．在“幕 1”图层上方新建一个“图层 4”，重命名为“手机 2”。

25．选中该图层的第 71 帧，将该帧设为关键帧。

26．打开“库”面板，再次把“手机 1”图形元件拖入“手机 2”图层的第 71 帧。选择该图层的第 83 帧，按 F5 功能键，插入帧。

27．在“手机 2”图层的上方新建一个“图层 5”，重命名为“手机 3”。

28．选择“手机 3”图层的第 84 帧，将该帧设为空关键帧；打开“库”面板，把图形元件“手机 2”拖入该帧，使用“自由变形工具”将其大小调整至合适。

29．将“库”面板中“草坪.jpg”图片拖入“手机 3”图层的第 84 帧，且调整窗口中“草坪”图片的大小，使其位置和大小刚好适用于手机的屏幕，效果如图 6.44 所示。

30．选择“手机 3”层的第 215 帧，按 F5 功能键，将该帧设为普通帧。

31．在“手机 3”图层的上方新建一个“图层 6”，重命名为“幕 2”。

32．选择“幕 2”图层的第 84 帧，将该帧设为空白关键帧，打开“库”面板，把图形元件“幕 2”拖入该帧。

33．选择“幕 2”图层第 139 帧，将该帧设为关键帧。

34．选择“幕 2”图层第 84 帧，单击鼠标右键，选择“创建传统补间”。

35．选择“幕 2”图层第 84 帧中的“幕 2”元件实例，使用“任意变形工具”，将其调整到很小，小到几乎看不见且放置在舞台的中间。选择该图层第 139 帧中该元件的实例，使用“任意变形工具”，将其调整到很大，大到完全覆盖整个舞台，如图 6.45 所示。

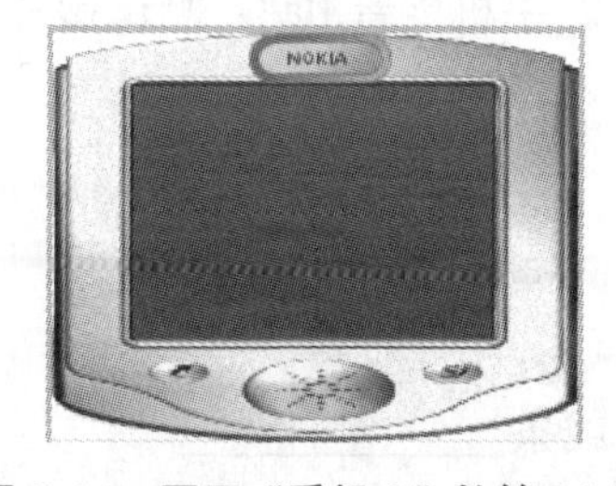

图 6.44 图层“手机 3”的第 84 帧效果

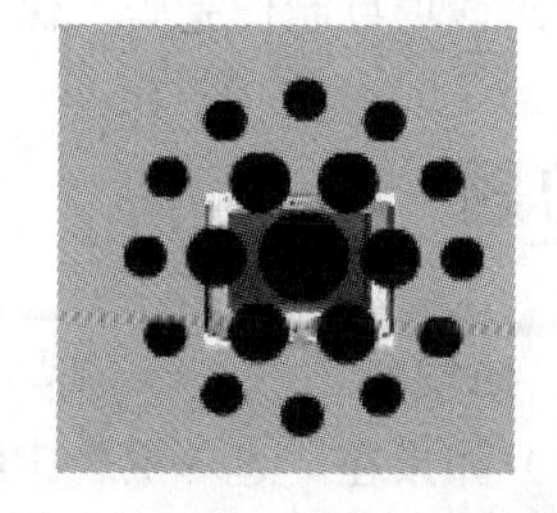

图 6.45 用“任意变形工具”调整后的效果

36. 选择“幕 2”图层，右键单击打开快捷菜单，选择“遮罩层”菜单项。制作后的图层如图 6.46 所示。

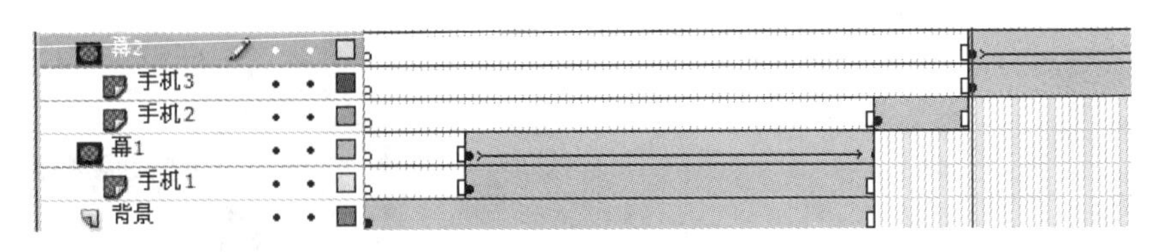

图 6.46　图层及时间轴面板

37. 在“幕 2”图层上方新建一个“图层 7”，重命名为“篮球”。

38. 选择“篮球”图层的第 140 帧，将该帧设为空白关键帧。

39. 打开“库”面板，把“篮球”影片剪辑元件拖入该层的第 140 帧。选择第 215 帧，设置为关键帧。

40. 选择“篮球”图层，鼠标右击，选择“添加运动引导层”菜单项，在“篮球”图层的上方新建一个引导层，双击“引导层”的名称，改为“旋涡线”。

41. 将“旋涡线”图层的第 140 帧设为关键帧，选择“铅笔工具”在该图层的第 140 帧绘制一条“旋涡线”。

42. 将“旋涡线”图层的第 215 帧设为普通帧。

43. 选择“篮球”图层的第 140 帧，将“篮球”实例与“旋涡线”引导层中曲线的起点对齐，如图 6.47 所示。

44. 选择“篮球”图层的第 200 帧，按 F6 功能键插入关键帧。选择该帧中的“篮球”实例，使其与“旋涡线”引导层中的曲线终点对齐，如图 6.48 所示。

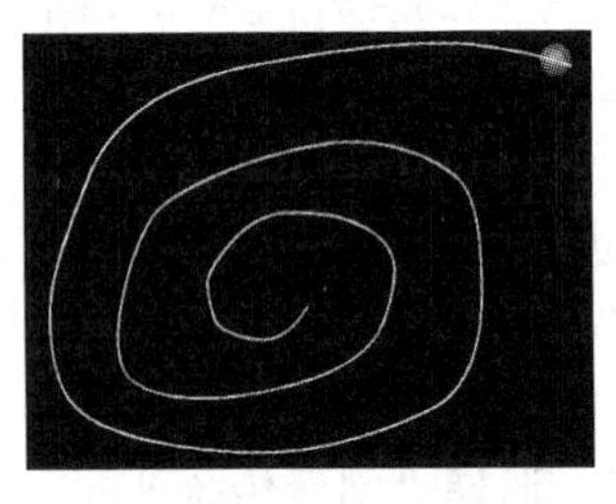

图 6.47　“旋涡线”形状及第 140 帧的篮球位置

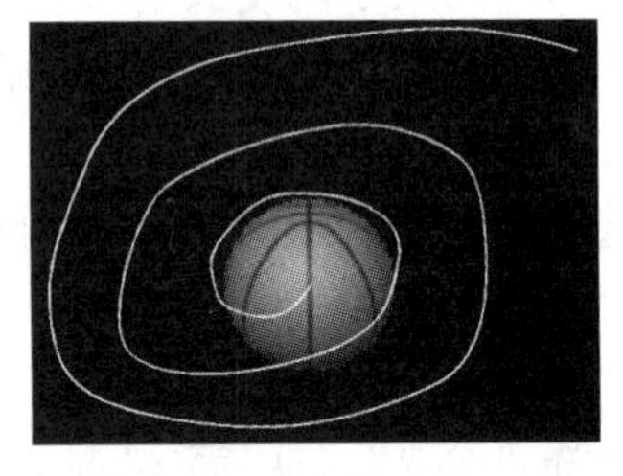

图 6.48　第 200 帧篮球的位置

45. 分别选择第 140 帧和第 200 帧，鼠标右击，选择“创建传统补间”。

46. 选择“篮球”图层第 215 帧的“篮球”实例，使用“自由变换工具”将其放大，使其能盖住整个舞台。

47. 该项目制作完毕，保存文档，命名为“项目 2_手机广告.fla”，测试影片。

习题

1. 填空题

（1）如果在“遮罩层”中绘制了线条，则应该将线条______________。

（2）单击图层上方的眼睛图标，则可以______________。

（3）如果要将“遮罩层”转换为普通图层，则可以__________。

（4）一个引导层中可以绘制________条引导线。

（5）“引导层”中所绘制的引导线在输出时是________的。

2．选择题

（1）若锁定了图层，则________编辑该层中的图形。

A．可以　　B．不可以

（2）“被遮罩层”中可以包含的对象有________。

A．按钮和影片剪辑　　B．图形、位图

C．文字和线条　　D．以上都对

（3）一个遮罩层可以遮罩________个图层。

A．1　　B．2　　C．多个　　D．0

（4）下面关于遮罩层和被遮罩层的描述正确的是________。

A．在被遮罩层上，只有遮罩范围内容是可见的

B．在被遮罩层上，所有内容都是可见的

C．遮罩层上的所有内容是可见的

D．遮罩层和被遮罩层上的所有内容都是可见的

（5）下面的说法正确的是________。

A．引导层中的内容在文件导出时是可见的

B．引导层中的内容在文件导出时是不可见的

C．一个引导层只引导一个图层对象的运动

D．引导层必须位于被引导层的下方

3．问答题

（1）隐藏与显示图层的作用是什么？

（2）举例说明如何使用引导层？

（3）举例说明如何使用遮罩层？

实训八　引导层动画和遮罩层动画的制作

一、实训目的

掌握引导层和遮罩层的功能及其创建。掌握使用引导层和遮罩层制作特殊效果。

二、操作内容

1．案例“流动的光彩”制作。

（1）新建一个 Flash 文档，背景色为“黑色（#000000）”。

（2）使用“绘图工具”绘制几个三角形。

（3）使用“文字工具”输入文字，使用逐帧动画制作文字变化效果：放大，颜色改变。

（4）绘制一个五角星，使用边缘的柔化使该五角星具有羽化效果。

（5）插入一个引导层，在该图中使用“线条工具”沿图中的几个三角外围绘制线条。

（6）让五角星沿着线条运动，其效果图如图 6.49 所示。

图 6.49 “流动的光彩”效果图

2．案例“幻影文字”的制作。

（1）新建一个 Flash 文档，背景色为“黑色（#000000）”。

（2）使用“文字工具”输入文字“flash”。

（3）将文字分离为图形，删除轮廓线，并设置内部填充为线性渐变效果。

（4）在文字图层的上方插入一个遮罩层，在该遮罩层中绘制一个矩形，使用“任意变形工具”将矩形调整成平行四边形。

（5）设置遮罩层中图形的形状补间动画效果，从文字的左边移动到右边，其效果图如图 6.50 所示。

图 6.50 “幻影文字”效果图

3．案例“霓虹灯效果”的制作。

（1）新建一个 Flash 文档，背景色为“黑色（#000000）”。

（2）插入一个影片剪辑元件，使用“文字工具”输入文字“霓虹灯效果”。使用滤镜效果，设置文字白色投影，且使用动画设置使文字颜色不停地变换。

（3）插入一个影片剪辑元件，制作文字背后的霓虹灯管变换颜色、移动的效果。

（4）返回主场景，将文字、变换的灯管元件拖入不同图层中。在所有图层的上方新建一个图层，在该图层中绘制一个大矩形，该矩形刚好将文字图层的内容遮盖住。

（5）将新建的图层设置为遮罩层，从而制作出该题的效果，如图 6.51 所示。

图 6.51 “霓虹灯效果”效果图

第 7 章

滤镜动画和 3D 动画

在 Flash 中可以给文本、影片剪辑和按钮对象添加滤镜效果，从而快速制作出阴影、模糊、发光、斜角、渐变发光、渐变斜角和调整颜色等效果。在 Flash CS4 之后的版本又新增加了 3D 移动工具和 3D 旋转工具，可以应用这两种工具，在二维的 Flash 环境中制作出模拟三维的效果。

7.1 项目 1 制作场景“放飞梦想！”

以往我们通常在 Photoshop 或 Fireworks 等软件中使用滤镜而制作出神奇的效果。本项目介绍使用 Flash 中的滤镜功能和动画制作动态变化的“蓝天白云”环境效果和滤镜文字效果，如图 7.1 所示。本项目分解为两个任务来制作完成。

图 7.1 “项目 1_放飞梦想”效果图

7.1.1 任务1 使用滤镜动画制作“蓝天白云”

7.1.1.1 任务说明

滤镜效果只适用于文本、影片剪辑实例和按钮实例。滤镜效果的添加和设置均在“滤镜”面板中完成。滤镜还能和动画相结合而制作特殊的效果。本任务即介绍应用滤镜设置和动画相结合而制作的一个动态变化的蓝天白云效果，如图7.2所示。

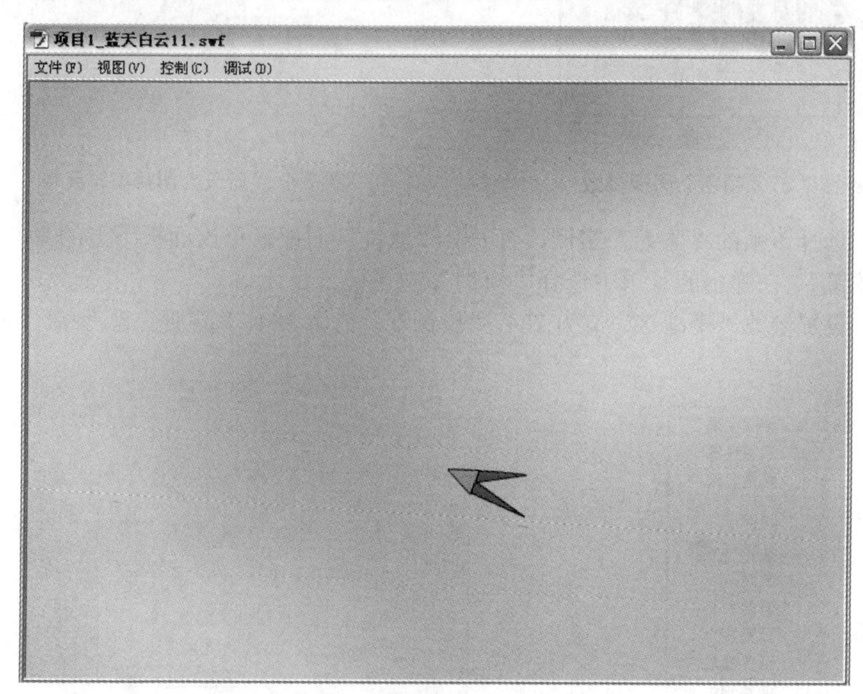

图7.2 任务1应用滤镜制作的蓝天白云

7.1.1.2 任务步骤

1. 新建一个Flash文档文件，背景色为“白色（#FFFFFF）”，尺寸为“700px×500px”。

2. 新建一个影片剪辑元件并命名为“蓝天”。

3. 进入该元件的编辑窗口，使用矩形工具，设置笔触颜色为“取消”，填充颜色为“线性渐变”，且设置渐变色左边的颜色为“白色（#FFFFFF）”，右边的颜色为“蓝色（#0093F7）”，具体参数如图7.3所示，然后绘制一个长矩形。

4. 使用“刷子工具”，设置填充颜色为“白色（#FFFFFF）”，将“刷子大小”设置为较大的形状。鼠标移到矩形中绘制，如图7.4所示。

5. 返回到场景中，将“图层1”重命名为“天空”。

6. 将“库”面板中的“蓝天”影片剪辑元件拖入“天空”图层的第1帧，横向放大该帧实例的宽度，使其大约为舞台的两倍，纵向调整其大小，使其也略超过舞台的高度。调整实例位于舞台中的位置，使其右边边缘略超过舞台的右边边缘。

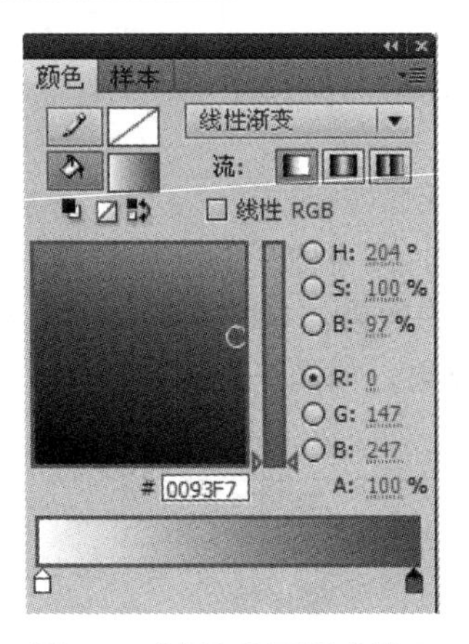

图 7.3 “颜色”面板参数

图 7.4 “蓝天”影片剪辑元件

7．选择该帧的“蓝天”实例，打开其“滤镜”面板，单击面板下方的第一个按钮“添加滤镜”，在弹出的菜单中选择“模糊”，如图 7.5 所示。

8．设置参数“模糊 X”值为 184，“模糊 Y”值为 184，“品质”为“高”，如图 7.6 所示。

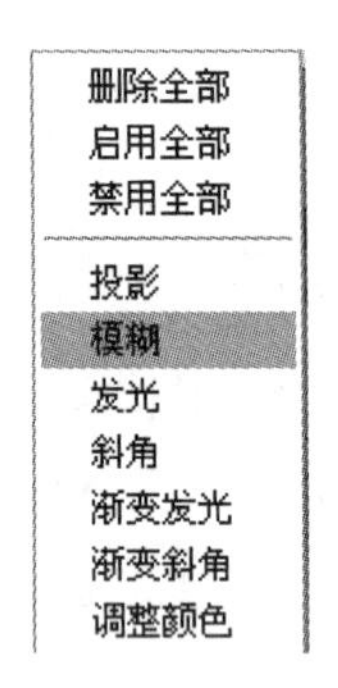

图 7.5 添加滤镜菜单

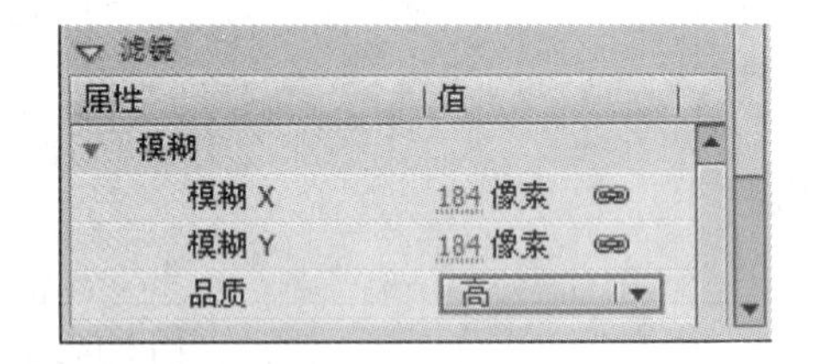

图 7.6 模糊滤镜参数

9．选择该图层的第 95 帧，按 F6 键，插入关键帧。

10．选择舞台中的“蓝天”实例，在其“滤镜”面板中，改变“模糊”滤镜参数的“模糊 X”值为 163，“模糊 Y”值为 163。且将该实例水平向右移到，移至使实例左边略覆盖舞台的左边。

11．选择该图层的第 1 帧，鼠标右击，选择“创建传统补间”。

12．新建一个图形元件，命名为“纸飞机”。

13．进入该元件的编辑窗口，使用绘图工具绘制一个纸飞机形状，如图 7.7 所示。

14．返回主场景，在“天空”图层的上方新建一个图层并命名为“纸飞机”，将图形元件“纸飞机”拖入“纸飞机”图层的第 1 帧。

15．先将“天空”图层隐藏，调整舞台中“纸飞机”实例的大小，且拖动使其位于舞台右边之外视图区的下方，如图 7.8 所示。

16．选择“纸飞机”图层的第 1 帧，鼠标右击，选择“创建补间动画”。将补间的结束帧拖到第 95 帧。

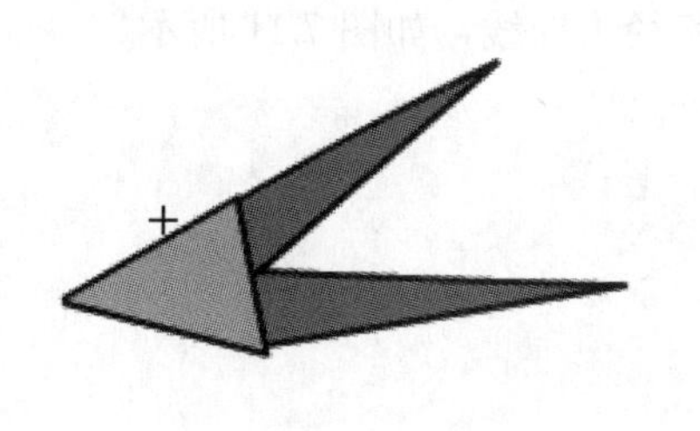

图 7.7　绘制纸飞机图形

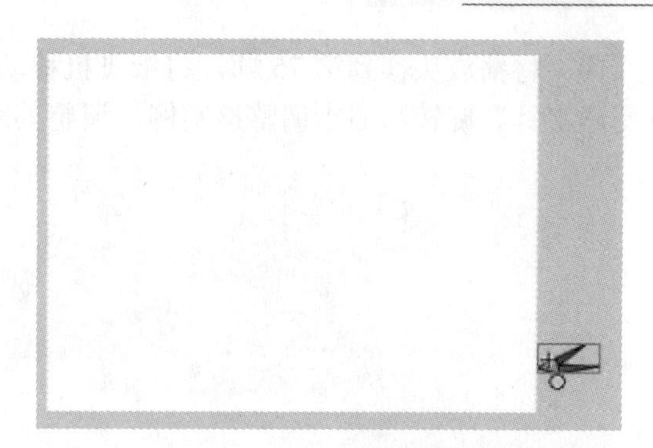

图 7.8　绘制纸飞机实例并拖动到舞台右边视图区下方

17．将播放头拖动到第 27 帧，将纸飞机实例拖到舞台中央，使用“选择工具”将纸飞机的路径调整成曲线，如图 7.9 所示。

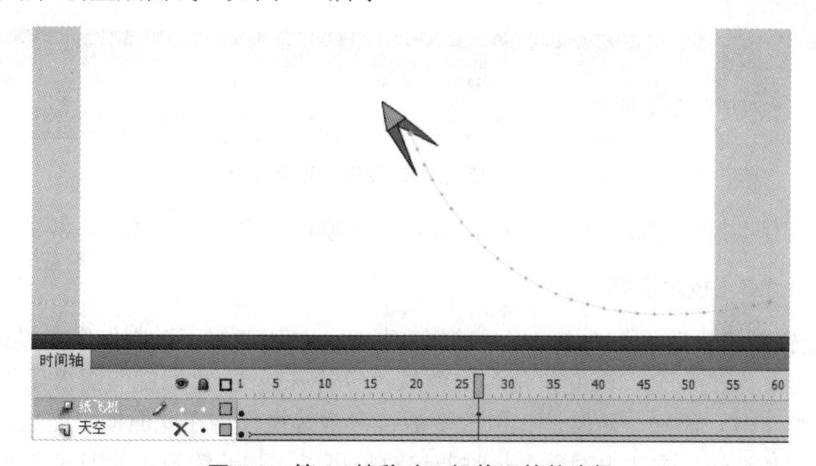

图 7.9　第 27 帧移动飞机并调整其路径

18．将播放头移到第 54 帧，将纸飞机移动到舞台的左上方，并使用“任意变形工具”旋转和缩小调整该实例，调整其路径为曲线，如图 7.10 所示。

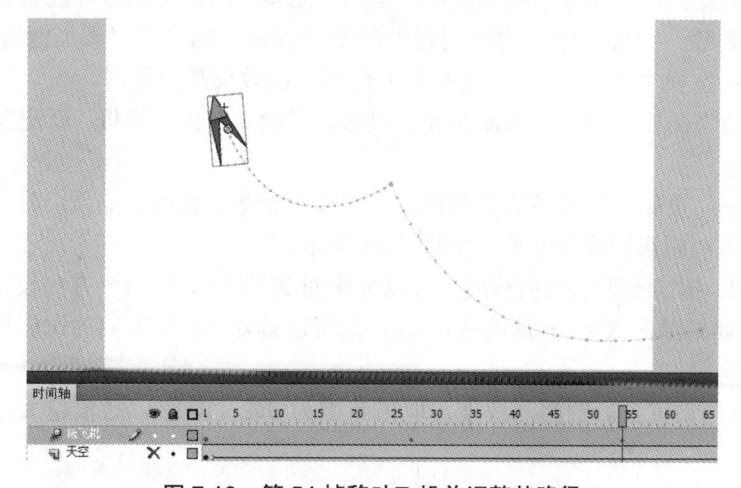

图 7.10　第 54 帧移动飞机并调整其路径

19．将播放头移到第75帧，将纸飞机移动到舞台之外上方的视图区，并使用“任意变形工具”旋转和缩小调整该实例，调整其路径为曲线，如图7.11所示。

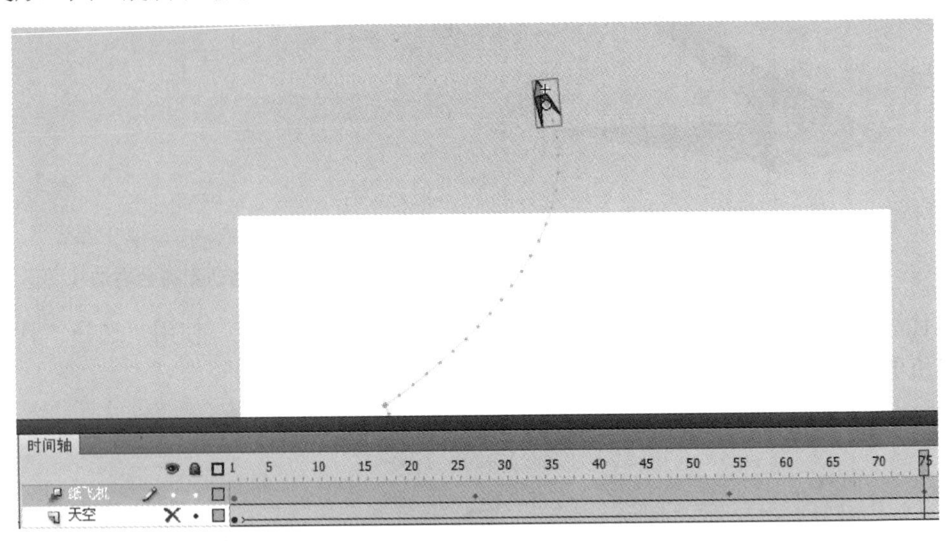

图7.11　第75帧移动飞机并调整其路径

20．该任务制作完成，保存文档，命名为“项目1_放飞梦想.fla”，测试影片。

7.1.1.3　技术支持

1．滤镜效果只适用于文本、影片剪辑和按钮。使用滤镜可以制作出如投影、模糊、发光、斜角、渐变发光、渐变斜角和调整颜色等特殊效果。“滤镜”面板是管理Flash滤镜的主要工具，添加、删除滤镜或改变滤镜参数等操作均在此面板中完成。

（1）添加滤镜：先选中对象，此时若该对象可以添加滤镜效果，则其“属性”面板中会出现“滤镜”栏。单击面板下方的第一个按钮，可以显示滤镜列表，如图7.12所示，从中可以选择要添加的滤镜。

（2）删除滤镜：选择要删除的滤镜，单击“滤镜”面板中的删除滤镜按钮，即可将所选滤镜删除。如果要删除滤镜列表中的全部滤镜，则单击“添加滤镜”按钮，在弹出菜单中选择“删除全部”，该对象上全部滤镜效果都被取消。

2．“滤镜”面板中所提供的滤镜有：投影、模糊、发光、斜角、渐变发光、渐变斜角和调整颜色。

（1）投影：投影滤镜包括的参数很多，主要有模糊、强度、品质、颜色、角度、距离、挖空、内侧阴影和隐藏对象，如图7.13所示。

① 模糊：指定投影的模糊程度，可以分别对X轴和Y轴两个方向设定，取值范围为0～100。如果单击X和Y后的按钮，则可以解除X、Y方向的比例锁定，再次单击可以锁定比例。

② 强度：设置投影的强烈程度，取值范围为0%～100%，数值越大，投影的显示越清晰。

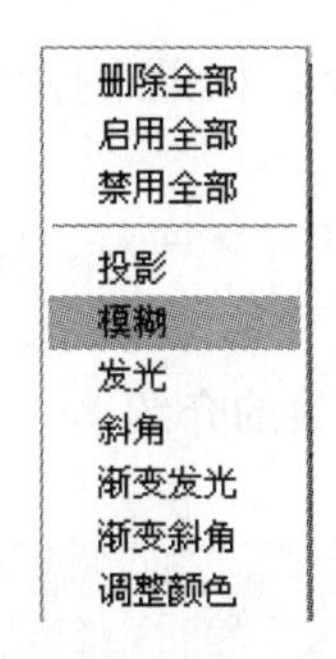

图 7.12 滤镜列表

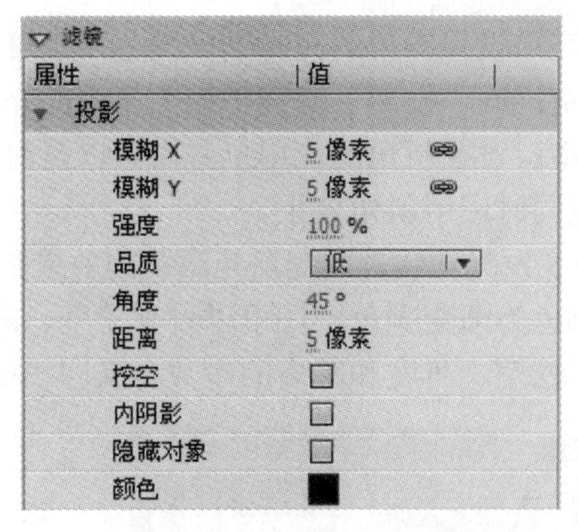

图 7.13 "投影"滤镜面板

③ 品质：设置投影的品质高低。可以选择"高"、"中"、"低"三个参数，品质越高，投影越清晰。

④ 颜色：设置投影的颜色。单击"颜色"按钮，可以打开调色板选择颜色。

⑤ 角度：设置投影的角度。取值范围为0°～360°。

⑥ 距离：设置投影的距离大小。取值范围为-32～32。

⑦ 挖空：在将投影作为背景的基础上，挖空对象的显示。

⑧ 内侧阴影：设置阴影的生成方向指向对象内侧。

⑨ 隐藏对象：只显示投影而不显示原来的对象。

（2）模糊滤镜。模糊滤镜的参数比较少，主要有模糊和品质两个参数，如图 7.14 所示。模糊、品质的参数含义同"投影"滤镜中的参数介绍。

（3）发光滤镜。发光滤镜的参数有模糊、强度、品质、颜色、挖空和内侧发光，如图 7.15 所示。模糊、强度、品质的参数含义同"投影"滤镜中的参数介绍。

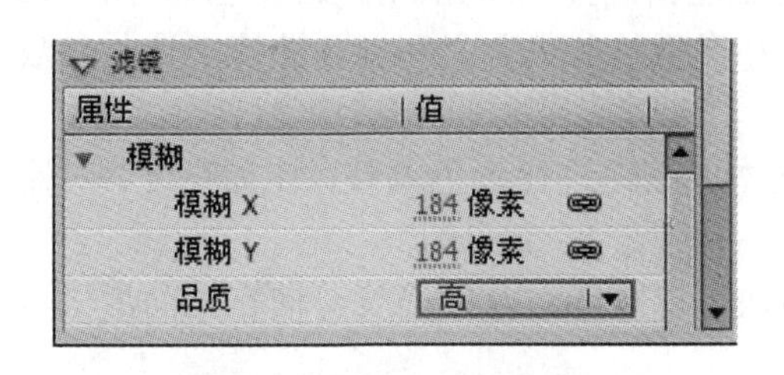

图 7.14 "模糊"滤镜面板

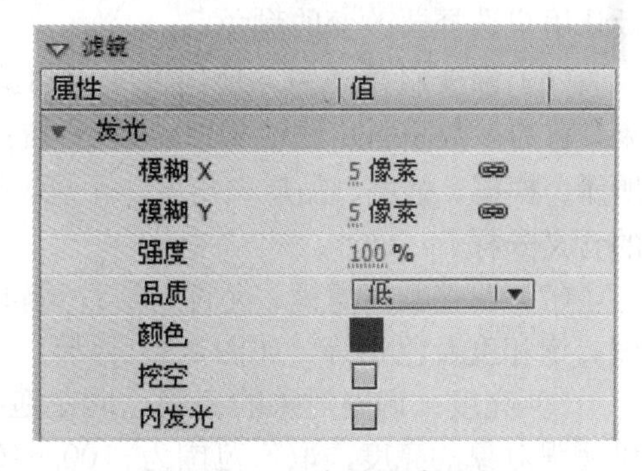

图 7.15 "发光"滤镜面板

内侧发光：设置发光的生成方向指向对象内侧。

（4）斜角滤镜。使用斜角滤镜可以制作出立体的浮雕效果，其参数主要有模糊、强度、品质、阴影、加亮、角度、距离、挖空和类型，如图 7.16 所示。

① 模糊、强度、品质：同"投影"滤镜中模糊、强度、品质的参数介绍。

② 阴影：设置斜角的阴影颜色。可以在调色板中选择颜色。

③ 加亮：设置斜角的高光加亮颜色，也可以在调色板中选择颜色。

④ 挖空：同“投影”滤镜中挖空参数的介绍。

⑤ 类型：设置斜角的应用位置，可以是内侧、外侧和整个。如果选择整个，则在内侧和外侧同时应用斜角效果。

（5）渐变发光滤镜。渐变发光滤镜的效果和发光滤镜的效果基本一样，只是可以调节发光的颜色为渐变颜色，还可以设置角度、距离和类型，如图 7.17 所示。模糊、强度、品质、挖空、角度和距离的参数含义同“投影”滤镜中参数的介绍。

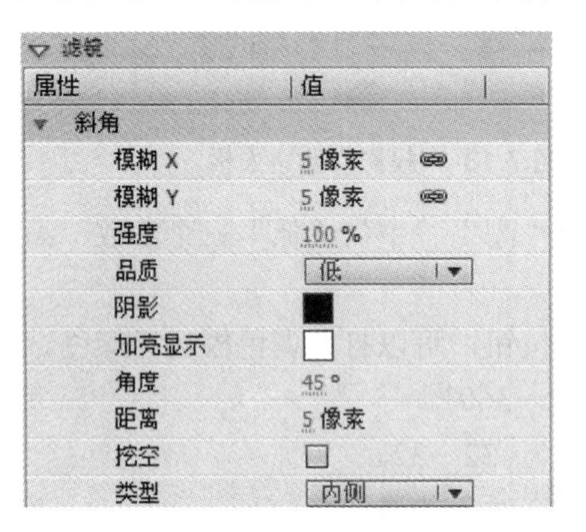

图 7.16 “斜角”滤镜面板

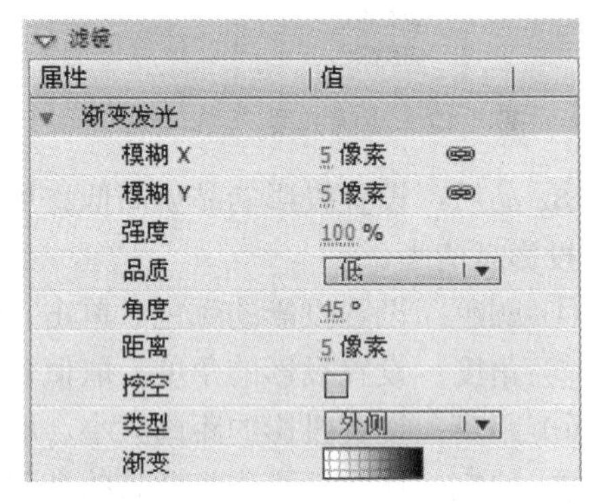

图 7.17 “渐变发光”滤镜面板

① 类型：设置渐变发光的应用位置，可以是内侧、外侧或强制齐行。

② 渐变色：面板中的渐变色条是控制渐变颜色的工具，在默认情况下为白色到黑色的渐变色。将鼠标指针移动到色条上，如果出现了带加号的鼠标指针，则表示可以在此处增加新的颜色控制点，如果要删除颜色控制点，只需拖动它到相邻的一个控制点上，当两个点重合时，就会删除被拖动的控制点。单击控制点上的颜色块，会弹出系统调色板让用户选择要改变的颜色。

（6）渐变斜角滤镜。使用渐变斜角滤镜同样也可以制作出比较逼真的立体浮雕效果，它的参数和斜角滤镜相似，所不同的是它更能精确控制斜角的渐变颜色，如图 7.18 所示。模糊、强度、品质、角度、距离、挖空和类型的参数含义和斜角滤镜中这些参数的含义一样。

（7）调整颜色滤镜。允许对影片剪辑、文本或按钮进行颜色调整，比如亮度、对比度、饱和度及色相等，如图 7.19 所示。

① 亮度：调整对象的亮度。向左拖动滑块可以降低对象的亮度，向右拖动滑块可以增强对象的亮度，取值范围为−100～100。

② 对比度：调整对象的对比度。取值范围为−100～100，向左拖动滑块可以降低对象的对比度，向右拖动滑块可以增强对象的对比度。

③ 饱和度：设定色彩的饱和程度。取值范围为−100～100，向左拖动滑块可以降低对象中包含颜色的浓度，向右拖动滑块可以增加对象中包含颜色的浓度。

④ 色相：调整对象中各个颜色色相的浓度，取值范围为−180～180。

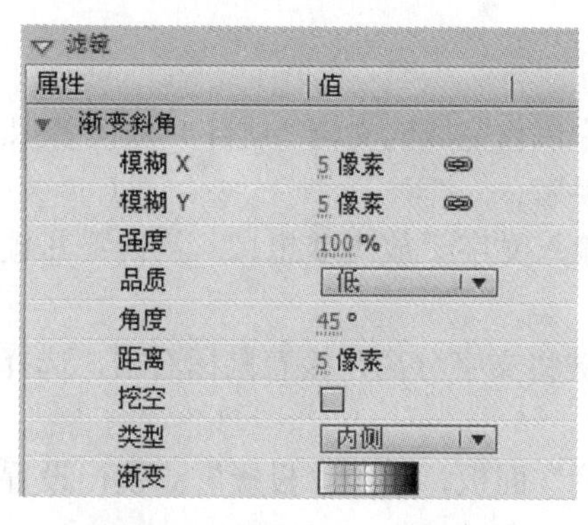

图 7.18 “渐变斜角”滤镜面板

属性	值
调整颜色	
亮度	0
对比度	0
饱和度	0
色相	0

图 7.19 “调整颜色”滤镜面板

3．滤镜列表。可以给一个对象设置一个或者多个滤镜，此时滤镜列表中就会罗列出所添加的滤镜。如果想禁用某个滤镜，则选中该滤镜，单击面板下方的按钮即可，对象上该滤镜效果取消；如果想重新启用该滤镜，则可以再次单击按钮即可；如果想禁用全部滤镜，则单击“添加滤镜”按钮，在弹出菜单中选择“禁用全部”，该对象上全部滤镜效果取消；如果要重新启用全部滤镜，则单击“添加滤镜”按钮，在弹出的菜单中选择“启用全部”，该对象又恢复所设置的全部滤镜效果。

4．滤镜排序。滤镜列表中的滤镜项目是可调整先后顺序的，可以直接用鼠标拖曳上下移动。

7.1.2 任务 2 使用预设滤镜制作文字“放飞梦想!”

7.1.2.1 任务说明

通过滤镜面板，除了可以使用上文中介绍的滤镜效果之外，还可以将滤镜设置保存为预设滤镜，从而可以很便捷地应用到其他影片剪辑和文本对象上，从而制作出相同的滤镜效果，大大节省工作量。本任务是应用预设滤镜的功能制作文字动画效果，如图 7.20 所示。

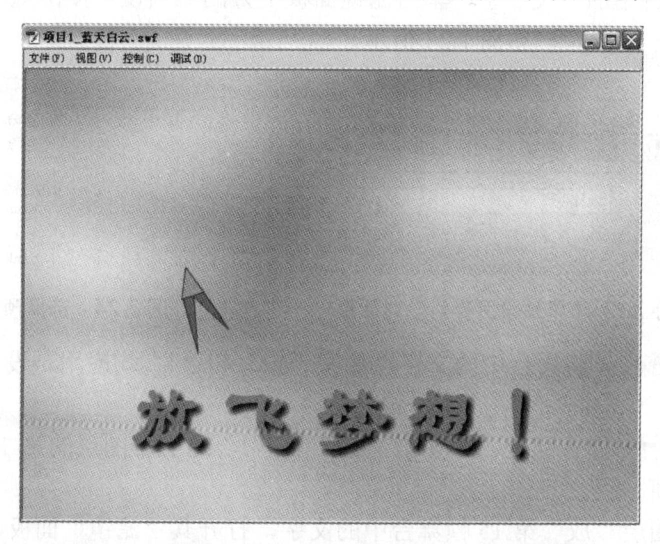

图 7.20 任务 2 预设滤镜“放飞梦想!”文字效果图

7.1.2.2 操作步骤

1．打开 Flash CS5 应用程序，打开任务 1 中制作完成的文档“项目 1_放飞梦想.fla”。

2．新建一个影片剪辑元件，命名为“文字”。

3．进入该元件编辑窗口，使用文本工具输入文字“放飞梦想！”，且设置其颜色为“橙色（#FF9900）”，其他参数如图 7.21 所示。

4．选择舞台中这串文字，按 Ctrl+B 组合键将文字分离，接着鼠标右击，选择“分散到图层”。

5．选择舞台中的“放”字，打开其“滤镜”面板，添加“投影”滤镜，设置其投影颜色为黑色，其他参数如图 7.22 所示。

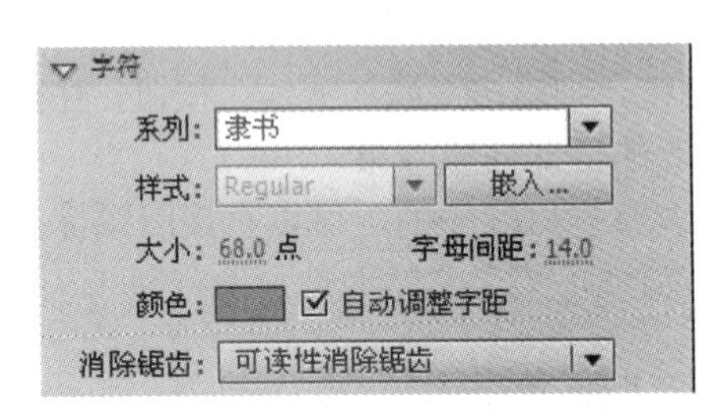

图 7.21 “文字”属性

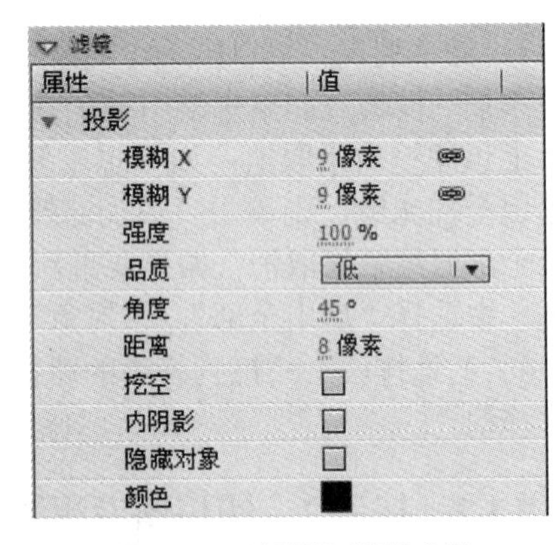

图 7.22 “投影”滤镜参数

6．选择舞台中已添加了滤镜的“放”字，单击滤镜面板下方的“预设”按钮，在弹出菜单中选择“另存为”，弹出“将预设另存为”对话框，在其中输入预设名称为“back”，最后单击“确定”按钮，如图 7.23 所示。

7．选择舞台中的“飞”字，单击滤镜面板下方的“预设”按钮，在弹出的菜单中选择预设滤镜“back”，如图 7.24 所示。

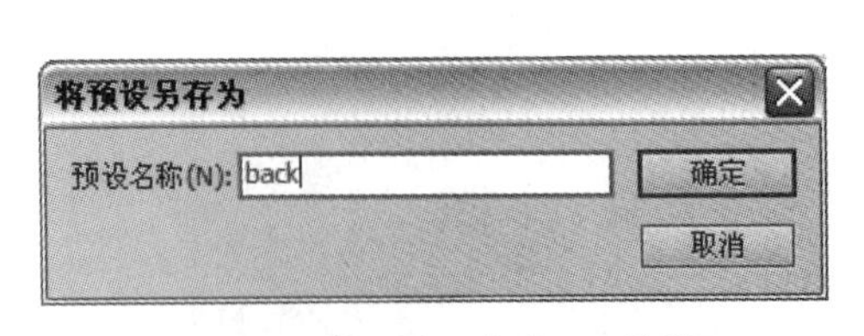

图 7.23 “将预设另存为”对话框

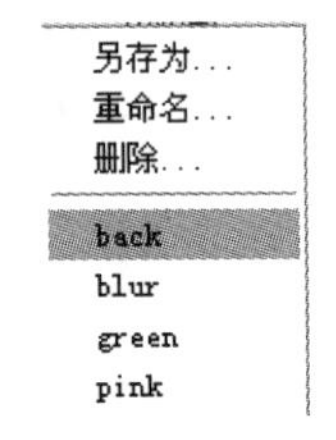

图 7.24 选择预设滤镜“back”

8．重复步骤 7，将舞台中的文字“梦”、“想”和“！”均应用预设滤镜“back”的效果。

9．分别选择“放”、“飞”、“梦”、“想”和“！”这五个图层的第 15 帧，按 F6 功能键插入关键帧。

10．选择图层“放”第 15 帧舞台中的文字，打开其“滤镜”面板，添加“调整颜色”滤镜，设置该滤镜的参数，如图 7.25 所示。

11．选择第 15 帧舞台中已添加了“调整颜色”滤镜的“放”字，单击滤镜面板下方的“预设”按钮，在弹出的菜单中选择“另存为”，弹出“将预设另存为”对话框，在其中输入预设名称为“green”。

12．分别选择第 15 帧舞台中的“飞”、“梦”、“想”和“!”，单击滤镜面板下方的“预设”按钮，在弹出的菜单中选择预设滤镜“green”，分别为这几个字添加相同的滤镜效果。

13．分别选择“放”、“飞”、“梦”、“想”和“!”这五个图层的第 30 帧，按 F6 功能键插入关键帧。

14．选择图层“放”第 30 帧舞台中的文字，打开其“滤镜”面板，添加“调整颜色”滤镜，设置该滤镜的参数，如图 7.26 所示。

滤镜

属性	值
▸ 投影	
▾ 调整颜色	
亮度	20
对比度	0
饱和度	100
色相	32

图 7.25 设置第 15 帧“调整颜色”滤镜参数

图 7.26 设置第 30 帧“调整颜色”滤镜参数

15．选择第 30 帧舞台中已添加了“调整颜色”滤镜的“放”字，单击滤镜面板下方的“预设”按钮，在弹出的菜单中选择“另存为”，弹出“将预设另存为”对话框，在其中输入预设名称为“pink”。

16．分别选择第 30 帧舞台中的“飞”、“梦”、“想”和“!”，单击滤镜面板下方的“预设”按钮，在弹出的菜单中选择预设滤镜“pink”，分别为这几个字添加相同的滤镜效果。

17．分别选择这五个图层的第 1 帧和第 15 帧，鼠标右击，选择“创建传统补间”。此时的“时间轴”面板如图 7.27 所示。

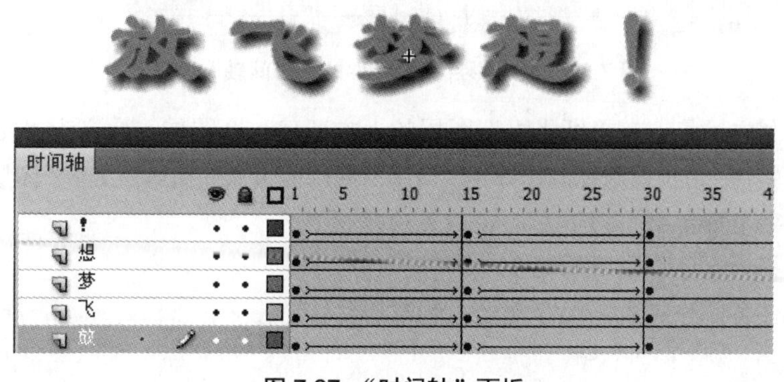

图 7.27 “时间轴”面板

18．选择“放”图层的第 45 帧和第 55 帧，插入关键帧。

19．选择第 55 帧舞台中的“放”字，打开其“滤镜”面板，添加“模糊”滤镜，其具体参数如图 7.28 所示。

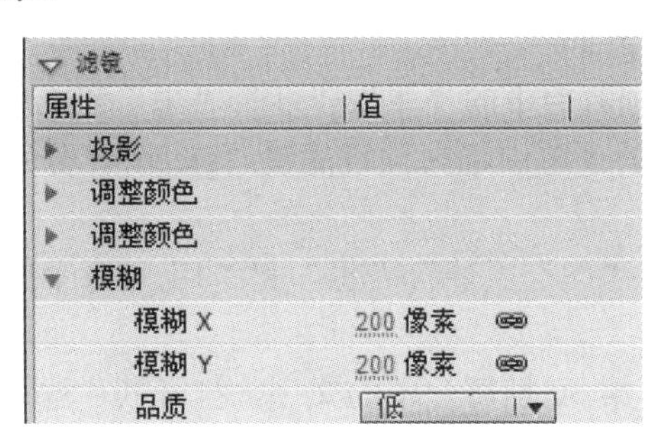

图 7.28 “模糊”滤镜

20．选择第 55 帧舞台中已添加了“模糊”滤镜的“放”字，单击滤镜面板下方的“预设”按钮，在弹出的菜单中选择“另存为”，弹出“将预设另存为”对话框，在其中输入预设名称为“blur”。

21．选择“放”图层的第 45 帧，鼠标右击，选择“创建传统补间”。

22．选择“飞”图层的第 55 帧和第 65 帧，插入关键帧。

23．选择第 65 帧舞台中的“飞”字，单击滤镜面板下方的“预设”按钮，在弹出的菜单中选择预设滤镜“blur”，为该字添加相同的模湖滤镜效果。

24．选择“飞”图层的第 55 帧，鼠标右击，选择“创建传统补间”。

25．依此方法，重复步骤 22～步骤 24，分别为“梦”、“想”和“!”制作相同的动画效果，其“时间轴”面板如图 7.29 所示。

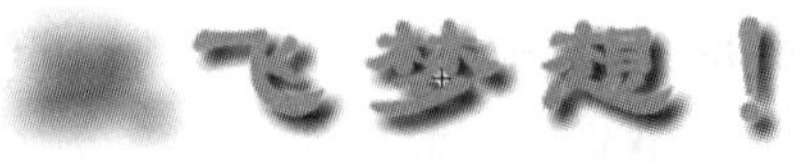

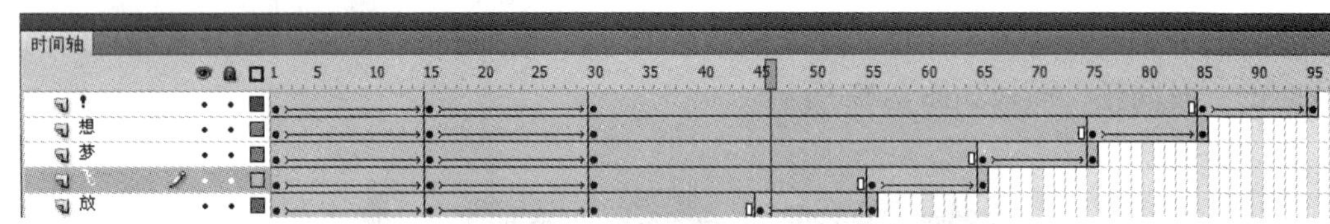

图 7.29 文字影片剪辑元件的“时间轴”面板

26．返回主场景，在“纸飞机”图层的上方新建一个图层，命名为“文字”。

27．将库中应用预设滤镜制作好的“文字”影片剪辑元件拖入“文字”图层的第 1 帧。调整该帧文字至舞台中间的下方，如图 7.30 所示。

28．选择“文字”图层的第 95 帧，插入帧。

29．该任务制作完成，保存文档，测试影片。

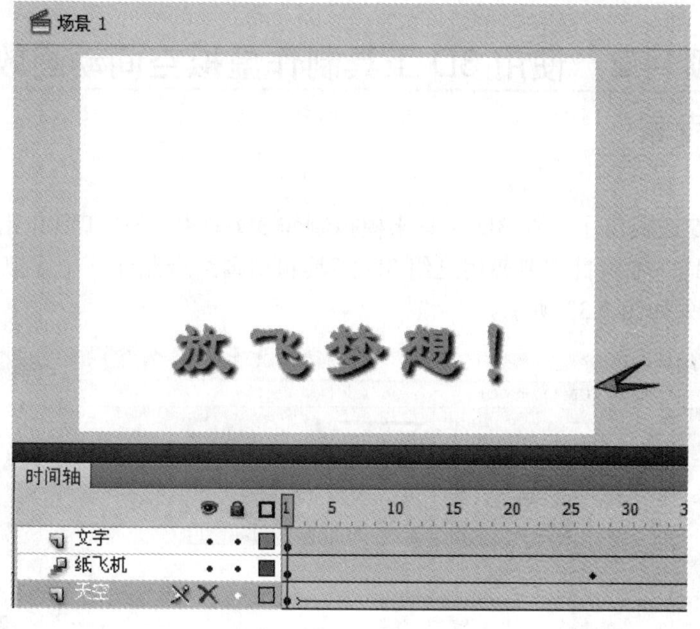

图 7.30　文字在舞台中的位置

7.1.2.3　技术支持

当有多个对象要应用滤镜制作相同的滤镜效果时，使用预设滤镜可以大大提高效率。创建预设滤镜的方法在上面的任务中已多次应用。

1．预设滤镜的重命名：若想对已经添加的预设滤镜重命名，可以单击“滤镜”面板下方的“预设”按钮 ，在打开的菜单中选择“重命名”，即打开“重命名预设”对话框，如图 7.31 所示。在其预设滤镜的列表中双击要修改的预设名称，然后输入新的预设名称，最后单击“重命名”按钮即可完成。

2．删除预设滤镜：如果要删除已添加的预设滤镜，则可以单击“滤镜”面板下方的“预设”按钮，在弹出的菜单中选择“删除”，即弹出“删除预设”对话框，如图 7.32 所示。在其中的列表中选择要删除的预设，然后单击“删除”按钮即可完成。

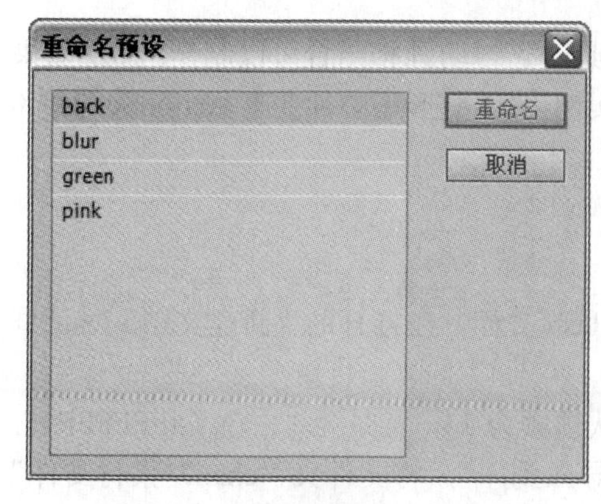

图 7.31 “重命名预设”对话框

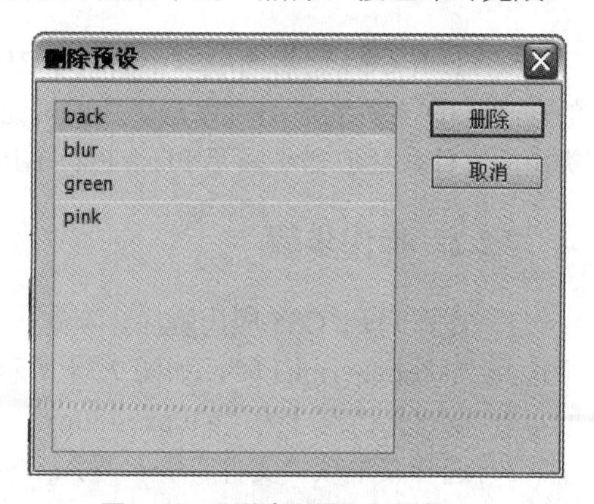

图 7.32 “删除预设”对话框

7.2 项目 2 使用 3D 工具制作虚拟空间动画效果“我爱我家”

Flash CS5 还提供了一组 3D 工具来模拟制作 3D 效果。3D 工具包括 3D 平移工具和 3D 旋转工具。本项目主要应用这组 3D 工具和动画结合制作一个虚拟三维空间变换的效果，其效果如图 7.33 所示。

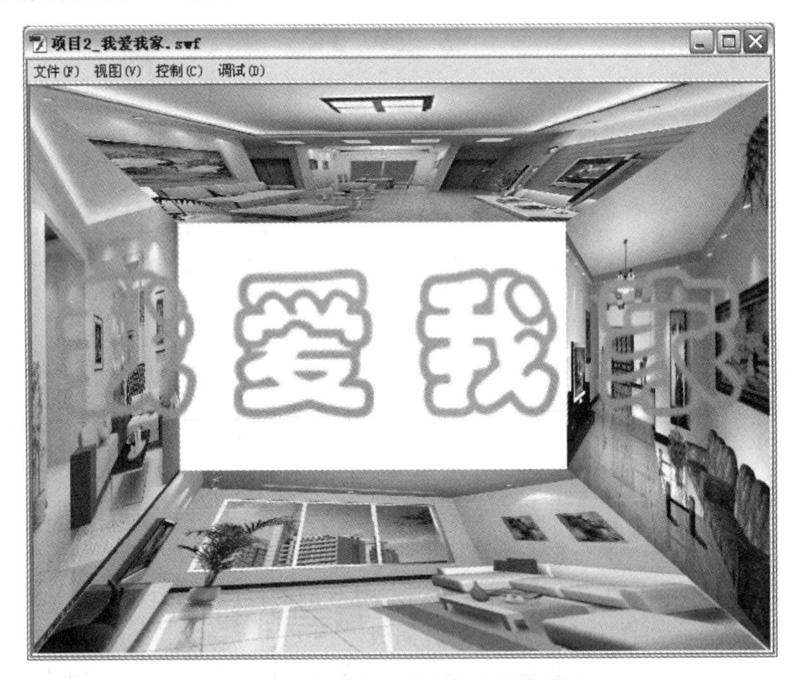

图 7.33 “项目 2_我爱我家”效果图

7.2.1 项目说明

继 Flash CS4 之后的版本都新增了 3D 工具，它与动画相结合可以制作出 3D 效果的动画。3D 工具的适用对象是影片剪辑元件实例，3D 变形还必须要求 ActionScript 3.0 类型的文件，播放器必须是 Flash Player 10 以上才能支持。

7.2.2 操作步骤

1．打开 Flash CS5 应用程序，新建一个 Flash 文档，在打开的“新建文档”对话框中选择“ActionScript 3.0”，如图 7.34 所示。

2．设置文档尺寸为“640px×480px”，默认帧频为 24，背景为“白色（#FFFFFF）”。

3．选择菜单项“文件”→“导入”→“导入到库”，将文件夹“chap7\素材文件”下的该项目所需要的图片文件“1.jpg”、“2.jpg”、“3.jpg”和“4.jpg”导入。

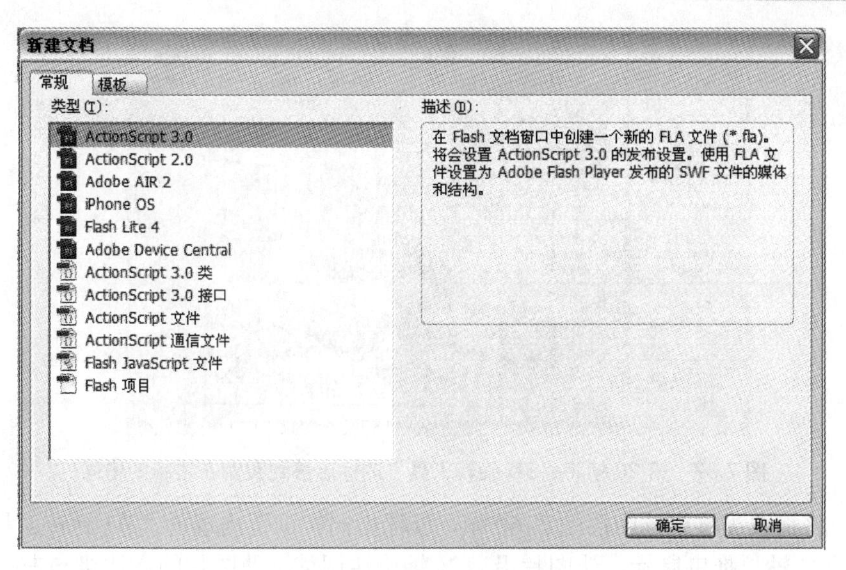

图 7.34 “新建文档”对话框

4．新建一个名称为“图 1”的影片剪辑元件。将“库”面板中的“1.jpg”拖入该元件。

5．新建一个名称为“图 2”的影片剪辑元件，将“库”面板中的“2.jpg”拖入该元件。

6．新建一个名称为“图 3”的影片剪辑元件，将“库”面板中的“3.jpg”拖入该元件。

7．新建一个名称为“图 4”的影片剪辑元件，将“库”面板中的“4.jpg”拖入该元件。

8．返回到主场景中，选择菜单项“视图”→“标尺”，显示标尺。从垂直标尺中拖出两条辅助线，如图 7.35 所示。

9．从“库”面板中将“图 1”影片剪辑元件拖入图层 1 的第 1 帧，选择舞台中的该实例，打开其“属性”面板，设置其“位置和大小”，如图 7.36 所示。

图 7.35 拖出两条垂直辅助线

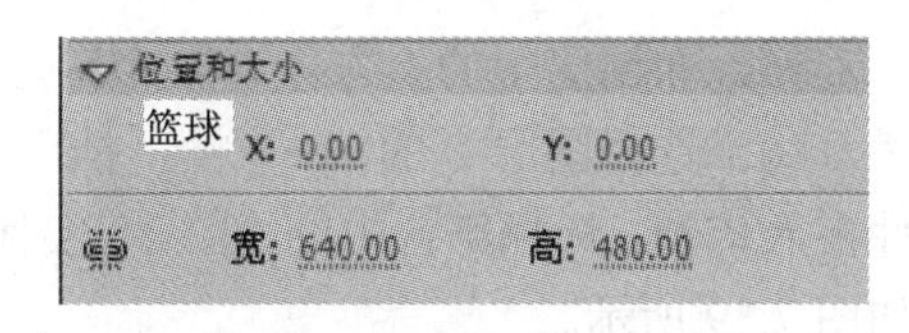

图 7.36 “位置和大小”属性

10．选择该图层 1 的第 20 帧，插入关键帧。

11．右击该帧，选择“创建补间动画”，将结束帧拉到第 370 帧。

12．将播放头移到第 20 帧，选择工具面板中的“3D 旋转工具”。

13．鼠标指向出现的“3D 旋转工具”标志中间的小圆圈，按下鼠标左键拖动至实例左边缘的中间，如图 7.37 所示。

图 7.37　第 20 帧将“3D 旋转工具”的标志移到实例左边缘的中间

14．将播放头移到该图层的第 60 帧，鼠标指向实例上出现的“3D 旋转工具”标志中绿色的 Y 轴，拖曳鼠标，让图片沿着 Y 轴旋转调整，使图片的右边缘与左边的辅助线对齐，如图 7.38 所示。

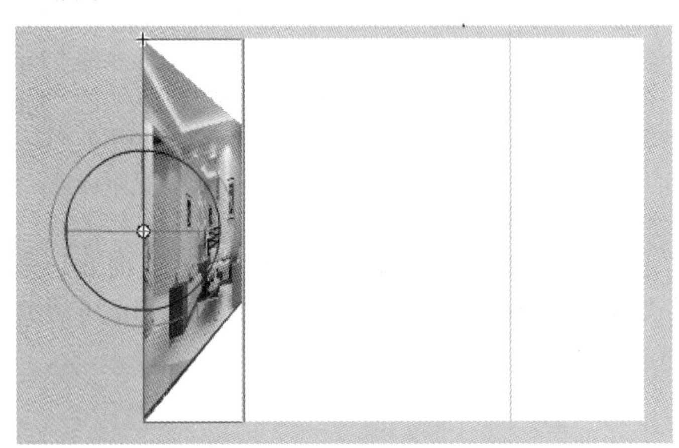

图 7.38　第 60 帧沿 Y 轴旋转调整图片至辅助线

15．在图层 1 的上方新建一个图层，命名为“图层 2”。

16．选择图层 2 的第 80 帧，插入关键帧，将“库”面板中的“图 2”影片剪辑元件拖入该帧。选择舞台中的“图 2”实例，打开其“属性”面板，设置其“位置和大小”，如图 7.39 所示。

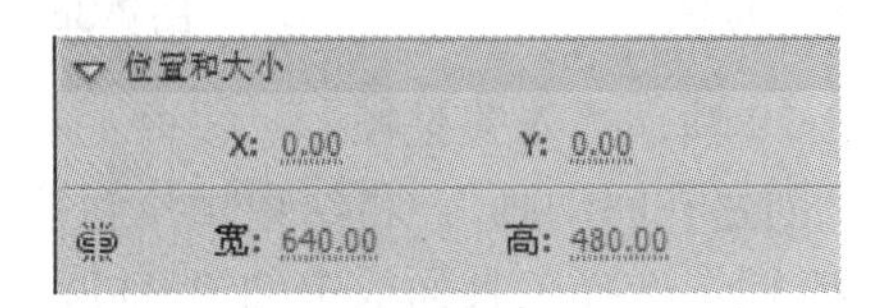

图 7.39　“位置和大小”属性

17．选择图层 2 的第 100 帧，插入关键帧。右击第 100 帧，选择“创建补间动画”，将结束帧拖至第 370 帧。

18．选择图层2的第100帧，选择工具面板中的“3D旋转工具”。

19．鼠标指向实例上出现的“3D旋转工具”标志中间的小圆圈，按下鼠标左键拖动至“图2”实例右边缘的中间，如图7.40所示。

图7.40　第100帧将“3D旋转工具”的标志移到实例右边缘的中间

20．将播放头移至第140帧，鼠标指向实例上出现的“3D旋转工具”标志中绿色的Y轴，拖曳鼠标，让图片沿着Y轴旋转调整，使该实例的左边缘与右边的辅助线对齐，如图7.41所示。

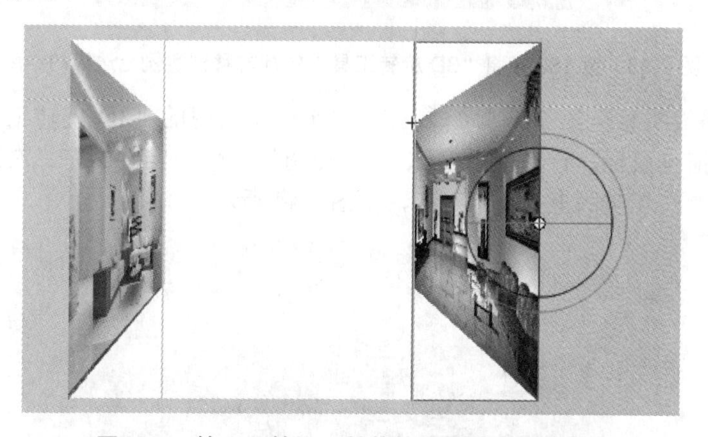

图7.41　第140帧沿Y轴旋转调整图片至辅助线

21．在图层2的上方新建一个图层，命名为“图层3”。

22．选择图层3的第160帧，插入关键帧，将“库”面板中的“图3”影片剪辑元件拖入该帧。选择舞台中的“图3”实例，打开其“属性”面板，设置其“位置和大小”，如图7.42所示。

图7.42　“位置和大小”属性

23．选择图层 3 的第 180 帧，插入关键帧。右击第 180 帧，选择“创建补间动画”，将结束帧拖至第 370 帧。

24．选择图层 3 的第 180 帧，选择工具面板中的“3D 旋转工具”。

25．鼠标指向实例上出现的“3D 旋转工具”标志中间的小圆圈，按下鼠标左键拖动至“图 3”实例上边缘的中间，如图 7.43 所示。

图 7.43　第 180 帧将“3D 旋转工具”的标志移到实例上边缘的中间

26．将播放头移至第 220 帧，鼠标指向实例上出现的“3D 旋转工具”标志中红色的 X 轴，拖曳鼠标，让图片沿着 X 轴旋转调整，使该实例的左、右边缘与舞台中的“图 1”、“图 2”实例上方边缘对齐，如图 7.44 所示。

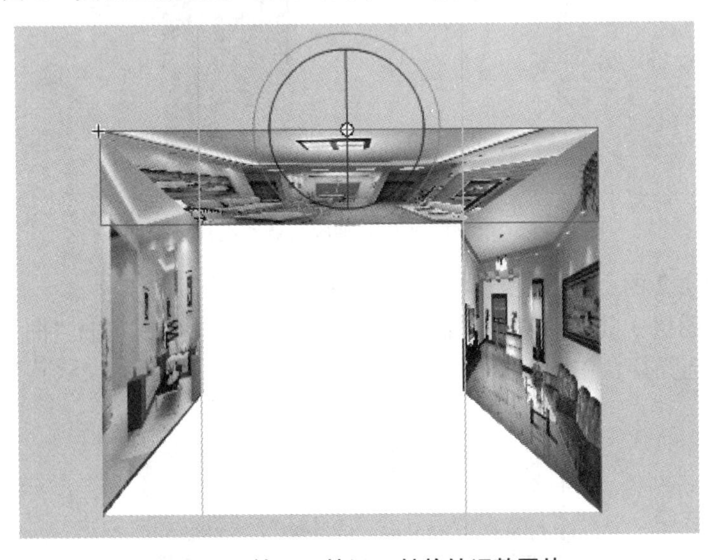

图 7.44　第 220 帧沿 X 轴旋转调整图片

27．在图层 3 的上方新建一个图层，命名为“图层 4”。

28．选择图层 4 的第 240 帧，插入关键帧，将“库”面板中的“图 4”影片剪辑元件拖入该帧。选择舞台中“图 4”实例，打开其“属性”面板，设置其“位置和大小”，如图 7.45 所示。

图 7.45 “位置和大小”属性

29．选择图层 4 的第 260 帧，插入关键帧。右击第 260 帧，选择“创建补间动画”，将结束帧拖至第 370 帧。

30．选择图层 4 的第 260 帧，选择工具面板中的“3D 旋转工具”。

31．鼠标指向实例上出现的“3D 旋转工具”标志中间的小圆圈，按下鼠标左键拖动至“图 4”实例下边缘的中间，如图 7.46 所示。

图 7.46 第 260 帧将“3D 旋转工具”的标志移到实例下边缘的中间

32．将播放头移至第 300 帧，鼠标指向实例上出现的“3D 旋转工具”标志中红色的 X 轴，拖曳鼠标，让图片沿着 X 轴旋转调整，使该实例的左、右边缘与舞台中的“图 1”、“图 2”实例下方边缘对齐，如图 7.47 所示。

33．新建一个影片剪辑元件，命名为“文字”。

34．进入“文字”元件的编辑窗口，使用文本工具输入文字“我爱我家”，设置该文字的颜色为“橙色（#FF9900）”，其他参数如图 7.48 所示。

35．返回到主场景，在图层 4 的上方新建一个图层，命名为“图层 5”。

36．选择图层 5 的第 280 帧，插入关键帧。将“库”面板中的“文字”影片剪辑元件拖入该帧。

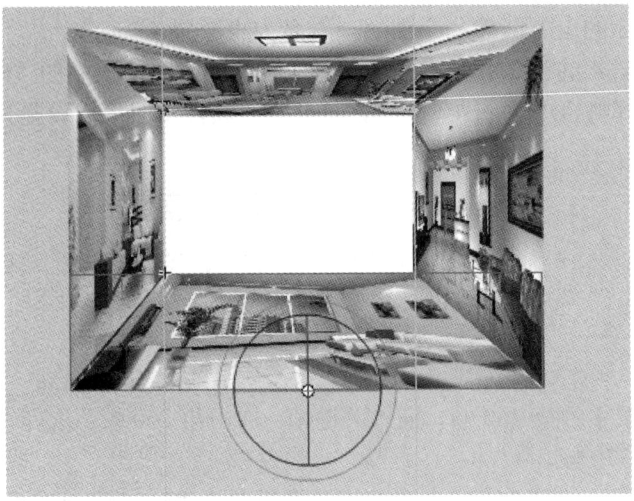

图 7.47　第 300 帧沿 X 轴旋转调整图片

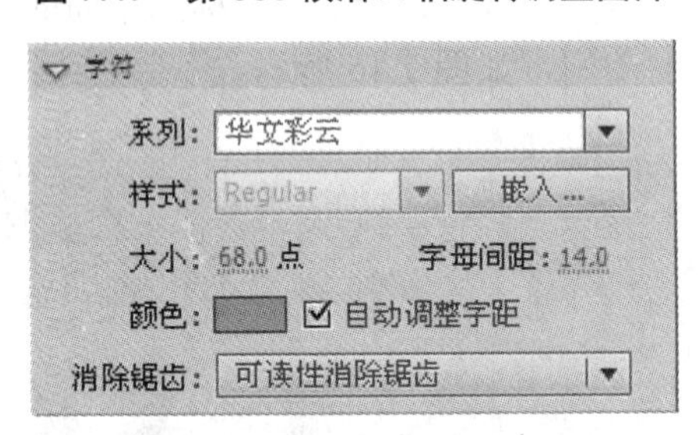

图 7.48　文字属性

37. 为了便于调整文字，先将其他四个图层暂时隐藏，将“文字”实例调整到舞台中间，且使用“任意变形工具”将其调整至较小，如图 7.49 所示。

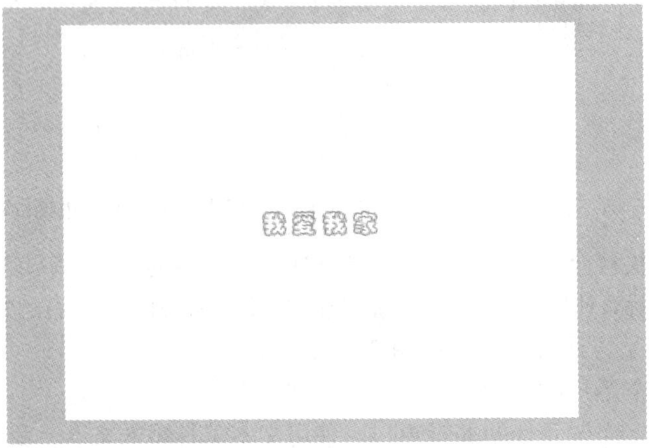

图 7.49　调整第 280 帧文字实例的大小和位置

38. 右击图层 5 的第 280 帧，选择“创建补间动画”，将结束帧调整至第 370 帧。

39. 将播放头移至第 330 帧，选择该帧的文字实例，选择工具面板中的“3D 平移工具”，则文字实例上出现“3D平移工具”的标志，如图7.50所示。

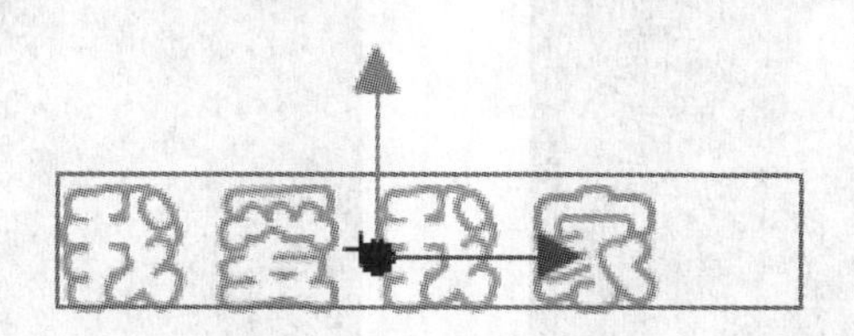

图7.50 3D平移工具的标志

40．鼠标指向中间黑点处的Z轴，按下左键向右下方拖曳，使实例沿Z轴向后平移放大，直至放大至舞台边缘，如图7.51所示。

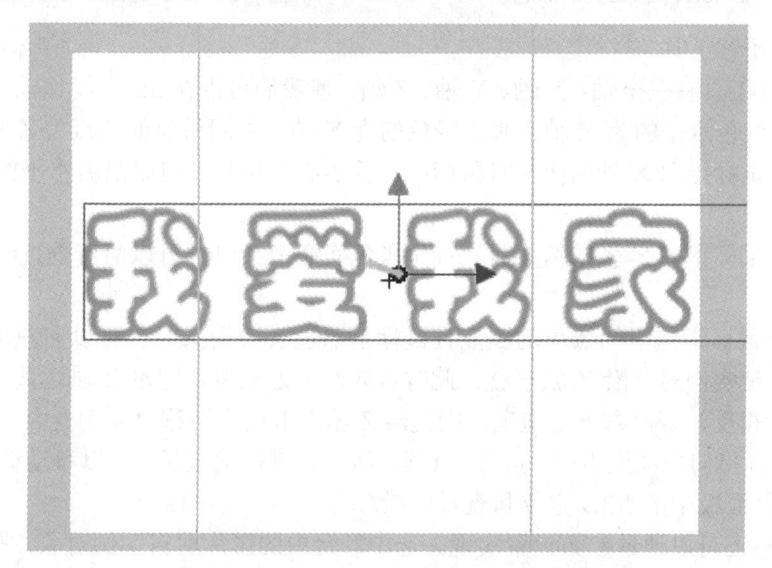

图7.51 第330帧实例沿Z轴向后平移

41．将图层5移动到图层4的下方，且将其他四个图层取消隐藏。

42．该任务制作完成，保存文档，命名为“项目2_我爱我家.fla”，测试影片。

7.2.3 技术支持

1．3D工具的适用条件：3D工具必须适用于影片剪辑元件。如果是图形元件、按钮元件和文字，均须转换为影片剪辑元件之后才能使用3D工具组。而且在创建文档时还要选择“ActionScipt 3.0”类型，发布文件时必须选择Flash Player10以上的播放器。

使用3D工具制作3D动画时，只能选择“补间动画”，传统补间动画是不支持3D动画的。

2．3D工具组包含两个工具，即3D平移工具和3D旋转工具。在舞台中选择一个影片剪辑元件实例后，选择3D平移工具或者3D旋转工具，实例上即出现该工具的标志，此时就可以进行3D操作了，如图7.52和图7.53所示。

图 7.52　3D 平移工具的标志

图 7.53　3D 旋转工具的标志

3．3D 平移工具。

3D 平移工具有三个轴：X 轴、Y 轴、Z 轴，使我们可以在 3D 空间移动影片剪辑实例。其中，红色水平的为 X 轴、垂直绿色的为 Y 轴，中间黑色的圆点为 Z 轴。

（1）当鼠标指向 X 轴的箭头且鼠标呈黑色实心箭头时，可以沿着水平的 X 轴平移实例对象。

（2）当鼠标指向 Y 轴的箭头且鼠标呈黑色实心箭头时，可以沿着垂直的 Y 轴平移实例对象。

（3）当鼠标指向中间黑色的圆点且鼠标呈黑色实心箭头时，可以向左上方或者右下方拖曳，使实例对象沿 Z 轴平移。此时若向左上方拖曳，即沿 Z 轴远离用户平移，实例变小；相反，若向右下方拖曳，则是沿 Z 轴靠近用户平移，实例变大。

（4）鼠标指向中间黑点时，按住 Alt 键，按住左键拖动鼠标，可以移动该工具标志。

4．属性面板中的“3D 定位和查看”栏。

3D 平移还可以通过参数设置实现。选中舞台中的影片剪辑实例对象，打开其“属性”面板，选择其中的“3D 定位和查看”栏，在其中输入 X、Y、Z 参数值也能达到相同的移动效果，如图 7.54 所示。

3D 定位和查看
X: 323.7　Y: 243.8　Z: -162.1

图 7.54　“3D 定位和查看”栏

5．3D 旋转工具。

3D 旋转工具也有三个轴：X 轴、Y 轴、Z 轴，可以使影片剪辑实例对象沿着这三个轴旋转。3D 旋转工具的标志是由两条不同颜色的直线和两个圆组成的。

（1）红色竖线：当鼠标指向红色竖线时，鼠标呈带 X 的黑色箭头，表明此时按下左键拖动鼠标，可使实例对象沿 X 轴旋转，如图 7.55 所示。

（2）绿色水平线：当鼠标指向绿色水平线时，鼠标呈带 Y 的黑色箭头，表明此时按下左键拖动鼠标，可使实例对象沿 Y 轴旋转，如图 7.56 所示。

（3）蓝色的圆：当鼠标指向蓝色的圆时，鼠标呈带 Z 的黑色箭头，表明此时按下左键拖动鼠标，可以使实例沿 Z 轴旋转，如图 7.57 所示。

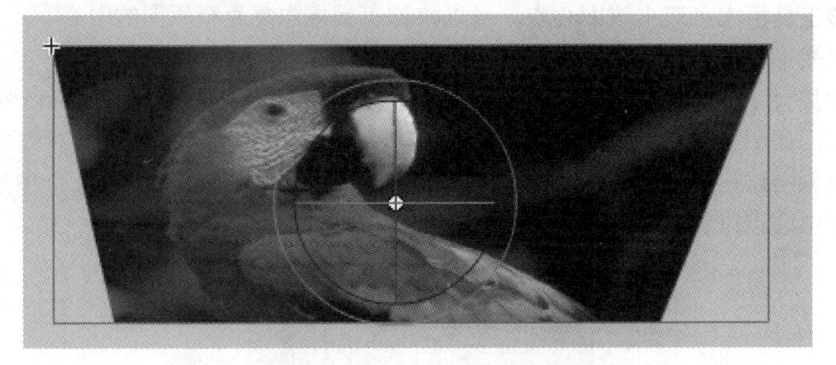

图 7.55　实例对象沿着 X 轴旋转

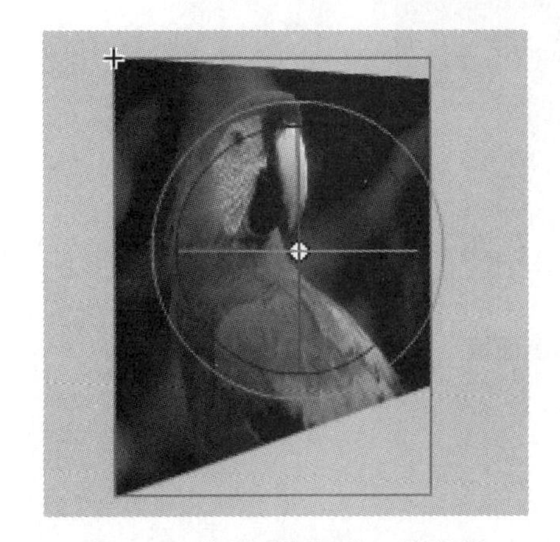

图 7.56　实例对象沿着 Y 轴旋转

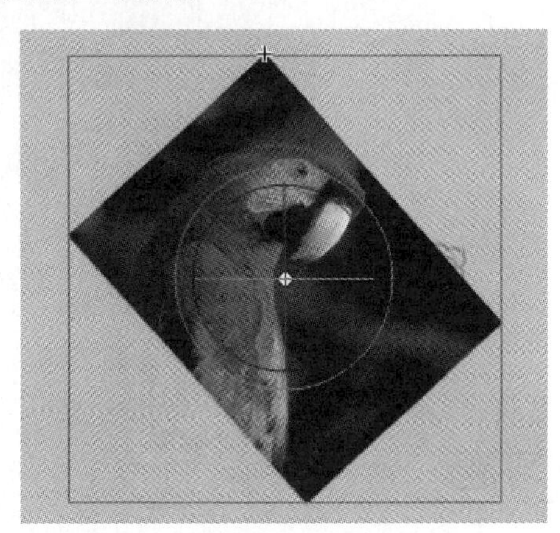

图 7.57　实例对象沿着 Z 轴旋转

（4）橙色的圆：当鼠标指向最外围橙色的圆时，鼠标呈不带任何字母的黑色箭头。此时按下左键拖动鼠标，可以沿任意轴旋转实例，如图 7.58 所示。

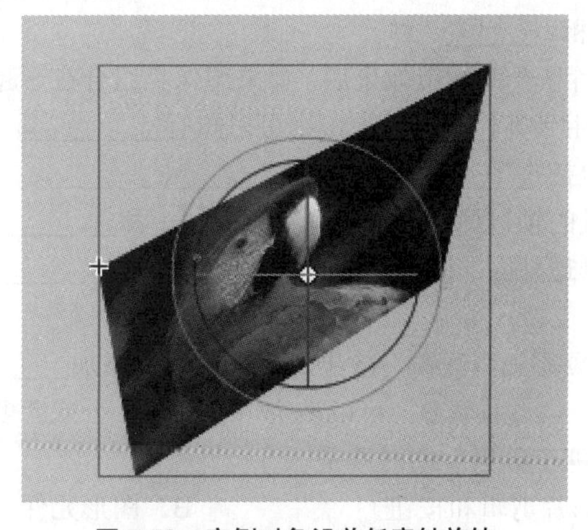

图 7.58　实例对象沿着任意轴旋转

（5）中心点：中间的小圆圈即中心点。当鼠标指向该中心点时，按下左键拖动，可以移动该工具标志；双击该中心点，可以将该工具标志复原至原图的中心。

6．“变形”面板。

选中舞台中的影片剪辑实例对象，然后选择菜单项“窗口”→“变形”，可以弹出“变形”面板，如图 7.59 所示。设置其中的“3D 旋转”项中 X、Y、Z 三个参数可以同样使实例对象沿这三个轴旋转。设置其中“3D 中心点”项中的 X、Y、Z 三个参数，同样可以设置中心点位置。

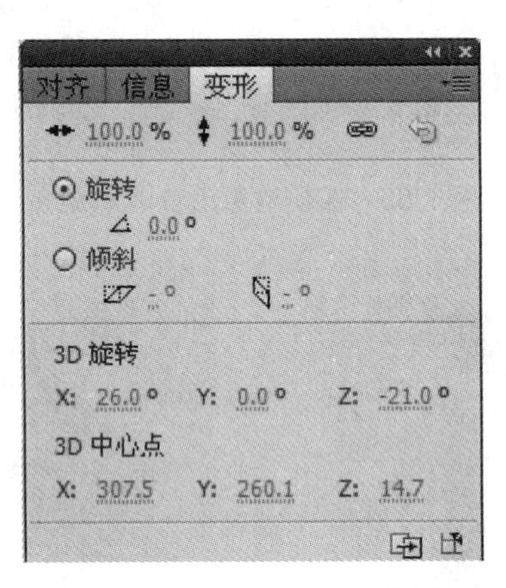

图 7.59 “变形”面板

习题

1．填空题

（1）______________是 Flash CS4 之后的新版本中新增加的功能。

（2）“滤镜”面板中所提供的滤镜有________、________、________、________、________、________和________7 种。

（3）在给对象设置了一些滤镜效果后，如果想保存组合在一起的滤镜效果，以便于以后继续使用或者应用到其他的对象中，则可以执行_________，将效果保存起来。

（4）3D 工具组包括______________和______________。

（5）3D 平移工具的轴包括________、_________和____________。

（6）3D 旋转工具最外面的圆的功能是______________________。

2．选择题

（1）在对一个对象添加“滤镜”效果时，一次可以添加__________滤镜效果。

A．只能一个　　B．可以多个　　C．一个或者多个　　D．无数个

（2）可以添加“滤镜效果”的对象是__________。

A．文本、影片剪辑和按钮　　B．图形元件

C．图形元件、文本、影片剪辑和按钮　　D．图形元件和影片剪辑

（3）3D工具的适用对象是________。

A．按钮元件实例　　B．影片剪辑元件实例

C．图形元件实例　　D．以上都对

（4）3D平移工具的中心点________。

A．可以移动　　B．不能移动

（5）预设滤镜________。

A．可以重命名　　B．不能重命名

（6）关于“3D工具的操作只能通过拖动轴来完成”的说法是________。

A．正确的　　B．错误的

3．思考题

（1）如何应用预设滤镜？

（2）3D工具的适用条件是什么？

实训九　滤镜效果和3D动画的制作

一、实训目的

掌握滤镜的操作，使用几种常用的滤镜制作效果。掌握3D平移工具和3D旋转工具的使用，以及使用其制作3D动画。

二、操作内容

1．制作“快乐天空”，如图7.60所示。

图7.60　使用滤镜制作的“快乐天空”

（1）新建两个影片剪辑元件，使用绘图工具分别绘制一朵白云和一个太阳。

（2）将这两个影片剪辑元件分别置于不同的图层上，拖入舞台中。

（3）使用“发光”滤镜设置“太阳”实例，使用“模糊”和“渐变发光”设置“白云”实例，并且使用动画，让滤镜活动。

（4）插入一个新图层，在该图层中使用“文字工具”输入“快乐天空”文字。
（5）使用“斜角”滤镜和“渐变斜角”滤镜设置该文字效果为浮雕文字。
2．使用“调整颜色”滤镜将一幅黑白照片慢慢变换为彩色图片，如图 7.61 所示。

图 7.61　使用“调整颜色”滤镜将黑白照片变换为彩色图片

（1）新建一个 Flash 文档。
（2）导入一幅图片到舞台。
（3）将导入的图片转换为影片剪辑元件。
（4）在第 1 帧中使用“调整颜色”滤镜将图片设置为黑白。
（5）在第 50 帧中，使用“调整颜色”滤镜将图片设置为彩色。
（6）在第 1 帧中设置补间为“动画”。
3．使用“预设”滤镜制作两个相同效果的“金属浮雕文字”，如图 7.62 所示。
（1）使用文本工具输入一串文字。
（2）使用“投影”、“渐变斜角”和“渐变光”设置该文本为浮雕效果。
（3）将该文字所使用的全部滤镜设置为“预设”滤镜组合。
（4）使用文本工具，输入另一串文字，使用预设滤镜组合快速设置该文字的效果。

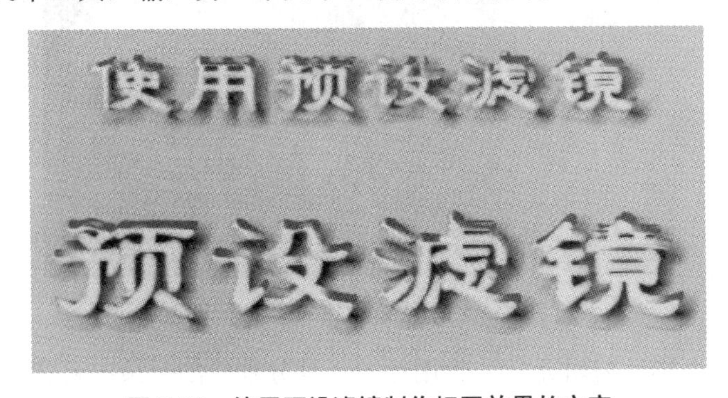

图 7.62　使用预设滤镜制作相同效果的文字

4．使用 3D 工具制作一个 3D 效果的动画，如图 7.63 所示。
（1）新建一个 ActionScript 3.0 的 Flash 文档。

（2）导入需要的图片素材。新建一个影片剪辑元件，将该图片拖入。

（3）返回到场景，将影片剪辑元件拖入第 1 帧，选择“创建补间动画”。

（4）使用 3D 平移工具和 3D 旋转工具制作 3D 动画效果。

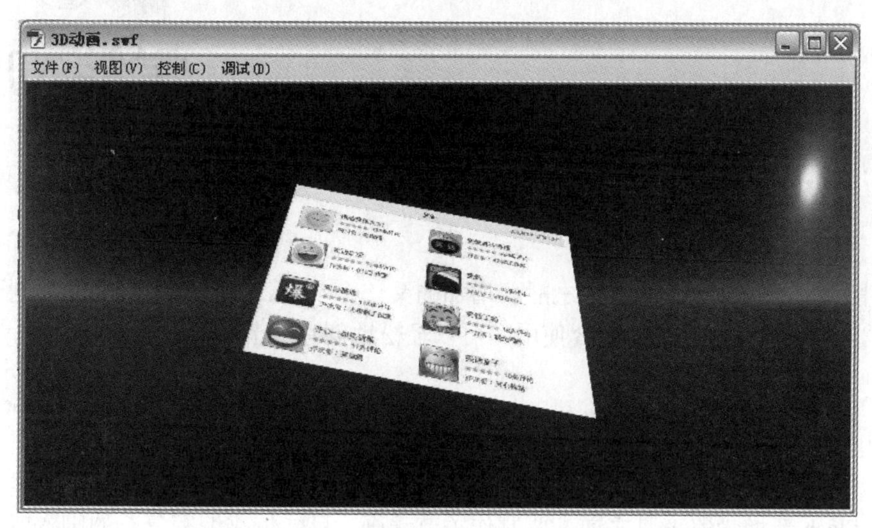

图 7.63　使用 3D 工具制作 3D 动画

第 8 章 骨骼动画

骨骼工具是 Flash CS4 版本之后新增加的又一个功能，在 CS5 中其功能得到了进一步完善，将骨骼工具和动画结合使用，可以轻松地创建关节动画。

8.1 项目 1 制作骨骼动画“竹节虫”

在 Flash 新增骨骼工具之前，要制作关节动画，只能依靠编写复杂的脚本或者使用逐帧动画一帧一帧地制作，这需要花费大量的工作。而在 CS5 版本中则可以使用骨骼工具快捷地制作出类似的动画效果。本项目即介绍如何使用该工具和动画来制作可爱的竹节虫在爬行的动画效果，如图 8.1 所示。

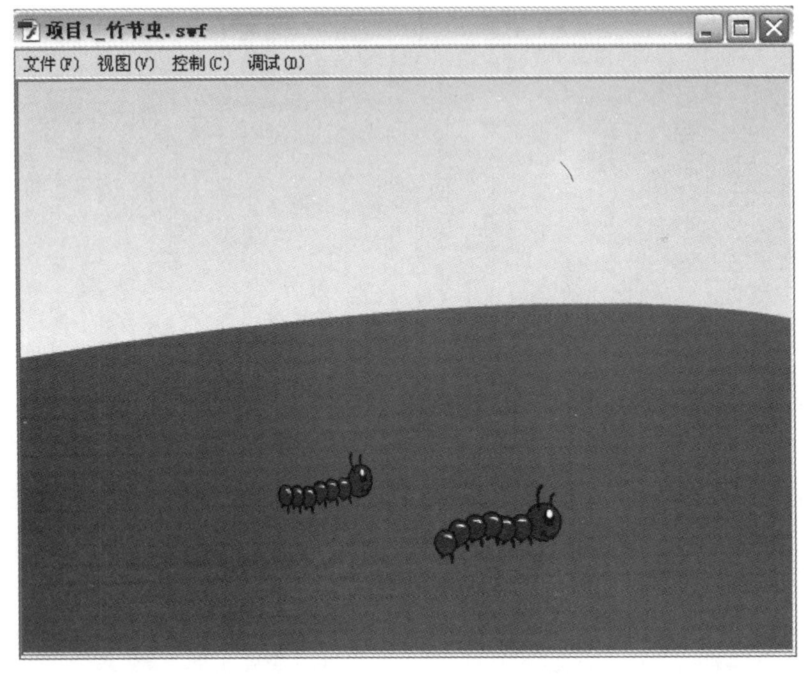

图 8.1 “项目 1_竹节虫”效果图

8.1.1 项目说明

骨骼工具位于“工具面板”中，使用它可以对元件实例或者形状对象制作出模拟的关节结构，再结合创建补间动画，在不同的属性关键帧调整关节结构的不同状态，从而完成模拟的关节动画效果，如图 8.2 所示。

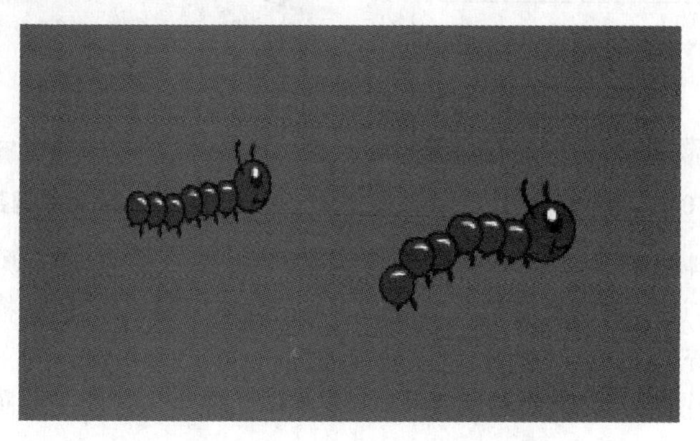

图 8.2 任务 1“竹节虫爬行”效果图

8.1.2 操作步骤

1．新建一个 Flash 文档文件，背景色为“灰色（#999999）”，尺寸为“550px×400px”，帧频为 12fps。保存文件，命名为“项目 1_竹节虫.fla”。

2．新建一个图形元件，命名为“背景”。进入该元件的编辑窗口，使用矩形工具绘制一个矩形，该矩形笔触颜色为黑色，极细线；填充色为线性渐变，左边渐变颜色滑块为白色，右边为“浅蓝色（# FFFCFC）”。该矩形如图 8.3 所示。

3．使用渐变变形工具，将渐变调整为上下渐变，如图 8.4 所示。

图 8.3 绘制矩形

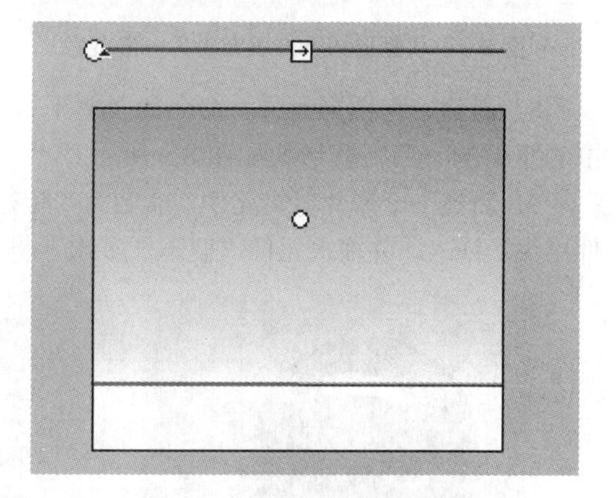

图 8.4 调整矩形为上下渐变

4．使用直线工具，在矩形的中下方绘制一条水平线，如图 8.5 所示。

5．使用选择工具，将中间的直线调整为曲线，如图 8.6 所示。

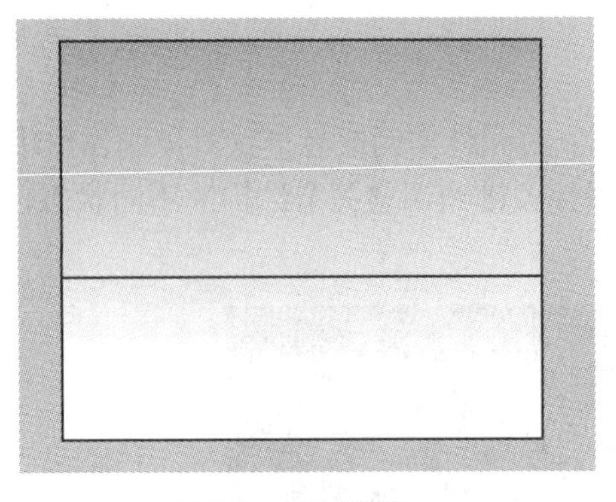

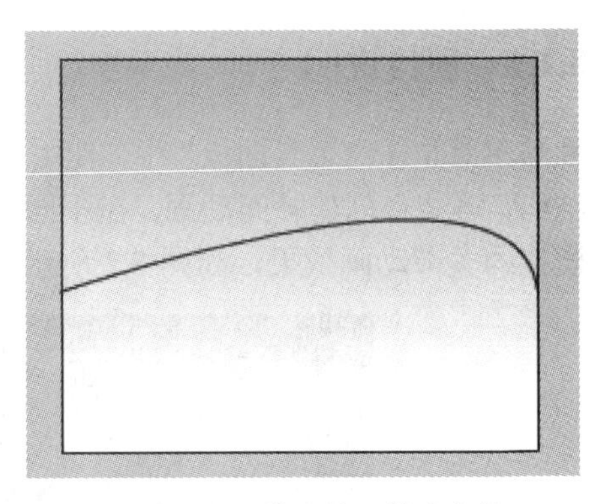

图 8.5　绘制直线

图 8.6　将直线调整为曲线

6．使用颜料桶工具，将填充色设置为线性渐变，左边渐变颜色滑块为“绿色（# 00A109）”，右边的颜色滑块为“黄绿色（# 6B8307）”，将颜色料桶工具在矩形下方区域单击进行填充，如图 8.7 所示。

7．新建一个图形元件，命名为“头”，进入该元件窗口，使用绘图工具绘制竹节虫的头，其形状如图 8.8 所示。

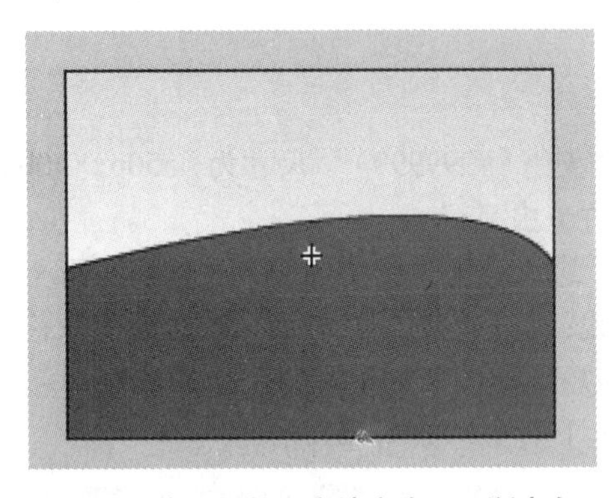

图 8.7　将矩形的下方填充为另一渐变色

图 8.8　图形元件“头”

8．新建一个图形元件，命名为“躯干”，进入该元件窗口，使用绘图工具绘制竹节虫的躯干的一节，其形状如图 8.9 所示。

9．新建一个影片剪辑元件，命名为“爬行”，进入该元件窗口，将“库”面板中的元件“头”拖入，并拖入元件“躯干”多次，将各实例排列为如图 8.10 所示的竹节虫形状。

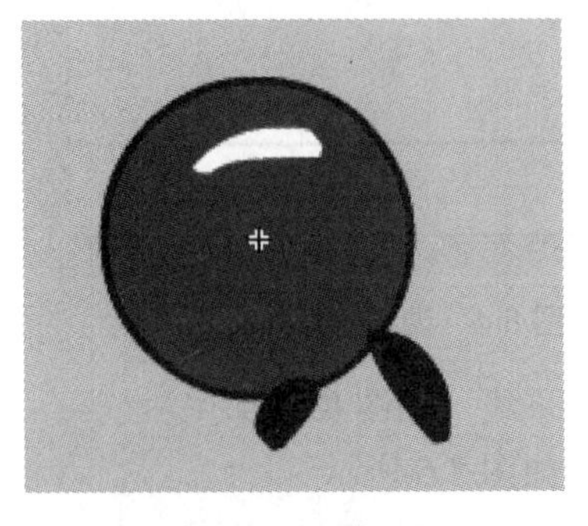

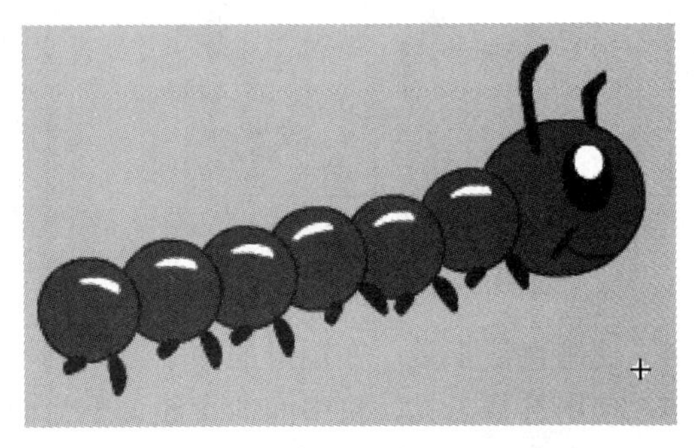

图 8.9　图形元件“躯干”

图 8.10　影片剪辑元件“爬行”

10．选择“工具”面板中的“任意变形工具”，移到舞台中单击“头”实例，将“任意变形工具”的中心点移动到实例的中心，如图 8.11 所示。

11．重复步骤 10，逐一对其他“躯干”实例进行相同的调整。调整后的各中心点位置如图 8.12 所示。

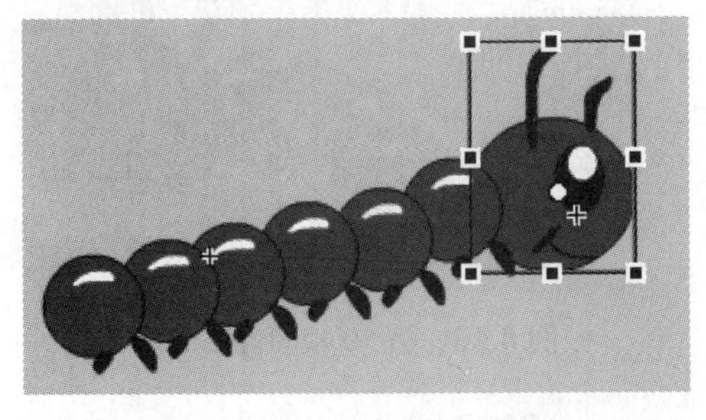

图 8.11　调整“任意变形工具”的中心到实例中心

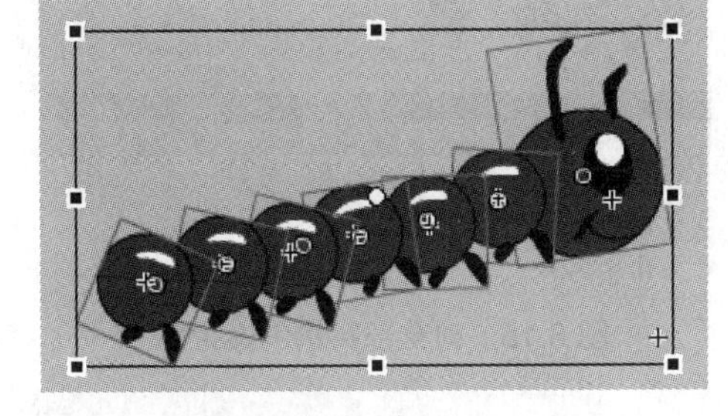

图 8.12　各实例的中心点

12．选择“工具”面板中的骨骼工具，鼠标移到舞台中“头”实例的中心，按下鼠标左键拖动到与头相连的第一个“躯干”实例的中心释放，此时在它们之间出现了一个骨骼箭头，如图 8.13 所示。

13．此时的“时间轴”面板自动出现了一个“骨架_1”图层，如图 8.14 所示，该图层的第 1 帧上还自动创建了补间动画。

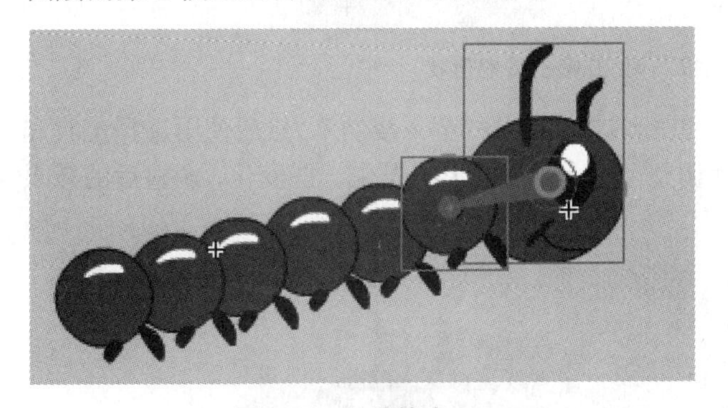

图 8.13　骨骼箭头

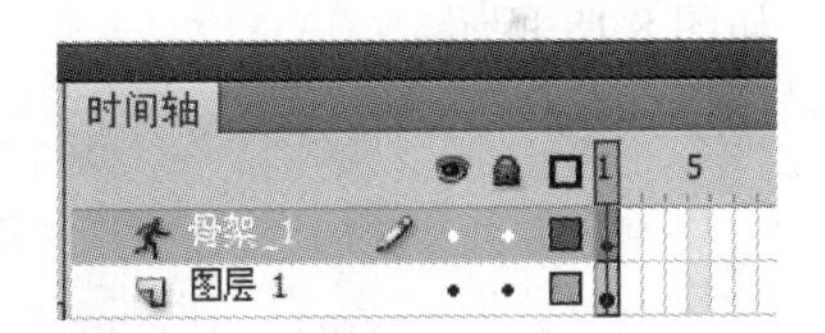

图 8.14　“骨架_1”图层

14．重复步骤 12，使用“骨骼工具”将后面的各个躯干实例用骨骼箭头连接，全部连接完的效果如图 8.15 所示。原先位于图层 1 中的各元件在创建完骨骼系统后，全部移动到上方的“骨架_1”图层上了。

15．将“骨架_1”图层的结束帧调整到第 45 帧。

16．将播放头移动到第 10 帧，鼠标右击，选择“插入姿势”，然后使用选择工具和任意变形工具对舞台中的骨骼进行调整，使竹节虫的形态发生一些变化，调整后的效果如图 8.16 所示。

17．将播放头移动到第 20 帧，鼠标右击，选择“插入姿势”，然后使用选择工具和任意变形工具对舞台中的骨骼进行调整，使竹节虫的形态发生一些变化，调整后的效果如图 8.17 所示。

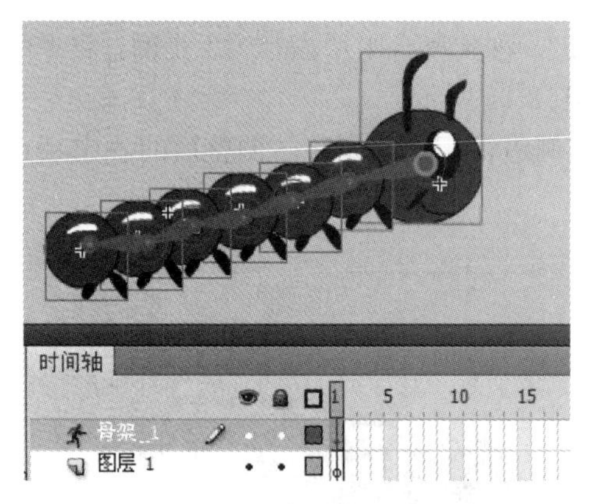

图 8.15　对全部实例创建骨骼

图 8.16　第 10 帧的骨骼形状

图 8.17　第 20 帧的骨骼形状

18．将播放头移动到第 30 帧，鼠标右击，选择“插入姿势”，然后使用选择工具和任意变形工具对舞台中的骨骼进行调整，使竹节虫的形态发生一些变化，调整后的效果如图 8.18 所示。

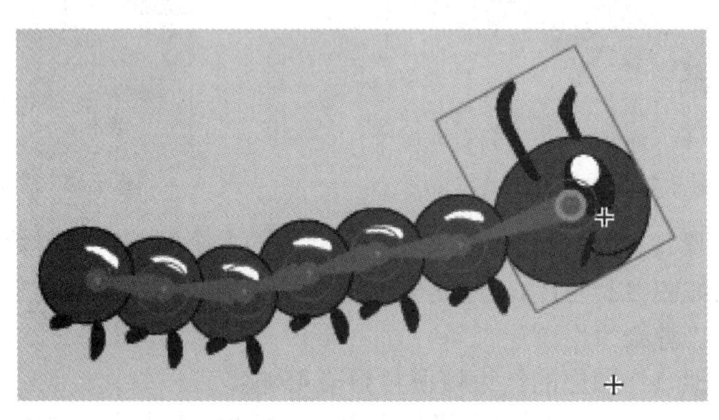

图 8.18　第 30 帧的骨骼形状

19．将播放头移动到第 40 帧，鼠标右击，选择“插入姿势”，然后使用选择工具和任意变形工具对舞台中的骨骼进行调整，使竹节虫的形态发生一些变化，调整后的效果如图 8.19 所示。

20．返回到主场景，将图层 1 重命名为“背景”。从库中将图形元件“背景”拖入该图层的第 1 帧。

图 8.19　第 40 帧的骨骼形状

21．在“属性”面板中设置该实例的宽为 800，高为 400；上、下边与舞台的上、下边对齐，左边与舞台的左边对齐。

22．选择“背景”图层的第 120 帧，插入关键帧。水平调整该帧实例，使其右边与舞台的右边对齐。

23．选择“背景”图层的第 1 帧，鼠标右击，选择“创建传统补间”。

24．在“背景”图层的上方新建一个图层，命名为“虫 1”。将“库”面板中的影片剪辑元件“爬行”拖入该图层的第 1 帧。调整该实例的大小和位置，使其位于舞台左边下方之外的视图区，如图 8.20 所示。

图 8.20　“爬行”实例在舞台中的位置

25．鼠标右击“虫 1”图层的第 1 帧，选择“创建补间动画”，将结束帧调整到第 120 帧。

26．将播放头移动到第 120 帧，将“爬行”实例拖动到舞台右上方之外的视图区，且缩小该实例；接着使用选择工具将路径调整为曲线，如图 8.21 所示。

27．在“虫 1”图层的上方新建一个图层，重命名为“虫 2”。选择该图层的第 15 帧，插入关键帧，将“库”面板中的“爬行”实例拖入该帧。调整该实例大小和位置，使其位于舞台左边下方之外的视图区。

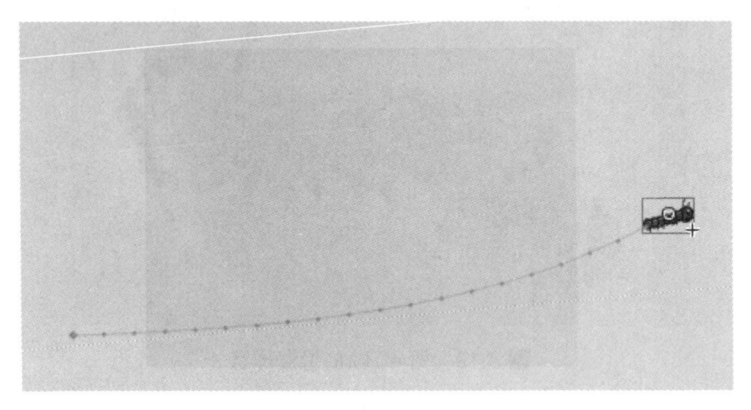

图 8.21　第 120 帧“爬行”实例的大小和位置

28．重复步骤 26 和步骤 27，制作另一只竹节虫的类似的动画效果，“时间轴”面板如图 8.22 所示。

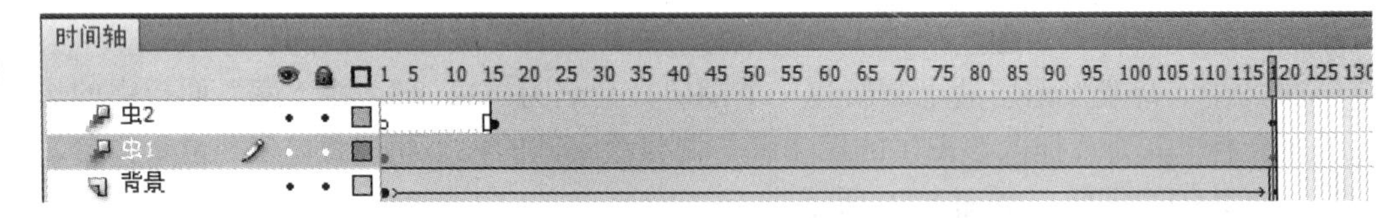

图 8.22　第 120 帧“爬行”实例的大小和位置

29．该任务制作完毕，保存文件，测试影片。

8.1.3　技术支持

1．骨骼工具的使用

在 Flash CS5 中使用骨骼工具可以向元件实例或者形状添加骨骼。添加骨骼时形成的骨骼箭头称为骨架。骨架的作用就是将两个物体彼此相连。在添加骨骼之后，会自动创建“骨架”图层，“骨架”图层自动将已添加骨骼的、原先位于其他图层中的实例移动到其中。另外，“骨架”图层还自动创建补间动画。

2．创建骨骼的操作

（1）将所有要链接成骨架的元件实例预先调整好大小，并排列好位置。

（2）使用“任意变形工具”调整好各个实例的中心点位置。

（3）单击“工具”面板中的“骨骼工具”，将鼠标移动到舞台中，单击要成为骨架根部（即骨架中第一个元件）的实例，然后按住鼠标左键并拖动到第二个要链接起来的实例上，此时出现骨骼形状的箭头

（4）释放鼠标左键，并依此方法将所有要链接的实例均使用骨骼工具链接起来。

3．骨骼箭头

用骨骼工具链接起来的两个实例之间就会显示出实心的骨骼箭头，如图 8.23 所示。每个骨骼都有头部、圆端和尾部（尖端）三个部分。

图 8.23　骨骼箭头

4．骨架

使用骨骼工具将所有实例链接起来后，就会形成骨架，其中第一个骨骼是根骨骼，它显示为一个圆围绕骨骼头部。默认情况下，每个元件实例的中心点会移动到由每个骨骼链接构成的链接位置上。可以根据需要，创建线性链接或者分支结构的骨架，如任务 1 中“竹节虫”的骨骼就是线性链接的，如图 8.24 所示；而人体骨架却是分支结构的，如图 8.25 所示。

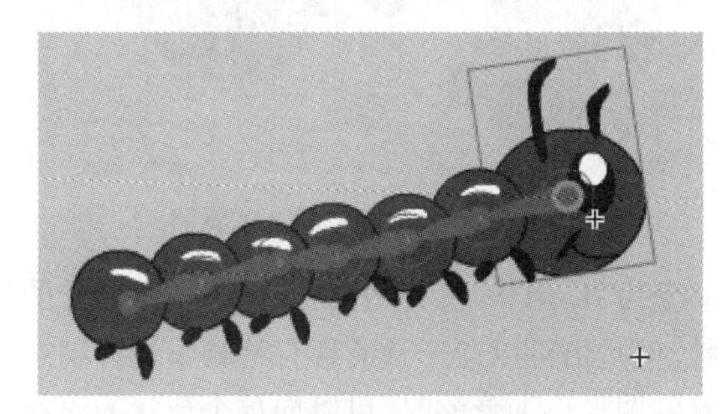

图 8.24　线性链接的骨架

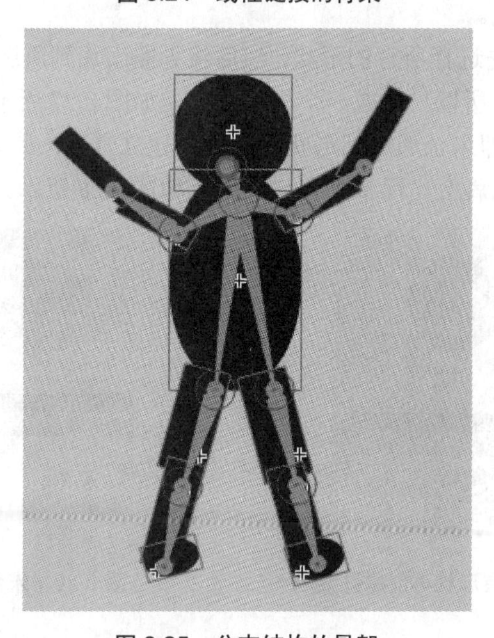

图 8.25　分支结构的骨架

5．骨骼工具可以添加在实例或者形状上

（1）骨骼工具可以添加在实例上，每个实例只能具有一个骨骼，在向元件实例添加骨骼时，元件实例及其关联的骨架就移动到时间轴的新图层上，这个新图层即姿势图层，该图层按照生成的次序自动命名为“骨架_1”、“骨架_2”等。

（2）骨骼工具还可以添加在形状上。使用骨骼工具，在形状内单击并拖动到形状内的其他位置上。在拖动时，将显示骨骼箭头，释放鼠标左键后，在单击的点和释放鼠标的点之间也出现一个实心的骨骼箭头。每个骨骼也都具有头部、圆端和尾部。骨架中的第一块骨骼是根骨骼，其显示为一个圆围绕骨骼头部。添加了骨骼的形状此时也称为 IK 形状对象，如图 8.26 所示。

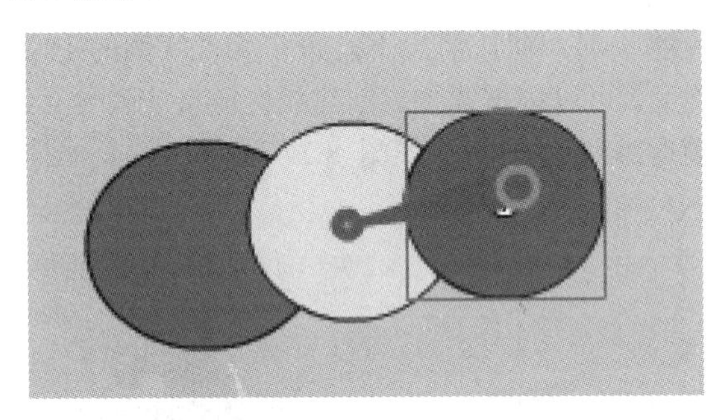

图 8.26　添加在形状上的骨骼

当形状添加了骨骼变为 IK 形状之后，它就无法再与其之外的其他形状合并了，也无法再向其添加新笔触，但是仍可以向形状的现有笔触添加控制点，或从中删除控制点。

在对具有多个形状的图形添加骨骼时，可以向单个形状的内部添加单个或者多个骨骼。该操作有两种方式。

- 第一种方式：先选择所有的形状，然后将骨骼添加到所选的多个形状图形之上。此时只建立一个骨架，所以只形成一个姿势图层，如图 8.27 所示。
- 第二种方式：即未全选全部形状而是逐一建立骨架，此时就在两个形状之间建立一个骨骼链接，因而就会出现多个姿势图层，如图 8.28 所示。

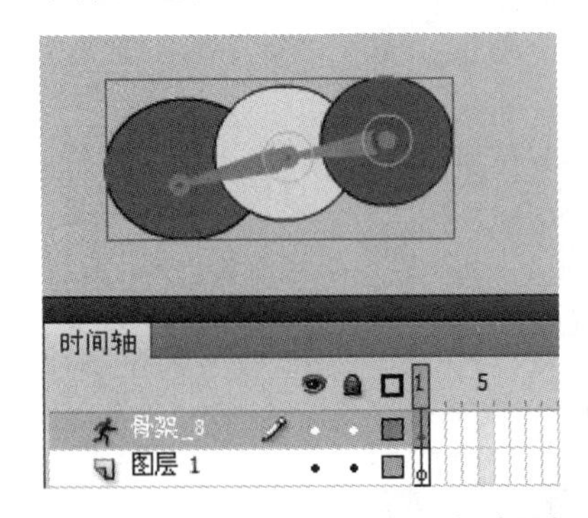

图 8.27　先全选所有形状再创建骨架

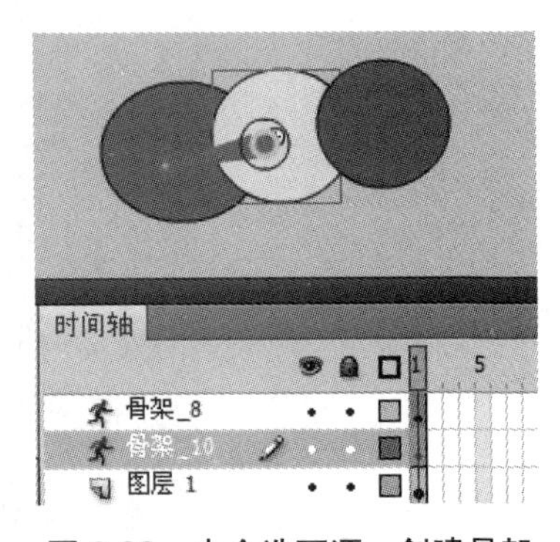

图 8.28　未全选而逐一创建骨架

8.2 项目2 操作进阶——“皮影_快乐小孩”

8.2.1 项目说明

本项目主要是在项目1和介绍的知识点基础之上，讲述使用骨骼工具制作一个分支结构人物动作的骨骼运动效果，如图8.29所示。

图8.29 “皮影_快乐小孩”效果图

8.2.2 操作步骤

1. 新建一个Flash文档，设置尺寸为“550px×400px”，背景为“白色(#CCCCCC)”，帧频默认为“12fps”。

2. 选择菜单项“文件”→“导入”→“导入到库”，将文件夹“chap8\素材文件”下的该项目所需要的6个图片文件“1.gif”、“2.gif”、“3.gif”、“4.gif”、“5.gif”和“6.gif”导入。

3. 新建一个名称为“头”的图形元件。将“库”面板中的图片文件“1.gif”拖入该元件。

4. 新建一个名称为“躯干”的图形元件，将“库”面板中的“2.gif”拖入该元件。

5. 新建一个名称为“腿”的图形元件，将“库”面板中的“3.gif”拖入该元件。

6. 新建一个名称为“手臂”的图形元件，将“库”面板中的“4.gif”拖入该元件。

7. 新建一个名称为“手”的图形元件，将“库”面板中的“5.gif”拖入该元件。

8. 新建一个名称为“脚”的图形元件，将“库”面板中的“6.gif”拖入该元件。

9. 返回到场景中，选择图层1的第1帧，从“库”面板中将制作好的各元件拖放到舞台中，并将各元件实例排列成人物的形状，其效果如图8.30所示。

10．使用“任意变形工具”调整舞台中各元件实例的实心点位置到各关节链接处，如图8.31所示。

图8.30　拖放各元件到图层1的第1帧组成人物形状

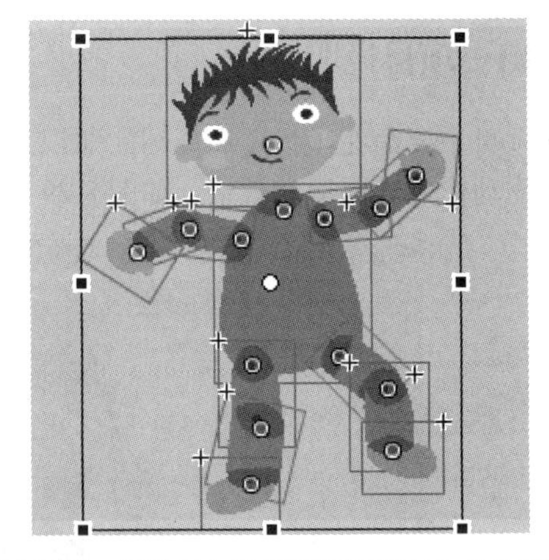

图8.31　调整舞台各元件实例的实心点的位置

11．在“工具”面板中选择“骨骼工具”，将鼠标移动到舞台中，从“头”元件实例往“躯干”实例开始拖动，鼠标拖到“躯干”实例的实心点时释放，此时拖出一个骨骼箭头，其效果如图8.32所示。

12．从躯干元件实例到两边的大腿实例的实心点上分别拖出两个骨骼链接，如图8.33所示。

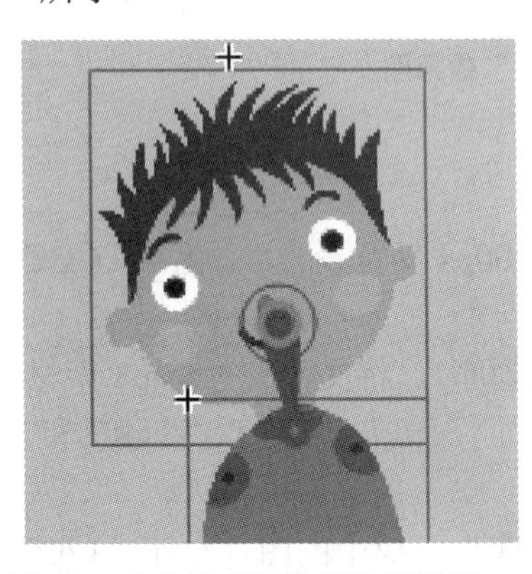

图8.32　从头往躯干实例拖出骨骼

图8.33　从躯干到两边的腿实例分别拖出两个骨骼链接

13．继续使用骨骼工具将“手臂”、“手”、“脚”链接起来，最后形成一个具有分支结构的人体骨架，如图8.34所示。

14．将自动出现的图层“骨架_1”的结束帧调整至第60帧。

15．将播放头移动到第15帧，鼠标右击，选择“插入姿势”，然后使用选择工具对舞台中的人体骨骼进行调整，使人物的姿态发生一些变化，调整后的效果如图8.35所示。

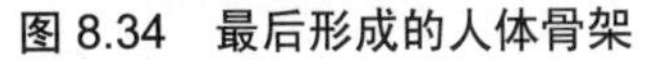

图 8.34　最后形成的人体骨架　　　图 8.35　调整图层“骨架_1”第 15 帧的骨骼姿势

16．分别选择图层“骨架_1”的第 30 帧、第 45 帧和第 50 帧，鼠标右击，选择“插入姿势”；然后分别使用选择工具对舞台中的骨骼进行调整，使人物的姿态再发生一些变化，调整后第 30 帧的效果如图 8.36 所示，第 45 帧的效果如图 8.37 所示。

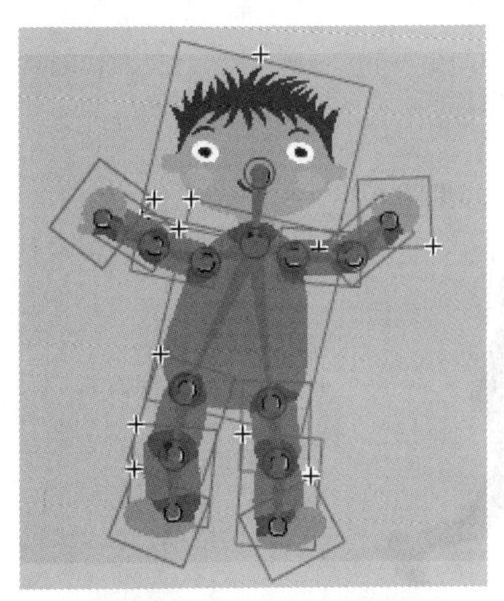

图 8.36　第 30 帧的骨骼姿势

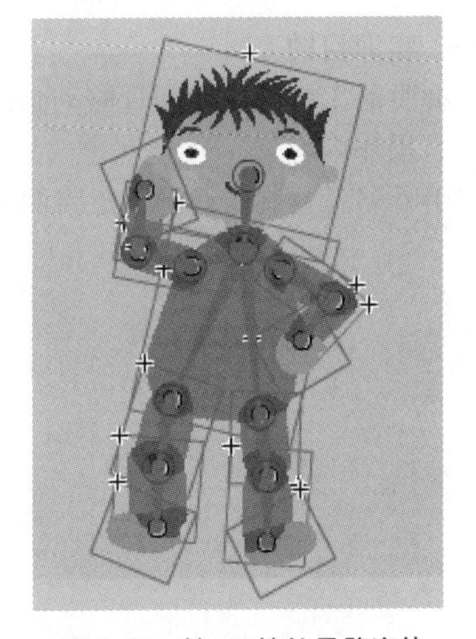

图 8.37　第 45 帧的骨骼姿势

17．该项目制作完成，保存文件，命名为“皮影_快乐小孩.fla”，测试影片。

习题

1．填空题

（1）使用__________工具可以向元件实例或者形状添加骨骼。

（2）骨骼箭头由____________、_________和 _________三个部分组成。

（3）对实例创建骨骼之后，会自动创建生成________图层。

（4）对形状添加骨骼的两种操作方法是___________________和 ______________。

（5）骨架层默认的动画方式是_________________。

2．选择题

（1）骨骼工具可以向__________添加骨骼。

A．形状　　B．元件实例　　C．A 和 B

（2）添加骨骼之后，每个实例上有_________个附加点。

A．1　　B．2　　C．3　　D．无数

（3）一个实例可以添加________个骨骼。

A．1　　B．2　　C．多个　　D．0

3．问答题

（1）对形状添加骨骼的两种操作方法是什么？它们的区别是什么？

（2）如何制作骨骼动画？

实训十　骨骼动画制作

一、实训目的

掌握骨骼工具的使用和骨骼动画的制作。

二、操作内容

使用骨骼工具制作动画“走路的小人”，见图 8.38。

图 8.38 “走路的小人”效果图

操作提示：

（1）插入人体“头”、“躯干”、“四肢”、“脚”等元件；

（2）将各元件组成如图 8.38 所示的人物形状；

（3）使用骨骼工具建立人体骨架；

（4）在骨架图层中使用“插入姿势”制作人体走路的动画效果。

第 9 章

多媒体影片的合成

学习到上一章为止，我们可以制作出精彩的动画作品了，但是还没实现“声情并茂”的效果。在Flash中允许导入声音和视频，制作多媒体的影片效果，并且还允许对声音进行简单的处理，但是由于Flash并不是专业的音频和视频处理工具，所以对音频和视频的处理比较有限。

9.1 项目1 制作多媒体影片“星球大战”

我们可以将预先准备好的声音文件或者视频文件添加到Flash动画影片中，从而带来并增加多媒体的视觉和听觉效果，本项目即是在动画作品中加入声音背景和视频片段，以实现多媒体的影片效果。本项目由两个任务组成，其效果如图9.1所示。

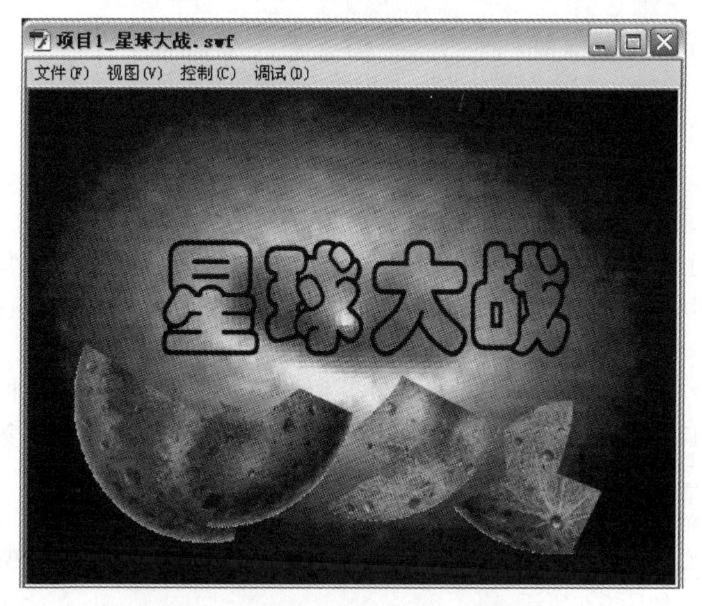

图9.1 “项目1_星球大战”效果图

9.1.1 任务1 导入声音

9.1.1.1 任务说明

声音是多媒体效果表现手法的一种重要工具，动画画面再加上适当的背景音乐可以带来更好的效果。在Flash动画中添加声音的操作和图片导入的操作基本是一样的，也是通过“导入”的方法，将声音文件加入到Flash文档中，然后再添加到关键帧中。本任务就是为制作好的动画影片添加声音，增强效果。

9.1.1.2 任务步骤

1. 新建一个Flash文档文件，背景色为“白色（#FFFFFF）”，尺寸为“480px×360px”，帧频为24fps。保存文件，命名为“项目1_星球大战.fla”。

2. 将完成该任务所需要的图片文件“back.jpg”和“star.gif”导入到库中。

3. 将图层1重命名为“背景”，从“库”面板中将back.jpg文件拖入该图层的第1帧，调整图片位置和大小，使其刚好平铺舞台。

4. 选择该图层的第60帧，插入普通帧。

5. 新建一个图形元件，命名为“文字”，进入该元件窗口，使用文本工具输入文字“星球大战”。

6. 设置该文字的颜色为黑色，其他参数如图9.2所示。

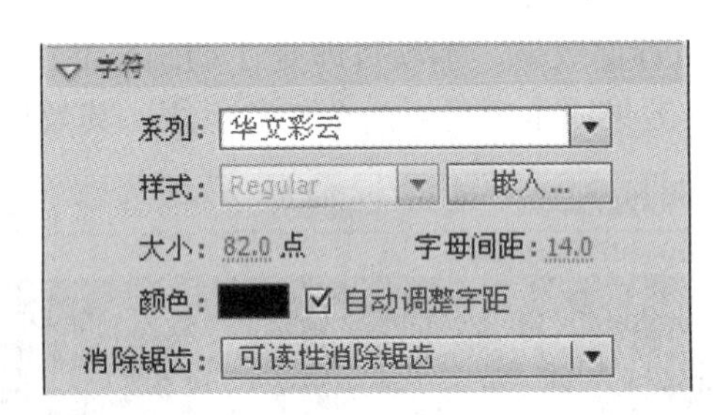

图9.2 “星球大战”文字参数

7. 返回到主场景，在“背景”图层的上方新建一个图层，命名为“星球大战”。

8. 选择图层“星球大战”的第19帧，插入关键帧，将元件“文字”拖入该图层的第19帧。

9. 将舞台中该帧的文字实例调得很小，位于舞台中间略偏上方，如图9.3所示。

10. 右击该图层的第19帧，选择“创建补间动画”。将播放头移到第30帧，放大文字实例，如图9.4所示。

11. 在“星球大战”图层的上方新建一个图层，默认名称为“图层3”。

12. 从“库”面板中将图片“star.gif”拖入图层3的第1帧，调整该帧中星球图片的大小和位置，如图9.5所示。

13. 按Ctrl+B组合键将该图片分离。

14. 选择工具面板中的“套索工具”，并在其选项栏中单击“多边形模式”按钮。

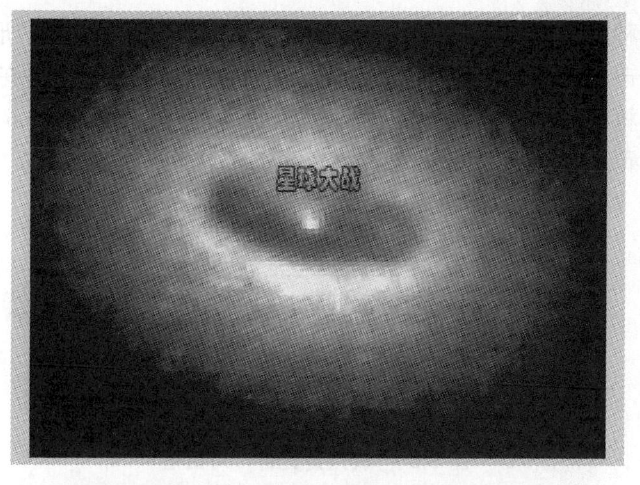

图 9.3 “星球大战”图层第 19 帧文字实例位置和大小

图 9.4 “星球大战”图层第 30 帧文字实例位置和大小

图 9.5 星球图片的位置和大小

15．将鼠标移到星球图形上，用多边形工具绘制出星球约1/4的形状。

16．鼠标右击，在弹出的快捷菜单中选择“转换为元件”，然后在弹出的“转换为元件”对话框中将该元件命名为“1”，类型为“影片剪辑”，如图9.6所示，该元件的形状如图9.7所示。

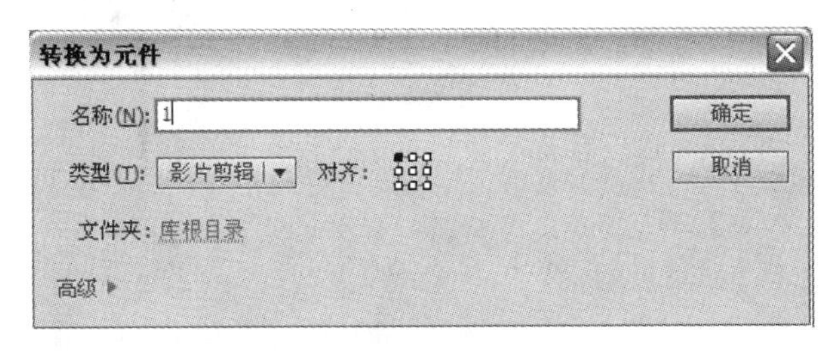

图9.6 “转换为元件”对话框

17．在剩余的星球图片中，继续用多边形工具绘制出星球另外约1/4的形状。重复步骤16将其转换为影片剪辑元件，且命名为“2”，如图9.8所示。

18．重复两次步骤17，继续将剩余的星球图片转换为“3”和“4”两个影片剪辑元件，如图9.9和图9.10所示。

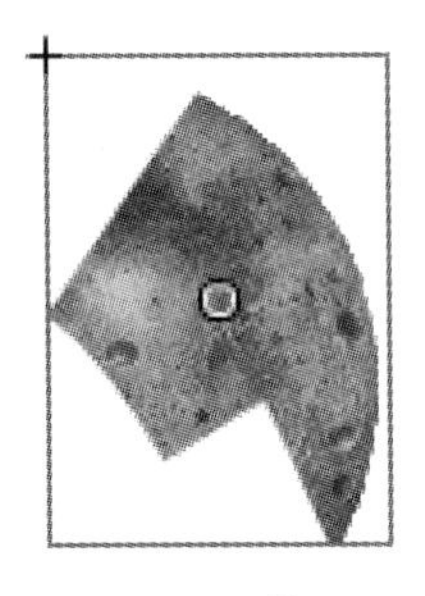

图9.7 元件“1”

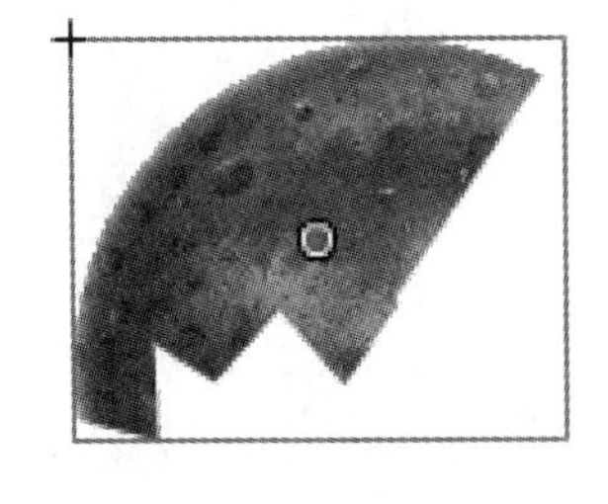

图9.8 元件“2”

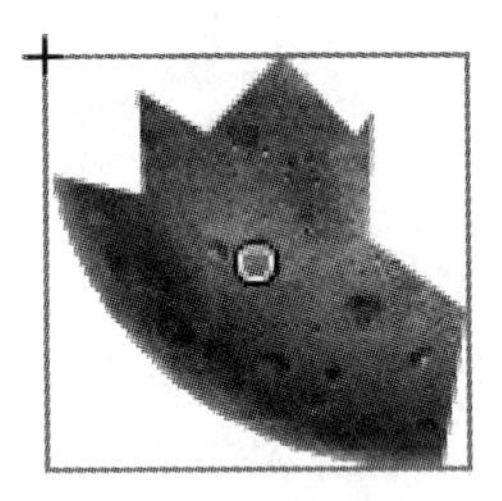

图9.9 元件“3”

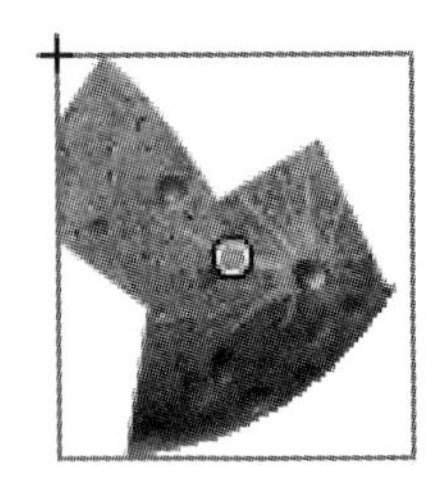

图9.10 元件“4”

19．全选中舞台中这四个元件的实例，鼠标右击，选择“分散到图层”。这四个元件分别分散到自动生成的四个以该元件名称命名的图层中。

20．按住Ctrl键，单击图层“1”、“2”、“3”和“4”的第19帧和第30帧，插入关键帧。

21．分别选择图层“1”、“2”、“3”和“4”的第30帧中的各实例，使用“任意变形工具”将它们分别移动到舞台下方，并分别对它们进行任意旋转。第30帧调整后的各实例效果如图9.11所示。

22．返回“1”、“2”、“3”和“4”这四个图层的第19帧，分别设置“创建传统补间”。

23．按住Ctrl键，单击图层“1”、“2”、“3”和“4”的第60帧，鼠标右击，选择“插入帧”。

24．在图层“4”的上方插入一个新图层，命名为“声音”。

25．选择菜单项“文件”→“导入”→“导入到库”，从“chap9\素材文件”文件夹中选择“爆炸.mp3”声音文件，将其导入。

图 9.11　图层“1”、“2”、“3”和“4”第 30 帧各实例的形状

26．选择“声音”图层的第 1 帧，从“库”面板中将“爆炸.mp3”声音文件拖入舞台，此时“声音”图层上出现了该声音的波形图，“时间轴”面板如图 9.12 所示。

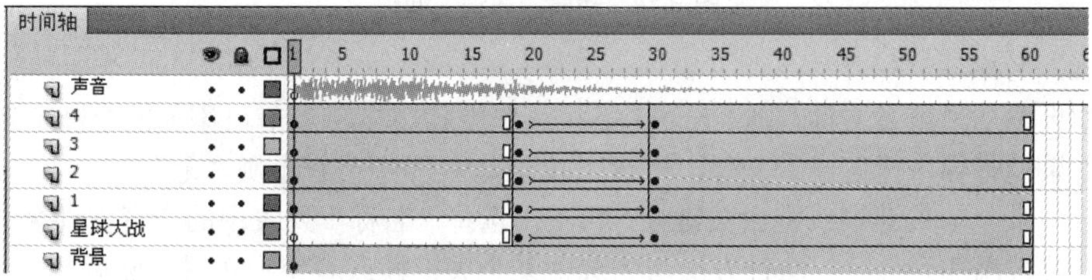

图 9.12　添加声音后的“时间轴”面板

27．选择声音图层的第 1 帧，打开其“属性”面板，在“同步”下拉菜单中选择“开始”，如图 9.13 所示。

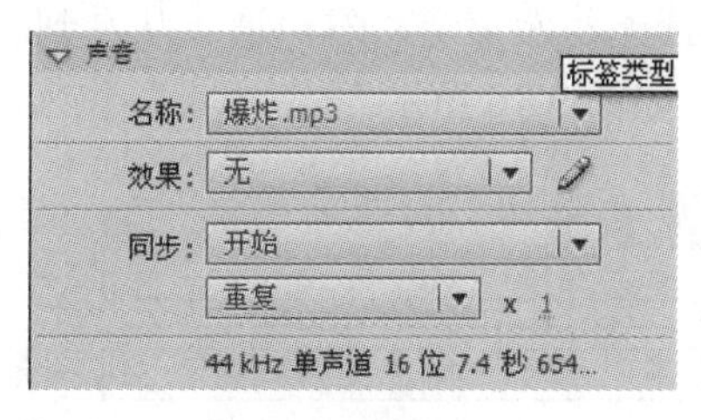

图 9.13　设置声音“同步”为“开始”

28．该任务制作完毕，保存文件，测试影片。

9.1.1.3　技术支持

1．Flash 动画作品中可以导入的声音文件的类型

声音文件可以通过类似“导入”图片文件的方法被添加到作品中。可以使用的声音文件的类型有 mp3、wav 和 aiff 等，但一般使用的声音文件的类型是 mp3 和 wav。

2．添加声音的操作

声音文件的导入可以有两种方法：

第一种方法，选择菜单项“文件”→“导入”→“导入到库”，先将声音文件导入

到库，然后从库中将声音拖入关键帧或空白关键帧中。

第二种方法，选择菜单项“文件”→“导入”→“导入到舞台”，同样也可以导入声音，但是此时导入的声音是不会出现在舞台上的，而是出现在库中。

Flash可以使用共享库中的声音，从而将声音从一个库链接到多个文档。

3．声音属性的设置

将声音添加到作品后，常常需要对导入的声音进行设置属性。在“属性”面板中主要有“名称”、“效果”和“同步”三个参数内容，如图9.14所示。

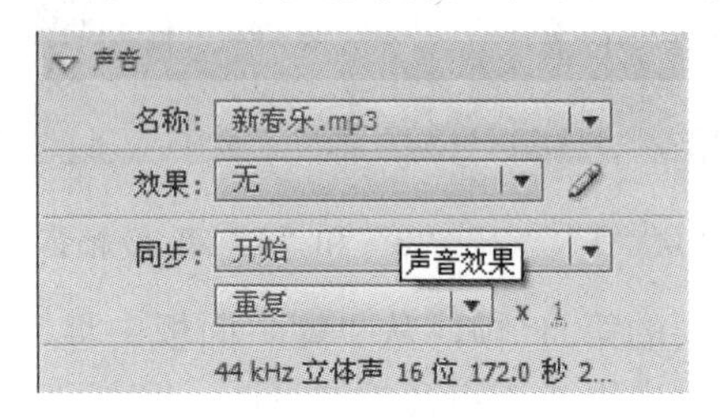

图9.14 声音“属性”面板

（1）名称

如果添加了声音文件，则“声音”下拉菜单中就会显示当前已添加的全部声音文件名；如果没有导入任何声音文件，则该下拉菜单中只有一个选项“无”。

选中某一个关键帧或空白关键帧，再单击选择“名称”列表中的声音文件名，该声音文件就被添加到该帧。这种方法与先选中某个关键帧或者空白关键，然后从“库”面板中拖入声音文件的操作效果相同。将声音添加到关键帧上后，“时间轴”面板就会出现声音的波形图，如图9.15所示。

（2）效果

“效果”下拉列表中包括无、左声道、右声道、从左到右淡出、从右到左淡出、淡入、淡出与自定义等选项，如图9.16所示。

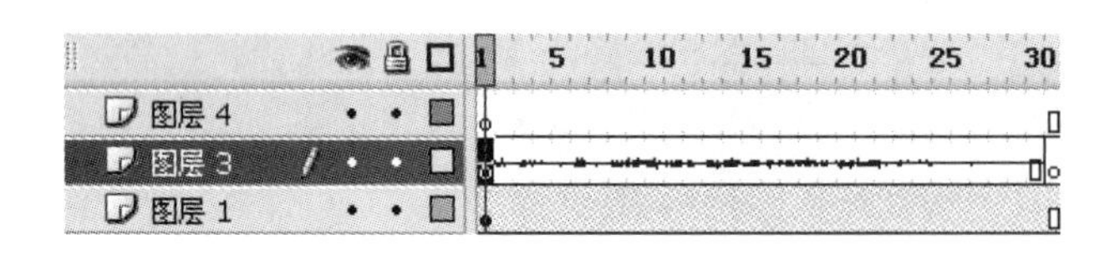

图9.15 添加声音后的“时间轴”面板

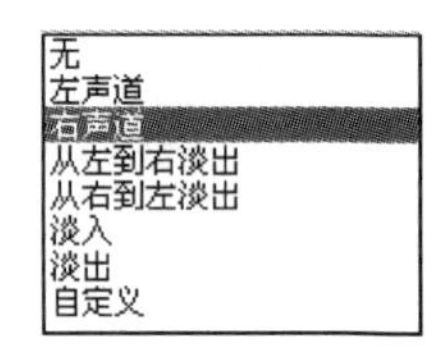

图9.16 “效果”下拉列表

① 无：不对声音文件应用效果，如果选择该选项将删除以前应用过的效果。

② 左声道、右声道：只在左声道或右声道中播放声音。

③ 从左到右淡出、从右到左淡出：声音从一个声道切换到另一个声道。

④ 淡入、淡出：声音在持续的时间内逐渐增加、减小幅度。

⑤ 自定义：可以使用“编辑封套”创建声音的淡入和淡出点。

（3）同步

“同步”可以设置声音的同步方式和播放次数，其下拉选项中有“事件”、“开始”、“停止”和“数据流”4种同步方式。

① 事件：选择该选项，会将声音和一个事件的发生同步起来。事件声音在其关键帧出现时开始播放，并独立于时间轴完整播放。即使动画已经停止播放了，声音也还会照样持续，直到播放完毕。如果事件声音需要相当长的时间来载入，影片就会在相应的关键帧处停下来，等到事件声音完全载入为止。它属于事件驱动式声音，比较适合于背景音乐或者一些不需要同步的影片音乐。下例是应用“事件”为一个按钮元件添加声音，具体操作步骤如下。

步骤 1：新建一个 Flash 文档。

步骤 2：再插入一个“按钮”元件。该“按钮”元件制作前三帧，“弹起”帧中该按钮是静止的，“指针经过”帧中它旋转，“按下”帧中恢复静止，如图 9.17 所示。

图 9.17 制作好的按钮元件

步骤 3：下面为该按钮添加声音。在“图层 1”的上方新建一个图层“图层 2”。

步骤 4：选择菜单项“文件”→“导入”→“导入到库”，从素材库中找到“笑声.wav”文件，将其导入到库中。

步骤 5：选择“图层 2”的“指针经过”帧，按 F7 功能键插入空白关键帧，从“库”面板中将导入的“笑声.wav”文件拖入舞台，此时声音波形出现在帧中，表明声音已添加到该帧。

步骤 6：打开声音“属性”面板，在“同步”下拉选项中选择“事件”模式。

步骤 7：返回到主场景窗口，从“库”面板中将已经添加了声音的按钮元件拖入舞台中。

步骤 8：选择菜单项“控制”→“测试影片”，对作品进行测试。当鼠标指针指向笑脸图形时，即发出笑声。

② 开始：开始模式和事件模式的声音相似。但有所不同的是，如果一个声音被设置为开始模式，则当该声音开始播放时，新声音实例是不会播放的。这种模式适合应用在按钮上。

③ 停止：也是属于事件驱动式的声音模式。如果选择该模式，则当事件发生时，声音停止播放。如在下例在设置“事件”模式中，“按下”帧的声音效果为静音，即当指针经过时发出笑声，而按下鼠标左键时，笑声停止。在 Flash 中操作步骤如下。

步骤 1：选中上例的“图层 2”，按 F7 功能键插入一个空白关键帧。

步骤2：将“库”面板中的“笑声.wav”声音文件拖入该帧中。

步骤3：选择“指针经过”帧中的声音“属性”面板，设置“同步”为“开始”模式。选择“按下”帧中的声音“属性”面板，设置“同步”为“停止”模式。

步骤4：选择菜单项“控制”→“测试影片”，对作品进行测试。发现当鼠标指针指向该笑脸图形时，即发出笑声，但当按下鼠标左键时，笑声停止。

④ 数据流：该模式的声音是锁定时间轴，当使用该模式的声音时，Flash播放器会尽力使声音与视频同步。如果动画较长或者机器运行较慢，Flash就会跳过一些帧来使动画与声音同步，即强制动画与声音同步。与事件模式声音不同，该模式的声音随着停止播放动画文件而停止，所以它比较适合用于网页中的动画声音效果。

总之，“同步”就是精确地匹配声音和相关画面，除了上面介绍的四种模式之外，还可以使用动作脚本（ActionScript）中提供的命令来制作更为完美的效果。

（4）重复。可以设置声音“属性”面板中“重复”的参数来指定声音循环的次数。但是如果设置为循环播放，帧就会添加到文件中，这样文件的大小就会随着循环播放的次数而倍增。

4．声音的编辑和控制

此处声音的编辑和控制是指对声音的起点和终点及播放时的音量大小进行定义，而不能与专业的声音编辑器相比。具体操作是先选择要编辑声音的关键帧，然后再单击声音“属性”面板中的按钮，弹出“编辑封套”对话框进行相应的设置即可完成。该对话框如图9.18所示。

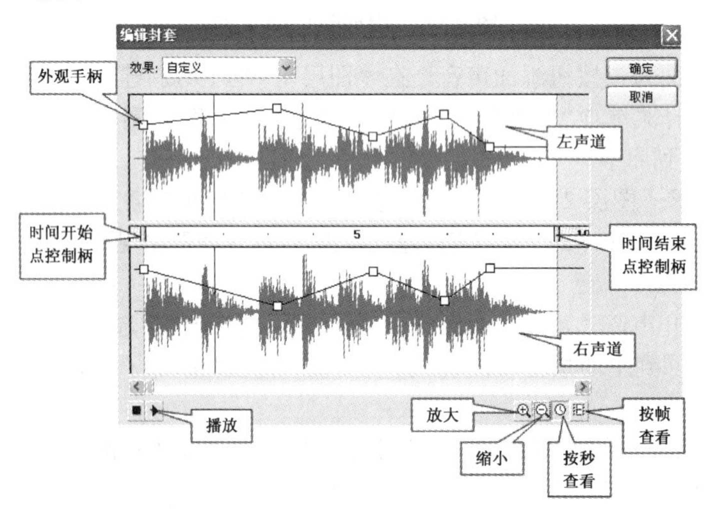

图9.18 “编辑封套”对话框

（1）时间开始点控制柄和时间结束点控制柄。这两个点分别可以改变声音的起始点和终止点。具体操作是：单击并拖动两个声道之间水平带内的时间开始点控制柄，声音将从所拖到的地方开始播放，而不从原来默认的声音起始点开始播放。另外，单击拖动两个声道之间水平带内的结束控制点，声音将从所拖到的地方结束，而不从原来默认的结束点结束。这样就可以定义声音和限制声音播放的部分，应用同一个声音的不同部分实现不同的效果。

（2）外观手柄。拖动外观手柄可以改变声音在播放时的音量高低。可以通过添加外观控制柄来实现声音音量的不同效果，如淡入、淡出、放低音量、从左声道过渡到右声道等。添加外观手柄的操作：用鼠标单击声音控制线，此时声音波形上就会出现一个空心的小正方形，这个空心的小方块就是外观控制手柄，每单击一次就添加一个控制点，然后再用鼠标拖动这些外观控制手柄就可以调整音量了。如果直接使用鼠标将控制手柄拖出对话框窗口，则可以删除该控制手柄。

（3）缩、放按钮。通过单击缩、放按钮可以调整窗口中的声音波形图以缩小或者以放大的模式显示。缩小显示时可以浏览声音波形图的全貌，放大显示时便于对声音波形图进行微调。

（4）按帧、秒查看。单击这两个按钮可以转换窗口中央标尺的显示单位。如果要计算声音播放的时间，可以选择“按秒查看”，使标尺以“秒”为单位。如果要在屏幕上将可视元素与声音同步，则最好选择“按帧查看”，使标尺以“帧”为单位。

（5）如果对声音的编辑都操作完毕，可以单击窗口左下方的“播放”按钮，对编辑后的声音进行测试，直到满意为止，最后单击“确定”按钮，退出该对话框。

9.1.2 任务2 导入视频

9.1.2.1 任务说明

Flash 中还可以导入视频，使之与其他对象融为一体，制作出更为精彩的效果。选择菜单项“文件”→“导入”→“导入视频”可以导入视频文件，本任务是在任务 1 完成的基础之上再导入视频，制作完成后的效果如图 9.19 所示。

图 9.19 任务 2“导入视频”效果

9.1.2.2 任务步骤

1. 打开 Flash CS5 应用程序，打开任务 1 中制作完成的文档“项目 1_星球大战.fla”。

2．选择菜单项“文件”→“导入”→“导入视频”，在打开的“chap9\素材文件”文件夹中选择准备好的视频文件“星球大战.flv”。

3．此时弹出导入视频操作向导步骤的第1步骤，如图9.20所示。

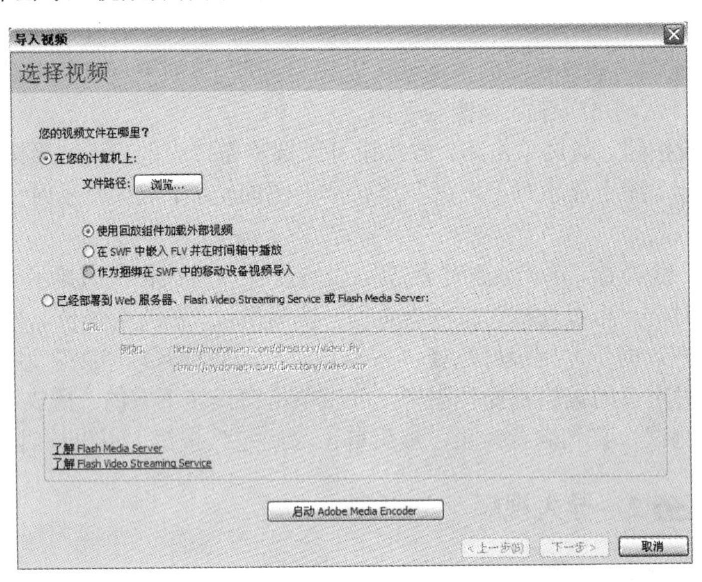

图9.20　导入视频向导步骤的第1步

4．在该对话框中，选择第二个单选项“在SWF中嵌入FLV并在时间轴中播放”。

5．单击对话框中“文件路径：”后的“浏览”按钮。

6．在弹出的“打开”对话框中选择“chap9\素材文件”文件，选择其中的视频文件“星战效果.flv”文件，再单击“打开”按钮。

7．返回到第1步的向导步骤对话框，如图9.21所示。

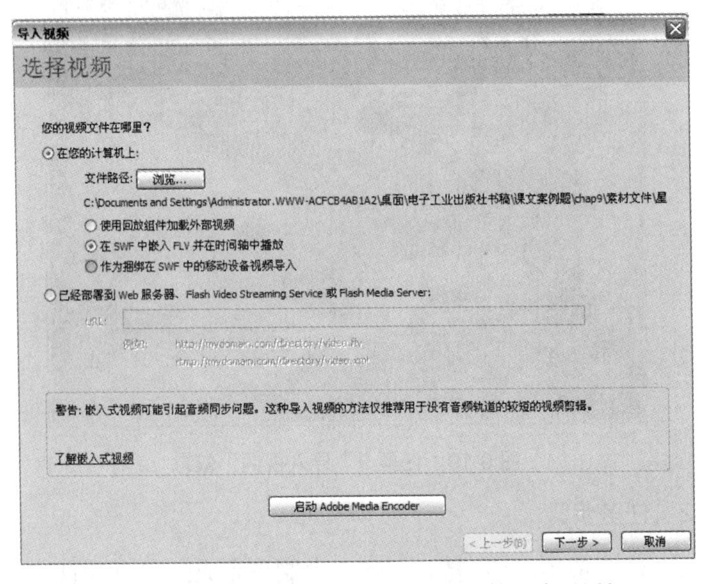

图9.21　选择导入文件之后的向导步骤第1步对话框

8．单击该对话框中的“下一步”按钮，出现第2步对话框，如图9.22所示。

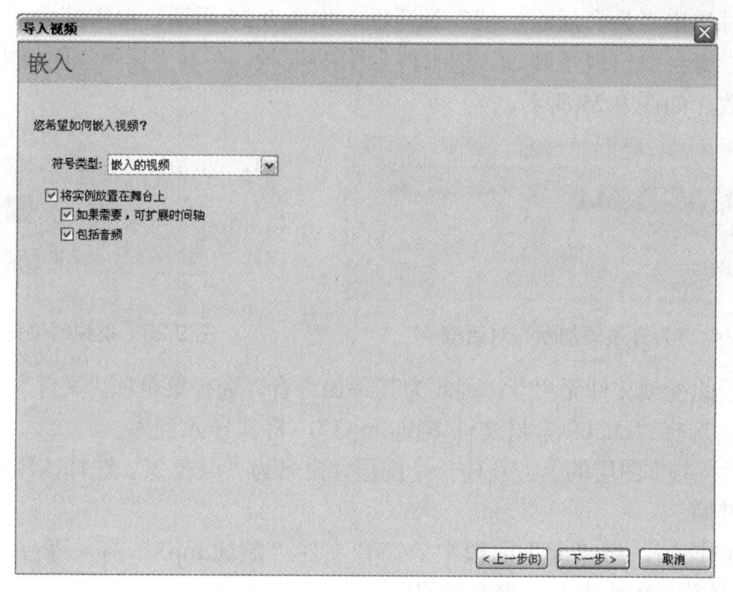

图9.22 向导步骤第2步对话框

9．取消“将实例放置在舞台上”的勾选，单击“下一步”按钮，弹出向导步骤的最后一步对话框，如图9.23所示。

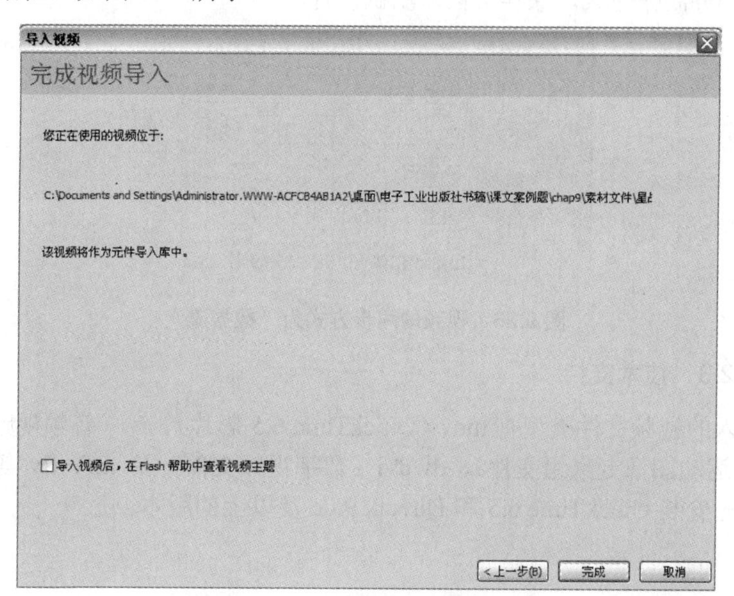

图9.23 向导步骤最后一步对话框

10．单击该对话框中的“完成”按钮，就将该视频文件导入到库中了。

11．在主场景的“声音”图层上方新建一个图层，命名为“视频”。

12．选择该图层的第60帧，插入关键帧。从库中将导入的视频“星战效果.flv”拖入舞台。

13．此时弹出“为介质添加帧”对话框，如图 9.24 所示，单击其中的“是”按钮。

14．此时舞台中出现了视频。选中舞台中的视频，在其“属性”面板中设置“位置和大小”参数，如图 9.25 所示。

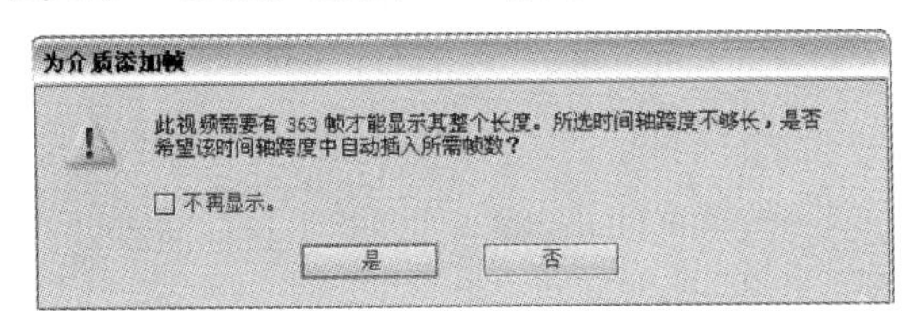

图 9.24 “为介质添加帧”对话框

图 9.25 视频的位置和大小

15．由于此视频文件无声音，因此为其添加声音。选择菜单项“文件”→“导入”→“导入到库”，选择“chap9\素材文件\蹦迪.mp3”，将其导入到库。

16．在“视频”图层的上方新建一个图层，命名为“声音 2”，选择该图层的第 60 帧，插入空白关键帧。

17．选择该帧，将“库”面板中的声音文件“蹦迪.mp3”拖入舞台，此时就为本任务中添加的视频文件添加了声音效果。

18．选择“声音 2”图层的第 60 帧，打开该声音“属性”面板，设置其“同步”方式为“数据流”，如图 9.26 所示。

19．本任务制作完成，保存文档，测试影片。

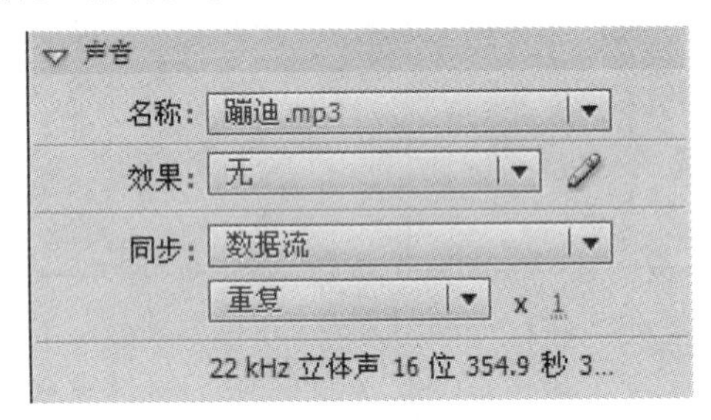

图 9.26 视频的同步方式为“数据流”

9.1.2.3 技术支持

可以导入的视频文件类型有 mov（QuickTime 6.5 影片）、avi（音频视频交叉文件）、mpg/mpeg（运动图像专家组文件）、dv/dvi（数字视频文件）及 asf、flv 等文件。但要求系统要预先安装 QuickTime 6.5 和 Directx 9.0c 及以上的版本。

习题

1．填空题

（1）在向 Flash 中导入视频前，系统应该安装__________和__________及以上的版本。

（2）声音文件添加到动画中需要先____________，再拖入舞台。

（3）声音文件只有在设置为____________流时，才能与时间轴同步播放。

（4）声音的编辑可以通过_____________对话框加以调整。

（5）Flash 导入视频有_______种方式。

2．选择题

（1）不可以导入 Flash 动画中的视频格式是_________。

A．avi　　B．mpeg　　C．rm　　D．asf

（2）声音文件添加到动画中后，可以通过_________查看。

A．帧中波形　　B．舞台　　C．影片剪辑　　D．按钮

（3）声音的同步方式有________。

A．开始　　B．数据流　　C．停止　　D．事件

（4）使用声音的“事件”同步方式，动画结束播放时，声音_________。

A．停止播放　　B．还在播放　　C．不一定

（5）下面的说法正确的是________。

A．声音只能导入到关键帧上

B．声音只能导入到空白关键帧上

C．声音只能导入到关键帧和空白关键帧上

D．声音只能导入到普通帧上

3．思考题

声音“事件”、“开始”、“停止”和“数据流”4 种同步方式的不同点和相同点各是什么？

实训十一　多媒体影片的制作

一、实训目的

掌握声音文件和视频文件的导入和添加操作。

二、操作内容

1．为第 6 章中项目 1“美丽的季节”制作背景音乐。

（1）打开课文第 6 章的项目“美丽的季节.fla”。

（2）导入古筝乐曲“梅花三弄.mp3”，并用做该影片的背景音乐。

（3）设置添加的乐曲声音渐渐减弱的效果。

2．应用声音的“同步”和“编辑封套”制作案例“又哭又笑的宝宝”。

（1）制作一个按钮元件，使该按钮在“弹起”、“指针经过”和“按下”三帧中具有不同的效果，如图 9.27 所示。

（2）导入两个声音文件“笑声.mp3”和“哭声.mp3”，分别将它们添加在“指针经过”帧和“按下”帧中。

（3）应用声音封套，调整声音长度为 1s，并测试其效果。

图 9.27　又哭又笑的宝宝

3．练习综合导入声音和视频的多媒体广告“送礼来了”，如图 9.28 所示。

图 9.28　多媒体广告影片“送礼来了”

（1）新建一个文档，尺寸设置为 550×400，帧频为 24。

（2）导入制作该影片需要的视频文件“礼物.flv”（选择“使用回放组件加载外部视频导入”方式将其导入到库），导入制作该影片需要的声音文件“新春乐.mp3”。

（3）在图层 1 的第 1 帧将该视频拖入。

（4）插入一个影片剪辑元件“送礼来了”，制作一个从喇叭中逐字飞出“送礼来了”的动画片段。

（5）在图层 1 上方新建“图层 2”，将影片剪辑元件“送礼来了”拖入该图层的第 1 段。

（6）在图层 2 上方新建一个“图层 3”，将“新春乐.mp3”声音拖入该图层的第 1 帧。

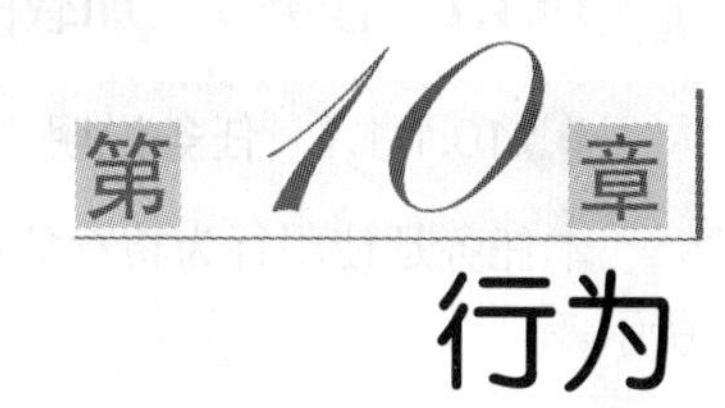

行为

使用行为，用户无须自己动手编写 ActionScript 脚本，就可以给 Flash 文档添加功能强大的动作脚本代码，从而给 Flash 内容（如文本、电影剪辑、按钮、图像、声音等）添加交互性效果。

10.1 项目 1 制作“简易拼图游戏”

行为是系统预先编写好 ActionScript 动作脚本而实现的一系列功能，用户在使用行为时，可以不用手动编写 ActionScript 动作脚本，只要在对象上应用行为，即可实现相应的交互性效果。本项目由 3 个任务组成，其效果如图 10.1 所示，

图 10.1 “项目 1_简易拼图游戏”效果图

10.1.1 任务 1 加载图像

10.1.1.1 任务说明

本任务是使用行为将存放在影片文件外部的图像文件加载到影片中，其效果如图 10.2 所示。

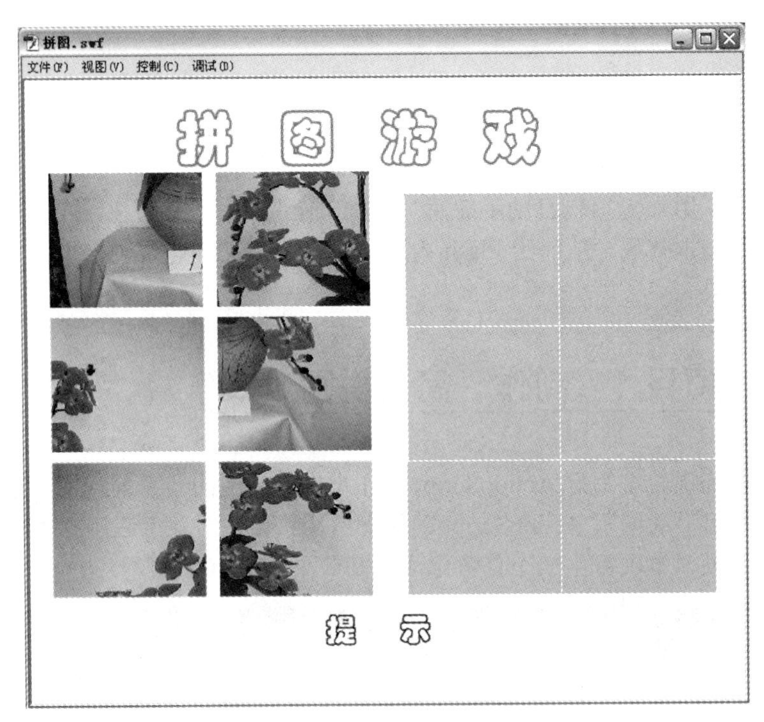

图 10.2 任务 1 加载外部图像

10.1.1.2 任务步骤

1．新建一个 Flash 文档文件，背景色为“白色（#FFFFFF）”，尺寸为“700px×600px”，帧频为 12fps。保存文件，命名为“项目 1_简易拼图游戏.fla”。

2．在图层 1 的第 1 帧，使用文本工具，输入文字“拼图游戏”，打开其“属性”面板，设置其颜色为“橙色（#FF6600）”，其他属性如图 10.3 所示，调整文本使之位于舞台上方的中间。

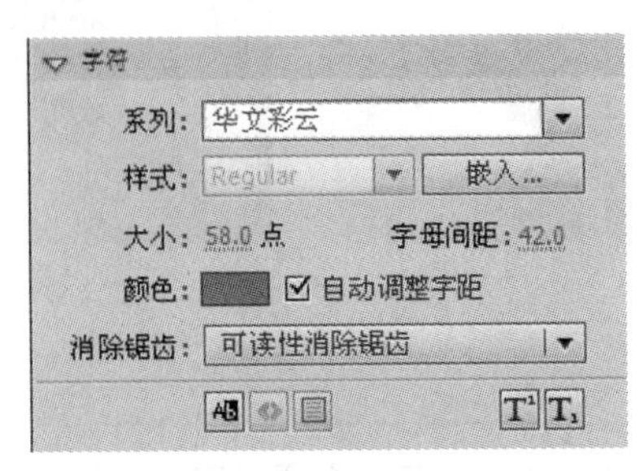

图 10.3 “拼图游戏”文本属数

3. 使用矩形工具绘制6个同样的小矩形，小矩形的填充颜色为“橘黄色(#FF9900)”，大小为150×129，笔触为“无”。调整各矩形使其不要连接，而是相互间留有1像素左右的接缝，如图10.4所示。

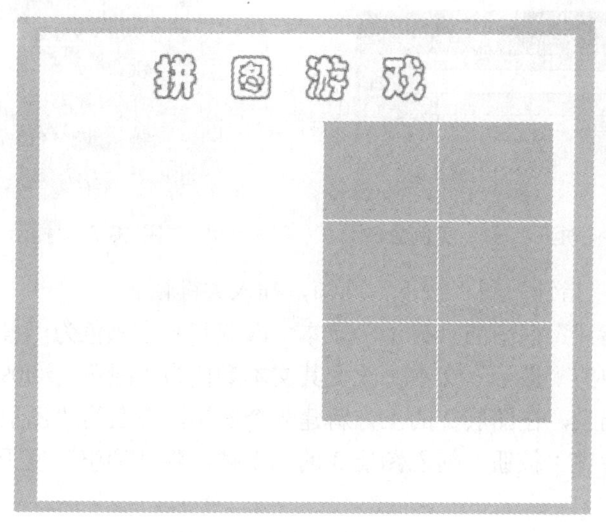

图10.4　绘制6个小矩形

4. 新建一个影片剪辑元件，命名为“矩形”，进入该元件窗口，使用矩形工具绘制一个小矩形，填充颜色为任意，大小为“150×129”，笔触颜色为“无”。

5. 返回主场景，在“图层1”图层的上方，新建一个图层，默认名称为“图层2”。

6. 选择“图层2”的第1帧，从“库”面板中拖入“矩形”影片剪辑元件6次，且调整它们位于舞台的左边，位置如图10.5所示。

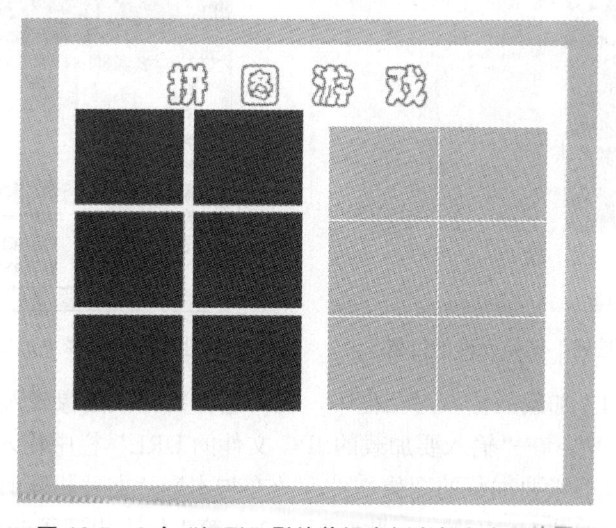

图10.5　6个“矩形”影片剪辑实例在舞台中的位置

7. 分别选中舞台中这6个“矩形”影片剪辑实例，打开其“属性”面板，为其依次命名为“a1”、“a2”、“a3”、“a4”、“a5”和“a6”，如图10.6所示。

8．新建一个按钮元件，命名为“按钮”。在其“弹起”帧中输入文字“提示”，将文本颜色设置为“蓝色（#0000FF）”，其他属性如图 10.7 所示。

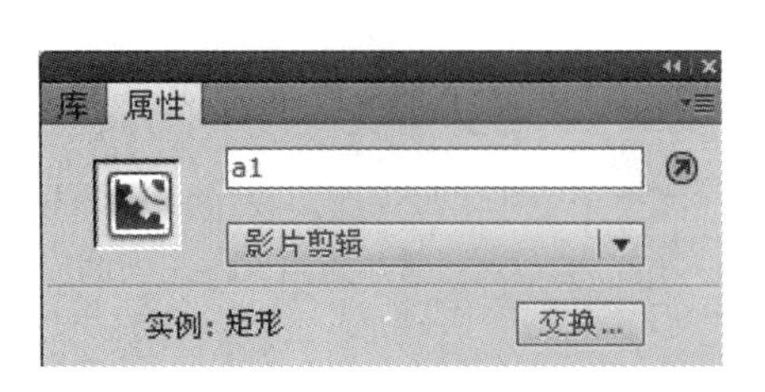

图 10.6　为 6 个“矩形”影片实例命名

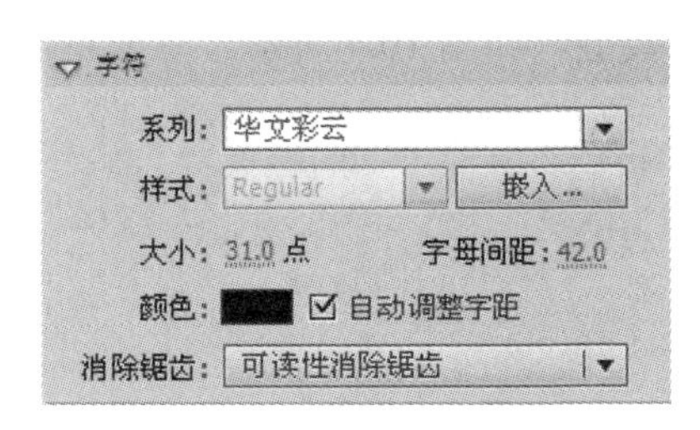

图 10.7　“提示”文本属性

9．分别选择“指针”和“按下”两帧，插入关键帧。

10．选择“指针”帧中的“提示”文本，改变其文本颜色为“橙色（#FF9900）”；选择“按下”帧中的“提示”文本，改变其文本颜色为“绿色（#009900）”。

11．返回主场景，在图层 2 的上方新建一个图层，命名为“图层 3”。

12．将按钮元件“按钮”拖入图层 3 的第 1 帧，将其调整到位于舞台下方的中间，如图 10.8 所示。

13．鼠标选择“图层 2”第 1 帧。选择菜单项“窗口”→“行为”，打开“行为”面板，单击该“行为”面板中的 按钮，在打开的菜单中选择“影片剪辑”→“加载图像”命令，如图 10.9 所示，弹出“加载图像”对话框。

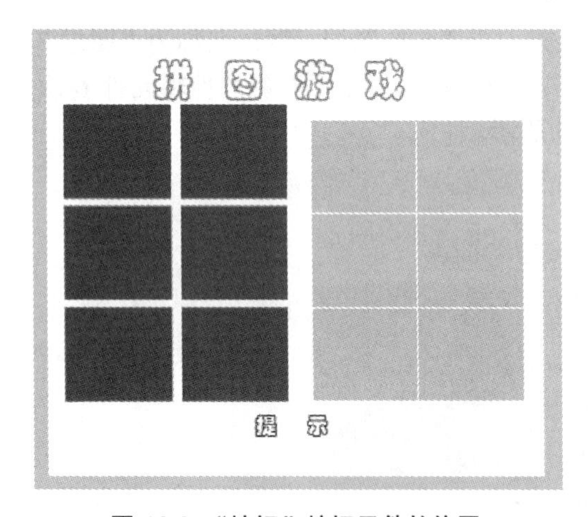

图 10.8　“按钮”按钮元件的位置

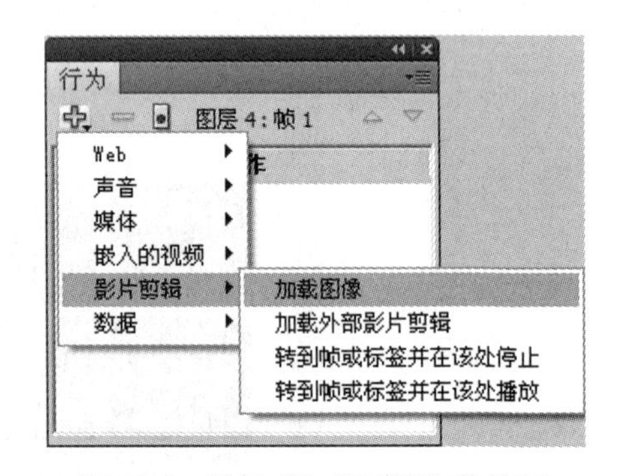

图 10.9　选择“加载图像”菜单项

14．在弹出的“加载图像”对话框中，在“选择要将该图像载入到哪个影片剪辑”栏中选择“a1”实例，在“输入要加载的.JPG 文件的 URL”栏中输入“6.gif”（此时的 6.gif 图像文件以及后续要加载的图像文件存放在与本影片文件相同的路径下），最后单击“确定”按钮，如图 10.10 所示，此时图层 2 的第 1 帧上出现了一个“a”标志。

15．重复步骤 13，再次打开“加载图像”对话框，此时在“选择要将该图像载入到哪个影片剪辑”栏中选择“a2”实例，在“输入要加载的.JPG 文件的 URL”栏中输入“5.gif”，最后单击“确定”按钮，如图 10.11 所示。

图 10.10 “加载图像”对话框

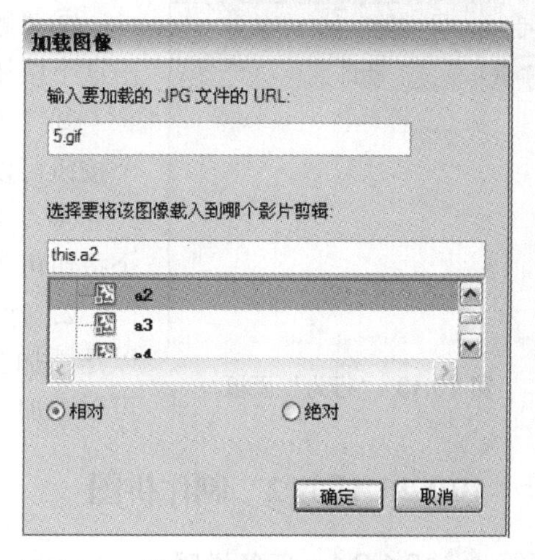

图 10.11 第 2 次设置“加载图像”对话框

16．重复步骤 13，再次打开“加载图像”对话框，此时在“选择要将该图像载入到哪个影片剪辑”栏中选择“a3”实例，在“输入要加载的.JPG 文件的 URL”栏中输入“4.gif”，最后单击“确定”按钮。

17．重复步骤 13，再次打开“加载图像”对话框，此时在“选择要将该图像载入到哪个影片剪辑”栏中选择“a4”实例，在“输入要加载的.JPG 文件的 URL”栏中输入“3.gif”，最后单击“确定”按钮。

18．重复步骤 13，再次打开“加载图像”对话框，此时在“选择要将该图像载入到哪个影片剪辑”栏中选择“a5”实例，在“输入要加载的.JPG 文件的 URL”栏中输入“1.gif”，最后单击“确定”按钮。

19．重复步骤 13，再次打开“加载图像”对话框，此时在“选择要将该图像载入到哪个影片剪辑”栏中选择“a6”实例，在“输入要加载的.JPG 文件的 URL”栏中输入“2.gif”，最后单击“确定”按钮。

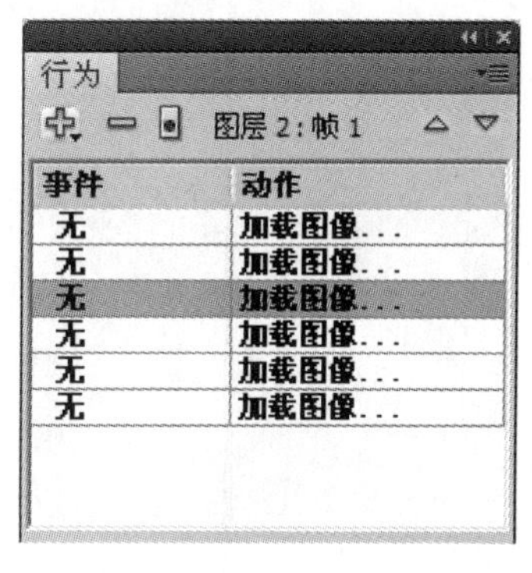

图 10.12 制作 6 次“加载图像”之后的“行为”面板

20．此时的“行为”面板如图 10.12 所示。

21．该任务制作完毕，保存文件，测试影片。

10.1.1.3 技术支持

1．“行为”面板的操作。选择“窗口”→“行为”命令可以打开和关闭“行为”面板；单击面板右上方的“关闭”按钮也可以关闭“行为”面板。“行为”面板如图 10.13 所示，它包括两列内容，左边显示的是“事件”，右边显示的是“动作”。

单击“行为”面板左上角的小三角可以折叠和展开面板。该面板上方有一排功能按钮，主要功能介绍如下。

①“添加行为”按钮 。单击这个按钮可以弹出一个包括很多行为的下拉菜单，

图 10.13 “行为”面板

在下拉菜单中可以选择需要添加的具体行为。

②“删除行为”按钮。选择要删除的行为项，单击这个按钮可以将所选中的行为删除。

③“上移”按钮。选择要删除的行为项，单击这个按钮可以将选中的行为位置向上移动。

④“下移”按钮。选择要删除的行为项，单击这个按钮可以将选中的行为位置向下移动。

2．行为除了像本任务中是添加在关键帧中的，还可以是添加在按钮或影片剪辑实例上的，而且一个对象上可以添加一个行为或者多个行为。

10.1.2 任务 2 制作拼图

10.1.2.1 任务说明

行为还可以添加在按钮或影片剪辑实例上，本任务即是对影片剪辑实例添加行为制作拼图，其效果如图 10.14 所示。

图 10.14 任务 2 拼图效果

10.1.2.2 任务步骤

1．打开 Flash CS5 应用程序，打开任务 1 中制作完成的文档“项目 1_简易拼图游戏.fla”。

2．选中舞台中的影片剪辑实例“a1”，打开“行为”属性面板，单击“添加行为”按钮，在弹出的菜单中选择“开始拖动影片剪辑”，如图 10.15 所示。

3．在弹出的“开始拖动影片剪辑”对话框中单击“确定”按钮，返回到“行为”面板，如图 10.16 所示。

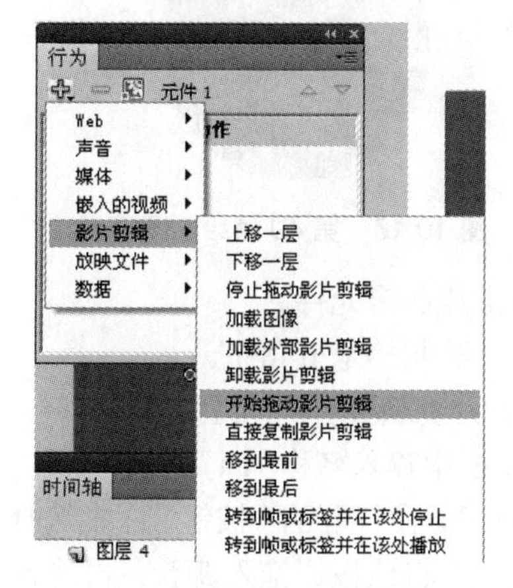

图 10.15　选择“开始拖动影片剪辑”菜单项

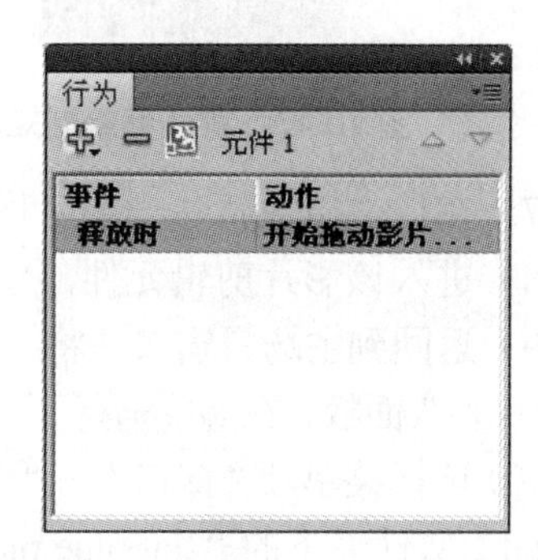

图 10.16　添加“开始拖动影片剪辑”的行为面板

4．单击该对话框中的“释放时”按钮，在弹出的列表中选择“按下时”。

5．单击“行为”面板中的“添加行为”按钮，在弹出的菜单中选择“停止拖动影片剪辑”，该影片剪辑实例的添加行为即操作完成。

6．分别依次选中舞台中的影片剪辑实例“a2”、“a3”、“a4”、“a5”和“a6”，重复步骤 2～步骤 5，为这 5 个实例添加一样的两个行为。

7．本任务制作完成，保存文档，测试影片。

10.1.2.3　技术支持

1．在“行为”面板中单击“添加行为”按钮，在弹出菜单中根据不同的选择对象，其内容也不同。

2．更改事件类型。一般在定义按钮、影片剪辑的行为时，系统默认的事件类型是“释放时”，如果想更改事件类型，则可以单击“事件”，其右边出现一个黑色三角形，再单击该三角形按钮，则弹出事件类型的菜单，可以在其中选择想要更改的事件类型。

3．行为可以添加在按钮或影片剪辑上，而且一个对象上可以添加一个行为或者多个行为。如，下例即是将加载外部影片剪辑添加在按钮上的。

（1）新建一个 Flash 文档，背景色为“灰色（#CCCCCC）”，尺寸为“400px×300px”。

（2）选择第 1 帧，使用“矩形工具”在舞台中绘制一个无轮廓线的填充色为“红色#FF0000”的矩形，如图 10.17 所示。

（3）选择该图层的第 40 帧，使用“椭圆工具”绘制一个无轮廓线的填充色为“蓝色（#0000FF）”的圆形，如图 10.18 所示。

（4）返回到第 1 帧，打开“属性”面板，设置补间为“动画”。

（5）保存该文件，命名为“变形动画.fla”；导出该影片，命名为“变形动画.swf”。

（6）新建一个 Flash 文档，将新文件命名为“加载影片元件.fla”，且文件与前面的“变形动画.swf”文件保存在同一路径下。

图 10.17　第 1 帧绘制矩形

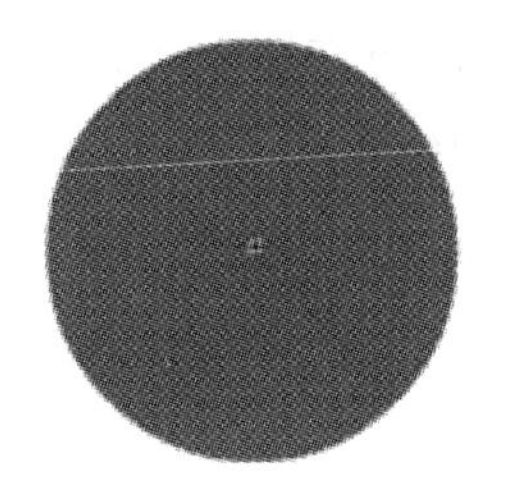

图 10.18　第 40 帧绘制圆形

（7）在该文档中新建一个名称为“五星”的影片剪辑元件。

（8）进入该影片剪辑元件，使用“星形工具”绘制一个五角星。

（9）返回到主场景窗口，将“库”面板中的影片剪辑元件“五星”拖入舞台。然后打开“属性”面板，在 影片剪辑 下面的文本框中输入名称“aa”，如图 10.19 所示。

（10）选择菜单项“窗口”→“公用库”→“按钮”，在打开的“按钮”库中选择“play back flat”文件夹下的“flat blue play”，从预览窗口中将该按钮拖入舞台；再选择“play back flat”文件夹下的“flat blue stop”，从预览窗口中将该按钮也拖入舞台。调整它们的位置，如图 10.20 所示。

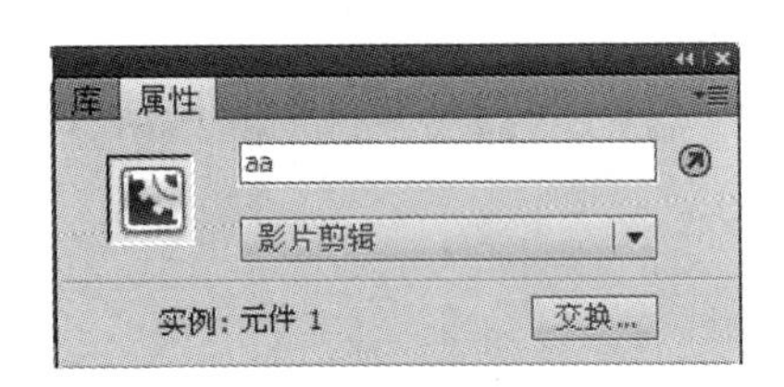

图 10.19　对影片剪辑实例命名为“aa”

图 10.20　将公用库中的两个按钮拖入舞台

（11）选择左边的“播放”按钮，选择菜单项“窗口”→“行为”，打开“行为”面板，如图 10.21 所示。单击该“行为”面板中的 按钮，在打开的菜单中选择“影片剪辑”→“加载外部影片剪辑”命令，弹出“加载外部影片剪辑”对话框，如图 10.22 所示。

图 10.21　“行为”面板

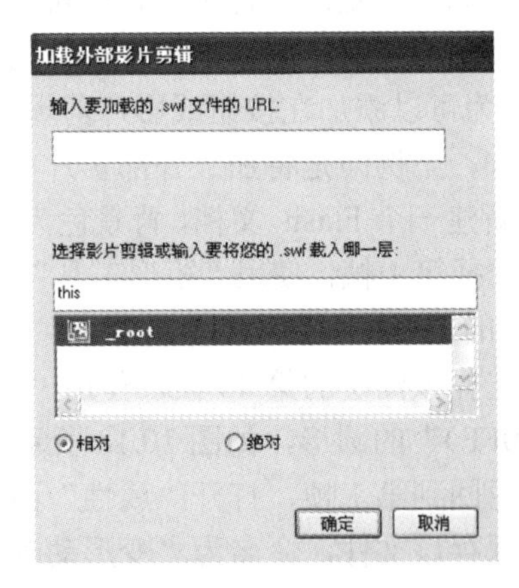

图 10.22　“加载外部影片剪辑”对话框

（12）在该“加载外部影片剪辑”对话框中的“输入要加载的.swf 文件的 URL”下面的文本框中输入“变形动画.swf”，在“选择影片剪辑或输入要将您的.swf 载入哪一层”下的列表中选择 aa，最后单击“确定”按钮，如图 10.23 所示。

（13）至此为“播放”按钮添加行为效果的操作即设置完毕。这时其效果是“释放”鼠标时才加载影片剪辑，但一般习惯的效果是单击时即开始加载，因此还需要为按钮添加行为。单击“行为”面板中的事件“释放时”，其右边出现一个黑色三角形，单击该三角形，在弹出的菜单中选择“按下时”，如图 10.24 所示，该按钮的行为效果即设置完毕。

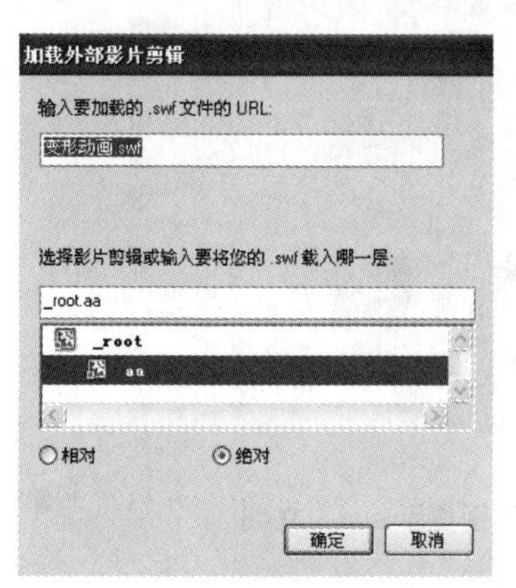

图 10.23　选择将影片剪辑载入哪一层

图 10.24　“播放”按钮的“行为”面板

（14）同样，为了实现单击“停止”按钮时能够停止加载外部影片剪辑的效果，也需要为“停止”按钮添加行为。

（15）选择“停止”按钮，单击“行为”面板中的按钮，在打开的菜单中选择“影片剪辑”→“卸载影片剪辑”，弹出“卸载影片剪辑”对话框，如图 10.25 所示。

（16）在该对话框中，选择 aa 列表，单击“确定”按钮，这样就为该按钮添加了行为，此时的“行为”面板如图 10.26 所示。

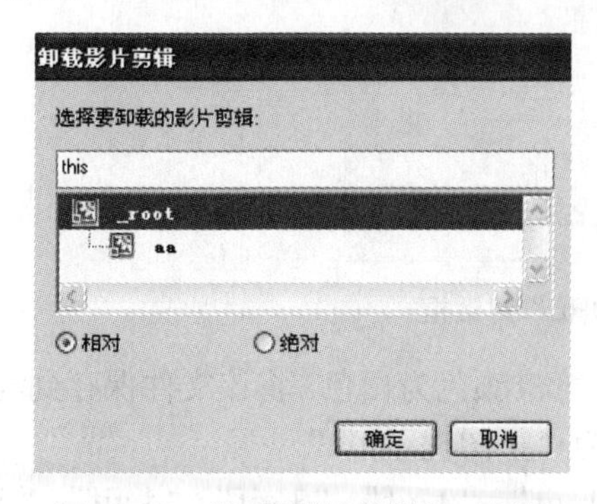

图 10.25　“卸载影片剪辑”对话框

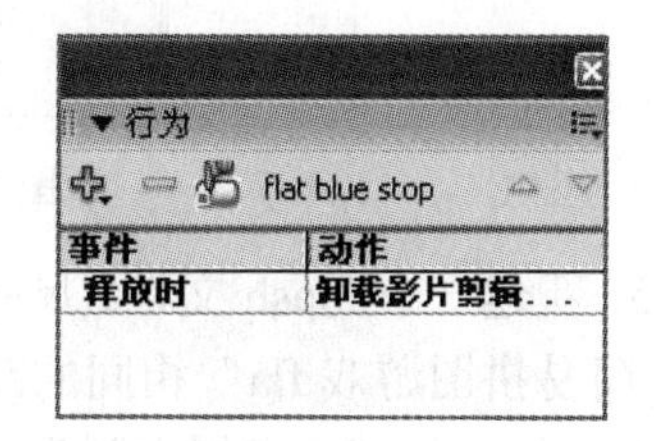

图 10.26　“停止”按钮的“行为”面板

（17）本案例操作完毕，保存文件，测试文件。

10.1.3 任务3 制作链接到拼图提示

10.1.3.1 任务说明

使用对按钮添加“跳转到WEB页”行为，制作链接，其效果如图10.27所示。

图10.27 任务3链接到“拼图提示.swf”文档

10.1.3.2 任务步骤

1．打开Flash CS5应用程序，打开任务2中制作完成的文档“项目1_简易拼图游戏.fla”。

2．选中图层3中的“提示”按钮实例，单击“行为”面板中的“添加行为”按钮。

3．在弹出菜单中选择“WEB”→“转到URL”。

4．在弹出的“转到URL”对话框的“URL”栏中输入“拼图提示.swf”，在“打开方式”中选择“_blank”，如图10.28所示。

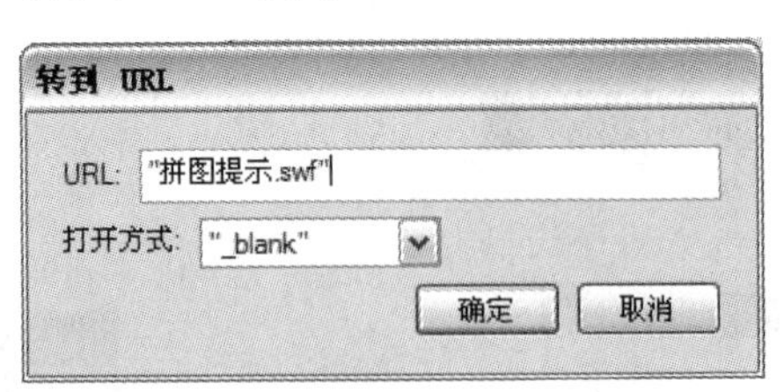

图10.28 “转到URL”对话框

5．新建一个Flash文档，尺寸为700×500，背景颜色为白色。将该文件保存到与“项目1_简易拼图游戏.fla”相同的路径中，命名为“拼图提示.fla”。

6．将“chap10\素材文件”文件夹下的“1.gif”、“2.gif”、“3.gif”、“4.gif”、“5.gif”和“6.gif”这6个图片文件导入到库中。

7．创建6个图形元件，将这6个图片分别放入这6个图形元件的第1帧。

8．返回到该文件的主场景中，选择图层1输入“拼图提示”和“返回继续”文字，且绘制 6 个小矩形，如图 10.29 所示。

图 10.29 “拼图提示”文档的图层 1

9．在图层 1 的上方新建 6 个图层，分别将库中的 6 个图形元件拖入这 6 个图层的第 1 帧，且将它们的位置调整为如图 10.30 所示。

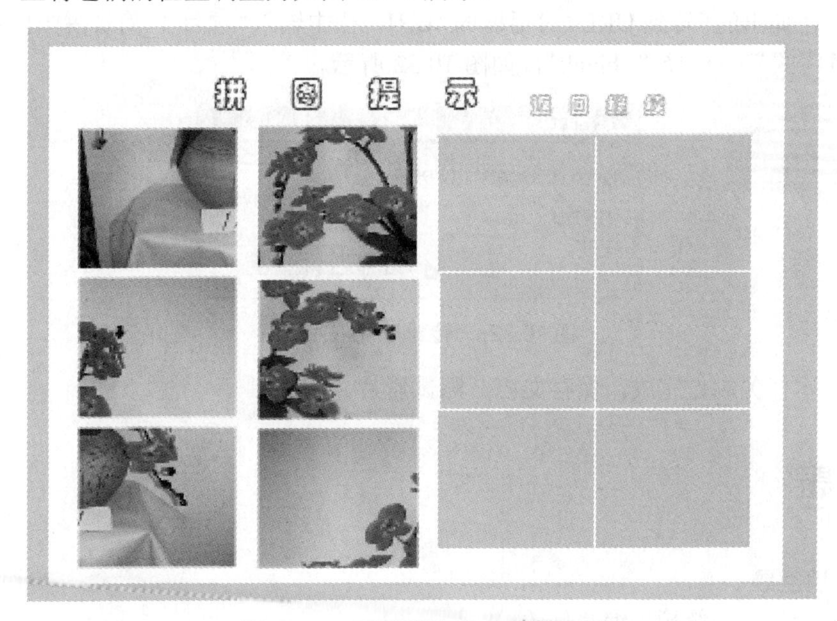

图 10.30 “拼图提示”文档的位置

10．分别制作这 6 个图层中的 6 个图形元件实例的动画，将其从左边的位置移到右边的小矩形上，且将它们拼成一幅完成的图片，其“时间轴”面板如图 10.31 所示。

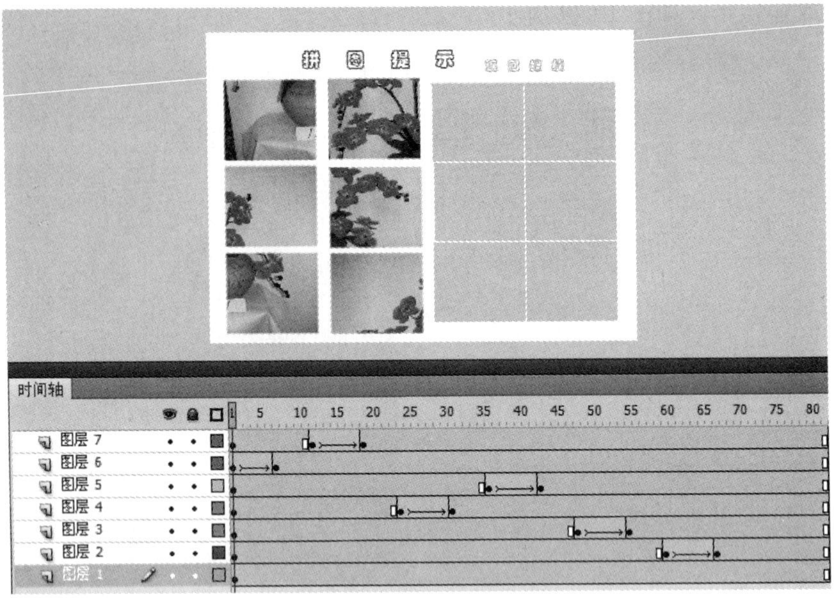

图 10.31 “拼图提示”的“时间轴”面板

11．选择舞台右上方的“返回继续”文本，打开“行为”面板，单击“行为”面板中的“添加行为”按钮。

12．在弹出菜单中选择“WEB”→“转到 URL”。

13．在弹出的“转到 URL”对话框的“URL”栏中输入“项目 1_简易拼图提示.swf”，在“打开方式”中选择“_blank”，如图 10.32 所示。

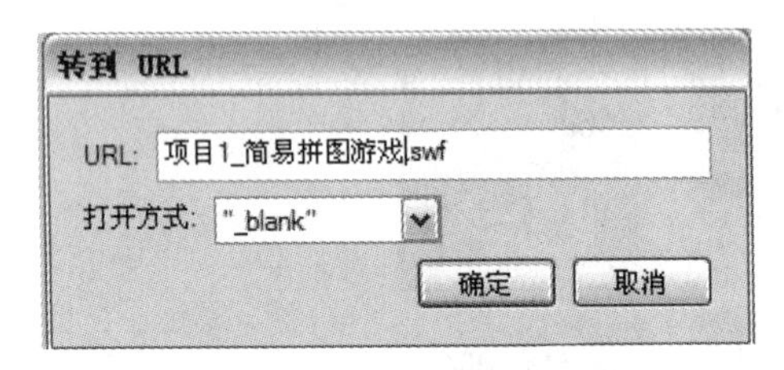

图 10.32 “转到 URL”对话框

14．本任务制作完成，保存文档，测试影片。

习题

1．填空题

（1）行为是系统预先编写好的__________________。

（2）在给按钮或者影片剪辑元件添加行为时，其默认的事件类型是____________。

（3）行为的事件类型有 8 种_______、________、_______、________、________、________、________和_________。

（4）行为可以添加在__________、__________和 __________对象上。

（5）可以对一个对象添加__________个行为。

2．选择题

（1）删除行为的操作________。

A．只能单击面板中的“删除行为”按钮　　B．只能单击 Delete 键

C．A 和 B 都对

（2）选择不同的对象，添加行为都________。

A．相同　　B．不同　　C．无法判断

（3）设置行为的事件类型后________。

A．不能修改　　B．可以修改

（4）对文字_______添加行为。

A．可以　　B．不可以

（5）添加在一个对象上的多个行为的顺序是_______。

A．不能移动　　B．可以移动　　C．无法判断

3．问答题

（1）如何使用“行为”添加声音和控制声音？

（2）如何修改添加在对象上的行为事件？

实训十二　行为操作

一、实训目的

掌握行为面板的使用和使用行为制作交互性影片。

二、操作内容

1．使用“添加行为”中的“影片剪辑”→“开始拖动影片剪辑”，制作“可拖曳的探照灯”效果，如图 10.33 所示。

图 10.33　可拖曳的探照灯

（1）新建一个 Flash 文档，在“图层 1”的第 1 帧中使用“文本工具”输入“Flash”字样的文字。

（2）插入一个影片剪辑元件，使用“椭圆工具”绘制一个圆。

（3）在“图层 1”的上方添加一个遮罩图层，将含有圆形的影片剪辑元件拖入该层。

（4）给该实例的影片剪辑命名为“A”。

（5）为该影片剪辑添加按下时“开始拖动影片剪辑”和释放时“停止拖动影片剪辑”两个行为。

2．使用“添加行为”中的“影片剪辑”→“直接复制影片剪辑”，制作单击按钮，复制图片的效果，如图 10.34 所示。

（1）新建一个 Flash 文档。

（2）插入一个影片剪辑元件，在该元件中导入一张图片。

（3）返回到主场景中，将前面制作好的影片剪辑元件拖入，且从公用库中选择按钮，也拖入舞台。

（4）为“按钮”添加行为，选择“影片剪辑”→“直接复制影片剪辑”菜单项，在弹出的“直接复制影片剪辑”对话框中设置参数以实现效果。

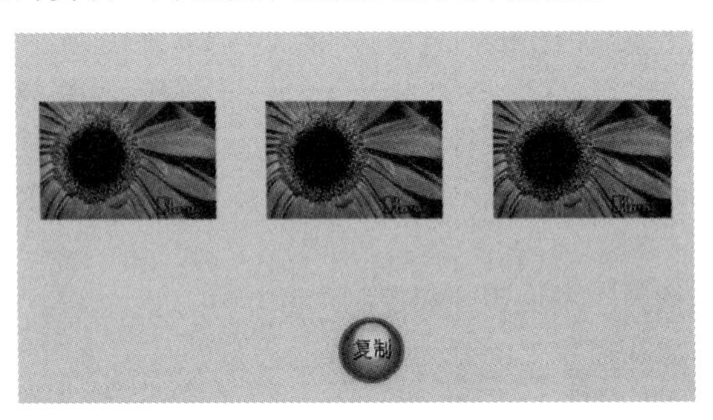

图 10.34　使用“直接复制影片剪辑”复制图片

3．使用“添加行为”中的“声音”→“从库加载声音”→“播放声音”→“停止声音”命令为文字添加相应的行为效果，如图 10.35 所示。

载入声音

停止声音

播放声音

图 10.35　添加行为效果

（1）使用文本工具输入“加载声音”、“停止播放”和“播放声音”三组文字。

（2）在将准备好的声音文件导入库中后，在“库”面板中选择该声音文件，右键单击，在弹出的快捷菜单中选择“链接”，在“链接属性”对话框中，选择“为 ActionScript 导出”，并确认“在第 1 帧导出”处于选中状态。在“标识符”文本框中输入名称，如命名为“1”。

（3）选择“加载声音”文字，执行“声音”→“从库加载声音”命令。在“链接 ID”文本框中输入“1”，然后在下面的“名称”文本框中输入“a”。这个声音实例名称可用于稍后的声音控制，单击“确定”按钮。

（4）选择“播放声音”文字，执行“声音”→“播放声音”命令，在“播放声音”对话框中输入要播放的声音的实例名称“a”。需要注意的是，这里的“a”是前面例子中载入声音中的实例名称。

（5）选择“停止播放”文字，执行“声音”→“停止声音”命令。在“停止声音”对话框中输入链接标识符和要停止的声音的实例名称，这里的实例名称为“a”。

第 11 章 ActionScript 基础

ActionScript 2.0 是 Flash CS5 的内置脚本语言，使用它可以创建交互性的应用程序，如交互游戏、网站等。在前面的一些案例制作中介绍了 Flash 动画的一般制作方法，本章主要介绍如何运用 ActionScript 2.0 脚本来制作交互式 Flash 动画。

11.1 项目 1 运用动作制作交互式动画的案例：“求和”

11.1.1 项目说明

本项目运用静态文本、动态文本和输入文本，并结合使用 ActionScript 2.0 函数，实现从“1”到输入数字之间所有数字相加所得的和，其效果如图 11.1 所示。

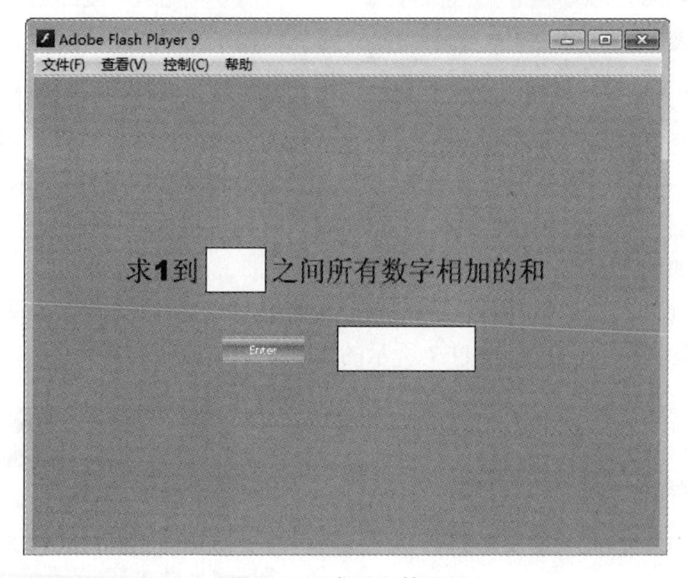

图 11.1 “求和”效果图

11.1.2 操作步骤

1. 新建一个 Flash 文档，设置其背景色为“橙色（#FF9900）”，尺寸为“550px×400px”。

2．在场景中使用“文本工具”输入静态文本“求1到输入数字之间所有数字相加的和”，并设置文字大小为“24px”，颜色为“黑色（#000000）”，如图11.2所示。

3．选择“文本工具”，并在如图11.3所示“属性”面板的文本类型选项中选择“输入文本”。

求1到　　之间所有数字相加的和

图11.2　输入静态文本后的效果图

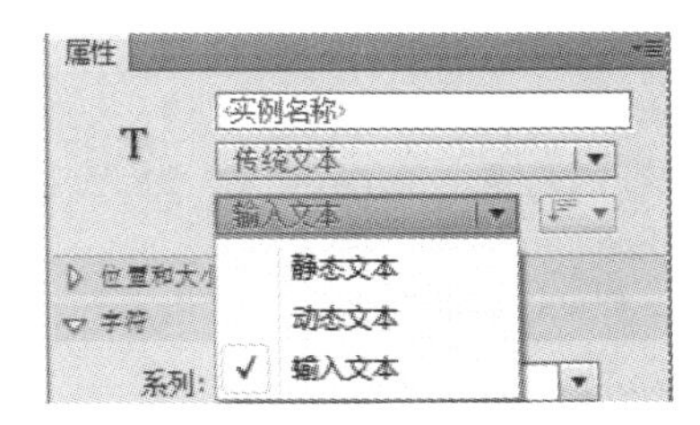

图11.3　“文本类型”选项

4．在场景中画出输入文本的范围，设置文字大小为“20px”，颜色为“黑色（#000000）”，并单击选择“在文本周围显示边框”图标▤，为输入文本添加黑色边框，效果如图11.4所示。

5．在“属性”面板的“实例名称”文本框中输入“t1”作为输入文本的实例名称，如图11.5所示。

求1到　　之间所有数字相加的和

图11.4　添加输入文本范围后的效果图

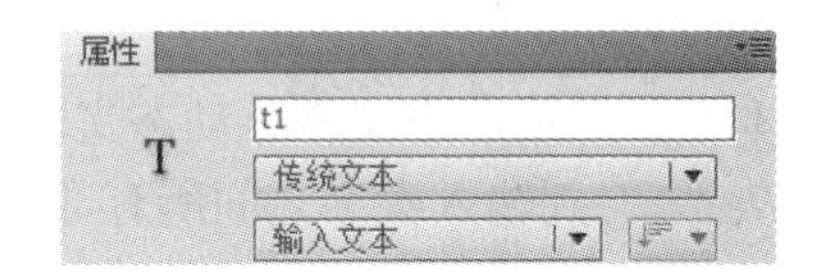

图11.5　输入“实例名称”效果图

6．选择“文本工具”，并在其“属性”面板的文本类型选项中选择“动态文本”。

7．在场景中画出动态文本的范围，设置文字大小为“20px”，颜色为“黑色（#000000）”，并单击选择“在文本周围显示边框”▤图标，为动态文本添加黑色边框。

8．在“属性”面板中的选项标签下，在“变量”文本框中输入“sum”为该动态文本的变量，如图11.6所示。

9．选择“窗口”→“公用库”→“按钮”，打开“库-按钮”面板，调用库中的“bar blue”按钮并拖动到场景中如图11.7所示的位置。

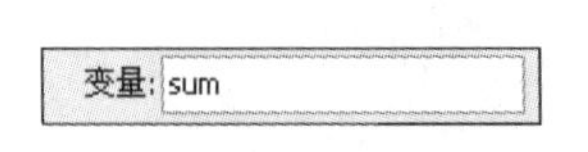

图11.6　为动态文本设置变量

图11.7　拖入按钮效果图

10．选中场景中的按钮，右键单击选择动作，打开“动作-按钮”面板，并在面板中输入代码，如图11.8所示。

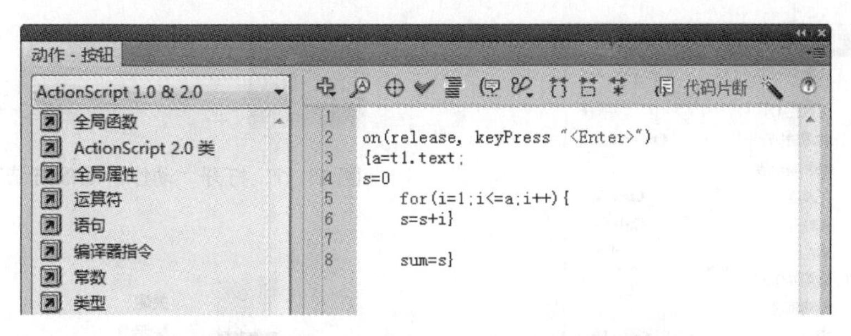

图 11.8 “动作-按钮”面板中的动作脚本代码

11．选择菜单项“控制”→“测试影片”，在文本框中输入数值，单击“Enter”按钮或按 Enter 键，在动态文本框中即可显示出从“1”到输入数值之间所有数字相加的和，如图 11.9 所示。

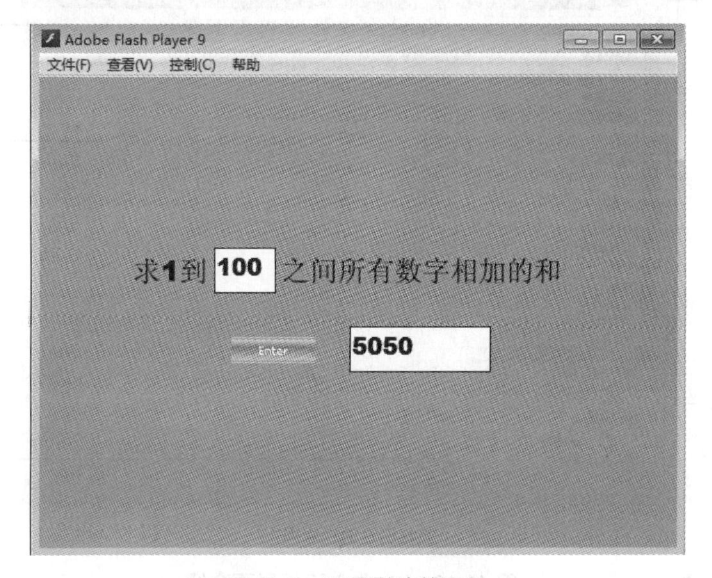

图 11.9 测试影片效果图

11.1.3 技术支持

1．动作面板的打开与关闭。打开“动作”面板的方法有如下几种。

（1）选择“窗口”→“动作”命令，如图 11.10 所示，即可打开“动作”面板。

（2）选择需要添加动作的元件，右键单击选择“动作”命令，即可打开“动作”面板，如图 11.11 所示。

（3）按 F9 功能键即可快速打开“动作”面板。

关闭动作面板的方法是在“动作”面板的标题栏上右键单击，选择“关闭”命令即可关闭“动作”面板，如图 11.12 所示。

2．动作面板的操作。“动作”面板的编辑环境由左、右两部分组成，左侧部分又分为上、下两个窗口，如图 11.13 所示。

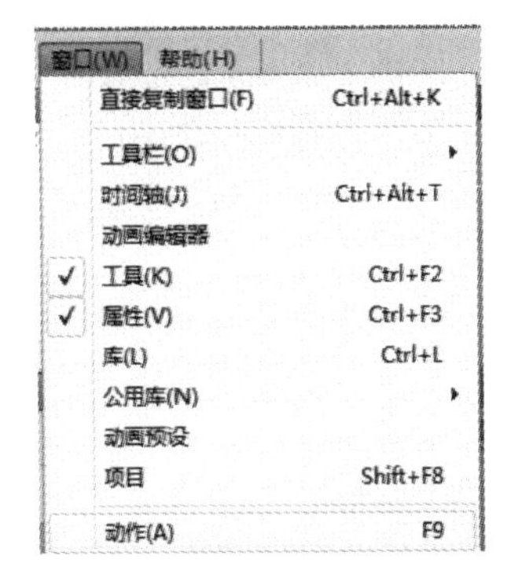

图 11.10　打开“动作”面板方法一

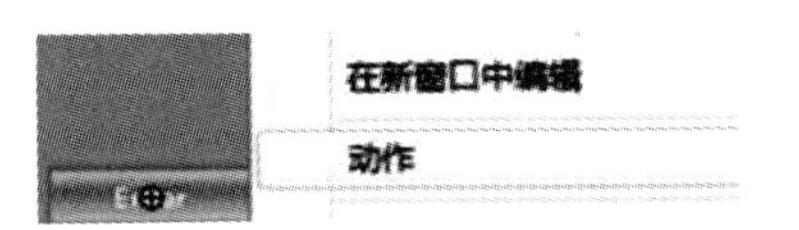

图 11.11　打开“动作”面板方法二

图 11.12　关闭“动作”面板

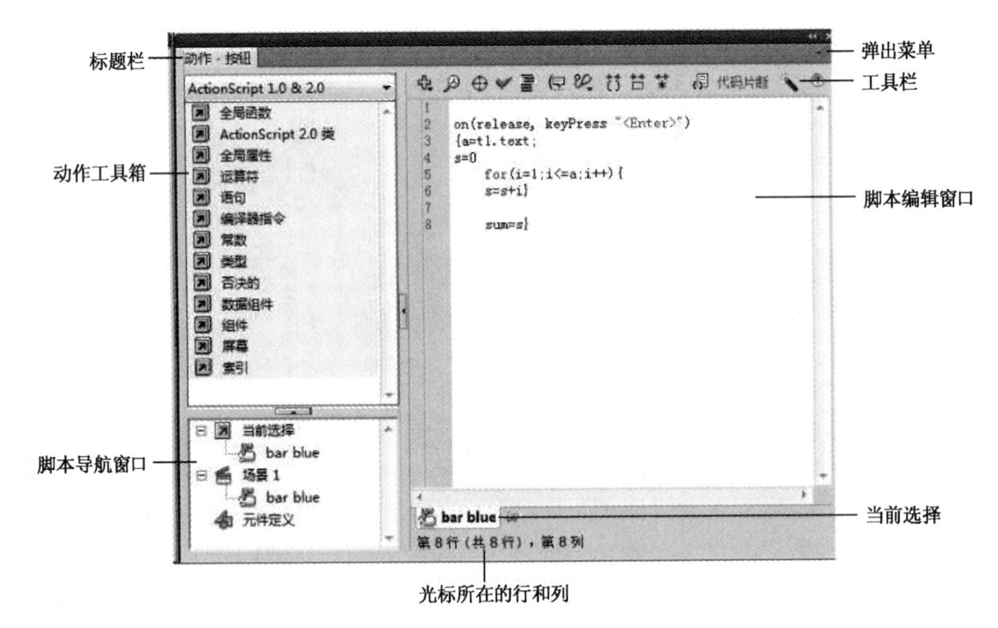

图 11.13　“动作”面板界面介绍

左侧的上方是一个动作工具箱，单击前面的图标展开每一个条目，可以显示出对应条目下的动作脚本语句元素，双击选中的语句即可将其添加到脚本编辑窗口。

下方是一个脚本导航窗口，里面列出了 Flash 文件中具有关联动作脚本的帧位置和对象。单击脚本导航窗口中的某一项目，与该项目相关联的脚本则会出现在脚本编辑窗口中，并且场景上的播放头也将移到“时间轴”上的对应位置。双击脚本导航器中的某一项，则该脚本会被固定。

右侧部分是脚本编辑窗口，这是添加代码的区域。可以直接在脚本编辑窗口中编辑动作、输入动作参数或删除动作。也可以双击动作工具箱中的某一项或脚本编辑窗口上方的“添加脚本”工具，向脚本编辑窗口添加动作。

在脚本编辑窗口的上面有一排工具图标，在编辑脚本时，可以方便适时地使用它们的功能，如图 11.14 所示。

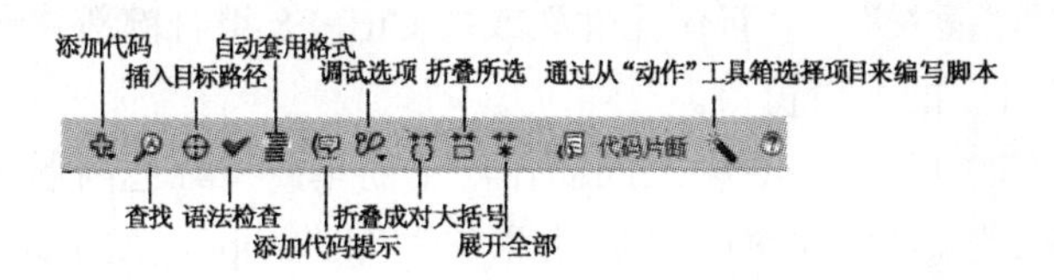

图 11.14 “动作”面板工具栏

在使用“动作”面板时，可以随时单击脚本编辑窗口左侧的箭头按钮，以隐藏或展开左边的窗口。将左面的窗口隐藏可以使“动作”面板更加简洁，同时便于脚本的编辑，如图 11.15 所示。

动作 - 按钮

```
1
2  on(release, keyPress "<Enter>")
3  {a=t1.text;
4  s=0
5      for(i=1;i<=a;i++){
6      s=s+i}
7
8      sum=s}
```

bar blue

第 5 行（共 8 行），第 16 列

图 11.15 隐藏左边窗口后的“动作”面板

“通过从‘动作’工具箱选择项目来编写脚本”有助于规范脚本，以避免新手编写 ActionScript 时可能出现的语法和逻辑错误。但使用脚本助手必须熟悉 ActionScript 2.0，知道创建脚本时要使用什么方法、函数和变量。

11.2 项目 2 动画的播放和停止

本项目运用按钮，并结合使用 ActionScript 2.0 中的 play()和 stop()函数，实现动画的播放和停止。

11.2.1 项目说明

本项目通过简单的 ActionScript 2.0 脚本编写，实现对动画播放和停止的控制。

11.2.2 操作步骤

1. 新建一个 Flash CS5 ActionScript 2.0 文档文件，背景色设置为“蓝色（#0066FF）”，大小为“550px× 400px”。

2．选择菜单项“插入”→“新建元件”或按Ctrl+F8组合键新建影片剪辑元件“元件1”，进入“元件1”的编辑窗口。

3．在“元件1”中第1～40帧之间制作一个简单的从红色圆形渐变为蓝色矩形的动画，并在“元件1”影片剪辑的第1帧上添加动作“stop”，效果如图11.16所示。

4．返回主场景窗口，打开“库”面板，将“元件1”拖入到场景中如图11.17所示的位置。

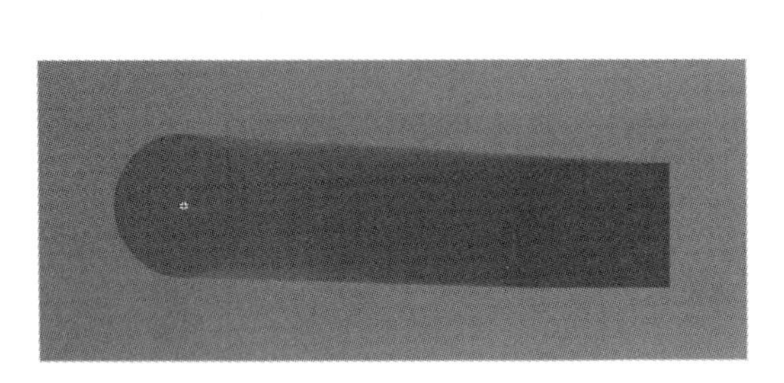

图11.16　“元件1”中的动画效果

图11.17　“元件1”位置效果图

5．选中“元件1”，打开“属性”面板，将“元件1”实例名称命名为“a”，如图11.18所示。

6．打开“库-按钮”面板，从中拖动“arcade button-blue”按钮和“arcade button-green”按钮到场景中，并调整其位置，如图11.19所示。

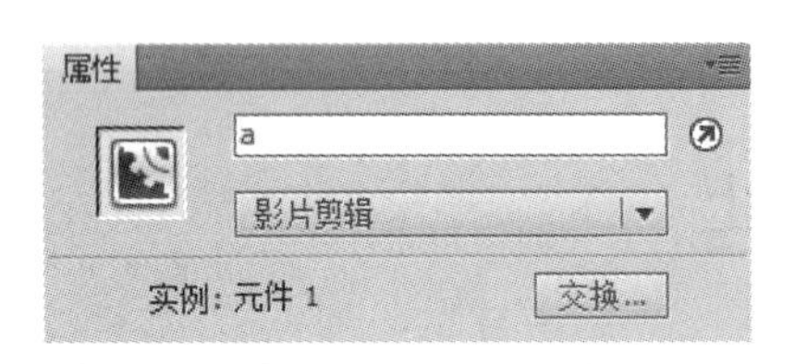

图11.18　命名“元件1”实例名称为“a”

图11.19　拖入场景的按钮位置效果图

7．选择场景中的“arcade button-blue”按钮，右键单击选择动作，为按钮添加如图11.20所示的代码。

8．用相同的方法为“arcade button-green”按钮添加如图11.21所示的代码。

9．保存文件，命名为“动画的播放和停止.fla”，测试影片，当单击“arcade button-blue”按钮时，动画开始播放；单击“arcade button-green”按钮时，动画停止播放。其效果如图11.22所示。

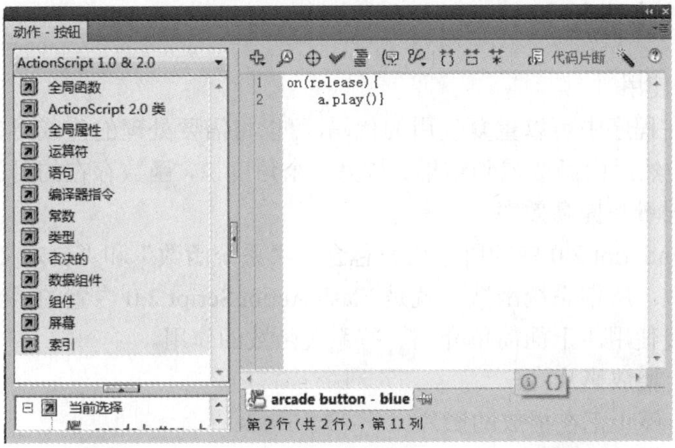

图 11.20 为“arcade button-blue”按钮添加代码

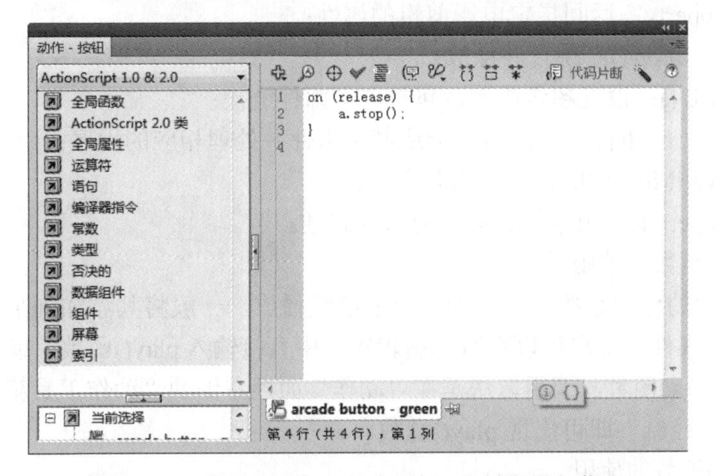

图 11.21 为“arcade button-green”按钮添加代码

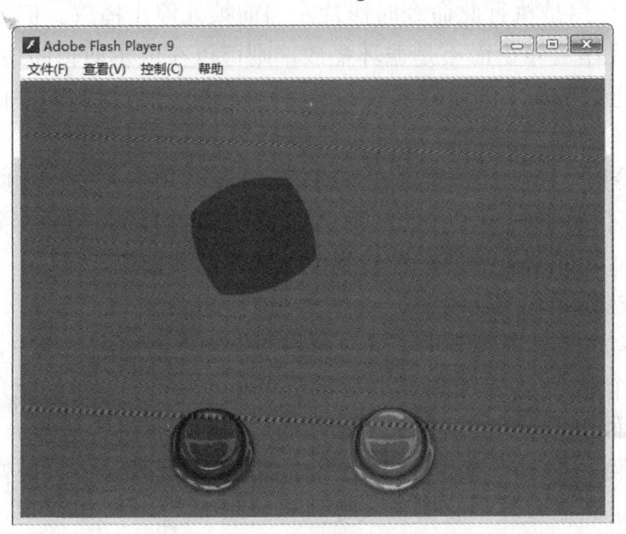

图 11.22 动画的播放与停止效果

11.2.3 技术支持

1．函数的使用

函数就是在程序中可以重复使用的代码，可以将需要处理的值或对象通过参数的形式传递给函数，然后由函数得到结果。从另一个角度说，函数存在的目的就是为了简化编程、减小代码量和提高效率。

Flash ActionScript 2.0 中的脚本语言包含了“系统函数”和“自定义函数”，这里重点介绍系统函数。所谓系统函数，就是 Flash ActionScript 2.0 内置的函数，用户在编写程序时可以直接使用。下面简单介绍一些系统函数的作用。

① play()：播放影片；

② stop()：停止正在播放的影片；

③ string：将数字转换为字符串类型；

④ getProperty：返回指定电影剪辑的属性；

⑤ gotoAndPlay()：跳转并播放；

⑥ getURL ()：设置超级链接，包括电子邮件链接；

⑦ on()：一个事件处理函数，响应某个事件并处理相应的程序；

⑧ duplicatiMovieClip：复制影片剪辑；

⑨ setProperty()：用来设置影片剪辑的属性。

2．play()函数的使用

play()函数的作用是控制影片的播放或继续播放，一般将其添加到某个按钮上，响应按钮的触发事件。用户可以在脚本编辑窗口中直接输入play()函数，或者在“动作”面板中调用 play()函数，调用方法是在“动作”面板左侧的“动作工具箱”中展开“全局函数/时间轴控制”即可出现 play()函数。

3．stop()函数的使用

stop()函数的作用是执行此命令时影片在当前帧处停止播放。例如，如果需要某个电影剪辑在播放完毕后停止而不是循环播放，则可以在电影剪辑的最后一帧添加 stop()函数。这样，当电影剪辑中的动画播放到最后一帧时，播放就立即停止。该函数的调用方法与 play()函数调用方法类似。

执行stop命令时，影片只是暂停在当前帧，在影片中嵌入的影片剪辑或图形元件继续播放，停止的仅仅是主时间轴中的动画。要让影片继续播放，需要用到 ActionScript 2.0 的另一个命令 play。play 命令使影片转到下一帧并继续播放。

4．添加动作脚本的方法

如果要使用动作脚本控制影片，就必须将动作脚本添加到文档中，向文档中添加动作脚本主要有三个地方，它们是关键帧、按钮和影片剪辑。前面已经介绍了向按钮添加脚本的方法，下面分别介绍如何向关键帧和影片剪辑添加动作脚本。

① 向关键帧添加脚本。要为关键帧添加脚本，首先要选中关键帧，再打开其对应的“动作”面板，然后在其中直接输入要执行的脚本。

② 向影片剪辑添加脚本。要为影片剪辑添加脚本，首先要选中影片剪辑，再打开

其对应的“动作”面板，然后在其中输入脚本。影片剪辑脚本和按钮的脚本类似，它们都使用事件处理函数，与按钮的 on 关键字不同，影片剪辑使用 onClipEvent 关键字。当某种影片剪辑事件发生时，就会触发相应的事件处理函数。

影片剪辑最重要的两种事件是 load 和 enterFrame。load 事件在影片剪辑完全加载到内存中时发生。在每次播放 Flash 影片时，每个影片剪辑的 load 事件只发生一次。enterFrame 事件在影片每次播放到影片剪辑所在帧时发生。如果主时间轴中只有一帧，且不论它是否在该帧停止，该帧中的影片剪辑都会不断触发 enterFrame 事件，且触发的频率与 Flash 影片的帧频一致。enterFrame 事件的一个重要特性是在主时间轴停止播放时，影片中的影片剪辑并不会停止播放。

影片剪辑事件的使用方法如下所示：

```
onClipEvent (load) {
var i = 0;
}
onClipEvent (enterFrame) {
trace(i);
i++;
}
```


当影片剪辑的 load 事件发生时，将变量 i 设置为 0；当影片剪辑的 enterFrame 事件发生时，向输出窗口中发送 i 的值，然后将 i 加 1。输出窗口中会从 0 开始输出以 1 为递增的数字序列，直到影片被关闭为止。

5．向影片剪辑添加脚本的实例

下面再举一个向影片剪辑添加脚本的实例，要求制作一个鸟飞行的影片剪辑，并将此剪辑放到场景中，初次运行此场景时，鸟是暂停飞行的，单击按钮后才可继续飞行。具体操作步骤如下。

（1）制作“鸟飞行”影片剪辑，如图 11.23 所示。

图 11.23 “鸟飞行”影片剪辑

（2）在“图层 1”上添加背景图片，在“图层 1”的上方新建“图层 2”，将“鸟飞行”影片剪辑元件拖到“图层 2”第 1 帧。

（3）在“图层 2”的第 1 帧上添加按钮“停止”，并为其添加以下动作代码：

```
on(realease) {
  gotoAndPlay(2);
}
```

（4）在“图层 2”的第 2 帧插入关键帧，添加按钮“开始”，并为其添加以下动作代码：

```
on(realease) {
  gotoAndPlay(1);
}
```

（5）在“图层 2”的第 3 帧插入关键帧，并为“开始”按钮添加以下动作代码：

```
on(realease) {
  gotoAndPlay(1);
}
```

（6）在“图层 2”的第 1 帧添加动作代码“stop()”，在第 3 帧上添加以下动作代码：

```
gotoAndPlay(2);
```

选择图层 2 第 1 帧中的“写”实例，打开“动作”面板，为其添加以下动作代码：

```
onclipEvent(load)
{
stop();
}
```


（7）在“图层 1”的第 3 帧插入帧即可完成动画制作，效果如图 11.24 所示。

图 11.24 “鸟飞行”动画效果图

11.3 项目 3 滑过消失动画效果

11.3.1 项目说明

本项目运用按钮元件和 ActionScript 2.0 函数中的 on()函数，实现滑过消失的动画效果，如图 11.25 所示。

图 11.25　滑过消失动画效果图

11.3.2　操作步骤

1．新建一个 Flash ActionScript 2.0 文档文件，设置其背景色为“白色（#FFFFFF）”，尺寸为“550px×400px”，帧频为“24fps”。

2．选择菜单项“文件”→“导入”→“导入到库”，打开“导入”对话框，从中选择“向日葵.jpg”，将图片导入到库中。

3．将库中的“向日葵.jpg”文件拖到场景中，打开“属性”面板并设置其宽为“550px”，高为“400px”，X、Y 坐标值都设置为“0”，如图 11.26 所示。

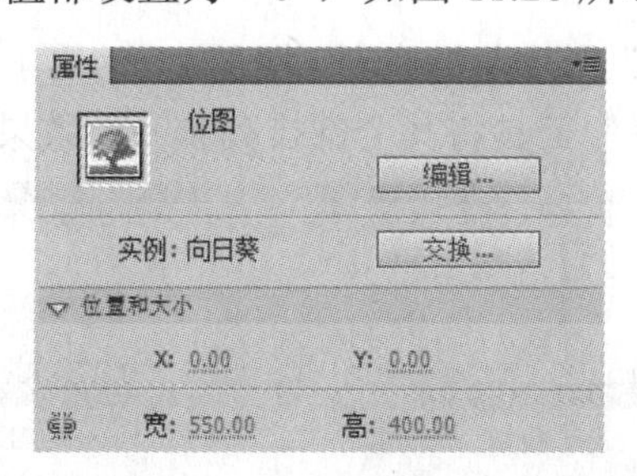

图 11.26　设置“向日葵.jpg”文件属性

4．选择菜单项“插入”→“新建元件”或按 Ctrl+F8 组合键新建一个影片剪辑元件，命名为“元件 1”。

5．在“元件 1”的中间位置绘制长、宽均为“50px”的无边框黑色矩形，如图 11.27 所示。

6．选中黑色矩形，将其转换为按钮元件，命名为“元件 2”。

7．在影片剪辑“元件 1”第 10 帧处插入关键帧，并调整第 10 帧上黑色按钮元件的“Alpha”值，使其透明度变为“0%”，如图 11.28 所示。

8．在影片剪辑“元件 1”的第 1～10 帧之间建立传统补间动画，如图 11.29 所示，使之产生黑色矩形逐渐变为透明的动画效果。

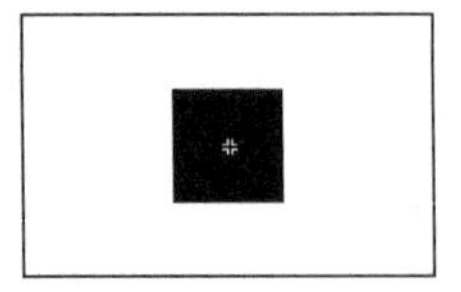

图 11.27　黑色矩形

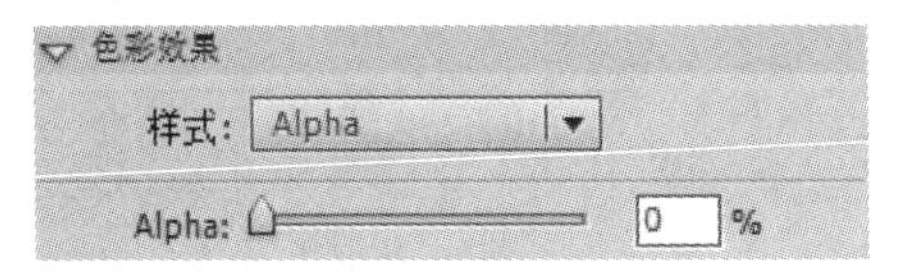

图 11.28　设置“Alpha”值

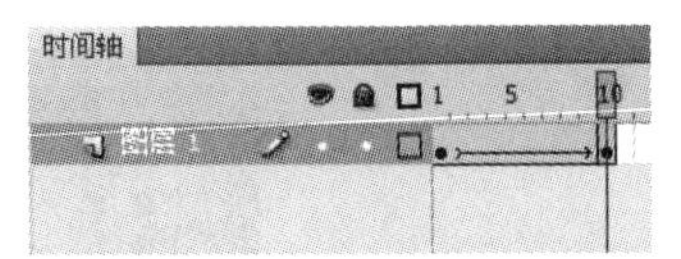

图 11.29　建立补间动画

9．分别在影片剪辑“元件 1”的第 1 帧和第 10 帧上添加动作代码“stop()”，如图 11.30 所示。

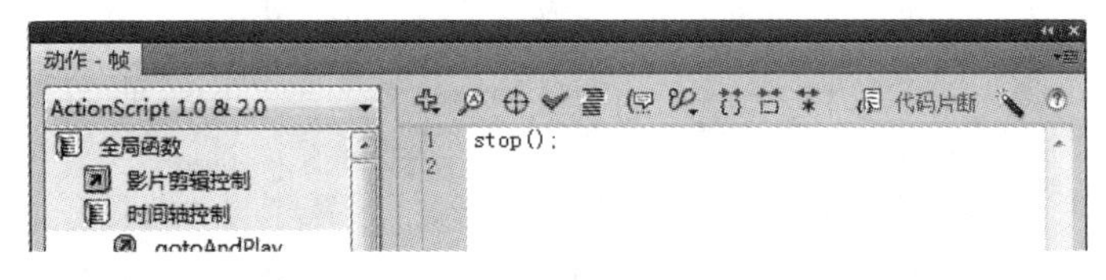

图 11.30　添加动作代码“stop()”

10．选择影片剪辑“元件 1”的第 1 帧，单击场景中的按钮元件实例“元件 2”，打开“动作”面板，为该实例添加如图 11.31 所示的动作代码。

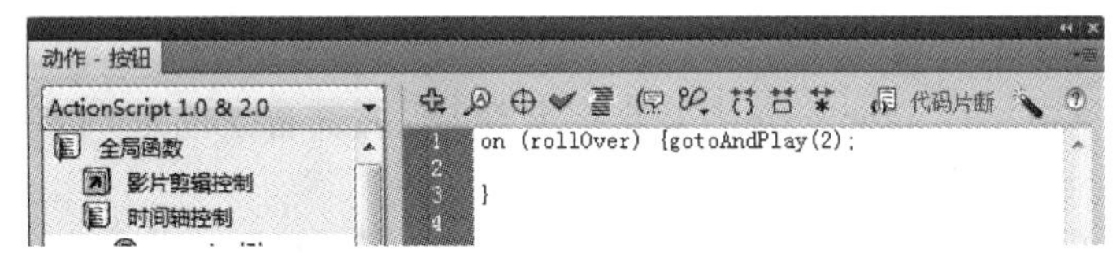

图 11.31　添加动作代码“on(rollOver){gotoAndPlay(2);}”

11．单击“场景 1”图标 场景 1 返回到场景中，在“图层 1”的上方创建新图层并命名为“图层 2”。

12．将库中的“元件 1”影片剪辑拖到“图层 2”的第 1 帧上，复制多个并使之覆盖整个舞台范围，利用“对齐”工具将其全部排列整齐，效果如图 11.32 所示。

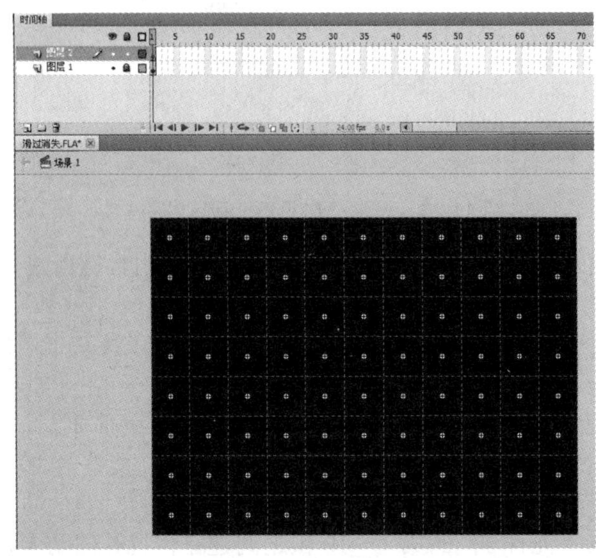

图 11.32　复制“元件 1”使之覆盖整个舞台

13．保存文件，命名为“滑过消失动画效果.fla”，测试影片，即可得到滑过消失的效果。

11.3.3　技术支持

1．事件的概念

在利用 Flash ActionScript 2.0 设计交互程序时，事件是其中一个最基础的概念。所谓事件，就是软件或者硬件发生的事情，它需要应用程序有一定的响应。还有一个概念是事件处理，所谓事件处理就是当发生某个事件时，马上有程序进行响应，这一系列程序处理的过程就是事件处理。

2．添加在按钮上的on()事件

on()事件处理函数是最传统的事件处理方法，它直接作用于按钮元件实例，相关的程序代码要编写到按钮实例的动作脚本中。on()函数的一般形式为：

```
on(鼠标事件){
//此处可输入触发 on 事件后要处理的语句，用这些语句组成的函数体来响应鼠标事件
}
```


其中，鼠标事件是“事件”触发器，当发生此事件时，执行事件后面花括号中的语句。比如，press 就是一个常用的鼠标事件，它是在鼠标指针经过按钮时单击鼠标按钮产生的事件。

on()事件处理函数除了响应鼠标事件，还可以响应 Key Press（按键）事件。对于按钮而言，可指定触发动作的按钮事件有以下几种。

① press：事件发生于鼠标在按钮上方并按下鼠标时。

② release：事件发生于在按钮上方按下鼠标，接着松开鼠标时，也就是按一下鼠标。

③ releaseOutside：事件发生于在按钮上方按下鼠标，接着把鼠标移到按钮之外，然后松开鼠标时。

④ rollOver：事件发生于鼠标滑入按钮时。

⑤ rollOut：事件发生于鼠标滑出按钮时。

⑥ dragOver：事件发生于按着鼠标不松手，鼠标滑入按钮时。

⑦ dragOut：事件发生于按着鼠标不松手，鼠标滑出按钮时。

⑧ keyPress：事件发生于用户按下指定的按键时。

11.4　项目 4　制作下拉菜单

11.4.1　项目说明

本项目运用按钮元件和 ActionScript 2.0 函数中的 gotoAndPlay()函数，实现下拉菜单效果，如图 11.33 所示。

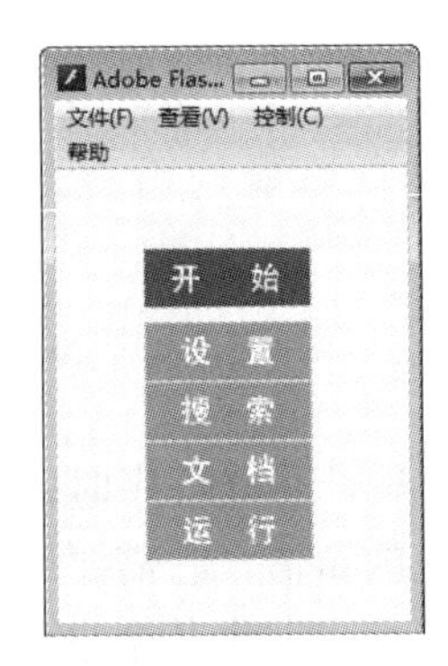

图 11.33　下拉菜单效果

11.4.2　操作步骤

1．新建一个 Flash ActionScript 2.0 文档，设置其背景色为“浅黄色（#FFFFCC）”，尺寸为“200px×250px”，帧频为“12fps”。

2．选择菜单项“插入”→“新建元件”或按 Ctrl+F8 组合键新建影片剪辑元件“菜单”，进入“菜单”的编辑窗口。

3．使用“矩形工具”绘制宽度为“94px”、高度为“32px”的无边框矩形，填充颜色为“蓝色（#0066FF）”。

4．选择文本工具，输入静态文本“开始”，并设置其颜色为“白色（#FFFFFF）”，字体大小为“18px”，效果如图 11.34 所示。

5．选中矩形和文字“开始”，单击右键选择“转换为元件”命令将其转换为按钮元件，并设置按钮元件名称为“开始”。

6．双击“开始”按钮元件进入其编辑窗口，在按钮元件的“指针经过”、“按下”、“点击”帧上分别插入关键帧，如图 11.35 所示。

图 11.34 输入文本“开始”

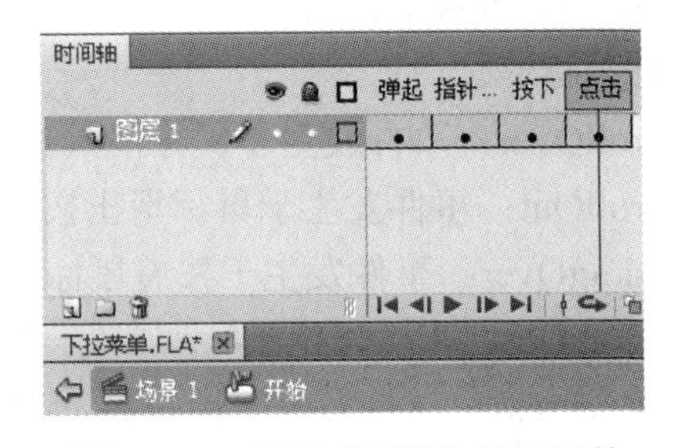

图 11.35　编辑“开始”按钮元件

7．分别设置“指针经过”和“按下”帧中的矩形颜色为“橙色（#996666）”和“紫色（#9999CC）”，使按钮在鼠标指针经过和按下时呈现不同颜色，如图 11.36 所示。

8．选择菜单项“插入”→“新建元件”或按 Ctrl+F8 组合键新建元件，名称设置为“设置”，元件类型选择“按钮”，单击确定进入“设置”按钮元件的编辑状态。

9．选择按钮元件“设置”的“弹起”帧，在舞台中绘制宽度为“94px”、高度为“32px”的无边框矩形，填充颜色为“浅紫色（#9999FF）”。

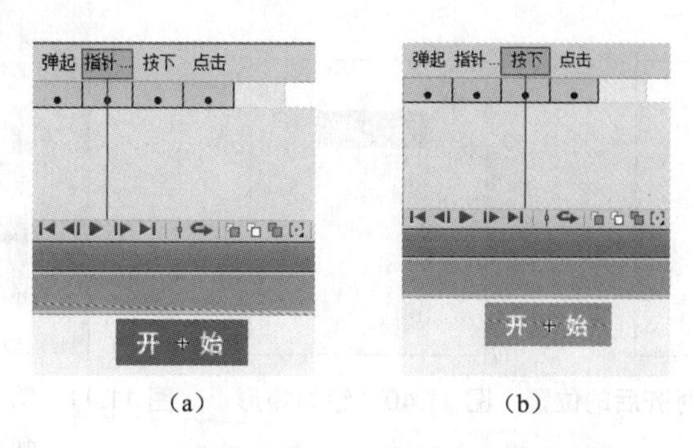

（a）（b）

图 11.36 鼠标指针经过和按下时的不同状态

10．选择文本工具，输入静态文本“设置”，并设置其颜色为“白色（#FFFFFF）”，字体大小为“18px”，效果如图 11.37 所示。

11．在按钮元件的“指针经过”、“按下”、“点击”帧上分别插入关键帧，并修改“指针经过”、“按下”两帧中矩形的颜色为“浅蓝色（#99CCFF）”，效果如图 11.38 所示。

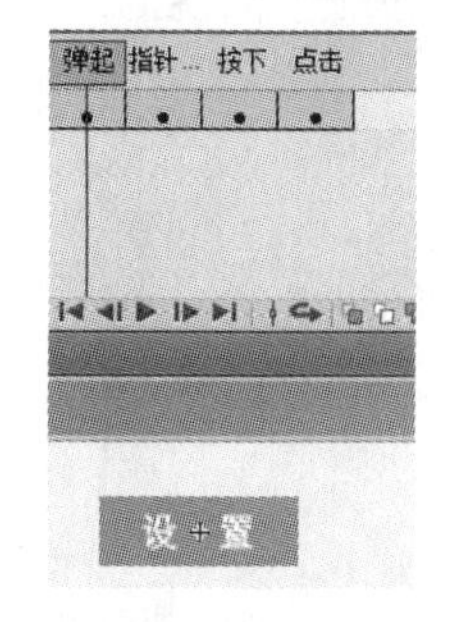

图 11.37 “设置”按钮元件效果

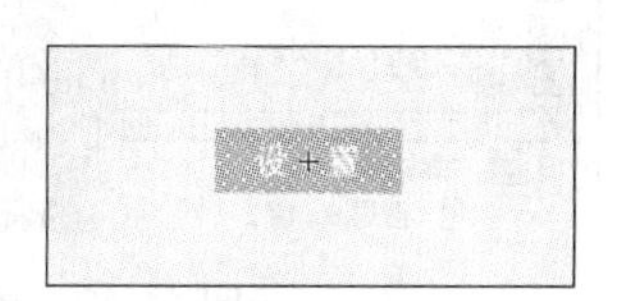

图 11.38 “指针经过”、“按下”两帧中矩形的颜色

12．分别制作“搜索”、“文档”、“运行”3 个按钮元件，制作方法与“设置”按钮元件的制作方法相同。

13．双击“库”面板中的“菜单”影片剪辑，进入其编辑窗口。

14．在“图层 1”的上方新建“图层 2”，将库中的“设置”、“文档”、“搜索”、“运行”按钮元件拖入场景中“图层 2”的第 1 帧上，应用“对齐”面板中的“左对齐”和“垂直平均间隔”命令进行调整，使之与“开始”按钮元件对齐，效果如图 11.39 所示。

15．在“图层 2”的上方新建“图层 3”，在“图层 3”的第 1 帧绘制无边框矩形，使之能够覆盖舞台中的“设置”、“文档”、“搜索”、“运行”按钮元件，效果如图 11.40 所示。

16．选中绘制好的矩形，单击右键“转换为元件”命令，将元件名称设置为“遮罩”，类型设置为“图形”。

17．分别在“图层 3”的第 10 帧、第 20 帧插入关键帧，然后分别调整第 1 帧和第 20 帧的位置均如图 11.41 所示。

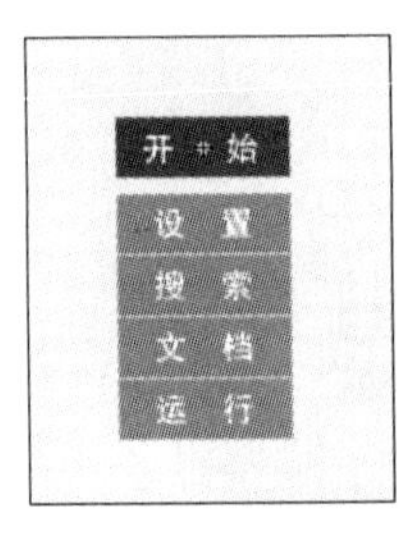

图 11.39　按钮元件对齐后的位置

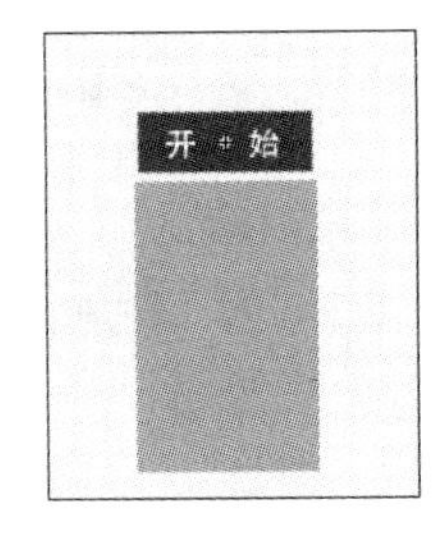

图 11.40　绘制矩形

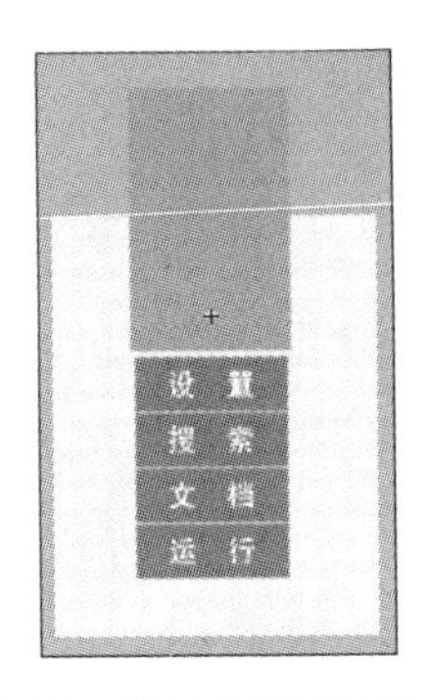

图 11.41　第 1 帧和第 20 帧频调整矩形位置

18．在第 1～10 帧和第 10～20 帧之间制作传统补间动画。

19．在“图层 3”的第 1 帧和第 10 帧上添加如图 11.42 所示的动作代码。

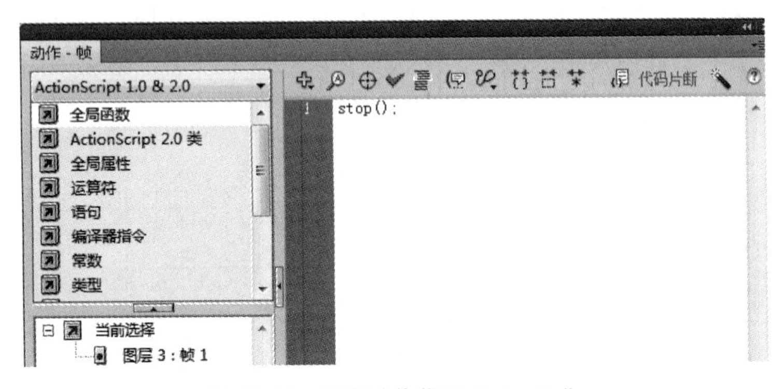

图 11.42　添加动作代码“stop();”

20．在“图层 3”的第 20 帧上添加如图 11.43 所示的动作代码。

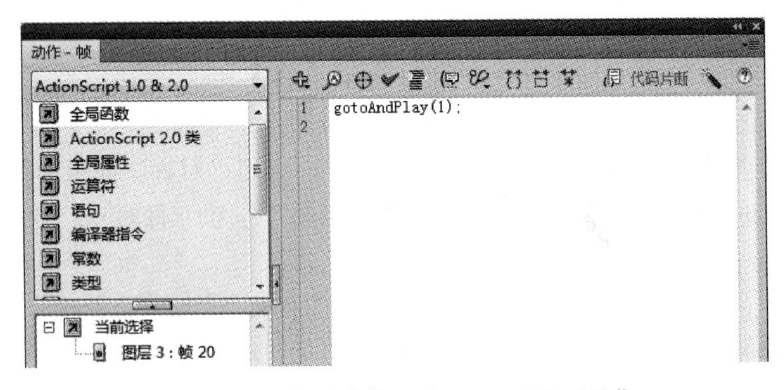

图 11.43　添加动作代码“gotoAndPlay(1);”

21．选择“图层 3”，单击右键选择“遮罩层”命令，添加遮罩效果，如图 11.44 所示。

22．选择“图层 1”上的“开始”按钮元件，为其添加动作代码，如图 11.45 所示。

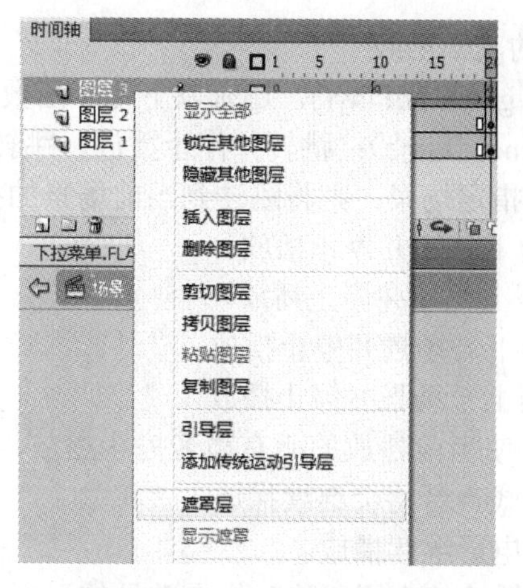

图 11.44　添加遮罩效果图

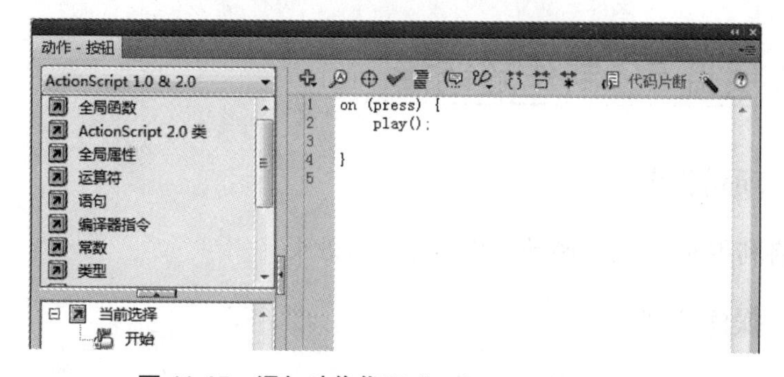

图 11.45　添加动作代码“on(press){play();}”

23．在“图层 1”和“图层 2”的第 20 帧上插入关键帧，使之与“图层 3”上的帧数相同。

24．单击 场景 1 按钮，回到主场景中，测试影片，即可得到下拉菜单效果。当单击“开始”按钮时，出现下拉菜单；再次单击时，下拉菜单消失。

25．保存文件，命名为“下拉菜单.fla”。

11.4.3　技术支持

1．gotoAndPlay()函数

gotoAndPlay()函数的作用是跳转并播放，即跳转到指定场景的指定帧并从该帧开始播放。如果没有指定场景，则将跳转到当前场景的指定帧。它的一般形式是：

```
gotoAndPlay(scene, frame);
```

参数含义如下：

- scene（场景），跳转至场景的名称。
- frame（帧），跳转至帧的名称或帧数。

如果只是在同一个场景中进行帧的跳转，则可以不需指定场景名称，直接写入要跳转的帧数即可，如要跳转到第 1 帧，则可以写成：gotoAndPlay(1);。

2．时间轴控制命令的其他函数

时间轴控制命令除了 gotoAndPlay()，还有以下几个函数。

① gotoAndStop（scene, frame）：跳转并停止播放，跳转到指定场景的指定帧并从该帧停止播放；如果没有指定场景，则将跳转到当前场景的指定帧。

② nextframe()：跳至下一帧并停止播放。

③ prevframe()：跳至上一帧并停止播放。

④ nextscene()：跳至下一场景并停止播放。

⑤ prevscene()：跳至上一场景并停止播放。

⑥ stopAllSounds()：使当前播放的所有声音停止播放，但是不停止动画的播放。要说明一点，被设置的流式声音将会继续播放。

⑦ play()：可以指定电影继续播放。

⑧ stop()：停止当前播放的电影，该动作最常见的运用是使用按钮控制电影剪辑。

11.5 项目 5 制作超链接

11.5.1 项目说明

本项目将利用 getURL ()函数制作出超链接效果。

11.5.2 操作步骤

1．打开 11.4 节项目 4 的完成文件。

2．选择“搜索”按钮元件，为其添加如图 11.46 所示的动作代码。

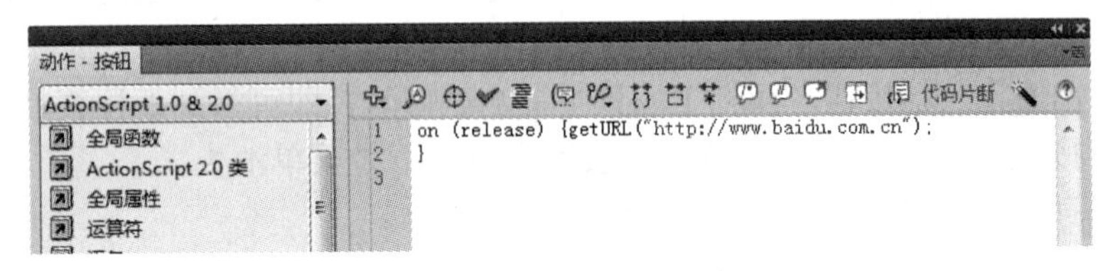

图 11.46 添加动作代码

3．测试影片，当单击“搜索”按钮时，可打开百度搜索页面。

11.5.3 技术支持

1．getURL()函数

getURL()函数的作用是添加超链接，包括电子邮件链接。例如，如果要给一个按钮实例附加超链接，使用户在单击时直接打开信息学院主页，则可以在这个按钮上附加以下动作代码：

```
on(release){
getURL("http://www.mitu.cn");
}
```

如果要附加电子邮件链接，则可以输入如下代码：

```
on(release){
getURL("mailto: abcd@mitu.cn");
}
```

2．浏览器和网络控制类命令

getURL()属于浏览器和网络控制类命令，下面介绍两类浏览器和网络控制类命令。

（1）fscommand 命令。其作用是对影片浏览器的控制，也就是对 Flash Player 的控制。另外，配合 JavaScript 脚本语言，fscommand 命令成为 Flash 和外界沟通的桥梁。fscommand 命令的语法格式如下：

```
fscommand(命令，参数);
```

其中包含两个参数项，一个是可以执行的命令，另一个是执行命令的参数，表 11.1 给出了 fscommand 的命令和参数。

表 11.1　fscommand 的命令和参数

命　令	参　数	功 能 说 明
Fquit	没有参数	关闭影片播放器
fullscreen	true 或 false	用于控制是否让影片播放器成为全屏播放模式，true 为是，false 为不是
allowscale	true 或 false	false 让影片画面始终以 100%的方式呈现，不会随着播放器窗口的缩放而缩放；true 则正好相反
showmenu	true 或 false	true 代表当用户在影片画面上右击时，可以弹出全部命令的右键菜单；false 则表示命令菜单里只显示“About Shockwave”信息
Exec	应用程序的路径	从 Flash 播放器执行其他应用软件
trapallkeys	true 或 false	用于控制是否让播放器锁定键盘的输入，true 为是，false 为不是；这个命令通常用在 Flash 以全屏幕播放的时候，避免用户按 Esc 键，解除全屏幕播放

（2）loadMovie 和 unloadMovie 载入和卸载影片命令。loadMovie 命令的作用是载入电影，而 unloadMovie 命令的作用是卸载由 loadMovie 命令载入的电影。

① loadMovie 使用的一般形式为：

```
loadMovie(URL, level/target, variables);
```

参数含义如下。

- URL：要载入的 swf 文件、jpeg 文件的绝对或相对 URL 地址。
- target：目标电影剪辑的路径。目标电影剪辑会被载入的电影或图像所替代。必须指定目标电影剪辑或目标电影的级别，二者只选其一。
- level：指定载入到播放器中的电影剪辑所处的级别整数。
- variables：可选参数，如果没有要发送的变量，则可以忽略该参数。

当使用 loadMovie 动作时，必须指定目标电影剪辑或目标电影的级别。载入到目标电影剪辑中的电影或图像将继承原电影剪辑的位置、旋转和缩放属性。载入图像或电影的左上角将对齐原电影剪辑的中心点。

② unloadMovie 命令使用的一般形式为：

```
unloadMovie (level/target);
```

要卸载某个级别中的电影剪辑，需要使用 level 参数；如果要卸载已经载入的电影剪辑，则可以使用 target 目标路径参数。

11.6 项目 6 制作变换线效果

11.6.1 项目说明

本项目运用 ActionScript 2.0 函数中的 duplicateMovieClip()函数和 setProperty()函数，实现变幻线效果，如图 11.47 所示。

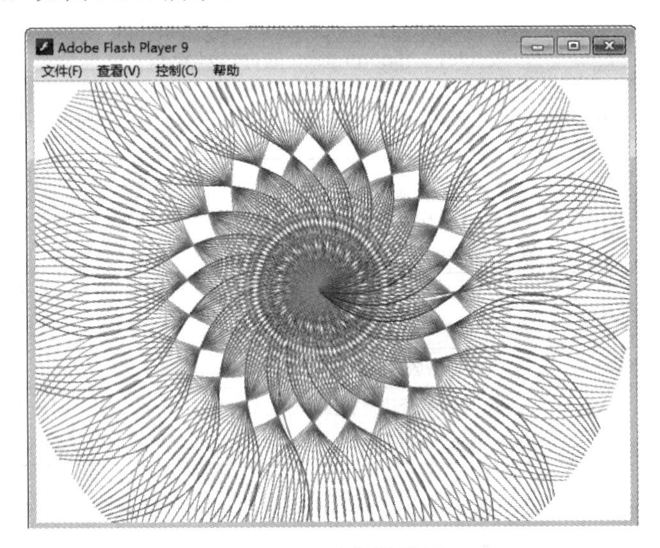

图 11.47 变幻线效果

11.6.2 操作步骤

1．新建一个 Flash ActionScript 2.0 文档，设置其背景色为“白色（#FFFFFF）”，尺寸为“550px×400px”，帧频为“24fps”。

2．在场景中绘制如图 11.48 所示的曲线，并设置左边半段曲线颜色为“橙色（#FF9900）”，右边半段曲线颜色为“绿色（#00FF00）”。

3．选中曲线，右键单击，选择“转换为元件”命令，弹出如图 11.49 所示的“转换为元件”对话框，在名称后的文本框中输入“line”作为元件的名称，类型选择“影片剪辑”，注册点的位置选择为如图 11.49 所示的位置，单击“确定”按钮即可将该线条转换为影片剪辑元件。

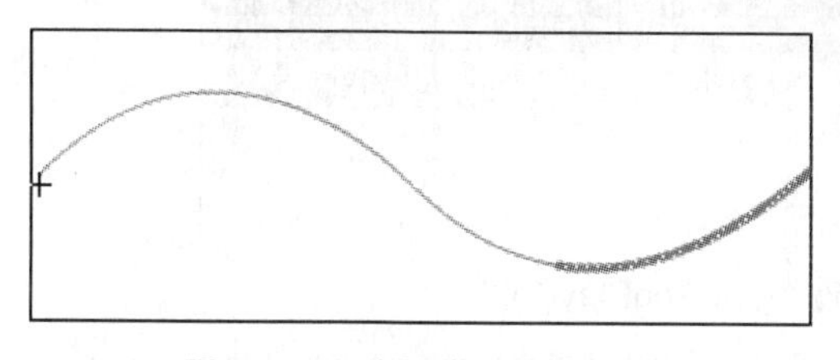

图 11.48 绘制曲线效果图

图 11.49 “转换为元件”对话框

4．双击“line”影片剪辑元件进入其编辑窗口，在第 15 帧的位置插入关键帧。

5．选择第 15 帧修改曲线的形状如图 11.50 所示，并设置左边半段颜色为“红色（#FF0000）”，左边半段颜色为“品红色（#FF00FF）”。

6．在第 1～15 帧之间建立形状补间动画。

7．返回到场景中，并选中“line”影片剪辑元件，打开“属性”面板，设置其实例名称为“line”，如图 11.51 所示。

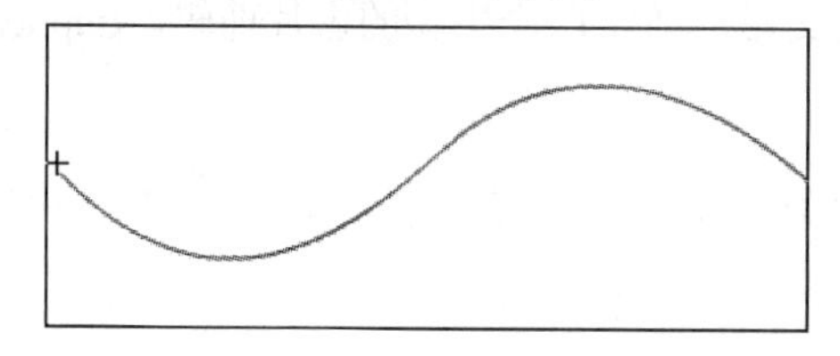

图 11.50 修改曲线效果图

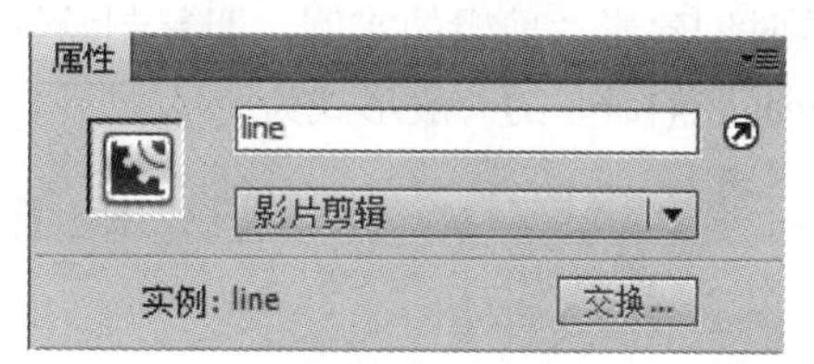

图 11.51 设置实例名称

8．单击插入图层图标，在“图层 1”的上方新建“图层 2”，在“图层 2”第 1 帧的空白关键帧上添加动作代码，如图 11.52 所示。

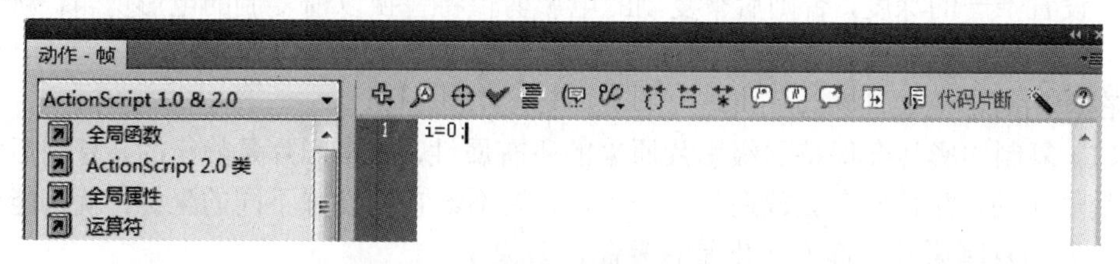

图 11.52 添加动作代码“i=0;”

9．在“图层 2”的第 2 帧上插入空白关键帧，并添加如图 11.53 所示的动作代码。

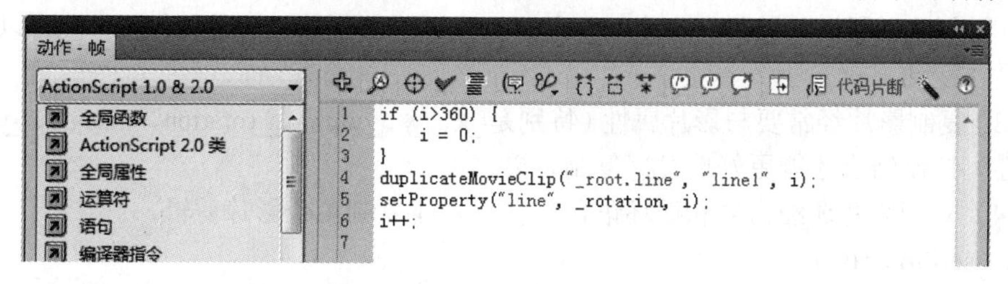


```
if (i>360) {
    i = 0;
}
duplicateMovieClip("_root.line", "line1", i);
setProperty("line", _rotation, i);
i++;
```

图 11.53 添加动作代码“if（i>360）…”

10．在“图层 2”的第 3 帧上插入空白关键帧，并添加如图 11.54 所示的动作代码。

图 11.54　添加动作代码“gotoAndPlay(2);”

11．在“图层 1”的第 3 帧上单击右键，选择插入帧命令，将“图层 1”上的帧补齐。

12．保存文件，命名为“变幻线效果.fla”，测试影片，即可得到变幻线效果。

11.6.3　技术支持

1．duplicateMovieClip

duplicateMovieClip 动作（“动作”面板的“动作”→“影片剪辑控制”目录）和 MovieClip 对象（“动作”面板的“对象”→“影片”目录）中的 duplicateMovieClip 方法都用于在影片播放时创建影片剪辑的实例，即复制场景中的父影片剪辑以产生新的影片剪辑。duplicate MovieClip()命令的一般形式为：


```
duplicateMovieClip（目标，新名称，深度）;
```

参数含义如下。

- target（目标）：要复制的电影剪辑的名称和路径。
- newname（新名称）：复制后的电影剪辑实例名称。
- depth（深度）：已经复制电影剪辑的堆叠顺序编号。每个复制的电影剪辑都必须设置唯一的深度，否则后来复制的电影剪辑将替换以前复制的电影剪辑，新复制的电影剪辑总是在原电影剪辑的上方。

在使用时，需要注意以下几点。

（1）复制的影片会保持父级影片原来的所有属性，原来影片是静止的，复制后的影片也是静止的，并且一个叠放在另一个上，如果不给它们设置不同的坐标，就只能看到编号最大的复制影片，而看不出是否复制出效果了。

（2）原来的影片在做补间运动，那么复制品也要做同样的运动，并且无论播放头在原始影片剪辑（或“父”级）中处于什么位置，复制的影片播放头始终从第 1 帧开始。因此，复制品和原影片始终有一个时间差，即使不给复制的影片设置坐标，也可以看到复制品在运动。

（3）复制影片经常要与影片属性（特别是_x、_y、_alpha、_rotation、_xscale、_yscale 等属性）控制结合才能更好地发挥复制效果。

（4）复制影片还经常要和循环语句配合，才能复制多个影片剪辑。

2．setProperty()

setProperty()命令用来设置影片剪辑的属性，它的一般使用形式为：

```
setProperty（目标，属性，值）;
```

参数含义如下。

- target（目标）：要控制（设置）属性的影片剪辑的实例名，包括影片剪辑的位置（路径）。
- attribute（属性）：要控制何种属性，例如透明度、可见性、放大比例等。
- values（值）：属性对应的值，包括数值、布尔值等。

11.7 项目7 知识进阶——综合案例："跟随鼠标效果"

11.7.1 项目说明

本项目运用影片剪辑元件和 ActionScript 2.0 函数，实现跟随鼠标效果，如图 11.55 所示。

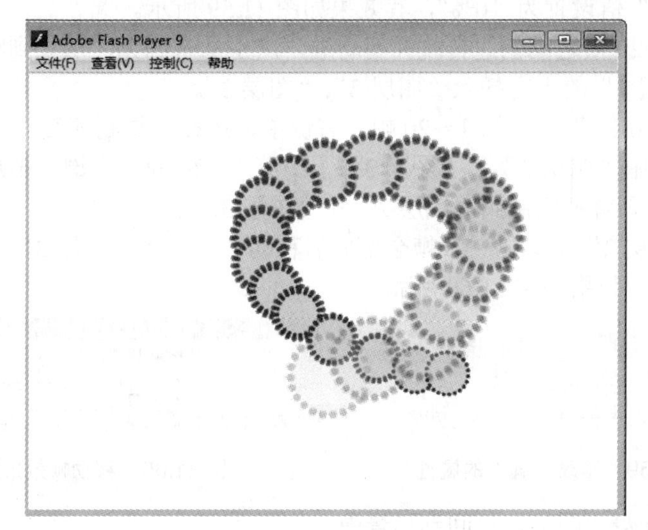

图 11.55 跟随鼠标效果

11.7.2 操作步骤

1．新建一个 Flash ActionScript 2.0 文档文件，设置其背景色为"白色(#FFFFFF)"，尺寸为"550px × 400px"，帧频为"12fps"。

2．选择"椭圆工具"，打开"属性"面板，设置边线色为"纯红色（#FF0000）"，填充色为"纯黄色（#FFFF00）"，边线笔触样式为"点状线"，如图 11.56 所示。

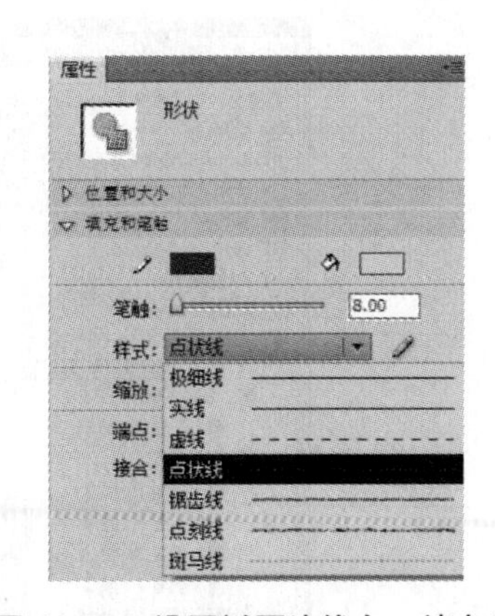

图 11.56 设置椭圆边线色、填充色

3．用"椭圆工具"在场景中绘制一个正圆，如图 11.57 所示，将其转换为图形元件，注册点选择在正中间的位置，并命名为"圆"。

4．新建一个影片剪辑元件，命名为“c1”，如图11.58所示，单击“确定”按钮进入其编辑窗口。

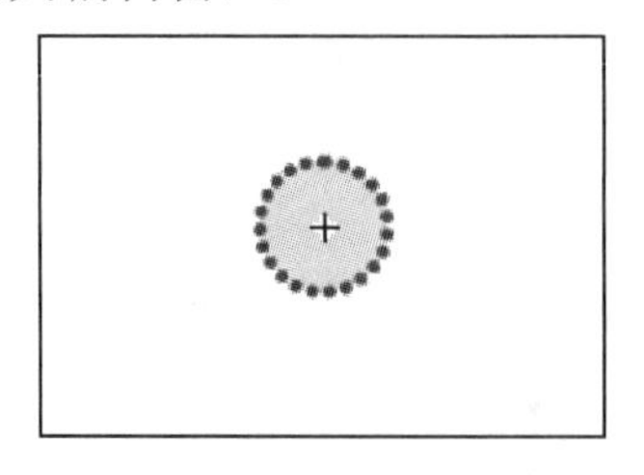

图11.57　绘制圆形效果图

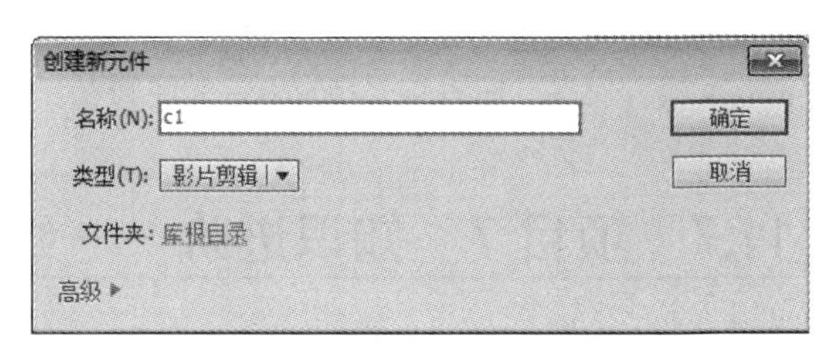

图11.58　新建一个影片剪辑元件

5．选择该图层的第1帧，将库中的图形元件“圆”拖到影片剪辑“c1”的舞台中。

6．在该图层的第20帧处插入关键帧，并修改“圆”的属性，使其大小改变为原来的2倍，“Alpha”值设置为“0%”，其效果如图11.59所示。

7．在第1～20帧之间创建传统补间动画，产生从有到无、从大到小的效果。

8．在“图层1”的上方插入“图层2”、“图层3”。

9．选择“图层1”上的第1～20帧，右键单击选择“复制帧”。

10．分别选中“图层2”和“图层3”上的第1～20帧，右键单击选择“粘贴帧”，“图层1”上的动画就被复制到“图层2”和“图层3”上。

11．将“图层2”上第1～20帧全部向后移动2帧，将“图层3”上第1～20帧全部向后移动4帧，效果如图11.60所示。

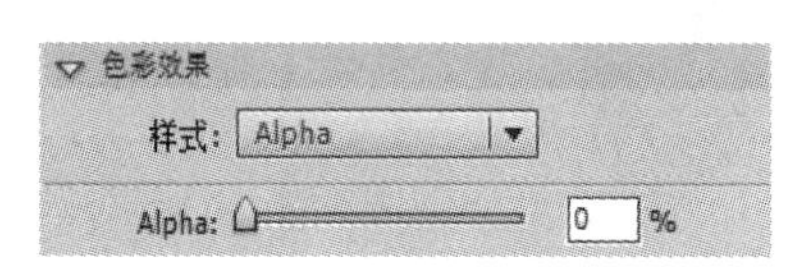

图11.59　修改“圆”的属性

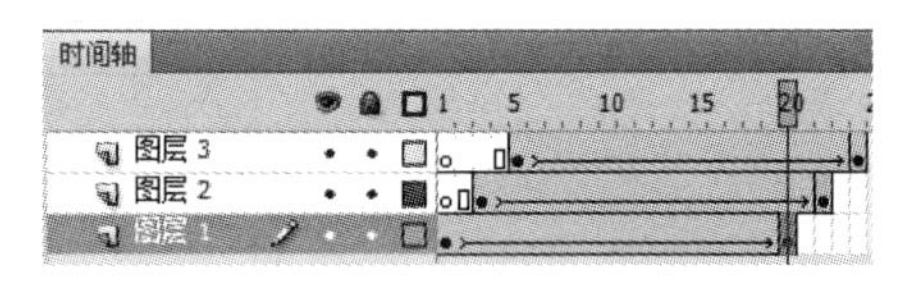

图11.60　移动帧效果图

12．单击 场景1 图标，返回到场景中。

13．将库中的影片剪辑元件“c1”拖到场景中，并将其实例名称命名为“c1”。

14．在场景中新建“图层2”，并在第1帧上添加如图11.61所示的动作代码。

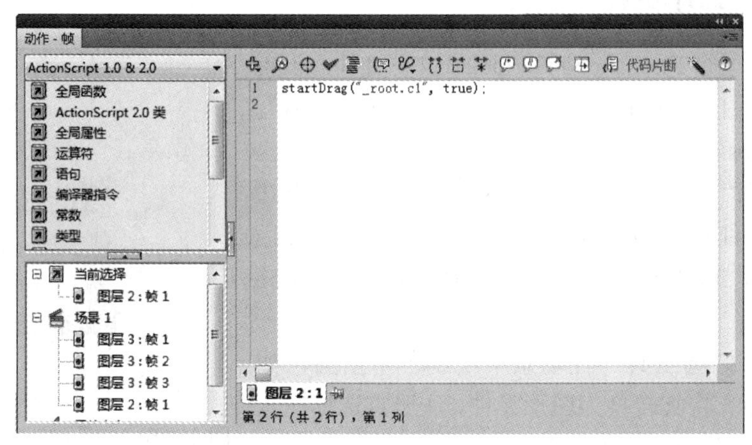

图11.61　添加动作代码（1）

15．在“图层 2”的上方新建“图层 3”，并在该图层的第 1 帧上添加如图 11.62 所示的动作代码。

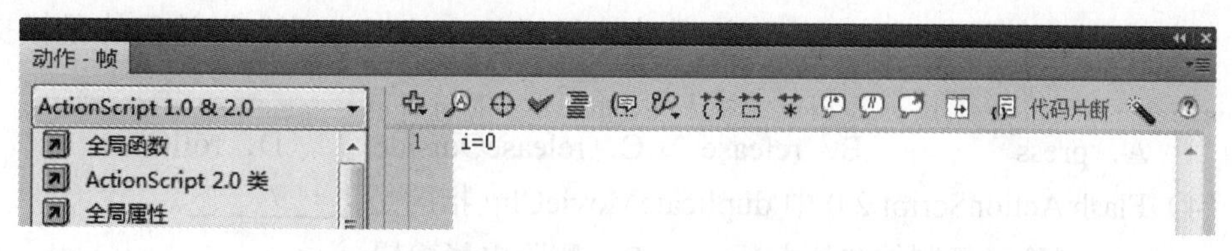

图 11.62　添加动作代码（2）

16．分别在该图第 2 帧和第 3 帧插入空白关键帧，并在第 2 帧和第 3 帧添加如图 11.63 和图 11.64 所示动作代码。

17．保存文件，命名为“跟随鼠标效果.fla”。测试影片，即可得到鼠标跟随效果。

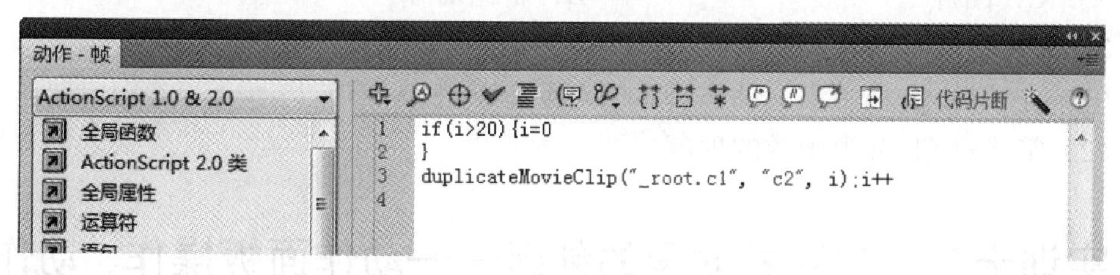

图 11.63　添加动作代码（3）

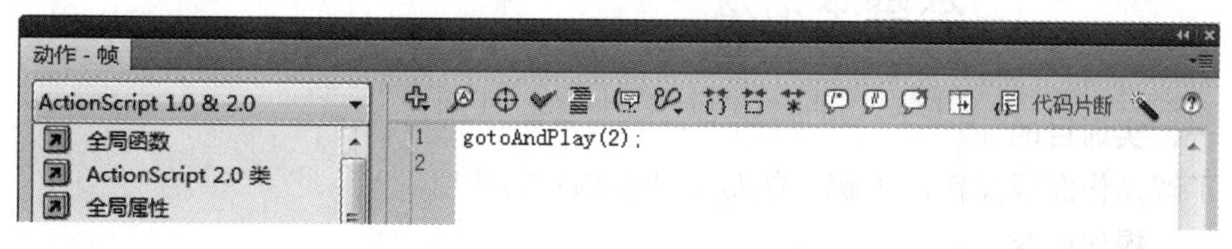

图 11.64　添加动作代码（4）

习题

1．填空题

（1）Flash 中的 Actions 面板可分为____________和____________两种。

（2）给某帧设置了 gotoAndPlay(1)，该动作命令表示________________________。

（3）Flash ActionScript 2.0 中可以控制影片继续播放和停止的两个函数是______和______。

（4）on 事件函数一般作用到________实例上，通过触发某个事件处理相应的程序。

（5）getURL 函数的作用是_____________。

2．选择题

（1）Flash Action “fscommand” 的意义是__________。

A．停止所有声音的播放　　　B．跳转至某个超链接地址 URL

C．发送 fscommand 命令　　　D．装载影片

（2）Flash ActionScript 2.0 中设置属性的命令是__________。

A．setPolity　　B．Polity　　C．getProperty　　D．setProperty

（3）Flash ActionScript 2.0 可接受的当鼠标放在按钮上时产生效果的鼠标操作是__________。

A．press　　B．release　　C．releaseOutside　　D．rollOver

（4）Flash ActionScript 2.0 中 duplicateMovieClip 指的是__________。

A．删除已复制的电影剪辑　　B．删除电影剪辑

C．移动电影剪辑　　D．复制电影剪辑

（5）在以下几种对象中可以添加动作语句的对象是_________。

A．形状对象　　B．电影剪辑元件

C．图片　　D．群组对象

3．思考题

（1）在 Flash 文档中添加动作脚本的对象有哪些？

（2）简述对 Flash 中函数的理解。

实训十三　交互式动画的创建——动作面板操作、动作脚本基本语法

一、实训目的

了解动作面板操作，了解一些常用动作脚本的使用。

二、操作内容

应用影片剪辑元件和 ActionScript 2.0 脚本实现如图 11.65 所示的变幻线动画效果。

图 11.65　变幻线动画效果

实训十四　交互式动画的创建——常用动作（添加在按钮上的动作）

一、实训目的

了解使用动态文本和在按钮上添加动作脚本制作交互效果。

二、操作内容

应用动态文本、按钮和 ActionScript 2.0 脚本实现如图 11.66 所示的动画效果。

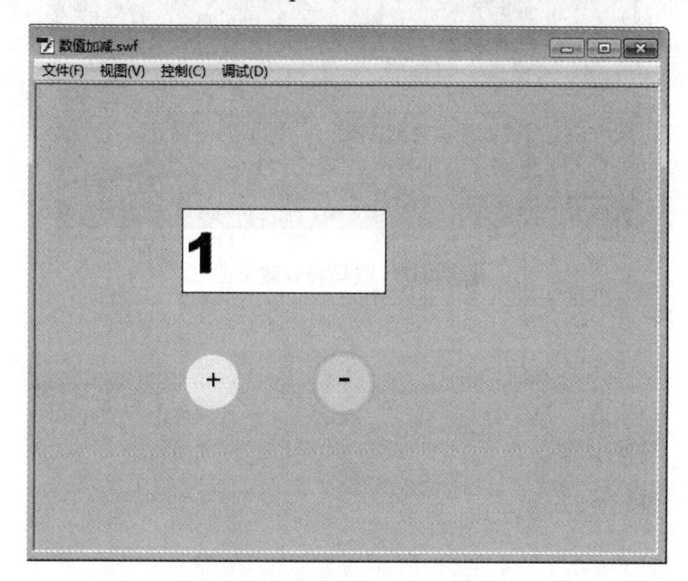

图 11.66　数值加、减效果图

（1）设置动态文本框的初始值为“1”。

（2）当单击“+”按钮时，动态文本框中的数值显示原数值加 1 后的数值。

（3）当单击“-”按钮时，动态文本框中的数值显示原数值减 1 后的数值。但是当动态文本框内数值显示为“0”时，如果再单击“-”按钮时，动态文本框内的数值将不再改变。

实训十五　交互式动画的创建——常用动作（添加在影片剪辑对象上的动作）

一、实训目的

了解在影片剪辑对象上添加动作脚本制作交互效果。

二、操作内容

应用 onClipEvent 事件制作如图 11.67 所示的骏马奔跑效果动画。要求先制作骏马奔驰的影片剪辑，再为此影片剪辑添加动作脚本，使影片在初始加载时骏马是停止的，单击按钮后才可以开始播放动画。最终效果如图 11.67 所示。

图 11.67　骏马奔驰效果图

第12章 发布与导出 Flash 作品

12.1 项目 1 影片发布操作：生成“SWF 文件”

12.1.1 项目说明

本项目主要讲解在完成动画的制作后如何生成.swf 格式的文件。

12.1.2 操作步骤

1. 打开“闪闪星.fla”文件，如图 12.1 所示。

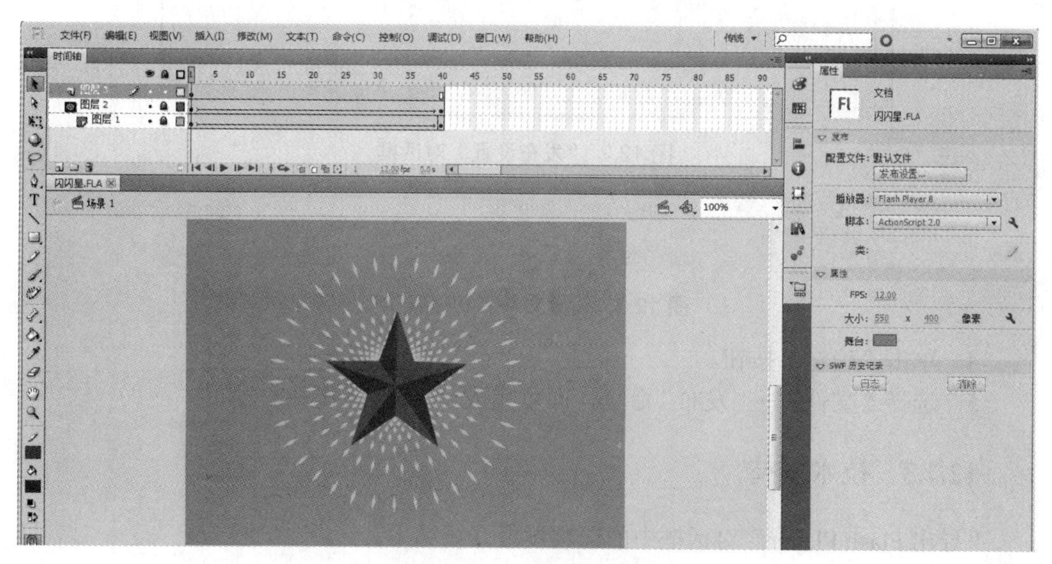

图 12.1 “闪闪星.fla”文件

2. 选择“文件”→“发布设置”命令，打开“发布设置”对话框，如图 12.2 所示。

3. 选择保存位置，将输出文件命名为“闪闪星”，发布类型选择“Flash”，如图 12.3 所示。

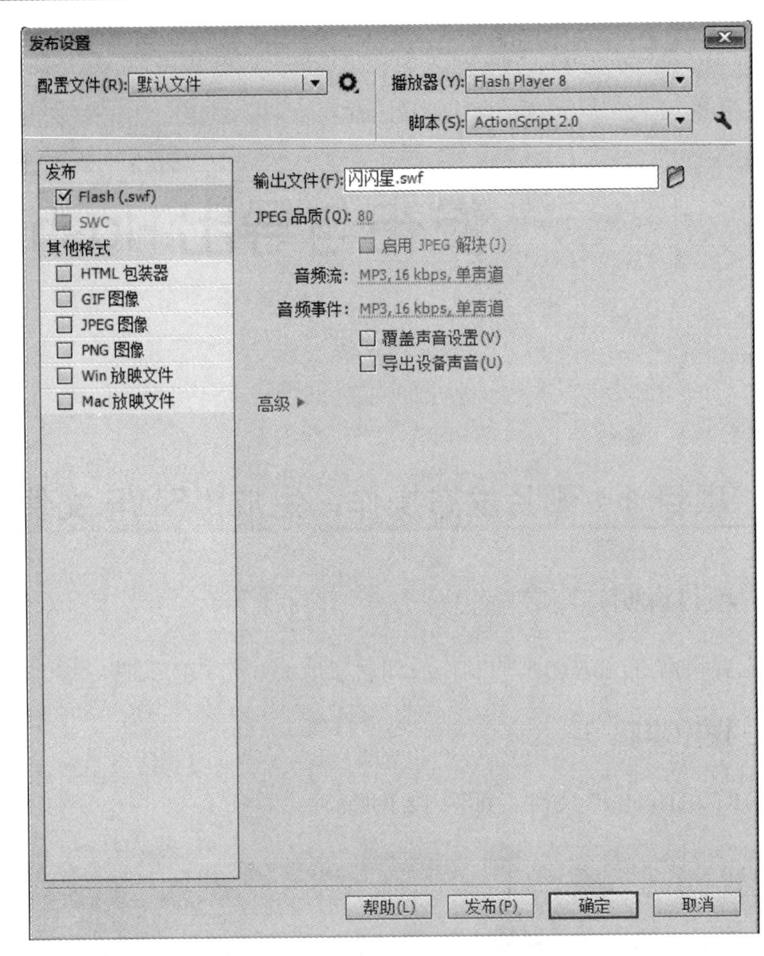

图 12.2 “发布设置”对话框

图 12.3 设置文件名和保存类型

4. 单击“确定”按钮。
5. 选择“文件”→“发布”命令，即可完成 .swf 格式文件的发布。

12.1.3 技术支持

“导出 Flash Player”对话框中的选项设置介绍如下。

1. 播放器

单击下拉菜单，从“播放器”下拉菜单中可以选择一个播放器版本，如图 12.4 所示。

2. 脚本

选择动作脚本 ActionScript 1.0 或 ActionScript 2.0 以反映文档中使用的版本，如图 12.5 所示。

图 12.4　选择播放器版本

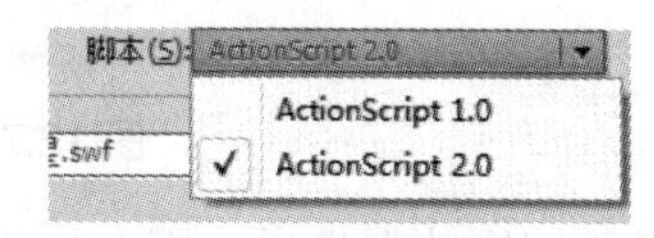

图 12.5　选择 ActionScript 版本

3．JPEG 品质

若要控制位图压缩，可调整“JPEG 品质”滑块或输入一个值。图像品质越低，生成的文件就越小；图像品质越高，生成的文件就越大。请尝试不同的设置，以便确定在文件大小和图像品质之间的最佳平衡点。值为 100 时图像品质最佳，压缩比最小。

若要使高度压缩的 JPEG 图像显得更加平滑，可选择“启用 JPEG 解决”。此选项可减少由于 JPEG 压缩导致的典型失真，如图像中通常出现的“8×8 像素”的马赛克。选中此选项后，一些 JPEG 图像可能会丢失少量细节。

4．音频流、音频事件

要为 SWF 文件中的所有声音流或事件声音设置采样率和压缩，可单击“音频流”或“音频事件”旁边的设置按钮，然后在“声音设置”对话框中选择“压缩”、“比特率”和“品质”选项，如图 12.6 所示，完成后单击“确定”按钮。

图 12.6　“声音设置”对话框

（1）覆盖声音设置。如果取消选择“覆盖声音设置”选项，那么 Flash 会扫描文档中的所有音频流（包括导入视频中的声音），然后按照各个设置中最高的设置发布所有音频流。如果一个或多个音频流具有较高的导出设置，就会使文件增大。

（2）导出设备声音。要导出适合于设备（包括移动设备）的声音而不是原始库声音，可选择“导出设备声音”。

5．高级选择

单击“高级”选项，打开如图 12.7 所示的对话框。

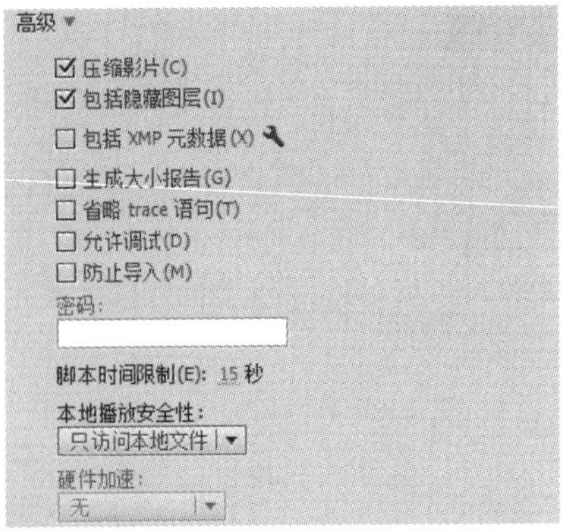

图 12.7 “高级”选项对话框

（1）“压缩影片”选项，默认压缩 SWF 文件以减小文件大小和缩短下载时间。当文件包含大量文本或 ActionScript 时，使用此选项十分有益。 经过压缩的文件只能在 Flash Player 6 或更高版本中播放。

（2）“包括隐藏图层”选项，（默认）导出 Flash 文档中所有隐藏的图层。取消选择“导出隐藏的图层”将阻止把生成的 SWF 文件中标记为隐藏的所有图层（包括嵌套在影片剪辑内的图层）导出。这样，就可以通过使图层不可见来轻松测试不同版本的 Flash 文档。

（3）“包括 XMP 元数据”，默认情况下，将在“文件信息”对话框中导出输入的所有元数据。单击“文件信息”按钮打开此对话框。也可以通过选择“文件”→“文件信息”打开“文件信息”对话框。在 Adobe® Bridge 中选定 SWF 文件后，可以查看元数据。

（4）“生成大小报告”，生成一个报告，按文件列出最终 Flash Pro 内容中的数据量。

（5）“省略 trace 语句”，使 Flash 忽略当前 SWF 文件中的 ActionScript trace 语句。如果选择此选项，trace 语句的信息将不会显示在“输出”面板中。

（6）“允许调试”选项会激活调试器并允许远程调试 Flash SWF 文件。如果选择此选项，则可以通过使用密码来保护 SWF 文件。

（7）“防止导入”选项可防止其他人导入 SWF 文件并将其转换回 Flash（FLA）文档。如果选择此选项，可以通过使用密码来保护 Flash SWF 文件。

（8）“密码”，如果选择了“允许调试”或“防止导入”，则可以在“密码”文本框中输入密码。如果添加了密码，那么其他人必须先输入密码才能调试或导入 SWF 文件。要删除密码，可清除“密码”文本框。

（9）“脚本时间限制”，若要设置脚本在 SWF 文件中执行时可占用的最大时间量，可在“脚本时间限制”中输入一个数值。Flash Player 将取消执行超出此限制的任何脚本。

（10）从“本地播放安全性”弹出菜单中，选择要使用的 Flash 安全模型。指定是授予已发布的 SWF 文件本地安全性访问权，还是网络安全性访问权。“只访问本地文件”可使已发布的 SWF 文件与本地系统上的文件和资源交互，但不能与网络上的文件和资源交互。“只访问网络文件”可使已发布的 SWF 文件与网络上的文件和资源交互，但不能与本地系统上的文件和资源交互。

12.2 项目 2　生成“Windows AVI 视频文件”

12.2.1　项目说明

本项目主要讲解在完成动画的制作后如何生成 avi 格式的视频文件。

12.2.2　操作步骤

1．打开“闪闪星.fla”文件。

2．选择“文件”→“导出”→“导出影片”命令，打开“导出影片”对话框，如图 12.8 所示。

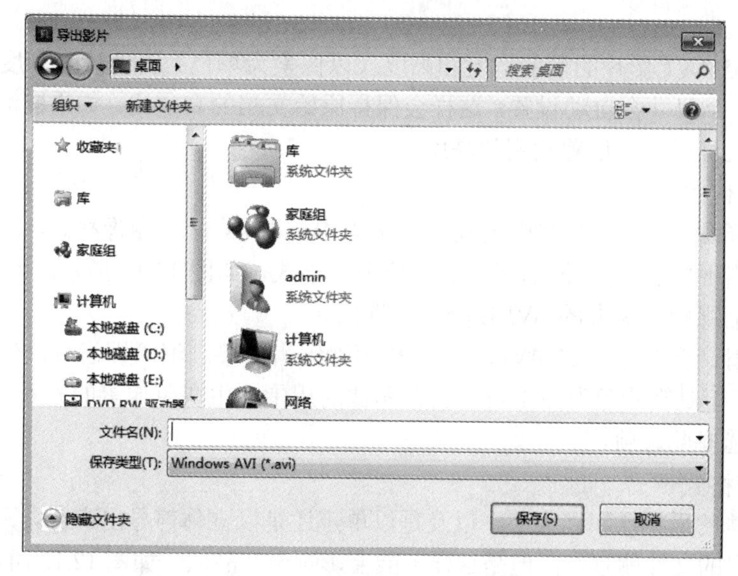

图 12.8　“导出影片”对话框

3．选择保存位置，将文件命名为“闪闪星”，保存类型选择“Windows AVI”，如图 12.9 所示。

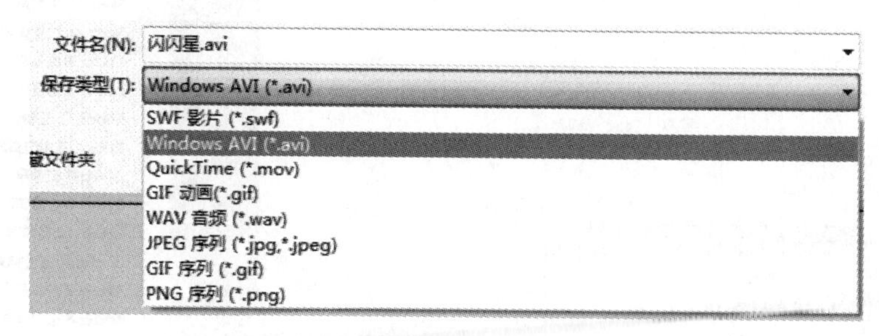

图 12.9　设置文件名和保存类型

4．单击“保存”按钮，打开如图 12.10 所示的“导出 Windows AVI”对话框。

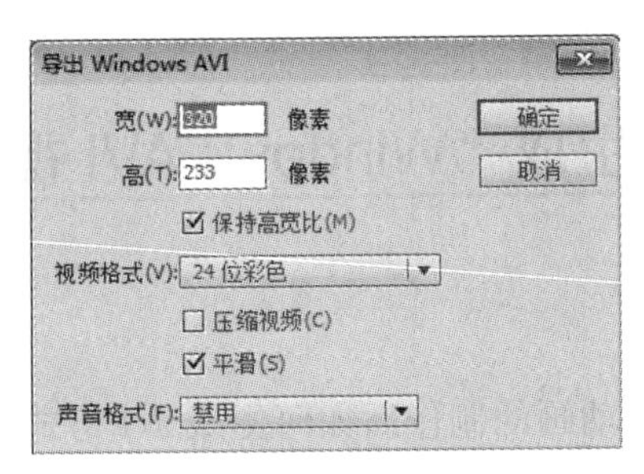

图 12.10 “导出 Windows AVI”对话框

5．单击“确定”按钮，即可导出 Windows AVI 视频文件。

12.2.3 技术支持

“导出 Windows AVI”对话框选项设置介绍如下。

1．尺寸

用于指定 AVI 影片的帧的宽度和高度（以像素为单位）。宽度和高度两者只能指定其一，另一个尺寸会自动设置，这样会保持原始文档的高宽比。如果取消选择“保持高宽比”，就可以同时设置宽度和高度。

2．视频格式

用于选择颜色深度。某些应用程序不支持 Windows 32 位图像格式，因此如果在使用此格式时出现问题，请使用较早的 24 位图像格式，如图 12.11 所示。

（1）压缩视频：标准的 AVI 视频压缩选项。

（2）平滑：会对导出的 AVI 影片应用消除锯齿效果。消除锯齿可以生成较高品质的位图图像，但是在彩色背景上可能会在图像的周围产生灰色像素的光晕。如果出现光晕，可取消选择此选项。

3．声音格式

设置音轨的采样比率和大小，以及是以单声还是以立体声导出声音。采样比率和大小越小，导出的文件就越小，但是这样可能会影响声音品质，如图 12.12 所示。

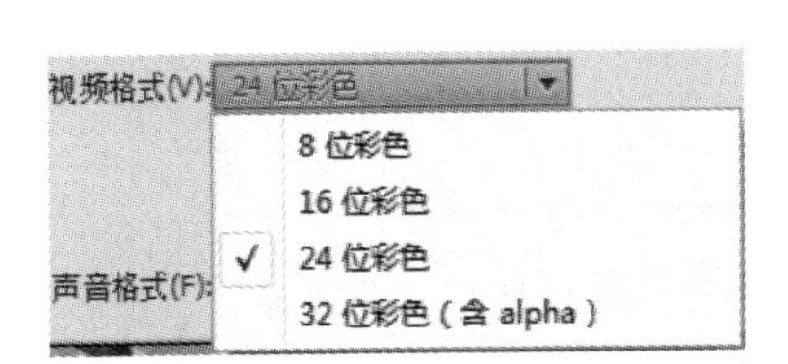

图 12.11 选择视频格式

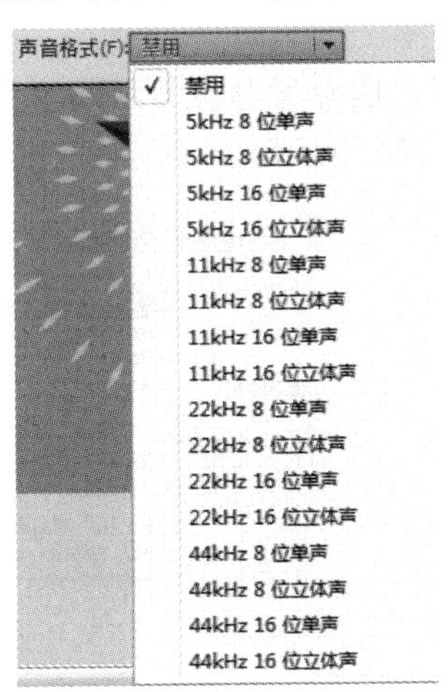

图 12.12 选择声音格式

12.3 项目 3 生成“QuickTime 视频文件”

12.3.1 项目说明

本项目主要讲解在完成动画的制作后如何生成 QuickTime 格式的视频文件。

12.3.2 操作步骤

1．打开“闪闪星.fla”文件。

2．选择“文件”→“导出”→“导出影片”命令，打开“导出影片”对话框。

3．选择保存位置，将文件命名为“闪闪星”，保存类型选择“QuickTime”，如图 12.13 所示。

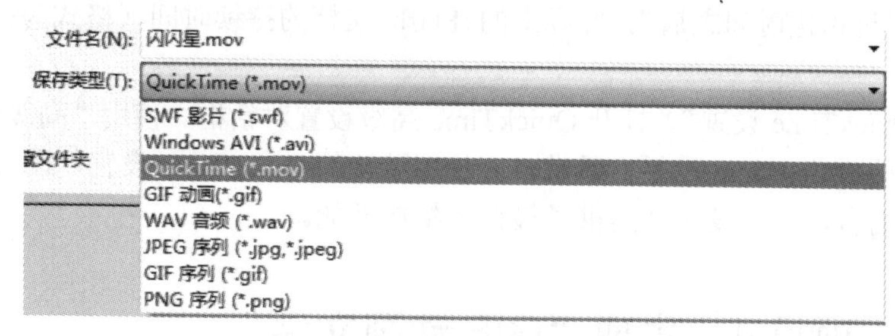

图 12.13 设置文件名和保存类型

4．单击“保存”按钮，打开如图 12.14 所示的“QuickTime Export 设置”对话框。

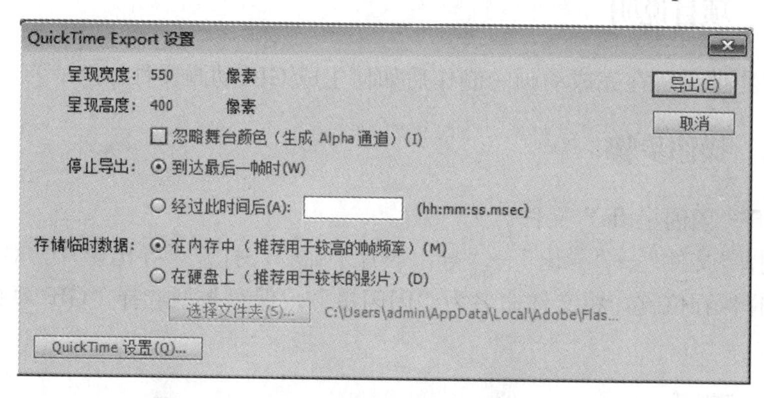

图 12.14 “QuickTime Export 设置”对话框

5．单击“导出”按钮，即可导出 QuickTime 视频文件。

12.3.3 技术支持

1．在导出 QuickTime 视频文件之前，首先检查计算机有没有安装 QuickTime 软件，如果没有安装软件，则不能导出 QuickTime 视频文件。

2．如果需要导出 QuickTime 视频文件，则应在“发布设置”中将 Flash 版本设置为 5 或更低版本。

3．“QuickTime Export 设置”对话框设置。

（1）“尺寸”。尺寸指 QuickTime 影片的帧的宽度和高度（以像素为单位）。宽度和高度两者只能指定其一，另一个尺寸会自动设置，这样会保持原始文档的高宽比。若要同时设置宽度和高度并且使这两个尺寸互不影响，可取消选择“保持高宽比”。

（2）“忽略舞台颜色”。使用舞台颜色创建一个 Alpha 通道。Alpha 通道是作为透明轨道进行编码的，这样就可以将导出的 QuickTime 影片叠加在其他内容上面以改变背景颜色或场景。若要创建带有 Alpha 通道的 QuickTime 视频，必须选择支持 32 位编码和 Alpha 通道的视频压缩类型。支持它的编解码器包括动画、PNG、Planar RGB、JPEG 2000、TIFF 或 TGA。还必须从“压缩程序→深度”设置中选择“百万颜色”。若要设置压缩类型和颜色深度，可单击“影片设置”对话框的“视频”类别中的“设置”按钮。

（3）“到达最后一帧时”。将整个 Flash 文档导出为影片文件。

（4）“经过指定时间之后”。要导出的 Flash 文档的持续时间（格式为：小时:分:秒:毫秒）。

（5）“QuickTime 设置”。打开 QuickTime 高级设置对话框。使用“高级设置”可以指定自定义的 QuickTime 设置。通常，应使用默认的 QuickTime 设置，因为对于大多数应用程序而言，这些设置都提供了最佳的播放性能。

12.4 项目 4 生成“GIF 动画文件”

12.4.1 项目说明

本项目主要讲解在完成动画的制作后如何生成 GIF 动画文件。

12.4.2 操作步骤

1．打开“闪闪星.fla”文件。

2．选择“文件”→“导出”→“导出影片”命令，打开“导出影片”对话框。

3．选择保存位置，将文件命名为“闪闪星”，保存类型选择“GIF 动画”，如图 12.15 所示。

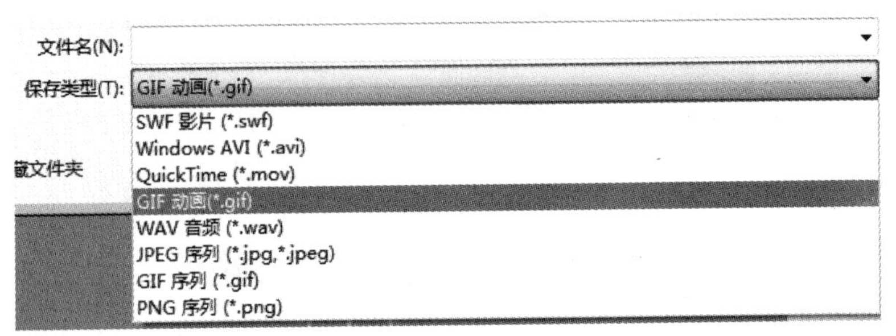

图 12.15 设置文件名和保存类型

4．单击“保存”按钮，打开如图 12.16 所示的“导出 GIF”对话框。

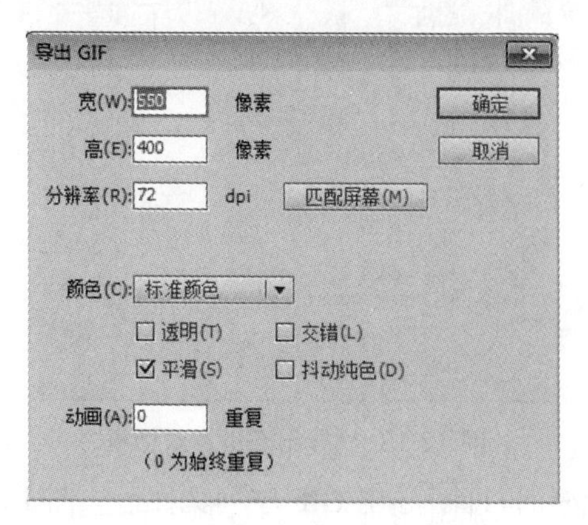

图 12.16 “导出 GIF”对话框

5．单击“确定”按钮，即可导出 GIF 动画文件。

12.4.3 技术支持

1．“导出 GIF”对话框设置。

（1）分辨率：以每英寸的点数（dpi）为单位进行设置。可以输入一个分辨率，也可以单击“匹配屏幕”，使用屏幕分辨率。

（2）颜色：导出图像的颜色数量设置有以下三种方式：黑白，4 色、6 色、16 色、32 色、64 色、128 色或 256 色；标准颜色（标准 216 色，对浏览器安全的调色板）；此外还可以选择使用交错、平滑、透明或抖动纯色。

（3）动画：仅在使用 GIF 动画导出格式时才可用，可以输入重复的次数，如果设置为 0，则无限次重复。

2．导出 GIF 序列文件操作步骤。

（1）打开“闪闪星.fla”文件。

（2）选择“文件”→“导出”→“导出影片”命令，打开“导出影片”对话框。

（3）选择保存位置，将文件命名为“闪闪星”，保存类型选择“GIF 序列”，如图 12.17 所示。

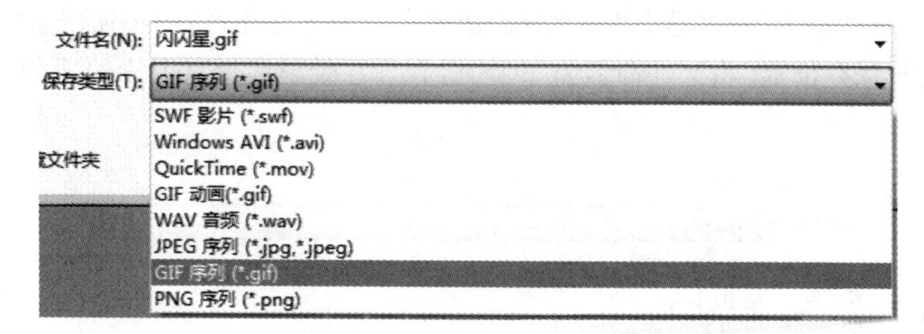

图 12.17 设置文件名和保存类型

（4）单击“保存”按钮，打开如图 12.18 所示的“导出 GIF”对话框。

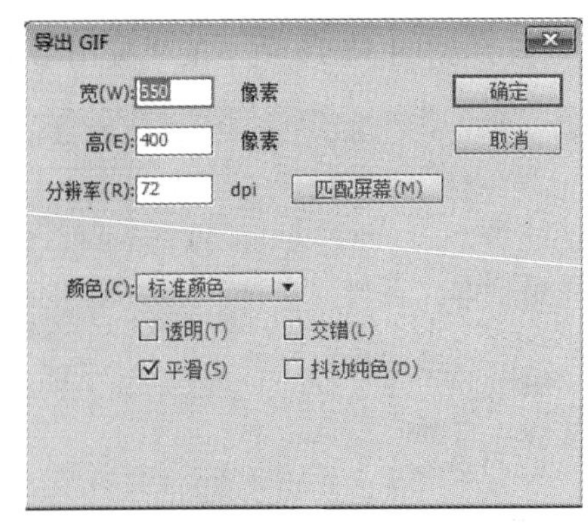

图 12.18 “导出 GIF”对话框

（5）单击“确定”按钮，即可导出 GIF 序列文件，如图 12.19 所示。

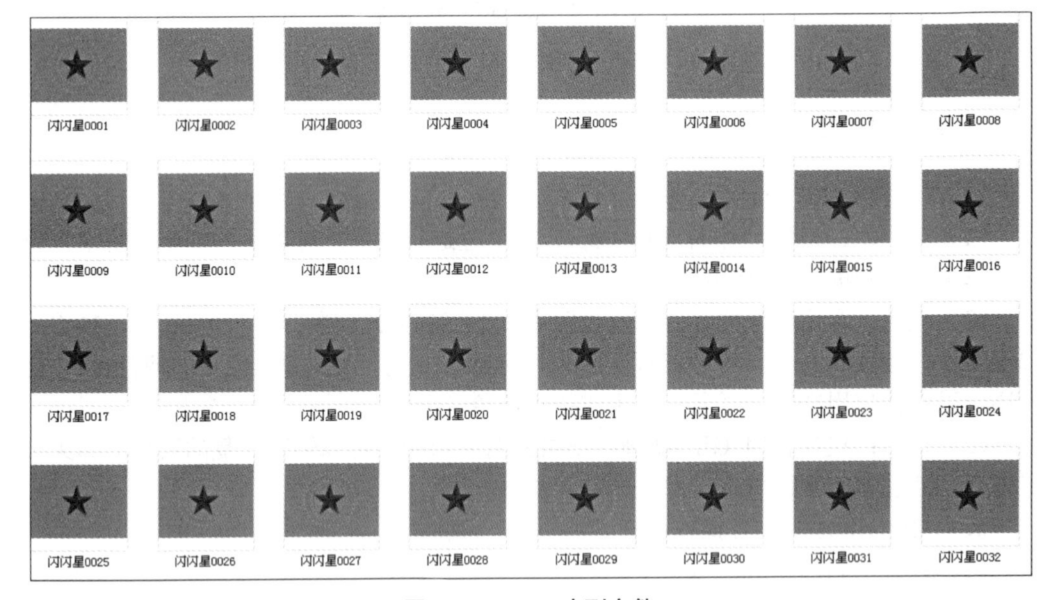

图 12.19 GIF 序列文件

3．导出 GIF 图像操作步骤。

（1）打开“闪闪星.fla”文件。

（2）选择“文件”→“导出”→“导出图像”命令，打开“导出图像”对话框。

（3）选择保存位置，将文件命名为“闪闪星”，保存类型选择“GIF 图像”，如图 12.20 所示。

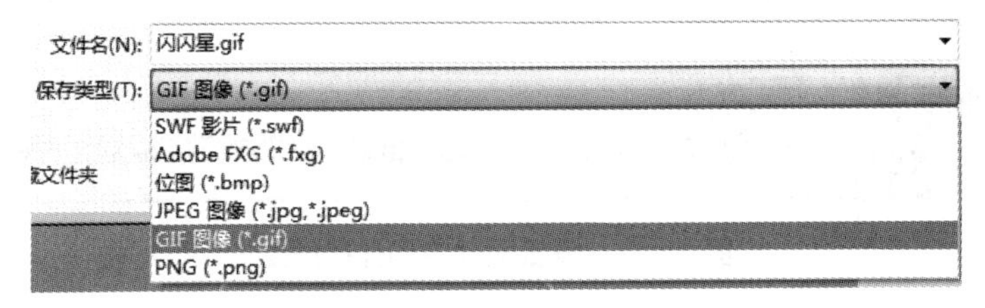

图 12.20 设置文件名和保存类型

（4）单击“保存”按钮，打开如图 12.21 所示的“导出 GIF”对话框。

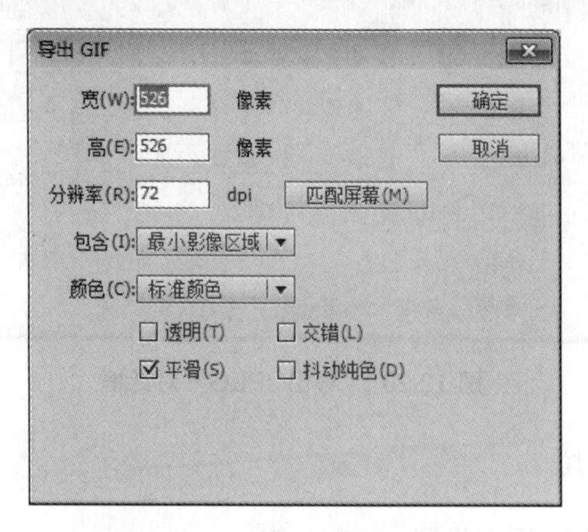

图 12.21 “导出 GIF”对话框

（5）单击“确定”按钮，即可导出 GIF 图像。

12.5 项目 5 生成“JPEG 图像文件”

12.5.1 项目说明

本项目主要讲解在完成动画制作后如何生成 JPEG 格式的图像文件。

12.5.2 操作步骤

1．打开“闪闪星.fla”文件。

2．选择“文件”→“导出”→“导出图像”命令，打开“导出图像”对话框。

3．选择保存位置，将文件命名为“闪闪星”，保存类型选择“JPEG 图像”，如图 12.22 所示。

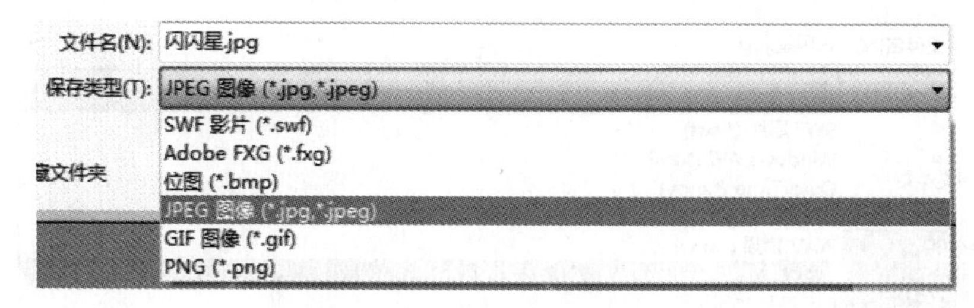

图 12.22 设置文件名和保存类型

4．单击“保存”按钮，打开如图 12.23 所示的“导出 JPEG”对话框。

5．单击“确定”按钮，即可导出 JPEG 图像。

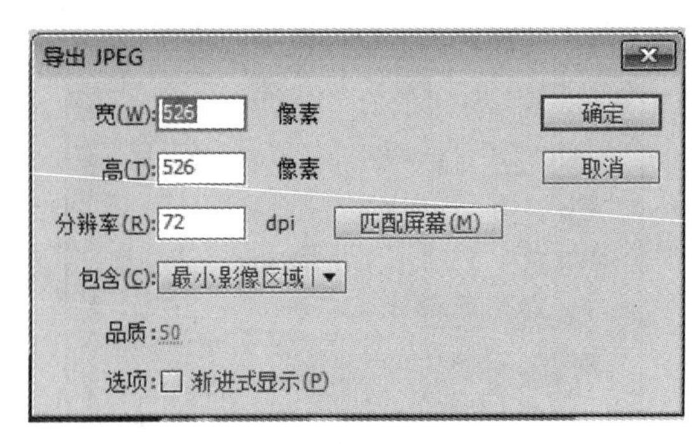

图 12.23 “导出 JPEG”对话框

12.5.3 技术支持

1．“导出 JPEG”对话框设置。

（1）尺寸：输入导出位图图像的宽度和高度值（以像素为单位）。

（2）分辨率：以每英寸的点数（dpi）为单位进行设置，可以输入一个分辨率，也可以单击“匹配屏幕”，使用屏幕分辨率。

（3）包含：可以选择导出“最小影像区域”或指定“完整文档大小”。

（4）品质：拖动滑块或输入一个值，可控制 JPEG 文件的压缩量。图像品质越低则文件越小，反之亦然。尝试使用不同的设置，以确定文件大小和图像品质之间的最佳平衡点。

（5）选项：选择“渐进式显示”可在 Web 浏览器中逐步显示渐进的 JPEG 图像，因此可在低速网络连接上以较快的速度显示加载的图像。

2．导出 JPEG 序列文件步骤。

（1）打开“闪闪星.fla”文件。

（2）选择“文件”→“导出”→“导出影片”命令，打开“导出影片”对话框。

（3）选择保存位置，将文件命名为“闪闪星”，保存类型选择“JPEG 序列文件”，如图 12.24 所示。

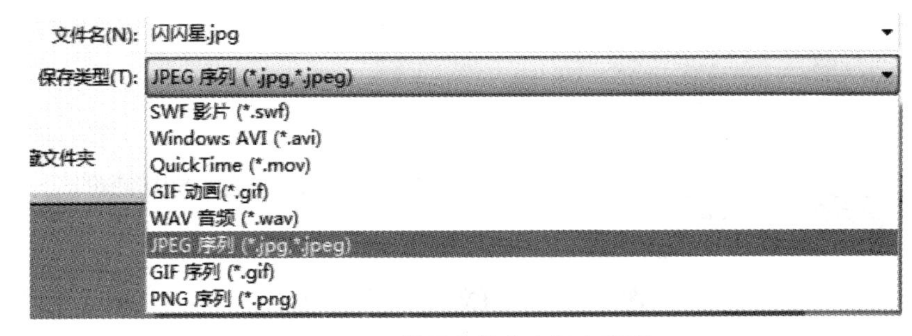

图 12.24 设置文件名和保存类型

（4）单击“保存”按钮，打开如图 12.25 所示的“导出 JPEG”对话框。

（5）单击“确定”按钮，即可导出 JPEG 序列文件，如图 12.26 所示。

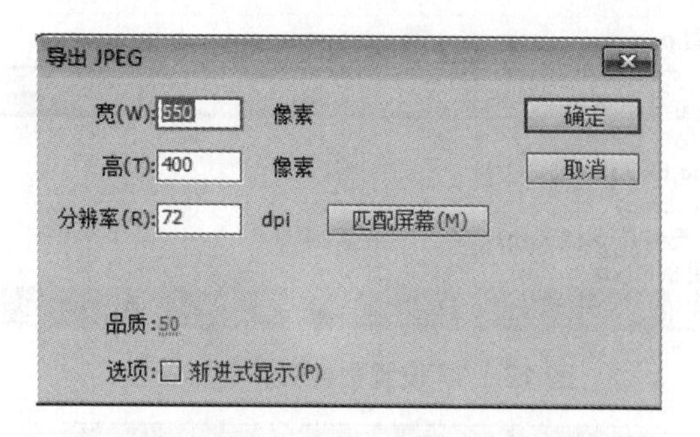

图 12.25 “导出 JPEG”对话框

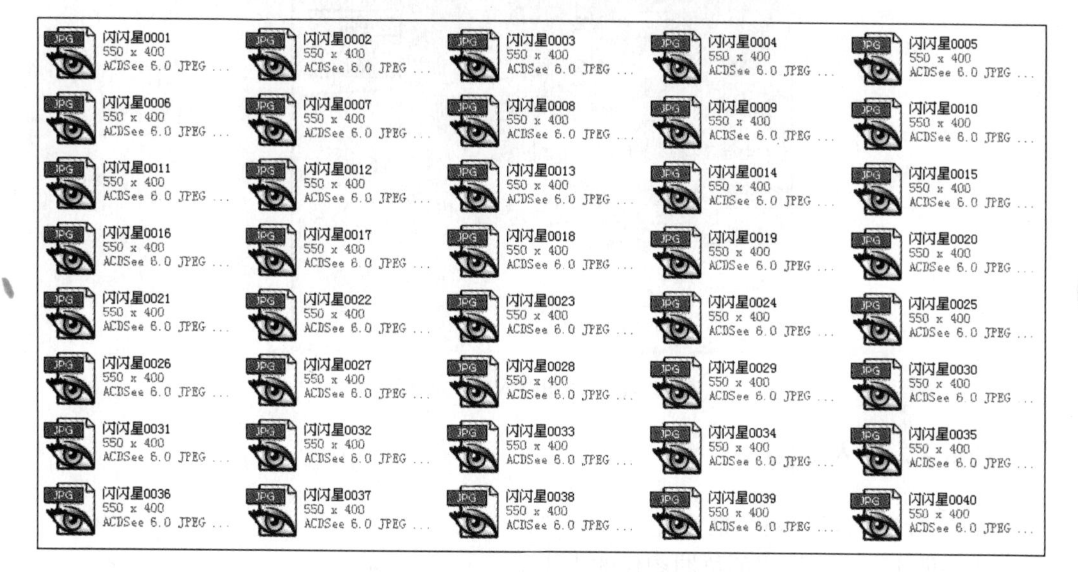

图 12.26 JPEG 序列文件

12.6 项目 6 生成“PNG 图像文件”

12.6.1 项目说明

本项目主要讲解在完成动画制作后如何生成 PNG 格式的图像文件。

12.6.2 操作步骤

1. 打开“闪闪星.fla”文件。

2. 选择“文件”→“导出”→“导出图像”命令，打开“导出图像”对话框。

3. 选择保存位置，将文件命名为“闪闪星”，保存类型选择“PNG”，如图 12.27 所示。

4. 单击“保存”按钮，打开如图 12.28 所示的“导出 PNG”对话框。

5. 单击“确定”按钮，即可导出 PNG 图像。

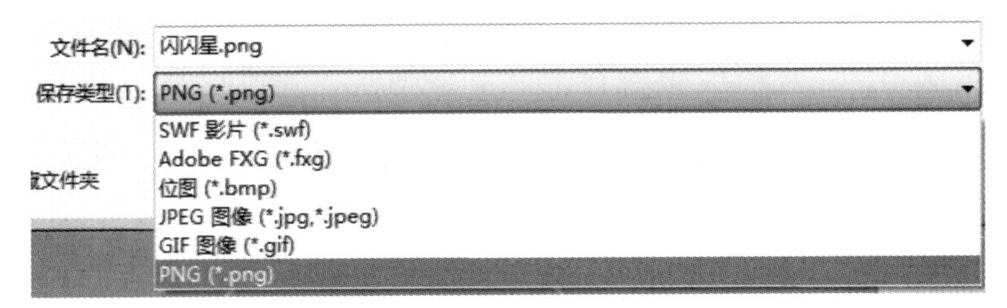

图 12.27　设置文件名和保存类型

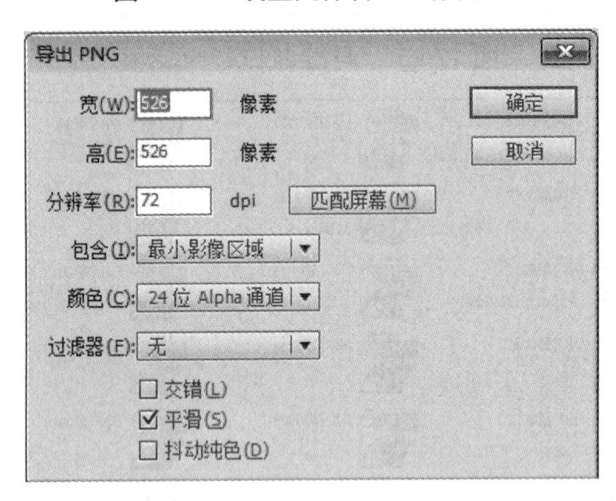

图 12.28 “导出 PNG”对话框

12.6.3　技术支持

1．“导出 PNG”对话框设置。

（1）尺寸：设置导出的位图图像的大小。

（2）分辨率：允许输入以 dpi 为单位的分辨率。要使用屏幕分辨率，并且保持原始图像的高宽比，请选择“匹配屏幕”。

（3）包含：可以选择导出最小影像区域，或指定完整的文档大小。

（4）颜色：与“PNG 发布设置”选项卡中的“位深度”选项相同，用于设置创建图像时使用的每个像素的位数。对于具有 256 色的图像，请选择“8 位 Alpha 通道”；对于具有数千种颜色的图像，请选择“24 位 Alpha 通道”；对于具有数千种颜色并且带有透明度（32 位）的图像，请选择“24 位 Alpha 通道”。位深度越高，文件就越大。

（5）过滤器：与“PNG 发布设置”选项卡中的选项相匹配。

2．导出 PNG 序列文件操作步骤。

（1）打开“闪闪星.fla”文件。

（2）选择“文件”→“导出”→“导出影片”命令，打开“导出影片”对话框。

（3）选择保存位置，将文件命名为“闪闪星”，保存类型选择“PNG 序列”，如图 12.29 所示。

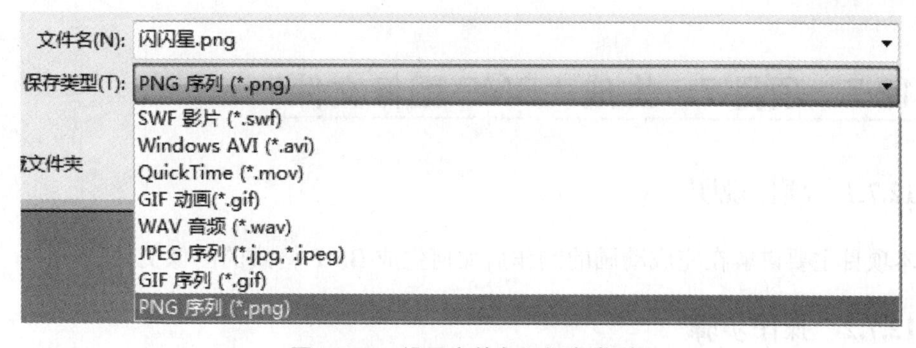

图 12.29　设置文件名和保存类型

（4）单击“保存”按钮，打开如图 12.30 所示的“导出 PNG”对话框。

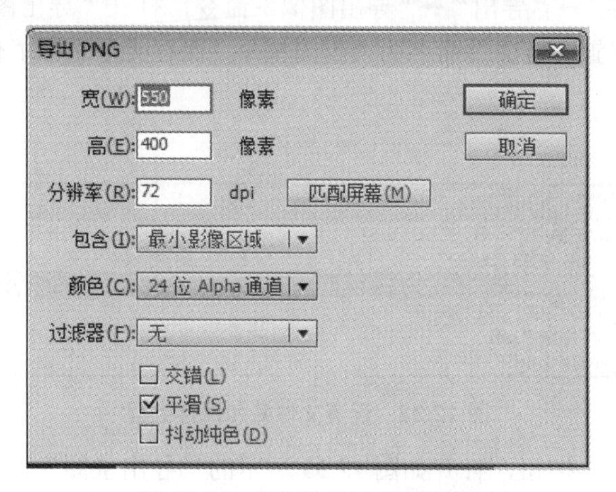

图 12.30　“导出 PNG”对话框

（5）单击“确定”按钮，即可导出 PNG 序列文件，如图 12.31 所示。

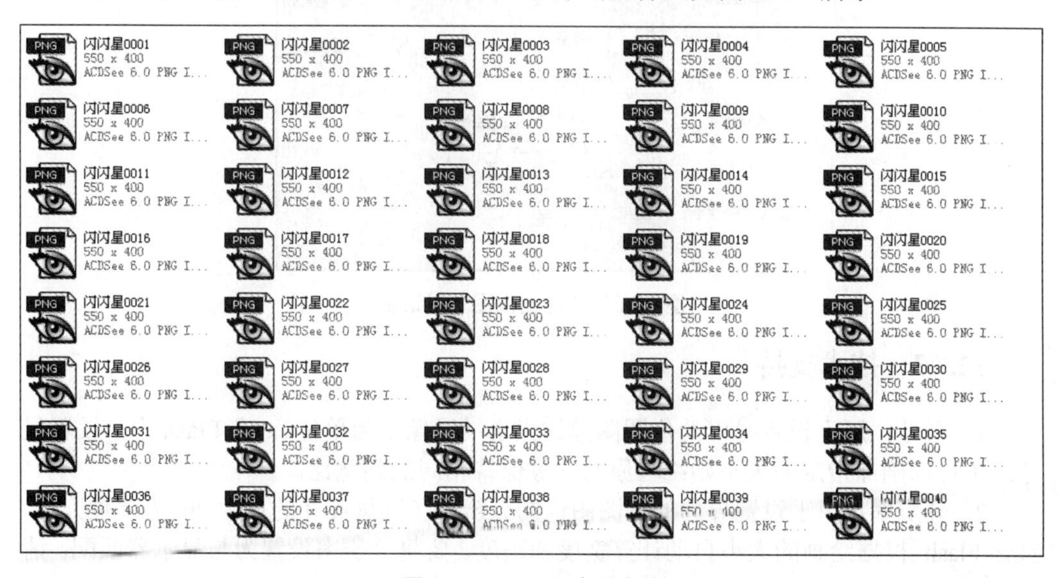

图 12.31　PNG 序列文件

12.7 项目 7 生成“BMP 图像文件”

12.7.1 项目说明

本项目主要讲解在完成动画的制作后如何生成 BMP 格式的图像文件。

12.7.2 操作步骤

1．打开“闪闪星.fla”文件。

2．选择“文件”→“导出”→“导出图像”命令，打开“导出图像”对话框。

3．选择保存位置，将文件命名为“闪闪星”，保存类型选择“位图”，如图 12.32 所示。

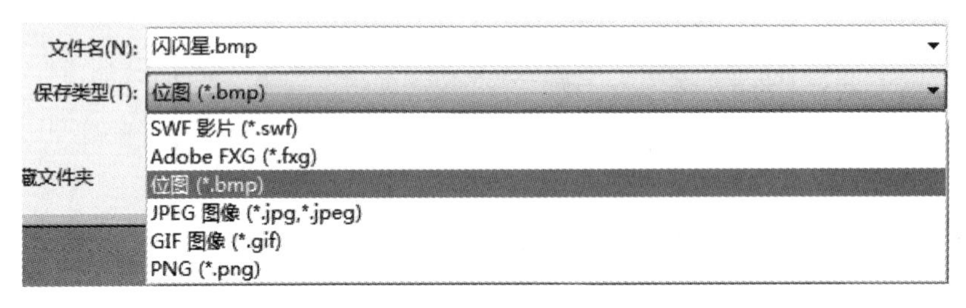

图 12.32 设置文件名和保存类型

4．单击“保存”按钮，打开如图 12.33 所示的“导出位图”对话框。

5．单击“确定”按钮，即可导出 BMP 图像。

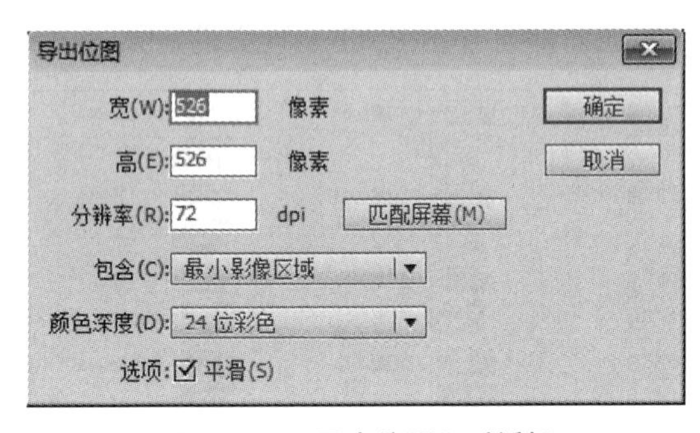

图 12.33 “导出位图”对话框

12.7.3 技术支持

1．尺寸：用于设置导出的位图图像的大小（以像素为单位）。在 Flash 中，设置尺寸选项可以确保指定的大小始终与原始图像保持相同的高宽比。

2．分辨率：用于设置导出的位图图像的分辨率（以每英寸的点数 dpi 为单位），并且让 Flash 根据绘画的大小自动计算宽度和高度。要将分辨率设置为与显示器匹配，请选择“匹配屏幕”。

3．包含：可以选择导出最小影像区域，或指定完整的文档大小。

4．颜色深度：用于指定图像的位深度。某些 Windows 应用程序不支持较新的 32 位深度的位图图像，如果在使用 32 位格式时出现问题，请使用较早的 24 位格式。

5．选项："平滑"会对导出的位图应用消除锯齿效果。消除锯齿可以生成较高品质的位图图像，但是在彩色背景中可能会在图像周围生成灰色像素的光晕。如果出现光晕，可取消选中此选项。

习题

1．填空题

（1）Flash 通常是以________技术在互联网上发布动画的，该技术是目前较为先进的发布方式。

（2）位图图像是用________________________________来描述的。

（3）对于在网络上播放动画来说，最合适的帧频率是____________。

（4）要播放 QuickTime 电影，在导出动画文件时要选择___________格式。

（5）_________是 Flash 动画可以导出的文件中唯一支持透明度设置（Alpha 通道）的位图格式。

2．选择题

（1）对于那些具有复杂颜色效果和包含渐变色的图像，例如照片，最好使用哪种方式进行压缩_______。

A．JPEG 压缩　B．无损压缩　C．AB 都不可以　D．AB 都可以

（2）下面关于矢量图形和位图图像的说法正确的是_______。

A．Flash 允许用户创建并产生动画效果的是矢量图形而不是位图图像

B．在 Flash 中，用户也可以导入并操纵在其他应用程序中创建的矢量图形和位图图像

C．用 Flash 的绘图工具画出来的图形为位图图形

D．一般来说矢量图形比位图图像大

（3）作为发布过程的一部分，Flash 将自动执行某些电影优化操作。_______

A．正确　B．错误

（4）在 Internet Explorer 浏览器中，通过下列哪种技术来播放 Flash 电影（SWF 格式的文件）？______

A．DLL　B．COM　C．OLE　D．Active X

（5）以下关于序列文件的说法正确的是_______。

A．序列文件可以位于不同的文件夹中

B．序列文件的格式可以不同

C．序列文件的格式必须相同

D．picture001.jpg 和 picture2.jpg 是同一序列文件

3. 思考题

（1）位图和矢量图的区别是什么？

（2）生成 QuickTime 视频文件要注意哪些问题？

实训十六　影片发布与导出

一、实训目的

掌握如何将制作好的影片发布、导出为不同类型的文件。

二、操作内容

将第 6 章中项目 1“美丽的季节”动画文件，如图 12.34 所示，分别导出为 SWF 文件、Windows AVI 视频文件、QuickTime 视频文件、GIF 动画文件、JPEG 图像、PNG 图像、BMP 图像文件。

图 12.34 “美丽的季节”动画文件

第13章 综合案例

13.1 项目1 制作“生日贺卡”

13.1.1 项目说明

利用所给图片和音乐素材，制作如图13.1所示的生日贺卡动画。

图13.1 生日贺卡

13.1.2 操作步骤

1．新建一个Flash ActionScript 2.0文档，设置其背景色为“白色（#FFFFFF）”，尺寸为“550px×400px”，帧频为“12fps”。

2．选择“文件”→“导入”→“导入到库”命令，打开如图13.2所示的“导入到库”对话框。

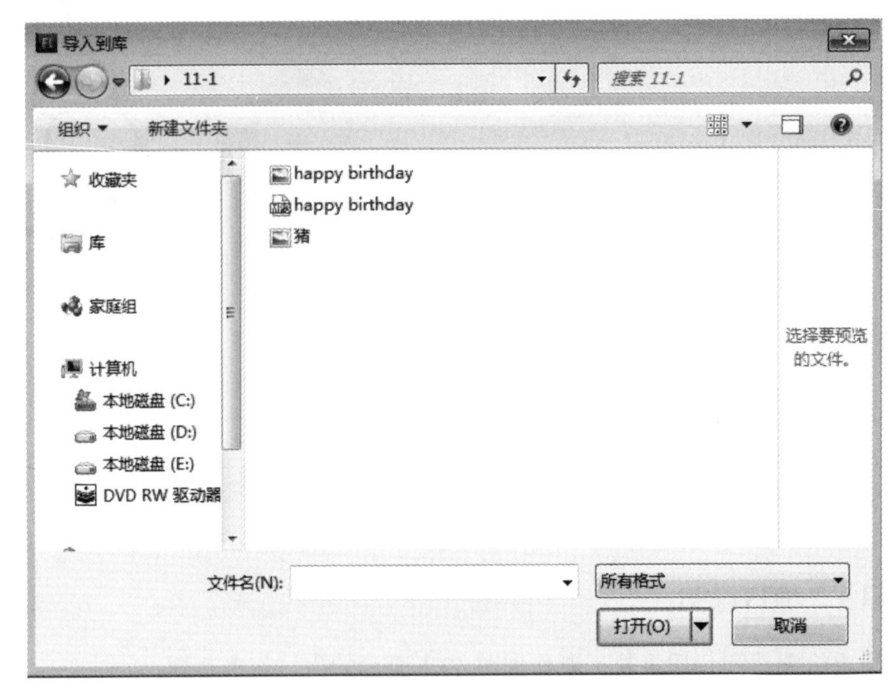

图 13.2 “导入到库”对话框

3．选择本实例中用到的所有图片和音频文件，单击“打开”按钮将文件导入到库中，如图 13.3 所示。

4．将“图层 1”重命名为“背景”，如图 13.4 所示。

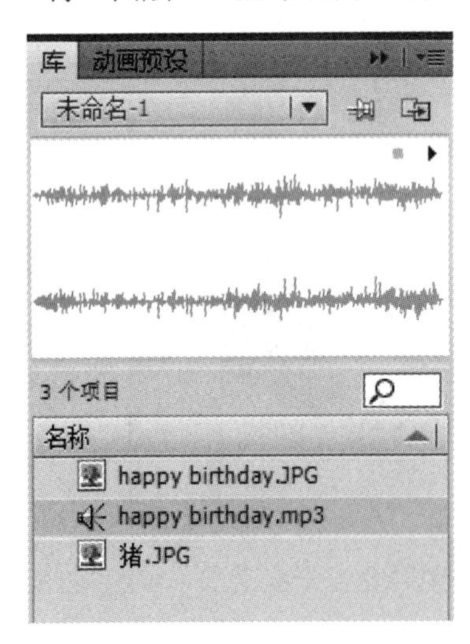

图 13.3　导入到库中的素材

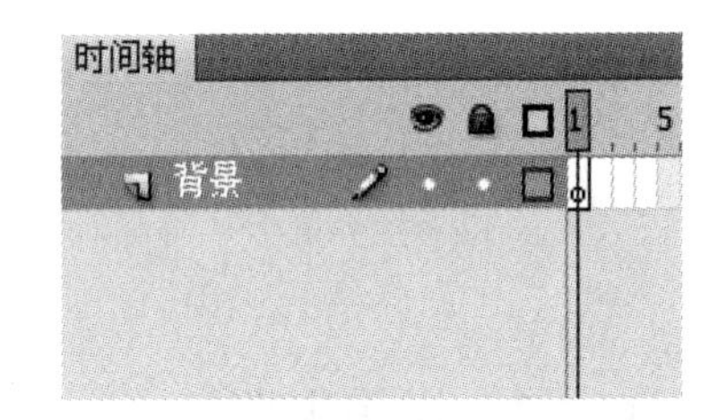

图 13.4　将“图层 1”重命名为“背景”

5．选择库中的“happy birthday”图片并拖入“背景”层第 1 帧的场景中，改变图片大小，设置图片的宽和高分别为“550px”和“400px”，X、Y 坐标位置均为“0”，如图 13.5 所示。

图 13.5 设置图片大小

6．新建图形元件，将其命名为“蛋糕”。进入“蛋糕”元件的编辑窗口并在“图层 1”的第 1 帧上绘制如图 13.6 所示的蛋糕和蜡烛。

7．在“蛋糕”图形元件中新建“图层 2”，在“图层 2”的第 1 帧上绘制椭圆，并设置填充为放射渐变色，使之产生发光效果，如图 13.7 所示。

图 13.6 蛋糕和蜡烛

图 13.7 发光效果

8．在“图层 2”的第 3 帧上插入关键帧，将椭圆稍作放大，如图 13.8 所示。

9．在“蛋糕”元件“图层 1”和“图层 2”的第 4 帧上插入帧，“蛋糕”元件完成，得到烛光闪烁的效果。

10．新建图形元件，将其命名为“猪动画”。进入“猪动画”图形元件编辑窗口。

11．将库中的“猪”图片拖放到“猪动画”图形元件中，如图 13.9 所示。

12．选中图片，将其分离，并结合使用“魔术棒工具”和“橡皮擦工具”将其周围的白色消除。

13．新建“图层 2”，在“图层 2”的第 4 帧处插入空白关键帧，并在这一帧上绘制出小猪眼睛睁开的效果，如图 13.10 所示。

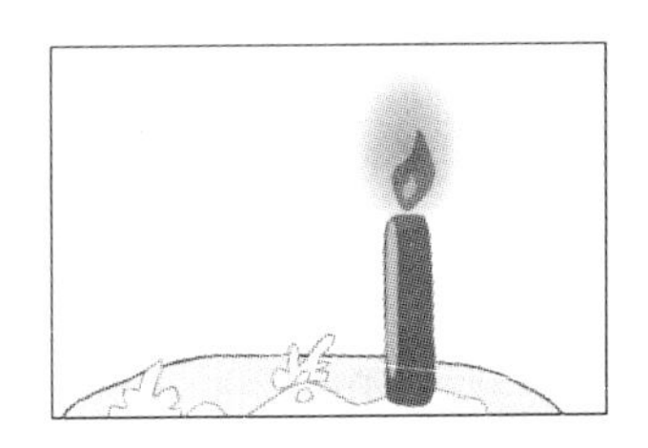

图 13.8　放大后的椭圆

图 13.9 “猪动画”图形元件

图 13.10　小猪眼睛睁开效果图

14．在“猪动画”图形元件“图层 1”和“图层 2”的第 20 帧上插入帧，完成小猪眨眼效果。

15．新建图形元件，将其命名为“happy birthday”。进入“happy birthday”图形元件编辑窗口。

16．在“happy birthday”图形元件中制作如图 13.11 所示的动画，使之产生字母依次从大到小出现，最后又依次逐渐消失的效果。

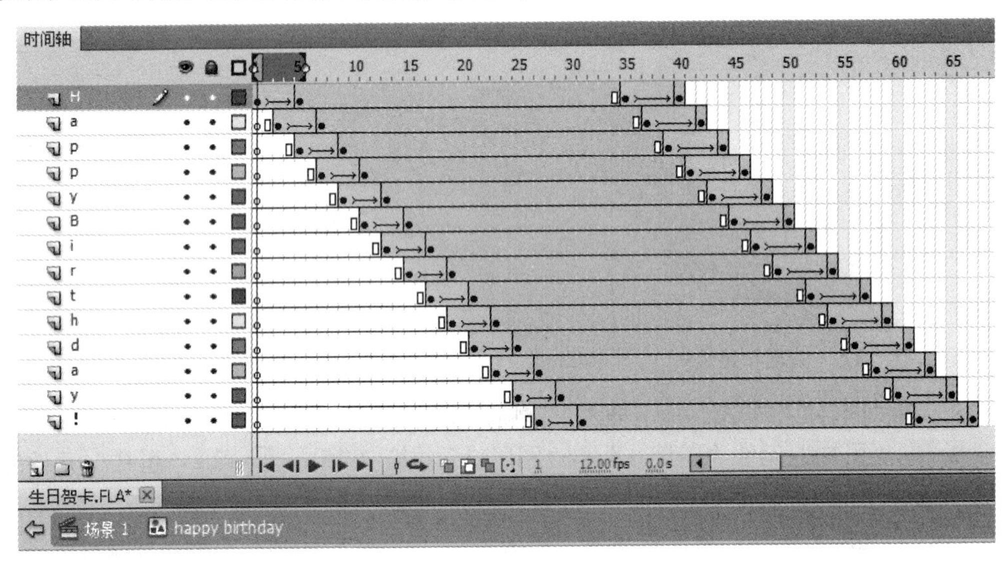

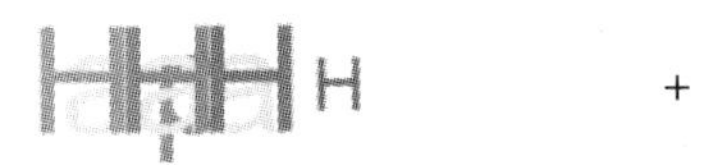

图 13.11 “happy birthday”图形元件时间轴和动画效果图

17．新建图形元件，将其命名为“生日快乐”。进入“生日快乐”图形元件编辑窗口。

18．在“生日快乐”图形元件中制作如图 13.12 所示的动画，使之产生汉字从无到有依次向下掉落的效果。

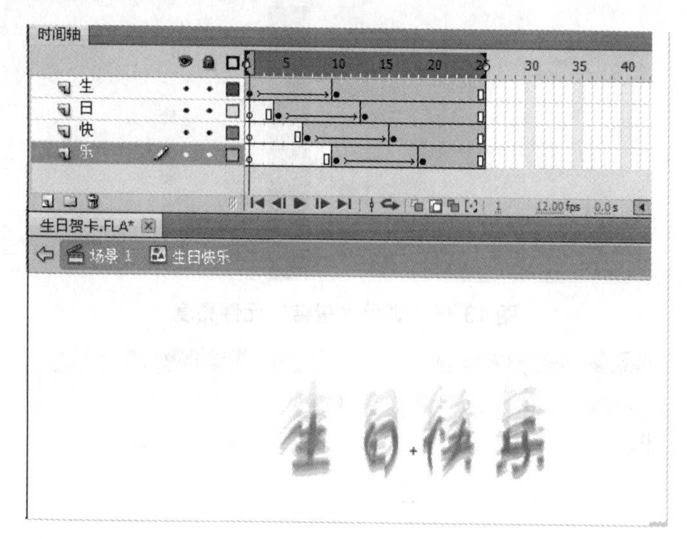

图 13.12 “生日快乐”图形元件动画效果图

19．单击“场景 1”图标[场景 1]返回到主场景中，在“背景”层上新建图层，并将图层命名为“蛋糕”。

20．将背景图层锁定。再把库中的“蛋糕”图形元件拖到“蛋糕”层的第 1 帧。

21．在“蛋糕”层第 20 帧处插入关键帧，将第 1 帧中的“蛋糕”图形元件移动到场景中舞台的下方，如图 13.13 所示。

图 13.13 “蛋糕”图形元件位于舞台下方

22．选择第 1 帧中的“蛋糕”元件，在“色彩效果”标签下调整其亮度为 100%，如图 13.14 所示。

23．在第 1～20 帧之间创建补间动画，并编辑缓动曲线为如图 13.15 所示的形状，使之产生跳跃着上升的效果。

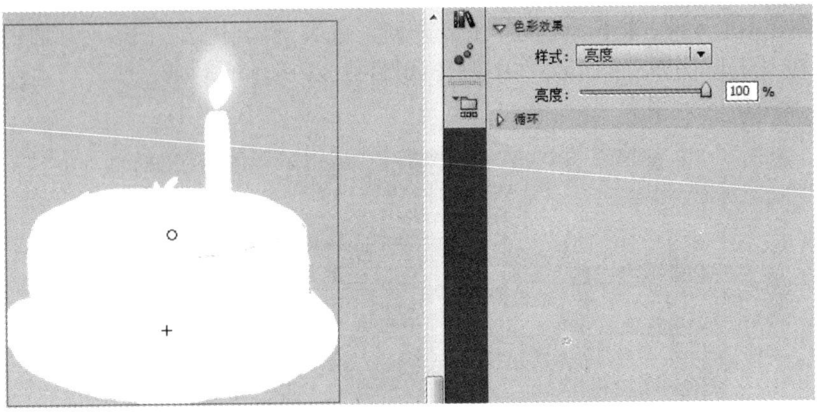

图 13.14　调整“蛋糕”元件亮度

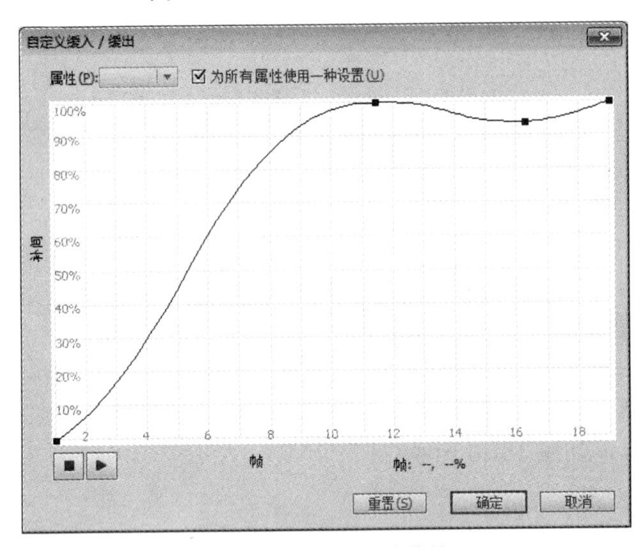

图 13.15　编辑缓动曲线

24．在“蛋糕”层第 85 帧和第 95 帧处插入关键帧，并将第 95 帧上的“蛋糕”元件放大，如图 13.16 所示。

图 13.16　“蛋糕”元件位置

25．在第 85～95 帧之间创建传统补间动画，产生蛋糕由小变大并横向移动的效果。

26．在“蛋糕”层创建新图层，并命名为“猪 1”。

27. 在“猪 1”层第 10 帧上插入空白关键帧，选择第 10 帧，将库中的“猪动画”元件拖入到场景中。

28. 在“猪 1”层第 20 帧和第 25 帧上分别插入关键帧，在第 10 帧、第 20 帧和第 25 帧之间制作出如图 13.17 所示的动画效果。

29. 在“猪 1”层第 70 帧和第 80 帧上插入关键帧，并制作出小猪在移动出舞台的同时逐渐消失的效果，如图 13.18 所示。

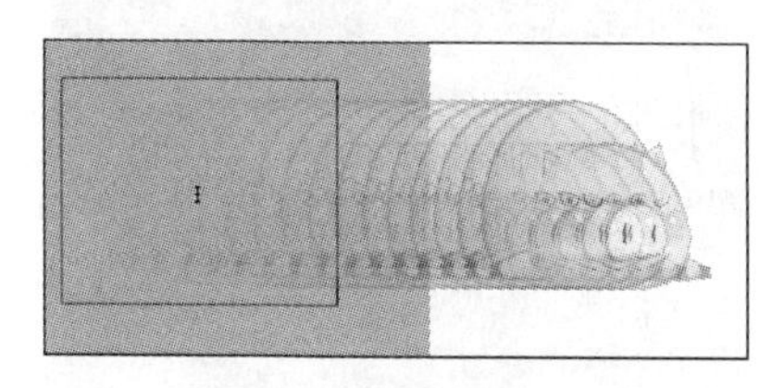

图 13.17 动画效果

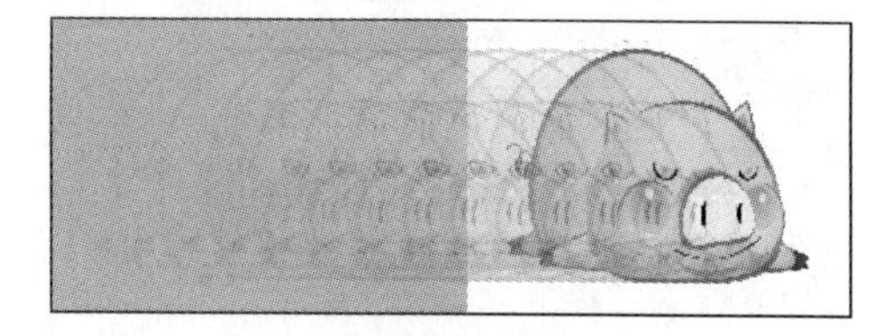

图 13.18 移出舞台效果

30. 在第 81 帧上插入空白关键帧。

31. 在“猪 1”层上创建新图层，命名为“猪 2”。

32. 在“猪 2”层第 125 帧上插入空白关键帧，选择第 125 帧，将库中的“猪动画”元件拖入场景中，并将其水平翻转并倾斜一定角度，如图 13.19 所示。

33. 在“猪 2”层第 130 帧上插入关键帧。

34. 调整第 125 帧上“猪动画”元件的位置，使之移出舞台右侧，在第 125 帧和第 130 帧之间创建补间动画，并设置缓动值为“-100”。

35. 在第 145 帧上插入关键帧，适当向左移动“猪动画”元件的位置，并改变其倾斜角度，如图 13.20 所示。

36. 在第 130 帧和第 145 帧之间创建补间动画，并设置缓动值为“100”，使之产生缓冲的效果。

图 13.19 调整“猪动画”元件方向和形状

图 13.20 调整“猪动画”元件倾斜角度

37. 在第 150 帧插入关键帧，再次向左移动“猪动画”元件的位置，并调整其形状使之变正常。

38. 在第 145～150 帧之间创建补间动画。

39. 在“猪 2”层上创建新图层，并命名为“生日快乐”。

40. 在“生日快乐”图层第 100 帧插入空白关键帧，将库中的“生日快乐”图形元件拖到场景中第 100 帧。

41. 选中“生日快乐”图层第 100 帧上的“生日快乐”图形元件，在“属性”面板中设置“播放一次”，如图 13.21 所示。

42．在“生日快乐”图层上新建图层，并命名为“happy birthday”。

43．在“happy birthday”层第 15 帧上插入空白关键帧，将库中的“happy birthday”图形元件拖到场景中第 15 帧。

44．选中“happy birthday”图层第 15 帧上的“happy birthday”图形元件，在“属性”面板中设置“循环”，如图 13.22 所示。

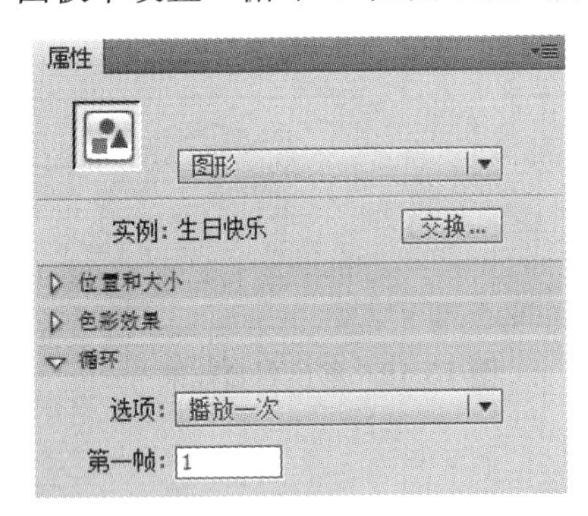

图 13.21 修改“生日快乐”图形元件属性

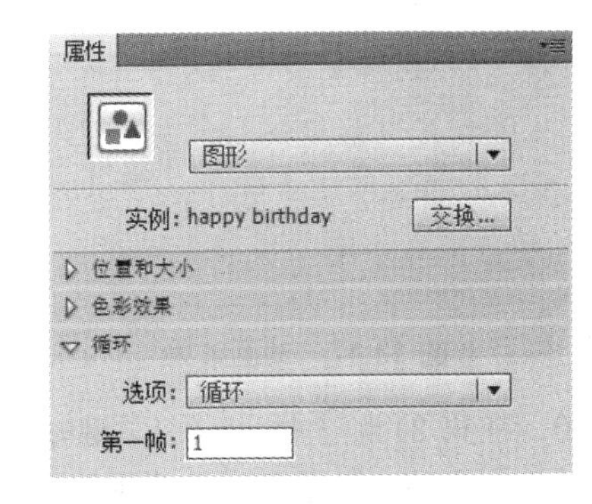

图 13.22 修改“happy birthday”图形元件属性

45．新建图层命名为“music”，将其移动到“背景”层的下面。

46．选择“music”层第 1 帧，打开“属性”面板，在“声音”后的下拉列表中选择“happy birthday to you”，完成音乐的添加。

47．至此，“生日快乐”贺卡制作完成，保存文件，命名为“生日贺卡.fla”。测试影片并查看效果。

13.2 项目 2 “旅游线路交互动画”的制作

13.2.1 项目说明

本项目运用 ActionScript 2.0 脚本制作具有全屏、替换鼠标和选择旅游线路效果的“旅游线路”Flash 交互动画，如图 13.23 所示。

图 13.23 “旅游线路”交互动画效果

13.2.2 操作步骤

1．新建一个 Flash ActionScript 2.0 文档，设置其背景色为“白色（#FFFFFF）”，尺寸为“550px×400px”，帧频为“12fps”。

2．选择“文件”→“导入”→“导入到库”命令，打开“导入到库”对话框，选择本例中用到的所有图片文件，单击“打开”按钮，将文件导入到库中。

3．修改“库-按钮”中的按钮元件，制作“进入”、“退出”、“返回”、“选择”按钮，如图 13.24 所示。

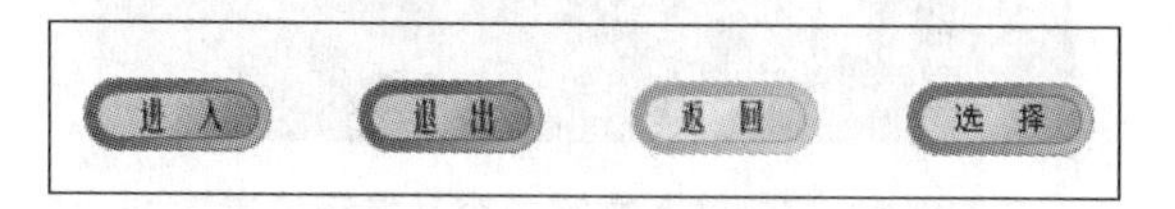

图 13.24　按钮效果图

4．新建图形元件，命名为“圆环”。进入“圆环”元件的编辑窗口，在中间位置绘制如图 13.25 所示的橙色圆环。

5．新建影片剪辑元件，命名为“circle”。进入“circle”元件的编辑窗口，在“图层 1”的第 1 帧上添加“stop”语句。在第 2 帧插入空白关键帧，将库中的“圆环”元件拖到第 2 帧舞台上。在第 5 帧处插入关键帧，修改“圆环”元件使之放大，并将其“Alpah”值修改为“0%”。在第 2～5 帧之间创建补间动画，使之产生逐渐放大并消失的效果。

6．新建影片剪辑元件，命名为“mouse”。进入“mouse”元件的编辑窗口，在其中绘制鼠标，并设置填充为渐变色，形状、位置如图 13.26 所示。

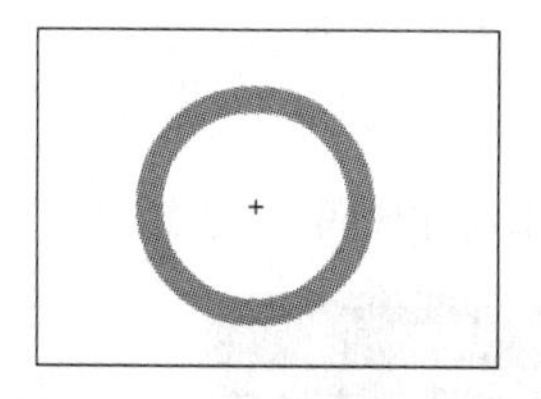

图 13.25　绘制圆环效果

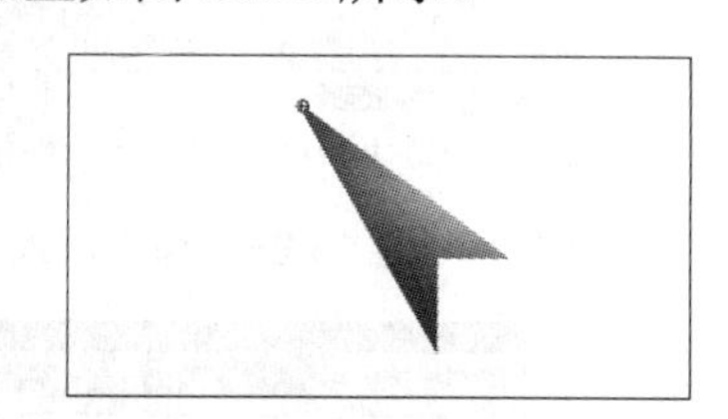

图 13.26　绘制的鼠标形状、位置

7．在“mouse”元件中新建“图层 2”，改变图层顺序将其放在“图层 1”的下面。

8．选择“图层 2”的第 1 帧，将库中的“圆环”元件拖到舞台上，并设置其 X、Y 坐标值分别为“0”。

9．新建“a”、“b”、“c”、“d”影片剪辑，分别进入其编辑窗口，并将导入的图片文件“NBA”、“海南”、“草原”、“探险”分别拖到“a”、“b”、“c”、“d”影片剪辑中，影片剪辑的宽度、高度均设置为“300px”和“240px”。

10．新建“e”影片剪辑元件。进入其编辑窗口，在其中输入“您的输入有误，请重新输入”文字字样。

11．单击“场景 1”图标 场景 1 返回到主场景中。

12．将“图层 1”重命名为“背景”。将库中的“背景”图片拖入场景中，设置其大小为“600px×450px”，X、Y 坐标值分别设置为“0”、“-36”。

13．新建“图层 2”，命名为“内容”。将“进入”、“退出”按钮拖入场景中，使用“文字工具”输入如图 13.27 所示的文字并给文字添加投影效果滤镜。

图 13.27　输入文字内容及按钮位置

14．选择“进入”按钮元件，为其添加动作代码，如图 13.28 所示。

15．选择“退出”按钮元件，为其添加动作代码，如图 13.29 所示。

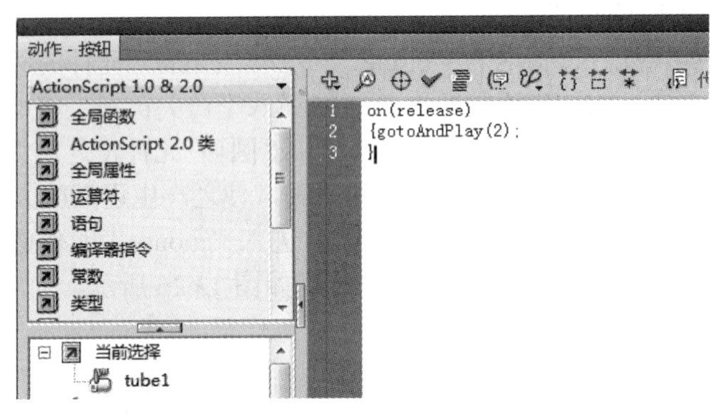

图 13.28　为“进入”按钮元件添加动作代码

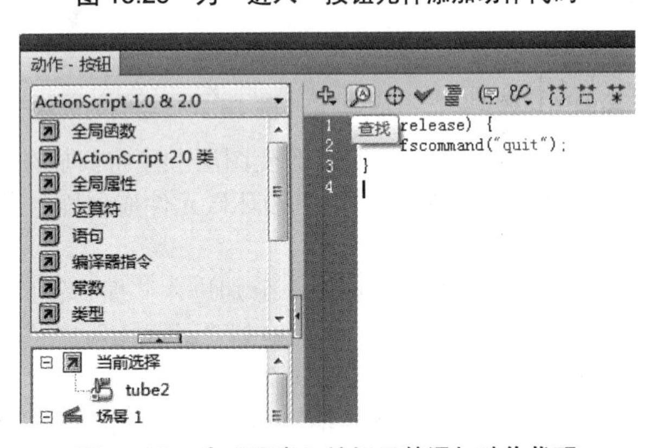

图 13.29　为“退出”按钮元件添加动作代码

16．新建“图层 3”，将其命名为“鼠标”，并将库中的“mouse”影片剪辑元件拖入场景中。

17．选中“mouse”影片剪辑元件，在“属性”面板上修改其实例名称为“mouse”。

18．新建“图层 4”，将其命名为“as”，并在该图层的第 1 帧上添加如图 13.30 所示的代码。

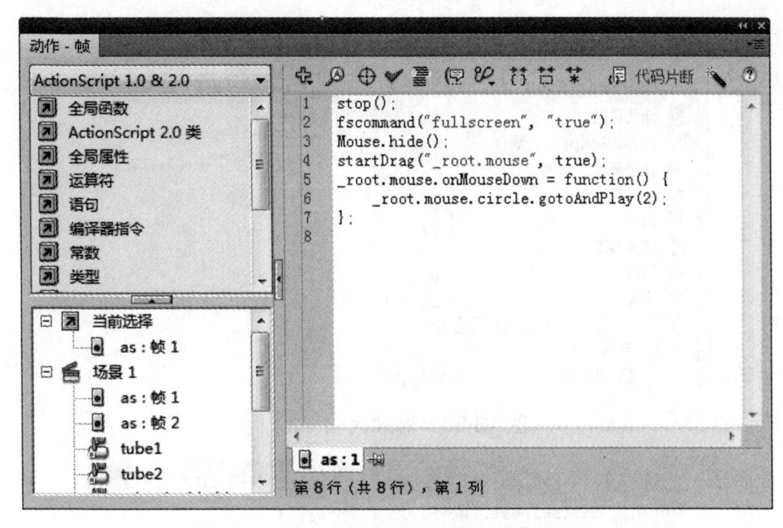

图 13.30　在第 1 帧上添加动作代码

19．在“背景”层第 2 帧处插入关键帧。在“内容”层第 2 帧上插入空白关键帧，将“选择”、“返回”、“退出”按钮拖入到场景中，输入“请选择旅游线路：1. NBA 之旅、2. 海南 5 日游、3. 草原、4. 探险”的文字内容，并给文字添加投影效果滤镜，如图 13.31 所示。

图 13.31　输入文字内容及按钮位置

20．分别选择“返回”、“退出”、“选择”按钮元件，为其添加如图 13.32～图 13.34 所示的代码。

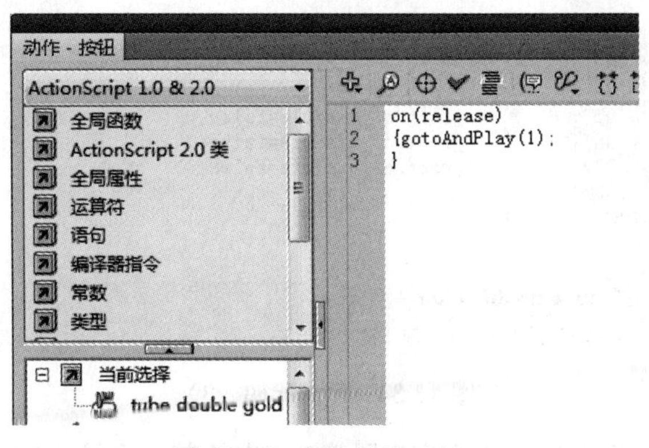

图 13.32　添加代码（1）

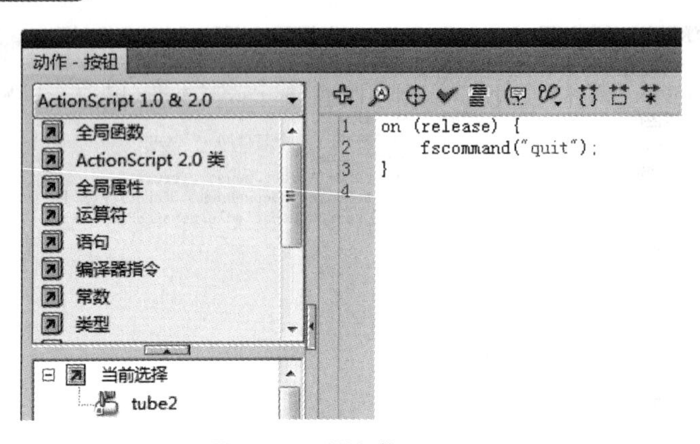

图 13.33　添加代码（2）

```
on (release, keyPress "<Enter>") {
    i =Number(text_enter.text)
    switch (i) {
    case 1 :
        _root.a._visible = true;
        _root.b._visible=false;
        _root.c._visible=false;
        _root.d._visible=false;
        _root.e._visible=false;
        break;
    case 2:
        _root.b._visible = true;
        _root.a._visible=false;
        _root.c._visible=false;
        _root.d._visible=false;
        _root.e._visible=false;
        break;
    case 3 :
        _root.c._visible = true;
        _root.b._visible=false;
        _root.a._visible=false;
        _root.d._visible=false;
        _root.e._visible=false;
        break;
    case 4 :
        _root.d._visible = true;
        _root.b._visible=false;
        _root.c._visible=false;
        _root.a._visible=false;
        _root.e._visible=false;
        break;
    default :
        _root.e._visible = true;
        _root.b._visible=false;
        _root.c._visible=false;
        _root.d._visible=false;
        _root.a._visible=false;

    }
}
```

代码片断

tube double blue

第 41 行（共 41 行），第 1 列

图 13.34　添加代码（3）

21. 选择“文本工具”，在“内容”层第2帧中绘制一个输入文本范围，并单击“属

性”面板上的“在文本周围显示边框”图标，使输入文本周围显示出黑色边框，如图 13.35 所示。

图 13.35　输入文本框位置

22．选中输入文本框，打开“属性”面板，设置其实例名称为“text_enter”，输入文本的颜色为“红色”，字体为“方正姚体”，字体大小为“30”，如图 13.36 所示。

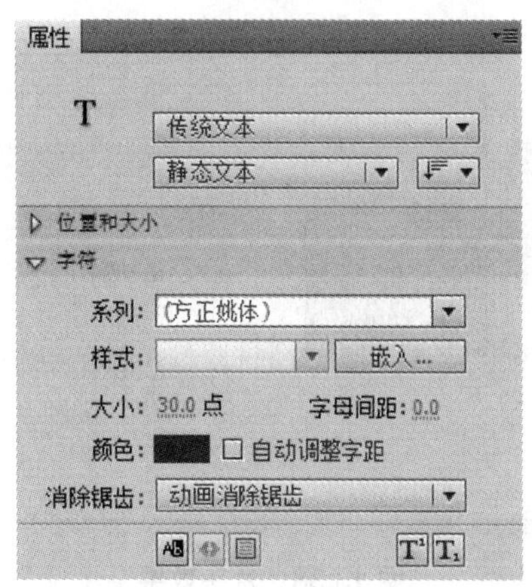

图 13.36　设置输入文本属性

23．将影片剪辑元件“a”、“b”、“c”、“d”、“e”分别拖动到“内容”层第 2 帧。

24．调整剪辑元件“a”、“b”、“c”、“d”、“e”的位置，设置它们的 X、Y 坐标值均为“206”、“117”。

25．在“鼠标”层第 2 帧处插入关键帧。

26．在“as”层第 2 帧处插入空白关键帧，然后在这一帧上添加如图 13.37 所示的代码。

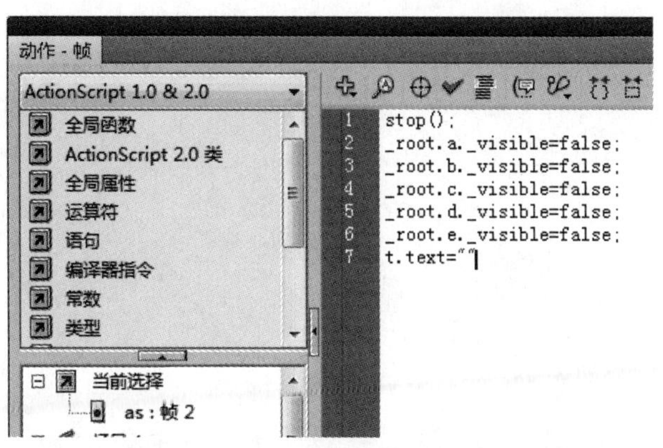

图 13.37　在“as”层新插入的空白帧上添加代码

27．至此，“旅游路线”交互动画制作完毕，保存文件，命名为“旅游线路交互动画.fla”。

实训十七　综合案例片头制作

综合运用所学知识，制作出如图 13.38 所示的动画片头。

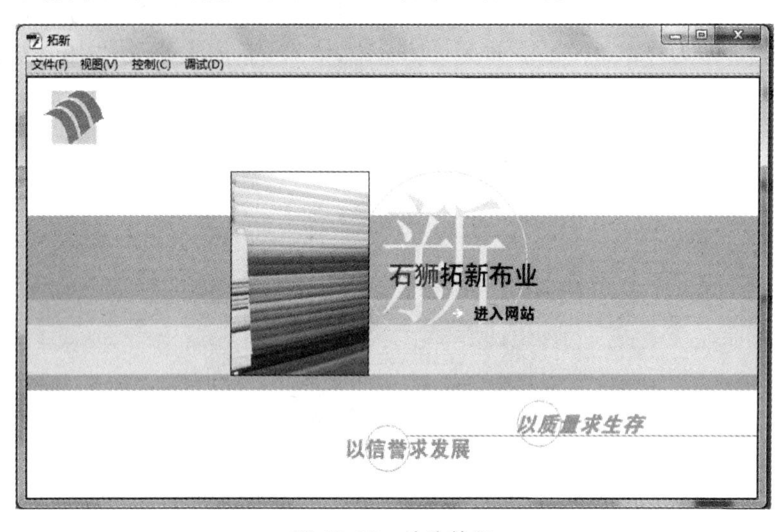

图 13.38　片头效果

课程设计项目

项目一　使用 Flash 制作一个 1 分钟左右的手机或者化妆品广告片

1．项目要求

使用已掌握的 Flash 设计技术及技巧，进行基本的设计创作。根据所安排的课题项目，设计出比较优秀、具有创意的 Flash 手机或者化妆品广告作品。

2．相关内容提示

广告内容为：手机或者化妆品。

3．制作要求

（1）主题内容健康积极。
（2）在广告中要灵活应用所学 Flash 的技巧进行创作。
（3）广告片要有很强的动感，镜头切换要流畅。
（4）要突出广告商品的性能和特点。
（5）以 Flash 为主要创作工具，可辅助使用其他软件以及部分音乐素材。
（6）应用色彩应合理，画面布局要得当。
（7）允许对其他作品进行模仿，但只能使用部分图片素材，不能照搬。

项目二　自选题材，制作 2 ~ 3 分钟主题健康的公益广告作品

1．项目要求

使用已掌握的 Flash 设计技术及技巧，进行基本的设计创作。根据所安排的课题项目，设计出比较优秀、具有创意的公益广告作品，如吸烟有害、节能减排等。

2．相关内容提示

该广告内容为任选主题的公益广告。

3．制作要求

（1）主题内容健康积极。
（2）在广告中要灵活应用所学 Flash 的技巧进行创作。

（3）广告片要有很强的动感，镜头切换要流畅。
（4）要突出广告的性能和特点。
（5）以 Flash 为主要创作工具，可辅助使用其他软件以及部分音乐素材。
（6）应用色彩应合理，画面布局要得当。
（7）允许对其他作品进行模仿，但只能使用部分图片素材，不能照搬。

项目三 成语故事小动画片的制作

1．项目要求

使用已掌握的 Flash 设计技术及技巧，进行基本的设计创作。根据所安排的课题项目，设计出比较优秀、具有创意的成语故事小动画片。

2．相关内容提示

任选一个成语，根据该成语制作小动画片，如“刻舟求剑”等。

3．制作要求

（1）主题内容健康积极。
（2）在动画片中要灵活应用所学 Flash 的技巧进行创作。
（3）动画片要有很强的动感，镜头切换要流畅。
（4）以 Flash 为主要创作工具，可辅助使用其他软件以及部分音乐素材。
（5）应用色彩应合理，画面布局要得当。
（6）允许对其他作品进行模仿，但只能使用部分图片素材，不能照搬。

项目四 交互式作品的设计：幼儿学数字

1．项目要求

使用已掌握的 Flash 设计技术及技巧，进行基本的设计创作。根据所安排的课题项目，设计出适用于学龄前儿童学习数字 1～10 的作品。

2．相关内容提示

制作一个交互式的学习数字 1～10 的小游戏。

3．制作要求

（1）主题内容健康积极。
（2）在小游戏中要灵活应用所学 Flash 的技巧进行创作。
（3）作品要有很强的动感，镜头切换要流畅，且画面要适合于学龄前儿童的心理特点。
（4）要突出作品的交互性。
（5）以 Flash 为主要创作工具，可辅助使用其他软件以及部分音乐素材。
（6）应用色彩应合理，画面布局要得当。
（7）允许对其他作品进行模仿，但只能使用部分图片素材，不能照搬。

举报电话：（010）88254396；（010）88258888

传　　真：（010）88254397

E-mail：　dbqq@phei.com.cn

通信地址：北京市万寿路173信箱

　　　　　电子工业出版社总编办公室

邮　　编：100036